无线通信的可靠和安全编码

（第二版）

张高远　唐　杰　宋欢欢　文　红　著

国防工业出版社

·北京·

内 容 简 介

无线通信信道受干扰和噪声影响大，无线链路的不可靠性和物理层广播特性使得如何保证信息的安全无误接收成为关键。本书共分为 12 章，主要介绍了无线通信系统的物理层可靠和安全通信的概念、框架与设计方法。在详细介绍先进信道编码——Turbo 码、LDPC 码和喷泉码的编译码基本原理及各种译码算法的基础上，分析了基于信道编码的无条件秘密通信系统的建立以及秘密安全编码的设计标准；给出了基于交互反馈和软判决译码的第一类窃听信道构建方法和几类秘密编码的设计和性能；详细讲述了当前无线网络中 MIMO-OFDM 系统的跨层增强安全技术；最后介绍了未来无线通信中基于物理信道特征的安全增强技术。

本书各章原理的叙述力求概念清晰，注重理论推导和仿真试验验证相结合。全书对无线通信可靠与安全基本原理和最新前沿技术进行循序渐进的阐述，在内容上既有必要的数学和信息论基础，又着重于物理概念的解释。本书在编写中充分考虑了不同层次读者的需求，读者可以通读，也可以根据需要选择相关章节阅读。

本书读者对象为大专院校信息类各专业本科高年级学生、研究生、教师，以及科研院所从事无线通信可靠性和安全性等领域研究的科研和工程技术人员。

图书在版编目（CIP）数据

无线通信的可靠和安全编码 / 张高远等著. —2 版.—北京：国防工业出版社，2023.1

ISBN 978-7-118-12726-3

Ⅰ. ①无…　Ⅱ. ①张…　Ⅲ. ①无线电通信－最佳编码 Ⅳ.①TN92

中国国家版本馆 CIP 数据核字（2023）第 005665 号

※

国防工业出版社 出版发行

（北京市海淀区紫竹院南路 23 号　邮政编码 100048）

北京虎彩文化传播有限公司印刷

新华书店经售

*

开本 710×1000　1/16　**印张** 22¾　**字数** 410 千字

2023 年 1 月第 2 版第 1 次印刷　**印数** 1—1500 册　**定价** 189.00 元

（本书如有印装错误，我社负责调换）

国防书店：（010）88540777　　书店传真：（010）88540776

发行业务：（010）88540717　　发行传真：（010）88540762

前 言

无线通信信道受干扰和噪声影响大，无线链路的不可靠性和物理层广播特性使得如何保证信息的安全无误接收成为关键。

1948 年，Shannon 在他的开创性论文《A Mathematical Theory of Communication》（《通信的数学理论》）中，首次阐明了在有噪信道实现可靠通信的方法，提出了著名的有噪信道编码定理，指出纠错编码是提高传输可靠性的重要手段。1993 年，Turbo 码的出现和 LDPC 码在 1996 年的“再发现”使得信道编码技术进入了一个崭新的时代，接近 Shannon 容量限的信道编码使得无线通信的可靠接收成为可能。

1949 年，Shannon 的另外一篇重要论文《Communication Theory of Secrecy System》（《保密系统的通信理论》）提出了实现安全通信的基础，这篇文章指出，只有“一次一密”的安全体制才是绝对安全的。传统安全通信系统在上层通过现代密码学的理论为基础建立了一套安全体系，但这种体制依赖于数学的运算能力有限性。随着计算机运算能力的加强，现有的保密算法都将不再安全。物理层安全技术利用信道特性、编码、调制等一系列通信传输方法来建立安全的通信模型，而不依赖数学的计算能力有限性，通信双方不需要共享加密密钥，不需要复杂的加密、解密算法。而物理层安全技术的核心之一就是安全编码，安全编码在保证合法通信双方的可靠通信基础上，使非法截获者只能收到完全淹没在噪声中的信号，这被认为是可能实现 Shannon 的“一次一密”安全体制的新技术。

本书主要论述以下几方面的内容：介绍了 Turbo 码和 LDPC 码的编译码基本原理及各种译码算法；详细分析了 LDPC 码的特点、分析方法；剖析了无线移动通信信道模型下 LDPC 码的性能。在此基础上，介绍了对物理层信息安全的概念和框架；分析了基于信道编码的无条件秘密通信的秘密编码设计标准；给出了基于反馈交互和软判决译码的第一类窃听信道构建方法；给出了几类秘密编码的设计和性能；详细介绍了 MIMO-OFDM 系统的跨层增强安全技术；给出了未来无线通信中基于物理信道特征的安全增强技术。各章原理的叙述力求突出概念清晰，注重理论推导和仿真试验验证相结合。

本书得到国家自然科学基金项目（61701172）、中国科学院大气物理研究所中层大气和全球环境探测重点实验室开放课题（LAGEO-2021-04）、河南省自然科学基金项目（162300410097）、河南科技大学青年骨干教师培养计划、河南科技大学博士启动基金项目（13480052）、河南省教育厅高校科技创新团队支持计划项目（20IRTSTHN018）的资助。本书共 12 章，第 1～10 章由张高远撰写，第 11 章由宋欢欢撰写，第 12 章由唐杰撰写。全书由张高远策划和统稿，文红教授审阅。本书的撰写过程得到了河南科技大学硕士研究生马聪芳的帮助，在此表示感谢。

由于作者水平有限、时间仓促，书中存在疏漏与不妥之处在所难免，恳请专家和读者批评指正。

作者

2022 年 6 月

目录

第1章　绪论 ······ 1
1.1　无线通信系统的结构 ······ 1
1.2　信道编码技术 ······ 3
1.3　无线通信安全 ······ 6
1.4　无线通信的物理层安全问题 ······ 8
参考文献 ······ 10
第2章　可靠与安全编码基础 ······ 11
2.1　可靠编译码的基本原理 ······ 11
2.1.1　线性分组码 ······ 11
2.1.2　卷积码 ······ 17
2.1.3　信道容量与 Shannon 限 ······ 21
2.2　安全编译码的基本原理 ······ 23
2.2.1　绝对保密和 Shannon 不可实现理论 ······ 23
2.2.2　窃听信道模型与秘密容量 ······ 25
参考文献 ······ 26
第3章　LDPC 码概述 ······ 27
3.1　图论基础知识 ······ 27
3.1.1　图的定义 ······ 27
3.1.2　双向图 ······ 28
3.1.3　图的矩阵表示 ······ 29
3.2　LDPC 码的描述和图模型表达 ······ 31
3.3　LDPC 码的分类 ······ 32
3.3.1　规则 LDPC 码和非规则 LDPC 码 ······ 32
3.3.2　二元 LDPC 码和 q 元 LDPC 码 ······ 34
3.4　二元 LDPC 码的构造 ······ 35
3.4.1　有限几何方法构造的 LDPC 码 ······ 36
3.4.2　半随机 LDPC 码 ······ 42
3.5　q 元 LDPC 码的构造 ······ 50
3.5.1　有限几何多元 LDPC 码 ······ 51

3.5.2 由同构 MDS 码构造的多元 LDPC 码……51
3.6 LDPC 码译码……52
3.6.1 LDPC 码的硬判决译码……53
3.6.2 LDPC 码的 BP 译码及其改进译码……56
3.7 LDPC 码的概率译码方法……65
3.7.1 随机序列……65
3.7.2 LDPC 码的概率译码……66
3.7.3 LDPC 码概率译码器的改进……68
参考文献……70
第 4 章 LDPC 码的链路自适应差错控制……72
4.1 LDPC 码的增加冗余 HARQ 方式……72
4.1.1 ARQ 的 3 种基本类型……72
4.1.2 LDPC 码的递增冗余 HARQ 方案原理……73
4.2 LDPC 码增加冗余 HARQ 方式的迭代译码方法……75
4.2.1 译码改进的理论依据……75
4.2.2 IR_HARQ 方式下基于 LDPC 码的译码改进……77
4.3 联合 LDPC 码的 AMC 和 HARQ 的跨层设计……84
4.3.1 概述……84
4.3.2 LDPC 码的自适应调制……85
4.3.3 LDPC 码的自适应调制与 HARQ 的跨层设计……93
参考文献……98
第 5 章 删除信道下喷泉码……100
5.1 喷泉码……100
5.1.1 概述……100
5.1.2 喷泉码的分类……100
5.1.3 喷泉码存在的问题……102
5.1.4 喷泉码在协作通信中的应用……103
5.1.5 喷泉码在深空通信中的应用……104
5.2 LT 码……105
5.2.1 随机度的确定……105
5.2.2 LT 码的编码符号的生成……107
5.2.3 LT 码的译码……109
5.3 Raptor 码……110
5.3.1 构造 Raptor 码……110
5.3.2 Raptor 码的多层校验预编码……111
5.3.3 Raptor 码的译码……113

5.4 在删除信道下喷泉码的性能仿真 …… 113
5.4.1 仿真模型 …… 113
5.4.2 二进制删除信道模型 …… 114
5.4.3 LT 码在删除信道下的性能分析 …… 114
5.4.4 LT 码的平均码率 …… 115
参考文献 …… 116
第 6 章 协同无线通信中的分布式喷泉码 …… 117
6.1 无线协同通信与喷泉码 …… 117
6.1.1 无线协同通信 …… 117
6.1.2 数字喷泉码技术 …… 118
6.1.3 数字喷泉码的优势 …… 119
6.1.4 喷泉码存在的问题 …… 120
6.1.5 喷泉码在协同通信中的应用 …… 121
6.2 协同通信 …… 123
6.2.1 协同通信的基本原理 …… 123
6.2.2 中继网络结构分类 …… 124
6.2.3 协同中继传输方式 …… 126
6.2.4 协同通信技术的特征 …… 130
6.3 分布式 LT 码的性能研究及分析 …… 131
6.3.1 分布式 LT 码 …… 131
6.3.2 两信源分布式 LT 码 …… 132
6.3.3 分布式两信源 LT 码的编码 …… 135
6.3.4 四信源分布式 LT 码 …… 137
6.3.5 仿真结果及性能分析 …… 140
6.4 HARQ 错误控制系统的吞吐量和 LT 码的码率比较 …… 142
6.4.1 HARQ 技术简述 …… 142
6.4.2 HARQ 技术的基本类型及原理 …… 144
6.4.3 LT 码的传输码率和 HARQ 错误控制系统的吞吐量的比较 …… 146
参考文献 …… 148
第 7 章 Turbo 码 …… 151
7.1 Turbo 码的编码原理 …… 151
7.1.1 Turbo 码的基本原理 …… 151
7.1.2 Turbo 码的编码过程 …… 152
7.2 Turbo 码的译码原理 …… 153
7.3 级联 Turbo 码 …… 158

7.3.1 空时分组码和 Turbo 码级联技术 …… 158
7.3.2 RS 码和 Turbo 码级联技术 …… 159
7.4 Turbo 码交织器设计 …… 161
7.4.1 随机交织器 …… 161
7.4.2 其他交织器设计 …… 163
参考文献 …… 165
第 8 章 信息论安全的基础原理 …… 166
8.1 基本定义 …… 166
8.2 现代密码学的基本原理及局限性 …… 167
8.3 窃听信道容量 …… 168
8.3.1 窃听信道模型 …… 168
8.3.2 秘密容量 …… 171
8.3.3 三终端密钥协议 …… 172
参考文献 …… 174
第 9 章 无条件安全通信模型 …… 175
9.1 无条件安全通信系统 …… 175
9.2 Wiretap Channel Ⅰ …… 177
9.3 二进制对称信道下的第一类窃听信道建模 …… 177
9.3.1 一次交替的窃听信道模型 …… 178
9.3.2 多次交替的窃听信道模型 …… 180
9.3.3 利用软判决译码构建窃听信道 …… 182
9.3.4 软信息提取方法 …… 184
9.3.5 仿真分析 …… 185
9.4 加性高斯白噪声信道下的第一类窃听信道建模 …… 187
9.4.1 第一类窃听信道的构建方法 …… 187
9.4.2 软信息提取方法 …… 188
9.5 MIMO 窃听信道模型 …… 189
9.5.1 MIMO 信道模型 …… 189
9.5.2 Hero 的 MIMO 秘密通信思想 …… 190
9.5.3 一般的 MIMO 窃听信道模型 …… 191
9.5.4 可靠与安全的多天线广播模型 …… 192
参考文献 …… 196
第 10 章 秘密编码方案 …… 197
10.1 线性分组码相关 …… 197
10.1.1 标准阵列译码 …… 197
10.1.2 线性码的码重分布与不可检错概率 …… 198

10.2 基于BCH码的秘密编码方案……200
10.2.1 秘密编码基础知识……200
10.2.2 二进制本原BCH码……204
10.2.3 基于最优检错码的二进制本原BCH码的秘密编码……206
10.2.4 基于非最优检错码的二进制本原BCH码的秘密编码……211
10.3 基于其他编码的秘密编码方案……215
10.3.1 基于汉明码的秘密编码方案……215
10.3.2 基于Golay码的秘密编码方案……218
参考文献……221
第11章 基于MIMO-OFDM系统的跨层增强安全技术……223
11.1 跨层安全增强技术……223
11.2 基于OSTBC变形码跨层安全通信方案……226
11.2.1 OSTBC空时码……226
11.2.2 OSTBC变形码跨层安全方案……229
11.3 基于STTC变形码跨层安全通信方案……244
11.3.1 STTC空时码……244
11.3.2 STTC变形码跨层安全方案……248
11.4 基于变形预编码跨层安全通信方案……254
11.4.1 预编码技术概述……254
11.4.2 基于码本的闭环空间复用预编码跨层安全传输方案……257
11.4.3 基于码本的开环空间复用预编码跨层安全传输方案……262
11.4.4 基于非码本预编码跨层安全传输方案……266
11.4.5 多比特控制一个预编码矩阵发射……268
11.5 OFDM加密跨层安全通信方案……269
11.5.1 OFDM系统概述……269
11.5.2 OFDM跨层加密安全传输方案……272
参考文献……279
第12章 未来无线通信中基于物理信道特征的安全增强技术……284
12.1 未来无线网络的安全问题……285
12.1.1 安全需求……285
12.1.2 未来无线网络安全研究现状……286
12.2 理论基础……291
12.2.1 窃听信道与物理层安全基础……291
12.2.2 随机移动模型……293
12.3 无线通信中随机移动用户物理层安全……295
12.3.1 系统模型与数学描述……296

12.3.2 随机移动用户物理层安全分析……298
12.3.3 数值结果和性能分析……307
12.3.4 随机移动用户安全容量提高策略……313
12.3.5 扩展讨论……318
12.4 基于无线移动信道特征的身份攻击检测……320
12.4.1 系统模型……321
12.4.2 RCVI 探测方法……323
12.4.3 RSS 构造变量和序列的相关性分析……325
12.4.4 RCVI 假设检验和最优判决……332
12.4.5 数值仿真与分析……335
12.4.6 真实室内和室外环境测试……337
12.4.7 扩展讨论……341
参考文献……342

第1章 绪 论

1.1 无线通信系统的结构

无线通信网可以随时随地的进行数据通信，减少了对有线连接的要求，提高了网络的灵活性，并且因其可移动性、组网灵活性、应用范围的广泛性和传输速度快等优点，在当前个人家庭和办公环境中逐渐开始广泛应用。

无线通信（或称无线电通信）的类型很多，可以根据传输方法、频率范围、用途等分类。不同的无线通信系统，其设备组成和复杂度有较大差异，但它们的基本组成不变，图 1-1 所示为无线通信系统的基本组成。

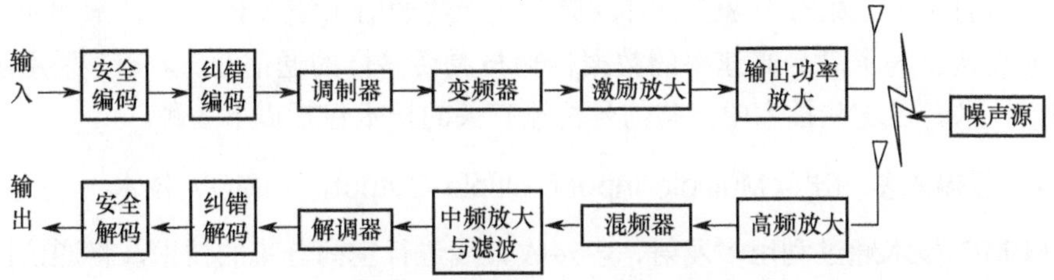

图 1-1 无线通信系统的基本组成

自 1978 年，第一个蜂窝移动通信系统——高级移动电话系统（Advanced Mobile Phone System，AMPS）研制成功以来，无线通信大致经历了第一代、第二代、第三代移动通信系统 3 个不同的发展阶段。第一代无线通信系统以蜂窝小区设计技术的应用为标志。第二代移动通信系统兴起于 20 世纪 90 年代，在商业的应用中取得了巨大的成功，从而带动了全球范围内的移动通信用户数量急剧增加。欧洲的全球移动通信系统（Global System for Mobile communications，GSM）、美国的数字高级移动电话系统（Digital Advanced Mobile Phone System，DAMPS）和码分多址（Code Division Multiple Access，CDMA）IS-95，以及日本的个人数字电话（Personal Digital Cellular，PDC）都是第二代移动通信系统的主要代表。

移动用户数量的快速增长，促使移动通信系统急于解决如何进一步提高系统的频谱利用率和增大系统容量的问题。同时，由于近几年互联网的快速发展以普及，人们不再满足于单一的话音业务，而希望移动通信系统具有承载包括视频、图像等在内的多媒体业务能力，加之移动互联网概念的提出，这一切对第二代移动通信系统都提出了严峻的挑战，其低的数据率及单一的业务传输体制都无法达到这些要求。为实现任何人在任何时间、任何地点以任何方式与任何人进行通信的目标，国际电信联盟（ITU）提出了第三代移动通信系统的研究，并于 1998 年后确定了最终的无线传输技术标准。第三代移动通信系统又称 IMT-2000，到目前为止，主要有 3 种主流的技术标准，即欧洲标准宽带码分多址（Wideband Code Division Multiple Access，WCDMA）、美国标准 CDMA2000 和中国标准时分–同步码分多址（Time Division-Synchronous Code Division Multiple Access，TD-SCDMA）。一般认为 CDMA 通信技术与宽带业务是第三代移动通信系统的主要标志。

虽然第三代无线通信系统（3G）的标准和规范已达成协议，并且已经开始商用。但是第三代移动通信系统还是面临着更高的无线通信需求的挑战。尤其是 3G 仍然采用第二代移动通信系统的电路交换方式而非纯互联网协议（IP）方式进行通信，这就使得 3G 与互联网的融合、移动互联网络的建立和无线宽带多媒体系统的实现比较困难。同时，3G 无线传输的速率依然无法满足使用的需求。因此，新一代移动通信系统（B3G/4G）的概念应运而生。有关 4G 的研究已经取得了丰硕的成果。相对于 3G 而言，第四代无线通信系统（4G）在技术和应用上有质的飞跃。为了满足高速率的数据传输与灵活多样的通信业务，4G 采用了一系列新技术。在这些技术中，与信号传输有关的技术包括以下 3 种。

1. 多输入多输出（Multiple-Input Multiple-Output，MIMO）技术

MIMO 技术通过利用多发射、多接收天线进行空间分集的技术，将通信链路分解成为许多并行的空间子信道。利用 MIMO 信道提供的空间分集增益，可以提高信道的可靠性，降低误码率，同时利用 MIMO 信道提供的空间复用增益，可以提高信道的容量。通常，无线通信的多径要引起衰落，因而被视为有害因素。然而，研究结果表明，对于 MIMO 系统来说，传输信息流多个天线发射出去，经空间多个子信道后由多个接收天线接收，多天线接收机利用先进的空时编码处理能够分开并解码这些数据子流，从而实现最佳的处理，多径在此时的通信中可以作为一个有利因素加以利用。MIMO 技术所形成的多个子信道的信道特性，还可以被用来进行安全加密。

2. 正交频分复用（Orthogonal Frequency Division Multiplexing，OFDM）技术

在宽带移动通信中克服多径衰落的有效方法是采用并行传输。该技术将高速数据变换成几路并行的低速数据，然后在不同的子信道上进行传输。它使每路子信道上的符号速率大幅度降低，即符号持续时间变长。当符号持续时间远大于多径传输的最大延迟扩展时，则可以克服频率选择性衰落。OFDM 的主要思想就是

在频域内将给定信道分成许多正交子信道，在每个子信道上都使用一个子载波进行调制，各子载波并行传输。一般的多载波传输使用互不交叠的频分复用多载波，为减少各载波间相互干扰，通常各载波间要有一个保护频带，这就造成了系统带宽资源的浪费。而 OFDM 这种多载波调制技术就避免了这一浪费，它把高速数据流分散到多个正交的子载波上并行传输，各子载波之间允许交叠，但由于各子载波之间相互正交，载波间干扰可以为零，因此可以保证系统带宽资源充分利用。OFDM 技术在第四代移动通信系统中不仅会单独使用，同时也可以与其他多址接入方案（如时分多址、频分多址和码分多址等）相结合，以此提供无线链路资源利用方面的灵活性，同时支持用户传输速率的动态分配。

3. 高性能调制与编码技术

新一代移动通信系统对服务质量提出了更高的要求，因此其将采用更高级的信道编码方案，如 Turbo 码、级联码和低密度奇偶校验码（Low Density Parity Check Code，LDPC）等，同时配合自动重发差错控制技术和分集接收技术，从而保证在高速率传输条件下能获取良好的系统服务性能。同时也采用新的调制技术，如多载波正交频分复用调制技术及高阶调制技术，并和纠错编码结合成为根据通信环境自适应选择的自适应编码调制方式，以保证无线频谱资源能有效利用，同时提高单位带宽的传输速率。

1.2 信道编码技术

伴随着通信技术的飞速发展及各种传输方式对可靠性要求的不断提高，差错控制编码技术成为抗干扰技术的一种重要手段，在数字通信领域和数字传输系统中显示出越来越重要的作用。由于通信信道固有的噪声和衰落特性，信号在经过信道传输到达通信接收端的过程中不可避免地会受到干扰而出现信号失真。通常需要采用差错控制码来检测和纠正由信道失真引起的信息传输错误。最早的纠错码主要用于深空通信和卫星通信，随着数字蜂窝电话、数字电视及高分辨率数字存储设备的出现，编码技术的应用已经不仅仅局限于科研和军事领域，而是逐渐在各种实现信息交流和存储的设备中得到成功应用。

1948 年，Shannon 发表了著名的 *A Mathematical Theory of Communication*（通信的数学理论）一文[1]，为信道编码技术的发展指明了方向。Shannon 在著名的有噪信道编码定理中给出了在数字通信系统中实现可靠通信的方法，以及在特定信道上实现可靠通信的信息传输速率上限。Shannon 在证明中引用了 3 个基本条件：①采用随机的编译码方法；②构造码长的渐进好码或 Shannon 码；③译码采用最佳的最大似然译码算法。

50 多年来构造好码的思想基本上是按照 Shannon 所引用的基本条件的后两条为主线进行研究的。经过 50 年的不懈努力，各种差错控制编码方案不断涌现。

在 20 世纪 40 年代，Hamming 和 Golay 提出了第一个实用的差错控制编码方案，使编码理论这个应用数学分支的发展得到了极大的推动。Hamming 所采用的方法就是将输入数据每 4 比特分为一组，通过计算这些信息比特的线性组合来得到 3 校验比特。然后将得到的 7 比特送入计算机。计算机按照一定原则来读取这些码字，通过采用一定算法，不仅能够检测到是否有错误发生，同时还可以找到发生单个比特错误的比特的位置，该码可以纠正 7 比特中所发生的单个比特错误。这种编码思想就是分组码的基本思想，Hamming 提出的编码方案后来命名为汉明码。

虽然汉明码的思想较为先进，但它也存在许多难以接受的缺点。首先，汉明码的编码效率比较低，每 4 比特编码就需要 3 比特的冗余校验比特。另外，在一个码组中，只能纠正单个比特错误。Golay 研究了汉明码的这些缺点，并提出了两个以他自己的名字命名的高性能码字：一个是二元 Golay 码，在这个码字中，Golay 将每 12 信息比特分为一组，编码生成 11 冗余校验比特，相应的译码算法可以纠正 3 个错误；另一个是三元 Golay 码，它的操作对象是三元而非二元数字。三元 Golay 码将每 6 个三元符号分为一组，编码生成 5 个冗余校验三元符号。这样由 11 个三元符号组成的三元 Golay 码可以纠正 2 个错误。

1954 年，Reed 在 Muller 提出的分组码的基础上得到了一种新的分组码，称为 Reed-Muller 码（简记为 RM 码）。RM 码在汉明码和 Golay 码的基础上前进了一大步，在码字长度和纠错能力方面具有更强的适应性，是一类参数选择范围很广的分组码。1969—1977 年，RM 码在火星探测方面得到了极为广泛的应用。即使在今天，RM 码也具有很大的研究价值，其快速的译码算法非常适合于光纤通信系统。

在 RM 码提出后，人们又提出了循环码的概念。循环码实际上也是一类分组码，但它的码字具有循环移位特性，即码字比特经过循环移位后仍然是码字集合中的码字。这种循环结构使码字的设计范围大大增加，同时大大简化了编译码结构。循环码的另外一个特点就是一个给定的 (N,K) 码可以用一个幂次为 $N-K=R$ 的生成多项式来表示，循环码也称为循环冗余校验（Cyclic Redundancy Check，CRC）码，并且可以用 Meggitt 译码器来实现译码。

Hocquenghem 在 1959 年、Bose 和 Ray-Chaudhuri 研究组在 1960 年几乎同时提出了 BCH（bose chaudhuri hocquenghem）码。BCH 码是循环码的一个非常重要的子集，BCH 码是汉明码的延伸，属于线性循环分组码，根据不同的码长与码率，这种码字可以纠正任意 t 个错误。对于任意正整数 $m \geqslant 3$，$t < 2^{m-1}$，存在 (n,k) BCH 码，码长 $n = 2^m - 1$，每个码字纠正 t 个错误，校验位数 $n-k \leqslant mt$，最小汉明距离 $d_{\min} \geqslant 2t+1$。1960 年，Reed 和 Solomon 将 BCH 码扩展到了非二

元的情况，得到了里德–所罗门（Reed-Solomon，RS）码。RS 码的最大优点是其非二元特性可以纠正突发错误。直到 1967 年，Berlekamp 给出了一个非常有效的译码算法之后，RS 码才得到了广泛的应用。此后，RS 码在 CD 播放器、DVD 播放器及蜂窝数字分组数据（Cellular Digital Packet Data，CDPD）标准中都得到了很好的应用。

1955 年，Elias 等提出了卷积码，卷积码与分组码的不同在于，分组码在编码之前，首先将信息序列按照一定数据块长度分组；然后对每一组信息都进行独立编码，即对于分组码来说，码字中的 $n-k$ 个检验元仅与本码字的 k 个信息元有关，而与其他码字的信息元无关。

1966 年，Forney 提出了两个短码构造长的串行级联的思想，其基本思想是将编制长码的过程分级完成，从而通过用短码级联构造长码的方法来提高纠错码的纠错能力。级联码的目标是构造具有较大等效分组长度的纠错码，并且允许将最大似然译码分为几个较简单的译码步骤，这样便得到一个次最优但实际可行的译码策略。其纠错能力强，译码也不复杂，展现了构造 Shannon 码的美好前景。

20 世纪 70 年代期间，构造 Shannon 码的一个重要成果是 1972 年由 Justeson 用级联构造的 Justeson 码；另一个重要成果是苏联学者 Goppa 在用有理分式表示码字基础上所构造的 Goppa 码，其渐进性很好，但当 n 很长时，真正构造出这种好码仍然很困难。构造 Shannon 码的一个重要突破是 20 世纪 80 年代初由 Goppa 提出的代数几何码。他将代数几何的理论和方法系统地应用于编码理论中，使得原来线性码中的重要参数如码长、距离、维数等具有全新的几何意义，代数几何码的研究成为 20 世纪 80 年代和 90 年代编码领域中的研究热点之一。

在传统通信系统的最佳接收机中，解调器和译码器是独立的两个部分。在处理接收信号的过程中，解调器首先对调制器输入符号做最佳判决，然后将硬判决结果送给译码器；译码器再对编码器输入消息做最佳判决，纠正解调器可能发生的错误判决，这是硬判决译码的思想。事实上，经过解调器对符号的硬判决，丢失了很多有利于译码的信息。为了提高编码通信系统的性能，人们从信息论的角度对接收机中解调器与信道译码器的功能划分和接口重新审视，提出了软判决译码方法。即解调器对输出不进行判决，送到译码器的是判决符号可能的概率值或未量化输出，而非硬判决值，则译码器就可以利用这些信息与编码信息综合做出判决，从而提高系统性能，这就是软判决译码的基本思想。研究表明，在接收机中，解调器采用软输出可以得到比硬输出高 2dB 左右的附加编码增益。

软判决译码算法主要分为两大类：一类是使符号误码率最小的逐位软判决译码算法，如 1974 年 Bahl、Cocke、Jelinek 和 Raviv 共同提出的前向后向最大后验概率（MAP）译码算法（也称为 BCJR 算法）和 Lee 提出的前向 MAP 算法，1976 年 Hartman 和 Rudolph 提出的逐位译码算法及 1971 年 Weldon 提出的重量删除译码算法等；另一类是使码字误码率最小的逐组软判决译码方法，如

1966 年 Forney 提出的广义最小距离（Generalized Minimum Distance，GMD）译码算法、1972 年 Chase 提出的 Chase 算法及 1967 年 Viterbi 提出的 Viterbi 译码算法等。

1974 年，J. Massey 提出了将编码与调制作为一个整体可能会提高系统性能的设想。此后，许多学者研究了将此设想付诸于实践的途径。其中，1982 年由 Ungerboeck 提出的网格编码调制（Trellis Coded Modulation，TCM）概念是解决带宽和纠错这对矛盾的一个理想方案，它将纠错编码技术与调制技术有机结合，在不增加系统带宽要求的条件下通过扩展符号映射空间来达到提高编码增益的目的。TCM 技术奠定了限带信道上编码调制技术的研究基础，被认为是信道编码发展中的一个里程碑。另外，几乎在同一时期，日本学者 Imai 提出了一种采用分组码的编码调制技术，称为分组编码调制（Block Coding Modulation，BCM）技术。它在衰落信道中的性能比较突出。

虽然软判决译码、级联码和编码调制技术都对信道码的设计和发展产生了重大影响，但是其增益与 Shannon 理论极限始终都存在 2～3dB 的差距。因此，在 Turbo 码提出以前，信道截止速率一直被认为是差错控制码性能的实际极限，Shannon 极限仅仅是理论上的极限，在实际中是不可能达到的。

直到 1993 年 Turbo 码的提出和 1996 年再发现的低密度奇偶校验码，让人们看到了逼近 Shannon 限的可能。

1.3 无线通信安全

随着互联网的出现和成功，结合大规模无线网络的发展，网络通信已经无处不在。然而，无处不在的在线服务则带来了更大的安全问题。例如，无线通信的广播特性使得通信更易受到窃听的威胁。数据的拦截和恶意使用将是一个很大的社会问题，因此安全通信的需求极大地增加了。

在无线通信发展过程中，由于第一代与第二代移动通信系统没有采取相应的安全措施或者安全措施并不完善，使得通信安全得不到保证，这样一来，就给网络运营商带来了巨大损失。尽管在后来出现的两代无线通信网络中，信息安全机制在某种程度上得到了加强。但是不可否认的是，通信安全问题一直是无线通信不容忽视的一个问题。相比较而言，移动通信网络与传统的有线电话网络的显著区别就是移动通信网络的信息传输通道是无线信道。

除了标准的安全特性，无线通信系统还面临着由无线通信本身的开放特性引起的特定的安全弱点。首先，无线通信信道容易受到信道阻塞的攻击。攻击者能够很容易地阻塞物理通信信道，由此阻止合法用户访问网络；其次，没有适当的认证机制，攻击者可以使非授权的用户绕过像防火墙之类的安全基础设施而直接访问网络资源；最后，由于无线媒体先天的开放特性，在没有采用先进的技术设备的情况下，很容易被窃听。在原理上，即使是网络中的合法用户也被认为是一个潜在的窃听者。

目前的无线通信网络大多数采用传统的密码体系，利用传统的密码学理论对数据进行加密，可分为对称加密体系与非对称加密体系。对称加密体系通过一条绝对安全的信道首先在通信双方之间共享密钥，通过各种加密算法对数据进行加密处理，现在常用的 AES 就属于这种加密机制，这种机制可以实现很高的加密速率。非对称加密体系即公钥–密钥体系，通信中公钥对所有人可见，但密钥只有接收方所有，发送方使用公钥对数据加密，接收方使用只有自己知道的密钥对数据解密，著名的 RSA 加密算法就是这种机理。很显然，公钥–密钥体系相对于对称加密体系更安全，但运算缓慢。这两种体系都很大程度上依赖于计算机的运算能力，并且没有任何一种是绝对安全的，随着计算机运算能力的加强，现有的保密算法都将不再安全，保密算法也必须升级。

基于传统密码学的无线系统安全理论在安全性设计方面，都是与物理层独立分开并在物理层之上来应用这些密码体系的。然而，传统的密码体系在无线通信中依然面临着巨大挑战，这就需要我们从另外一个角度来研究无线通信的安全性问题，即允许合法通信双方在不依赖密钥的条件下获得所需要的安全性条件。

从历史的观点看，如图 1-2（a）所示的传统无线通信协议中的分层方法是针对简化通信协议而设计的，这些方法对安全性的考虑是很少的。以上提到的安全问题必须在这种分层的方式中得到解决，首先图 1-2 描述了各层的用途。信道编码应用在物理层以确保所有上层无差错的信息传输，以及保证数据链路层（MAC）的控制处理。尽管现在的通信协议并不严格按照这种分层方式而通常是跨层方式，但为了表达方便，我们在本书的以后各部分仍然使用传统的分层概念。

图 1-2（b）列举了在不同协议层的几种安全性实现机制：WiFi 保护接入（Wireless Fidelity Protected Access，WPA）、IP 安全（Internet Protocol security，IPsec）、传输层安全（Transport Layer Security，TLS）及优良保密协议（Pretty Good Privacy，PGP）加密机制，并显示了它们实现时所处的网络层次。我们可以明显地看出，WiFi 保护接入设计的层次是离物理层最近的，其次是 IP 安全，所有这些安全机制都是运用在物理层之上的。

上述传统的安全机制几乎都存在着安全方面的漏洞，我们以 WiFi 保护接入为例来说明其安全性方面存在的问题。在 WiFi 保护接入的无线局域网中，其安全威胁主要来自下面两个方面：①会话劫持（session hijack）攻击的威胁。当公众热点（public-hot-spot）仅使用 IEEE 802.1x 认证时，无线网络特别容易受攻击。②在传统有线网络环境下，单向认证不存在问题，但在无线网络中，信息传输时就可能会遭到“非法窃听者”的攻击。例如，黑客对服务器伪装成客户端，而将无线客户端伪装成接入点（Access Point，AP），即无线访问接入点。这样黑客在经过单向认证之后，这个“非法窃听者”便充当中间人的角色，来完全窃取无线信道中的任何数据。此外，这些密码体系实现都有一个共同的假设：信息在物理层的传输是完美无差错的。然而，对于无线信道而言，到目前为止，还没有足够的证据来表明这样的假设是完全成立的。

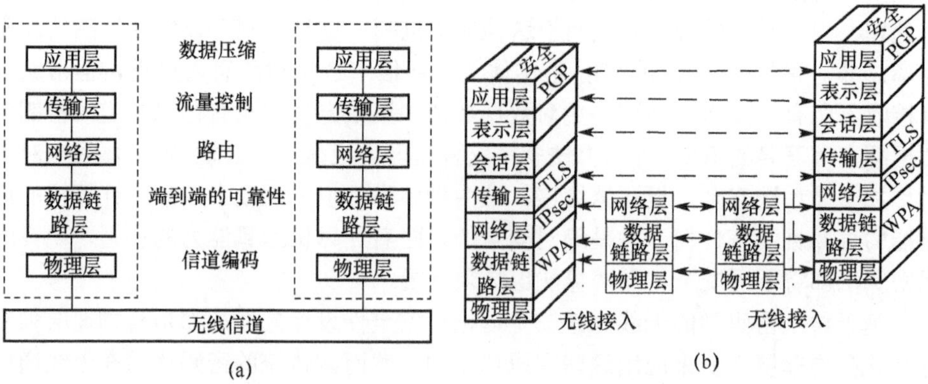

图 1-2　无线通信安全与 ISO 的网络分层协议结构

（a）分层协议结构；（b）无线通信安全与 ISO 网络结构模型。

扩频调制用在物理层以减轻信道阻塞，认证机制用在链路层以阻止非授权的接入，信息加密应用在应用层以阻止窃听。信道干扰和非授权接入分别是物理层和链路层的弱点，它们在各层中都得到了很好的安全解决方案；然而，窃听仍然是物理层的一个弱点，但目前却是在应用层中解决。人们自然会问：在物理层忽略这个物理现象是否恰当？是否存在在物理层解决这种窃听的方法？

1.4　无线通信的物理层安全问题

物理层安全技术在通信双方不需要共享加密密钥，不需要复杂的加密、解密算法，利用信道特性、编码、调制等一系列通信传输方法来建立安全的通信模型。在整个通信过程中，系统不需要绝对安全的信道进行密钥分发、密钥管理，即该系统是一个无条件安全通信系统。

为描述物理层安全的一般概念，考虑使用如图 1-3 所示的无线网络。在图 1-3 中，终端 1 和终端 2 之间的通信被一个未授权的终端 3 窃听。在两个合法用户之间的通信信道称为主信道，在终端 1 和终端 3 之间的通信信道称为窃听信道。

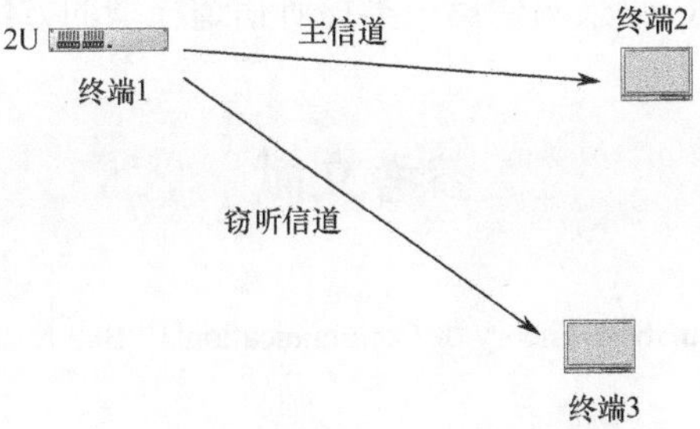

图 1-3 无线网络中的窃听场景描述

当终端 2 和终端 3 未连接的时候，在主信道和窃听信道输出的无线电信号通常是不同的。这些差异主要是由无线通信中的信道衰减和路径损耗引起的。衰减是一种自我干扰现象，主要是无线电频率波多径传播的结果，而路径损耗是长距离的波幅衰减的结果。在主信道的传输距离要远比窃听信道的传输距离小的情况下，可以认为在终端 3 检测信号要远比终端 2 困难。例如，如果终端 1 广播一个视频，相比终端 2 来说，终端 3 处接收到的信号质量就有很大程度的下降，甚至使得终端 3 无法理解视频流的内容。目前，针对窃听的安全解决方案完全不考虑这些因素，通常情况下是假设让窃听者以合法接收者的身份来检测同样的信号。相反地，物理层安全的关键点就是明确考虑物理层的不同物理通信特性，以更好地保护主信道上的合法信息交互。

物理层安全技术基于 Shannon 提出的绝对安全模型[2]。在 Shannon 提出的经典密码系统中，合法通信双方共享一个窃听者无法获取的密钥，利用这个密钥对数据进行加密、解密处理，在窃听者接收序列与发送序列相互独立的条件下，互信息量为 0。但是这种基于密钥的秘密技术依赖于攻击者计算上的不可行假设，如果攻击者的计算资源和技术时间是无限的，那么此时就没有安全性可言了，因此这种方法不满足 Shannon 提出的绝对安全模型。Shannon 绝对安全模型的仅有例子是“一次一密”，其提出是在密钥长度和需加密信息长度相同或更长的情况下，这样的系统是不可破的，但这种假设在实际中不可用。

1973 年，Wyner 提出了绝对安全模型的新解决思路——第一类窃听信道模型[3]，随后 Csiszar 与 Korner 对模型进行了改进[4]。在窃听信道模型中，发送方发送出数据，合法接收者与窃听者同时收到了数据，假设窃听信道的信道质量劣于主信道，在这个条件下，证明了不依赖分享密钥即可实现绝对安全通信。在实际中，很难保证窃听信道的信道质量劣于主信道，如窃听者利用高功率的接收天线，轻易就可以保证接收误码率低于合法接收者。上述模型只是证明了可实现性，但并未提出合理的秘密编码方案及窃听信道模型如何建立。

文献[5-7]中提出了利用多天线系统的优势来构建完美秘密系统，文献[8]提出协同方式有利于秘密消息的传输，文献[9]考虑了多点接入的双向窃听信道。文献[10]提出了利用 LDPC 码来构建第一类窃听信道模型的方法。

参考文献

[1] Shannon C E. A Mathematical Theory of Communication[J]. Bell Systematic Technical Journal, 1948, 27(4): 379-423.

[2] Shannon C E. Communication theory of secrecy systems[J]. Bell Systematic Technical Journal, 1949, 28(4): 656-715.

[3] Wyner A D. The wire-tap channel[J]. Bell Systematic Technical Journal, 1975, 54(8): 1355-1387.

[4] Csiszar I, Korner J. Broadcast channels with confidential messages[J]. IEEE Transaction on Information Theory, 1978, 24(3): 339-348.

[5] Hero A O. Secure space-time communication [J]. IEEE Transaction on Information Theory, 2003, 49(12): 3235-3249.

[6] Li X, Wu J H. Using antenna array redundancy and channel diversity for secure wireless transmissions [J]. Journal of Communication, 2007, 2(3): 24-32.

[7] Kim H, Villasenor J D. Secure MIMO communcications in a system with equal numbers of transmit and receive antennas[J]. IEEE Communications Letters, 2008, 12(5): 386-388.

[8] Yuksel M, Erkip E. The relay channel with a wire-tapper[C]. Proceedings of 41st Annual Conference on Information Sciences and Systems, Baltimore, 2007: 13-18.

[9] Tekin E, Yener A. The general Gaussian multiple-access and two-way wire-tap channels: Achievable rates and cooperative jamming[J]. IEEE Transaction on Information Theory, 2008, 54(6): 2735-2751.

[10] Nloch M, Barros J, Rodrigues M R D. Wireless information theoretic security[J]. IEEE Transaction on Information Theory, 2008, 54(6): 2515-2534.

第2章 可靠与安全编码基础

可靠编码和安全编码，都有一些基本的定义和定理需要遵守，都有一些恰当的表达方法可以使用，同时可靠编码和安全编码都有其提出的基础和性能的极限。本章首先简单介绍可靠编码的概念、编码方法及译码方法；然后对几类典型信道模型的信道容量进行简单的介绍。在安全编码中，与可靠编码的信道容量相对应的是秘密编码容量，因此本章也对秘密编码容量进行了介绍。

2.1 可靠编译码的基本原理

2.1.1 线性分组码

1. 基本概念

按照对信息元处理方法的不同，信道可靠编码分为分组码与卷积码两大类，本节首先介绍分组码。分组码是纠错码中最基本的一类编码方法，这里仅限讨论分组码类中最常用的一个子类——线性分组码。同时由于只讨论二元码，即码元取值为 0 或 1，因此下面只涉及符号取自二元有限域 GF(2)的线性分组码，即二元线性分组码。

线性分组码是把待发送的信息序列划分成为k个码元的一段（称为信息组），通过编码器变成长为n个码元的一组，这n个码元的一组称为码字（码组）。在二进制情况下，信息组共有2^k个，因此通过编码器后，相应的码字也有2^k个，2^k个码字集合称为线性分组码，用(n,k)表示，n表示码长，k表示信息位，码率$R=k/n$。二元线性分组码必须满足如下条件：码字集合中的任意两个码字经过模 2 加之后得到的结果仍然是码字集合中的一个码字。码字集合中包含全零码字。

从数学角度讲，可以把一个(n,k)线性分组码看成二元n维线性空间上的k维子空间。因此，(n,k)线性分组码可以通过由k个线性无关的二元n维矢量集合$\{\boldsymbol{g}_0,\boldsymbol{g}_1,\cdots,\boldsymbol{g}_{k-1}\}$得到，得到的码字实际上是这些$n$维矢量根据信息序列分组中各比特的取值而得到的线性组合。

2. 生成矩阵和校验矩阵

线性分组码的编码过程可以描述为一个信息矢量$\boldsymbol{m}$和一个矩阵相乘的结

果，即

$$C = m \cdot G \tag{2-1}$$

式中：G 为 k 个 n 维矢量 $\{g_0, g_1, \cdots, g_{k-1}\}$ 构成的矩阵；m 为信息序列分组 $\{m_0, m_1, \cdots, m_{k-1}\}$；$C$ 为 n 维编码输出 $\{c_0, c_1, \cdots, c_{n-1}\}$。

式（2-1）中矢量与矩阵的乘法在二元域GF(2)上进行。

根据式（2-1），码字 C 可以表示为

$$C = m_0 \cdot g_0 + m_1 \cdot g_1 + \cdots + m_{k-1} \cdot g_{k-1} \tag{2-2}$$

矩阵 G 又称为编码生成矩阵，形式为

$$G = \begin{bmatrix} g_0 \\ g_1 \\ \vdots \\ g_{k-1} \end{bmatrix} = \begin{bmatrix} g_{0,0} & g_{0,1} & \cdots & g_{0,n-1} \\ g_{1,0} & g_{1,1} & \cdots & g_{1,n-1} \\ \vdots & \vdots & \ddots & \vdots \\ g_{k-1,0} & g_{k-1,1} & \cdots & g_{k-1,n-1} \end{bmatrix} \tag{2-3}$$

例如，对于一个二元(7,3)线性分组码，其生成矩阵可表示为

$$G = \begin{bmatrix} 1 & 0 & 0 & 1 & 1 & 1 & 0 \\ 0 & 1 & 0 & 0 & 1 & 1 & 1 \\ 0 & 0 & 1 & 1 & 1 & 0 & 1 \end{bmatrix}$$

如果一个编码信息序列分组为 $m = [0 \quad 1 \quad 1]$，则生产的码字为

$$C = m \cdot G = [0 \quad 1 \quad 1] \begin{bmatrix} 1 & 0 & 0 & 1 & 1 & 1 & 0 \\ 0 & 1 & 0 & 0 & 1 & 1 & 1 \\ 0 & 0 & 1 & 1 & 1 & 0 & 1 \end{bmatrix} = (0 \quad 1 \quad 1 \quad 1 \quad 0 \quad 1 \quad 0)$$

以上述(7,3)线性分组码为例，表 2-1 给出了所有信息序列分组和生成码字间的一一对应关系。

表 2-1 (7,3)线性分组码的信息序列分组和码字

信息序列分组 m	码字 C
0 0 0	0 0 0 0 0 0 0
0 0 1	0 0 1 1 1 0 1
0 1 0	0 1 0 0 1 1 1
0 1 1	0 1 1 1 0 1 0
1 0 0	1 0 0 1 1 1 0
1 0 1	1 0 1 0 0 1 1
1 1 0	1 1 0 1 0 0 1
1 1 1	1 1 1 0 1 0 0

与每个线性分组码相联系的还有另一种有用的矩阵。对于任意有 k 个线性独立行的 $k \times n$ 矩阵 G，存在一个具有 $n-k$ 行线性独立的 $(n-k) \times n$ 阶矩阵 H，它

使得矩阵 $\boldsymbol{G}$ 的行空间中的任意向量都和矩阵 $\boldsymbol{H}$ 的行正交，且与矩阵 $\boldsymbol{H}$ 的行正交的任意向量都在矩阵 $\boldsymbol{G}$ 的行空间中。因此，我们用如下的另一种方法来描述由矩阵 $\boldsymbol{G}$ 生成的 (n,k) 线性码：一个 n 维向量 $\boldsymbol{C}$ 是矩阵 $\boldsymbol{G}$ 生成的码字中的码字，其充要条件为

$$\boldsymbol{C}\cdot\boldsymbol{H}^{\mathrm{T}}=\boldsymbol{0}^{\mathrm{T}} \tag{2-4}$$

此时，$\boldsymbol{H}$ 称为一致校验矩阵。一般情况下，一个 (n,k) 线性分组码的矩阵 $\boldsymbol{H}$ 可表示为

$$\boldsymbol{H}=\begin{bmatrix} h_{1,n-1} & h_{1,n-2} & \cdots & h_{1,0} \\ h_{2,n-1} & h_{2,n-2} & \cdots & h_{2,0} \\ \vdots & \vdots & \ddots & \vdots \\ h_{n-k,n-1} & h_{n-k,n-1} & \cdots & h_{n-k,0} \end{bmatrix} \tag{2-5}$$

则式（2-4）可表示为

$$[c_0,c_1,\cdots,c_{n-1}]\begin{bmatrix} h_{1,n-1} & h_{2,n-1} & \cdots & h_{n-k,n-1} \\ h_{1,n-2} & h_{2,n-2} & \cdots & h_{n-k,n-2} \\ \vdots & \vdots & \ddots & \vdots \\ h_{1,0} & h_{2,0} & \cdots & h_{n-k,0} \end{bmatrix}=\boldsymbol{0} \tag{2-6}$$

矩阵 $\boldsymbol{G}$ 中的每一行及其线性组合均为 (n,k) 线性分组码中的一个码字，所以由式（2-4）可知

$$\boldsymbol{G}\cdot\boldsymbol{H}^{\mathrm{T}}=\boldsymbol{0} \tag{2-7}$$

例如，对于一个二元 $(7,3)$ 线性分组码，其相应的校验矩阵为

$$\boldsymbol{H}=\begin{bmatrix} 1 & 0 & 1 & 1 & 0 & 0 & 0 \\ 1 & 1 & 1 & 0 & 1 & 0 & 0 \\ 1 & 1 & 0 & 0 & 0 & 1 & 0 \\ 0 & 1 & 1 & 0 & 0 & 0 & 1 \end{bmatrix}$$

显然满足 $\boldsymbol{G}\cdot\boldsymbol{H}^{\mathrm{T}}=\boldsymbol{0}$。

3．线性分组码的最小距离

好的编码方式应该使得码字之间的区别尽可能大。对于二元码而言，码字集合中任何两个码字之间的区别就表现在它们相应位置上比特取值的区别。为衡量码字之间的区别，这里定义码字距离与重量的概念。

定义 2.1　两个 n 重序列 $\boldsymbol{x}$、$\boldsymbol{y}$ 之间，对应位取值不同的个数，称为它们之间的汉明距离，用 $d(\boldsymbol{x},\boldsymbol{y})$ 表示。

例如，若 $\boldsymbol{x}=(10101)$，$\boldsymbol{y}=(01111)$，则 $d(\boldsymbol{x},\boldsymbol{y})=3$。

定义 2.2　n 维向量 $\boldsymbol{x}$ 中非零码元个数，称为它的汉明重量，简称重量，用 $w(\boldsymbol{x})$ 表示。

例如，若 $\boldsymbol{x}=(10101)$，则 $w(\boldsymbol{x})=3$；若 $\boldsymbol{y}=(01111)$，则 $w(\boldsymbol{y})=4$。

定义 2.3 在 (n,k) 线性分组码中，任何两个码字之间距离的最小值，称为该线性分组码的最小汉明距离 d_0，简称最小距离，可定义为

$$d_0=\min_{x,y\in(n,k)}\{d(\boldsymbol{x},\boldsymbol{y})\}$$

例如，在（3,2）线性分组码中，$n=3$，$k=2$，共有 $2^2=4$ 个码字：000,011,101,110，显然 $d_0=2$。

最小汉明距离 d_0 是线性分组码的另一个重要参数，它表明了线性分组码抗干扰能力的大小。因此，有时线性分组码也用 (n,k,d_0) 表示。

下面给出线性分组码和校验矩阵之间的关系。

定理 2.1 (n,k,d) 线性分组码最小距离等于 d 的充要条件是，一致校验矩阵 $\boldsymbol{H}$ 中任意 $d-1$ 列线性无关。

4. 系统码

对于线性分组码的码字，我们希望它具有如图 2-1 所示的系统结构。其码字划分成两部分，即消息部分和冗余校验部分。信息部分由 k 个未变化的信息位组成，冗余校验部分由 $n-k$ 位一致校验位组成，它们是信息位的线性组合。有这种结构的线性分组码称为线性系统分组码。

k位信息位	$n-k$位校验位

图 2-1 码字的系统形式

因此系统的生成矩阵为

$$\boldsymbol{G}=\begin{bmatrix}\boldsymbol{I}_k & \boldsymbol{P}\end{bmatrix} \tag{2-8}$$

式中：$\boldsymbol{P}$ 为 $k\times(n-k)$ 阶矩阵；$\boldsymbol{I}_k$ 为 k 阶单位阵。

如果信息位不在码字的前 k 位，而在码字的后 k 位，则矩阵 $\boldsymbol{G}$ 的 $\boldsymbol{I}_k$ 单位阵在矩阵 $\boldsymbol{P}$ 的右边。

若 (n,k) 线性分组码生成矩阵为式（2-8）的系统形式，则一致校验矩阵 $\boldsymbol{H}$ 可取如下形式：

$$\boldsymbol{H}=\begin{bmatrix}-\boldsymbol{P}^{\mathrm{T}} & \boldsymbol{I}_{n\text{-}k}\end{bmatrix} \tag{2-9}$$

式中：$-\boldsymbol{P}^{\mathrm{T}}$ 为 $(n-k)\times k$ 阶矩阵 $\boldsymbol{P}$ 的转置，“$-$”号表示矩阵 $\boldsymbol{P}^{\mathrm{T}}$ 中的每一元素都是矩阵 $\boldsymbol{P}$ 中对应元素的逆元，在二进制情况下，仍是该元素。

显然，由此得到的矩阵 $\boldsymbol{H}$ 满足

$$\boldsymbol{G}\cdot\boldsymbol{H}^{\mathrm{T}}=\begin{bmatrix}\boldsymbol{I}_k & \boldsymbol{P}\end{bmatrix}\begin{bmatrix}-\boldsymbol{P}\\ \boldsymbol{I}_k\end{bmatrix}=\boldsymbol{0}$$

5. 循环码和准循环码

若一个线性分组码的任一码字左移或右移 1 位后，得到的仍是该码的一个码

字，则这种码为循环码。循环码是一类非常重要的线性码，它的特点是编译器可以很容易地利用移位寄存器构造乘法电路和除法电路来实现，而且由于循环码具有很好的代数结构，因此译码方法相对简单。循环码由于其实现简单而在众多通信系统中得到广泛的应用。下面对循环码的基本结构和描述作简单的介绍。

考虑一个 (n,k) 线性分组码 C，对于其中任意一个码字 $\boldsymbol{c}=(c_0,c_1,\cdots,c_{n-1})\in C$，恒有 $\boldsymbol{c}'=(c_{n-l},c_{n-l+1},\cdots,c_{n-1},c_0,c_1,\cdots,c_{n-l-1})\in C$，则线性码 C 称为循环码。

循环码的码字可以用矢量形式表示，即

$$\boldsymbol{c}=(c_0,c_1,\cdots,c_{n-1}) \tag{2-10}$$

也可以用多项式形式表示，即

$$c(x)=c_0+c_1x+\cdots+c_{n-1}x^{n-1} \tag{2-11}$$

此多项式又称为码字多项式。

若 x 乘以 $c(x)$，并对 x^n-1 取模，有

$$xc(x)=c_0x+c_1x_2+\cdots+c_{n-1}x_n\equiv c_{n-1}+c_0x+c_1x^2+\cdots+c_{n-2}x^{n-1}\bmod(x^n-1) \tag{2-12}$$

这样，循环码的循环码位移就可以由模 x^n-1 下的码字多项式 $c(x)$ 乘以 x 的运算给出。循环码可以由它的生成多项式 $g(x)$ 唯一决定，其生成多项式的形式为

$$g(x)=g_0+g_1x+\cdots+g_{n-k}x^{n-k} \tag{2-13}$$

类似地，信息序列也可表示为多项式 $m(x)$ 的形式，生成码字用多项式 $c(x)$ 表示，则

$$c(x)=m(x)g(x) \tag{2-14}$$

由于多项式乘法等价于多项式系数的卷积，进一步有

$$c_i=\sum_{j=0}^{n-k}m_{i-j}g_j \tag{2-15}$$

GF(2) 上 (n,k) 循环码的生成多项式 $g(x)$ 有一个重要的特性：生成多项式 $g(x)$ 一定是多项式 x_n-1 的一个因式，即

$$x_n-1=g(x)h(x) \tag{2-16}$$

如果 $g(x)$ 的幂次为 $n-k$，则 $h(x)$ 为 k 次多项式，在以 $g(x)$ 为生成多项式构成的 (n,k) 循环码中，$g(x),xg(x),\cdots,x^{k-1}g(x)$ 等 k 个多项式必定是线性无关的。可以由这些码字多项式所对应的码字构成循环码的生成多矩阵 $\boldsymbol{G}$，则

$$\begin{cases}g(x)=g_0+g_1x+\cdots+g_{n-k}x^{n-k}\\ xg(x)=g_0x+g_1x^2+\cdots+g_{n-k}x^{n-k+1}\\ \quad\vdots\\ x^{k-1}g(x)=g_0x^{k-1}+g_1x^k+\cdots+g_{n-k}x^{n-1}\end{cases} \tag{2-17}$$

所以，循环码的生成多项式可以表示为

$$G=\begin{bmatrix} g_0 & g_1 & \cdots & g_{n-k} & 0 & 0 & \cdots & 0 \\ 0 & g_0 & g_1 & \cdots & g_{n-k} & 0 & \cdots & 0 \\ \vdots & & \ddots & \ddots & & & \ddots & \\ 0 & \ddots & 0 & g_0 & g_1 & & \cdots & g_{n-k} \end{bmatrix} \tag{2-18}$$

则

$$x^n-1=g(x)h(x)=(g_0+g_1x+\cdots+g_{n-k}x^{n-k})(h_0+h_1x+\cdots+h_kx^k)$$

根据待定系数法，有

$$\begin{cases} g_0h_0=-1 \\ g_0h_1+g_1h_0=0 \\ \qquad\vdots \\ g_0h_i+g_1h_{i-1}++g_{n-k}h_{i-(n-k)}=0 \\ \qquad\vdots \\ g_0h_{n-1}+g_1h_{n-2}++g_{n-k}h_{k-1}=0 \\ g_{n-k}h_k=1 \end{cases} \tag{2-19}$$

(n,k) 循环线性分组码对应的一致校验矩阵为

$$H=\begin{bmatrix} h_k & h_{k-1} & \cdots & h_0 & 0 & \cdots & & 0 \\ 0 & h_0 & h_1 & \cdots & h_0 & 0 & \cdots & 0 \\ \vdots & \vdots & & & \vdots & \vdots & & \vdots \\ 0 & 0 & \cdots & 0 & h_k & h_{k-1} & \cdots & h_0 \end{bmatrix} \tag{2-20}$$

可以验证矩阵 $\boldsymbol{H}$ 满足

$$\boldsymbol{G}\cdot\boldsymbol{H}^{\mathrm{T}}=\boldsymbol{0}$$

所以 $h(x)$ 称为码的校验多项式，相应的矩阵 $\boldsymbol{H}$ 为码的一致校验矩阵。

对某些码，任一码字循环移多次，可得到该码的另一个码字，则称此码为准循环码。准循环码的编码还是可以用移位寄存器来实现的，编码是简单的。

定义 2.4 设 s、n_0、k_0 为正整数，若线性 (sn_0,sk_0) 码的任意码字移位 n_0 后仍然是一个码字，则该码被称为分组长度为 n_0 的准循环码。

准循环码的生成矩阵可以写成

$$\boldsymbol{G}=\begin{bmatrix} \boldsymbol{G}_{11} & \boldsymbol{G}_{12} & \cdots & \boldsymbol{G}_{1n_0} \\ \boldsymbol{G}_{21} & \boldsymbol{G}_{22} & \cdots & \boldsymbol{G}_{2n_0} \\ \vdots & \vdots & \ddots & \vdots \\ \boldsymbol{G}_{k_01} & \boldsymbol{G}_{k_02} & \cdots & \boldsymbol{G}_{k_0n_0} \end{bmatrix} \tag{2-21}$$

式中：$\boldsymbol{G}_{ij}$ 为 s 阶循环矩阵，可表示为

$$
\boldsymbol{G}_{ij}=\begin{bmatrix} g_1 & g_2 & \cdots & g_s \\ g_s & g_1 & \cdots & g_{s-1} \\ \vdots & \vdots & \ddots & \vdots \\ g_2 & g_3 & \cdots & g_1 \end{bmatrix} \tag{2-22}
$$

式中：对于二进制码 $g_i \in \mathrm{GF}(2)$。

系统准循环码的生成矩阵具有如下的形式：

$$
\boldsymbol{G}=\begin{bmatrix} \boldsymbol{I} & 0 & 0 & \cdots & 0 & \boldsymbol{G}_{1,k_0+1} & \cdots & \boldsymbol{G}_{1,n_0} \\ 0 & \boldsymbol{I} & 0 & \cdots & 0 & \boldsymbol{G}_{2,k_0+1} & \cdots & \boldsymbol{G}_{2,n_0} \\ 0 & 0 & \boldsymbol{I} & \cdots & 0 & \boldsymbol{G}_{3,k_0+1} & \cdots & \boldsymbol{G}_{3,n_0} \\ \vdots & \vdots & \vdots & \ddots & \vdots & \vdots & \ddots & \vdots \\ 0 & 0 & 0 & \cdots & \boldsymbol{I} & \boldsymbol{G}_{k_0,k_0+1} & \cdots & \boldsymbol{G}_{k_0,n_0} \end{bmatrix} \tag{2-23}
$$

2.1.2 卷积码

1．基本概念

卷积码是纠错码中的又一大类。由于分组码码字中的 $n-k$ 个校验元仅与本码字的 k 个信息元有关，与其他码字无关，因此分组码的编译码是对各个码字孤立地无记忆进行的。从信息论的观点看，这种做法必然会损失一部分相关信息，而卷积码的出现使人们有可能利用这部分相关信息。卷积码编码器的输出结果不仅与本子码的 k 个信息元有关，还与此前 m 个子码中的信息元有关，因此卷积码编码器需要有存储 m 组信息元的记忆部件。

卷积码编码器可以看作一个由 k 个输入端和 n 个输出端组成的时序网络。设第 i 时刻输入编码器的 k 个信息为 $\boldsymbol{m}_i=(m_i(1),m_i(2),\cdots,m_i(k))$，相应的输出是由 n 个码元组成的子码 $\boldsymbol{c}_i=(c_i(1),c_i(2),\cdots,c_i(n))$。若输入的信息序列为 $\boldsymbol{m}=(m_0,m_1,m_2,\cdots)$，则输出子码为 $\boldsymbol{c}=(c_0,c_1,c_2,\cdots)$。与分组码相同，卷积码也可分为系统码和非系统码，如果 n 位长的子码中，前 k 位是原输入的信息元，则该卷积码称为系统码，否则称为非系统码。

卷积码也可以像分组码一样用码多项式或者生成矩阵等形式来描述。此外，根据卷积码的特点，还可以用状态图（State Diagram）、树图（Tree）及格图（Trellis）等工具来描述。下面首先从卷积码的编码开始讨论。

图 2-2 所示为二进制 (3,1,2) 卷积码的一种编码器结构框图。在 (3,1,2) 中，“3”表示码长 n，“1”表示输入信息长 k，“2”表示存储单元个数 m。

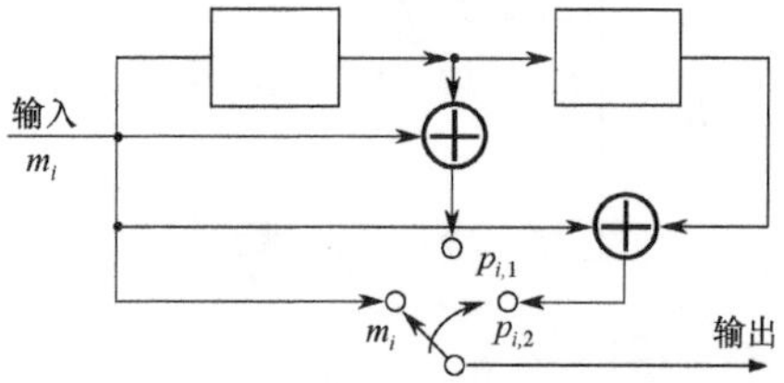

图 2-2　(3,1,2)卷积码编码器

第 i 时刻输入信息元 m_i，此时刻的子码为 $\boldsymbol{c}_i=(m_i,p_{i,1},p_{i,2})$，其中，$p_{i,1}$、$p_{i,2}$ 为校验元且满足 $c_i(1)=m_i$、$c_i(2)=p_{i,1}=m_i+m_{i-1}$、$c_i(3)=p_{i,2}=m_i+m_{i-2}$；下一个时间单位输入的信息元为 m_i+1，则对应的校验元满足 $c_{i+1}(2)=p_{i+1,1}=m_{i+1}+m_i$、$c_{i+1}(3)=p_{i+1,3}=m_{i+1}+m_{i-1}$，则第二个子码为 $\boldsymbol{c}_{i+1}=(m_{i+1},c_{i+1}(2),c_{i+1}(3))$。每 i 时刻送入编码器 1 个信息元，编码器就送出相应的 3 个码元组成一个子码 c_i 送入信道。这 n 个码元组成的子码 c_i 称为卷积码的一个码段或子组。显然，第 i 时刻输入的信息组 m_i 及相应码段 c_i，不仅与前 $m=2$ 个码段中的码元有关，也参与了后 m 个码段中的校验运算。

2. 卷积码的生成矩阵和校验矩阵

根据图 2-2 所示的(3,1,2)卷积分组码编码器框图，设编码器寄存器的初始状态全为 0，输入信息序列分别为 $\boldsymbol{m}_1=(100\cdots)$，$\boldsymbol{m}_2=(0100\cdots)$，$\boldsymbol{m}_3=(00100\cdots)$，…，则编码器相应输出的码序列分别为 c_1=（111 101 001 000 000⋯），$\boldsymbol{c}_2=(000\ 111\ 010\ 000\ 000\ \cdots)$，$\boldsymbol{c}_3=(000\ 000\ 111\ 010\ 001000\ \ 000\ \cdots)$。当输入信息序列 $\boldsymbol{m}=\boldsymbol{m}_1+\boldsymbol{m}_2+\boldsymbol{m}_3+\cdots$，则输出码序列 $\boldsymbol{c}=\boldsymbol{c}_1+\boldsymbol{c}_2+\boldsymbol{c}_3+\cdots$。用矩阵表示为

$$\boldsymbol{C}=\boldsymbol{M}\boldsymbol{G}_\infty=\begin{bmatrix}111 & 010 & 001 & 000 & 000 & \cdots\\ 000 & 111 & 010 & 001 & 000 & \cdots\\ 000 & 000 & 111 & 010 & 001 & \cdots\\ & & \ddots & & \ddots & \end{bmatrix}=(111\ 101\ 100\ 011\ 001\ 000\ \cdots) \tag{2-24}$$

由此可见，卷积码生成矩阵 $\boldsymbol{G}_\infty$ 是一个半无限矩阵，有无限个行与列，且每一行都是前一行右移 3（n）位的结果。矩阵 $\boldsymbol{G}_\infty$ 可以完全由它的第一行决定，写为

$$\boldsymbol{g}_\infty=[111,010,001,000,000,\cdots]=[\boldsymbol{g}_0,\boldsymbol{g}_1,\boldsymbol{g}_2,\boldsymbol{0},\boldsymbol{0},\cdots] \tag{2-25}$$

$\boldsymbol{g}_\infty$ 称为基本生成矩阵，其中 $\boldsymbol{g}_0$、$\boldsymbol{g}_1$、$\boldsymbol{g}_2$ 等都是一个 1×3 阶（$k\times n$ 阶）矩阵。矩阵 $\boldsymbol{G}_\infty$ 可进一步通过延迟算子 D 来表示，延迟算子 D 表示卷积码编码过程中一

个单位时间（n个码元）的延迟。则矩阵$\boldsymbol{G}_\infty$可写为

$$\boldsymbol{G}_\infty=\begin{bmatrix}\boldsymbol{g}_\infty\\ D\boldsymbol{g}_\infty\\ D^2\boldsymbol{g}_\infty\\ \vdots\end{bmatrix}=\begin{bmatrix}\boldsymbol{g}_0 & \boldsymbol{g}_1 & \boldsymbol{g}_2 & 0 & \cdots & & \\ 0 & \boldsymbol{g}_0 & \boldsymbol{g}_1 & \boldsymbol{g}_2 & 0 & \cdots & \\ 0 & 0 & \boldsymbol{g}_0 & \boldsymbol{g}_1 & \boldsymbol{g}_2 & 0 & \cdots\\ & & \ddots & & & \ddots & \end{bmatrix} \tag{2-26}$$

由于考虑的是线性卷积码，在得到其生成矩阵$\boldsymbol{G}_\infty$后，生成矩阵与校验矩阵的关系为

$$\boldsymbol{G}_\infty\cdot\boldsymbol{H}_\infty^{\mathrm{T}}=\boldsymbol{0} \tag{2-27}$$

由于校验阵也是半无限的，因此对于(n_0,k_0,m)卷积分组码，其校验矩阵具有如下形式：

$$\boldsymbol{H}_\infty=\begin{bmatrix}\boldsymbol{h}_0 & \boldsymbol{0} & \boldsymbol{0} & \cdots & \boldsymbol{0}\\ \boldsymbol{h}_1 & \boldsymbol{h}_0 & \boldsymbol{0} & \cdots & \boldsymbol{0}\\ \boldsymbol{h}_2 & \boldsymbol{h}_1 & \boldsymbol{h}_0 & \cdots & \boldsymbol{0}\\ \vdots & \vdots & \vdots & & \vdots\\ \boldsymbol{h}_m & \boldsymbol{h}_{m-1} & \boldsymbol{h}_{m-2} & \cdots & \boldsymbol{0}\\ \boldsymbol{0} & \boldsymbol{h}_m & \boldsymbol{h}_{m-1} & \cdots & \boldsymbol{0}\end{bmatrix} \tag{2-28}$$

式中：$\boldsymbol{h}_0,\boldsymbol{h}_1,\cdots,\boldsymbol{h}_m$及$\boldsymbol{0}$均是$(n_0-k_0)\times m$阶矩阵，而且校验阵完全由其第一列元素决定。

3. 卷积码的树图描述和状态图表示

例：$(2,1,2)$卷积分组码的生成矩阵为

$$\boldsymbol{G}_\infty=\begin{bmatrix}11 & 00 & 11 & & \\ & 11 & 10 & 11 & \\ & & 11 & 10 & 11\\ & & & \ddots & \end{bmatrix}=\begin{bmatrix}\boldsymbol{g}_0 & \boldsymbol{g}_1 & \boldsymbol{g}_2 & & \\ & \boldsymbol{g}_0 & \boldsymbol{g}_1 & \boldsymbol{g}_2 & \\ & & \boldsymbol{g}_0 & \boldsymbol{g}_1 & \boldsymbol{g}_2\\ & & & \ddots & \end{bmatrix} \tag{2-29}$$

若输入编码器的信息序列为

$$\boldsymbol{M}=(m_0,m_1,\cdots)=(11011\cdots)$$

则编码器输出的码序列为

$$\boldsymbol{C}=\boldsymbol{M}\boldsymbol{G}_\infty=[11,\ 01,\ 01,\ 00,\ 01,\ 01,\ \cdots]=(c_0,\ c_1,\ c_2,\ c_3,\ \cdots)$$

编码过程可用半无限码树图说明，如图 2-3 所示，设编码器初始状态为 0，输入信息序列为$\boldsymbol{M}$，输出码序列相应于码树中的一条正确路径，而其他所有路径都是它的不正确路径。

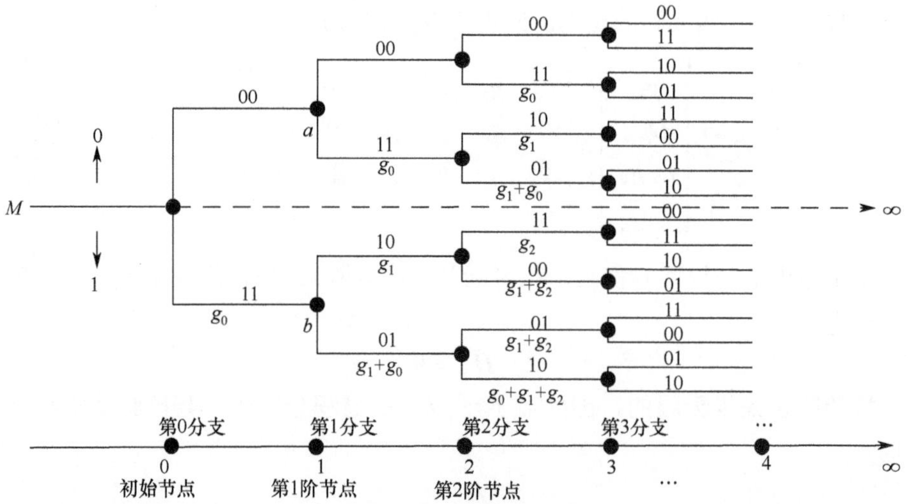

图 2-3　(2,1,2)卷积码的码树图

对于一般的二进制(n_0,k_0,m)编码器，每次输入的是k_0个信息元，有2^{k_0}个可能的信息组，这相当于从码树每一个节点上分出的分支数有2^{k_0}条，对应于2^{k_0}种不同信息组的输入，而且每条都有n_0个码元，作为与此相对应的输出子码。因此，码数上所有可能的路径，就是该卷积码编码器所有可能输出的码序列。

编码器寄存器中任一时刻的存数称为编码器的一个状态，用s_i表示，每个状态都对应一个不同的输入组。如图 2-4 所示为(2,1,2)卷积分组码编码器状态图。编码器由两级移位寄存器组成，其存数只有 4 种可能，即 4 个状态。

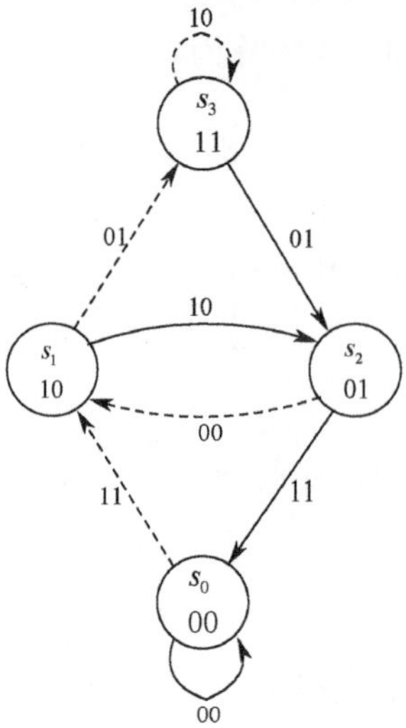

图 2-4　(2,1,2)卷积分组码编码器状态图

2.1.3 信道容量与 Shannon 限

1. 信道容量的定义

信道容量表示一个信道的传输能力，它与信道的噪声大小与分布、传输信号的功率及传输带宽有关。当传输功率和带宽一定时，可以通过信道编码增加冗余度来提高可靠传输性或控制差错概率。对于所有信道都有一个最大的信息传输率，被称为信道容量。它是信道可靠传输的最大信息传输率。对于不同的信道，存在的噪声形式不同，信道带宽及信号的各种限制也不同，具有不同的信道容量。Shannon 定义信道容量为

$$\begin{aligned} C &= \max_{p(x)} I(\boldsymbol{X};\boldsymbol{Y}) = \max_{p(x)}\left[H(\boldsymbol{X}) - H(\boldsymbol{X}/\boldsymbol{Y})\right] \\ &= \sum_{j=0}^{q-1}\sum_{I=0}^{Q-1} p(x_j)p(y_i/x_j)\lg\frac{p(y_i/x_j)}{p(y_i)} \end{aligned} \tag{2-30}$$

式中：变量 $\boldsymbol{X}$ 和 $\boldsymbol{Y}$ 分别为信道的输入和输出； $p(x_i)$ 为变量 x_i 的概率密度函数（Probability Density Function，PDF）； $I(\boldsymbol{X};\boldsymbol{Y})$ 为变量 $\boldsymbol{X}$ 和 $\boldsymbol{Y}$ 的互信息； $H(\boldsymbol{X})$ 为信源的熵； $H(\boldsymbol{X}/\boldsymbol{Y})$ 为信道的条件熵，实际上就是因为信道噪声存在造成的损失熵。

一般时间连续信道的信道容量为

$$C = \max_{p(x)}\left[\lim_{T\to\infty}\frac{1}{T}I(\boldsymbol{X};\boldsymbol{Y})\right] = \max_{p(x)}\left\{\lim_{T\to\infty}\left[H(\boldsymbol{X}) - H(\boldsymbol{X}/\boldsymbol{Y})\right](\text{bit/s})\right\} \tag{2-31}$$

2. 信道容量与 Shannon 限的关系

通信的基本资源是时间 T 、带宽 B 和能量 E 。对通信资源的最小极限使用指标是 Shannon 限。广义 Shannon 限指在一定误码条件下单位时间、单位带宽上传输 1 比特所需要的最小信噪比 $(E_\mathrm{b}/N_0)_\mathrm{min}$ 。当没有误码（误码率为 0）时，就是狭义的 Shannon 限。

对纠错码而言，虽然编码导致传输符号能量降低和相应的误码率增加，但是由于纠错的应用使得译码后的符号差错概率降低，因此折算到传输每比特信息所需要的能量信噪比 E_b / N_0 降低，使能量或带宽的使用效率最大化。Shannon 限就是度量这一效率的极限参量。

在连续信道条件下，信道容量 C 是符号信噪比 E_s/N_0 的增函数。即

$$C = f(E_\mathrm{s}/N_0) = f(RE_\mathrm{b}/N_0) \tag{2-32}$$

式中： C 为设信道容量； R 为信息速率； E_b 为信息比特功率； E_s 为符号功率； N_0 为噪声单边功率谱密度； E_b/N_0 为比特信噪比。

当要求无失真传输时，必须满足 $R \leqslant C$ 的条件，取等号时，通信资源的利用率最大，此时达到该 R 无误传输所消耗的信噪比是最小的，记为 $(E_\mathrm{b}/N_0)_\mathrm{min}$ ，

$(E_b/N_0)_{\min}$ 就是 Shannon 限。

3．信道容量与纠错码的关系

有噪声编码定理（Shannon 第二定理）指出：设离散无记忆信道 $[\boldsymbol{X}, P(y/x), \boldsymbol{Y}]$，$P(y/x)$ 为信道的传输概率，其信道容量为 C。存在一种编码方法，当信息传输率 $R<C$ 时，只要码长 n 足够大，总可以找到相应的译码规则，使译码的误码率任意小 $(P_E \to 0)$。

对于宽带无限的高斯白噪声信道，其信道容量为

$$C=\frac{1}{2}\log_2\left(1+\frac{P}{\sigma^2}\right) \tag{2-33}$$

式中：σ^2 为高斯噪声方差；P 为信号平均功率。

对于带宽为 B、信号功率为 P 的带限 AWGN 信道，其信道容量为

$$C=B\log_2\left(1+\frac{P}{N_0 B}\right) \tag{2-34}$$

式中：$N_0/2$ 为噪声的双边功率谱密度。

在理想的 Nyquist 采样条件下，有

$$P=\frac{E_0}{T} \tag{2-35}$$

式中：E_0 为在每个信号持续时间 T 内的平均信号功率。

从概念上理解，信道容量 C 是在误码率极低的条件下，理论上每秒能够在信道上传输的信息比特数。根据式（2-34），对于固定的信道带宽 B，信道容量 C 随着传输信号平均功率 P 的增加而提高；另外，如果信号平均功率 P 固定，则可以通过增加信道带宽 B 来提高信道容量 C。当信道带宽 $B\to\infty$ 时，信道容量达到渐近极限值，即

$$C_\infty=\frac{P}{N_0\ln 2} \tag{2-36}$$

Shannon 对有噪信道编码定理给出了好码存在的理论证明，但并没有给出构造好码的方法。从定理的证明可知，码字的随机性越强，得到好码的可能性越大。但是，对随机码进行最大似然译码的运算量是非常大的。因此，好码的构造应该是寻找距离特性近似随机且结构能够有效实现译码的编码方法。

Gallager 等已经证明，对于离散输入无记忆信道，存在码率为 R 的包含 k 个符号的码字，在采用最大似然译码时，其码字误码率的上限为

$$P_w(e)<\exp\left[-kE(R)\right], 0\leqslant R\leqslant C \tag{2-37}$$

根据式（2-37），可以通过采用不同的折衷手段，找到不同的实现可靠通信的方法。

（1）降低码率 $R = k/n$ 。但对于固定的信息传输率而言，降低码率就意味着提高码字传输速率，因此导致需求带宽增加。

（2）提高信道容量。对于给定的码率，提高信道容量意味着 $E(R)$ 的增加（图 2-5）。但是，对于给定的信道和带宽 B，提高信道容量就必须提高信号平均功率 P 。

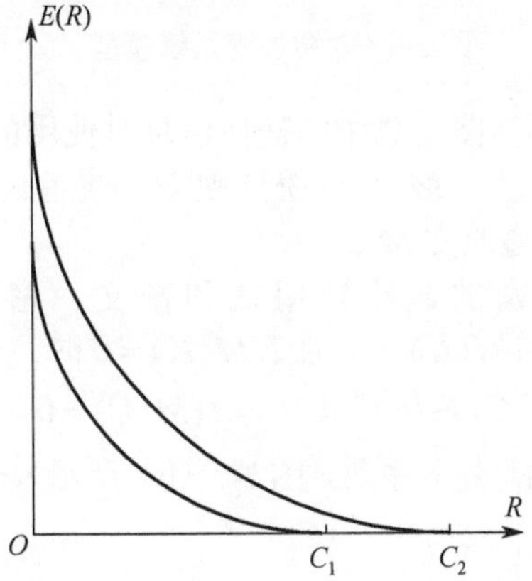

图 2-5　$E(R)$ 与 R 的关系及随信道容量变化曲线

（3）增加码字长度 n，同时保持码率 R 和函数 $E(R)$ 固定，相应的信道带宽 B 和信号功率 P 都保持不变。在这种方法下，性能的提高是以增加译码复杂性为代价的。事实上，对于随机选择的码字和最大似然译码而言，译码复杂性 J 与候选码字个数 2^k 成正比，即

$$J \propto 2^k = 2^{nR} \propto \exp(nR) \tag{2-38}$$

则

$$P_{\mathrm{w}}(e) < \exp[-nE(R)] \propto \exp\left\{-\ln J\left[\frac{E(R)}{R}\right]\right\} \propto J^{-\frac{E(R)}{R}} \tag{2-39}$$

这意味着误码率随着译码复杂性的增加而得到线性改善。

2.2　安全编译码的基本原理

2.2.1　绝对保密和 Shannon 不可实现理论

首先看一个经典加密的例子，图 2-6 所示为典型的对称加密系统模型。其中，发送信息为 $\boldsymbol{M}$，密钥为 $\boldsymbol{K}$，已加密信息为 $\boldsymbol{C}$，以下定义说明该加密系统。

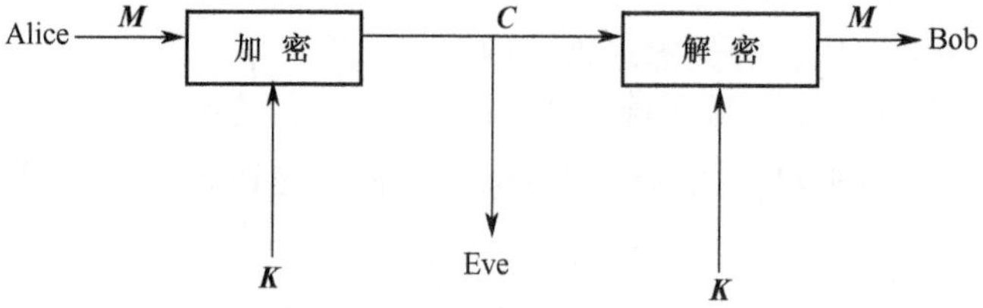

图 2-6　对称加密系统模型

定义 2.4[1]　当密文不泄露消息中的任何信息时使用的密码称为绝对安全。

该条件的另一种解释是，$\boldsymbol{M}$、$\boldsymbol{C}$ 统计独立，或者说窃听者想从密文中获取原文的唯一方法是预先知道原文 $\boldsymbol{M}$。

一次一密是绝对保密的，给定明文和密文，密钥就唯一确定了，如 $H(\boldsymbol{M}\mid\boldsymbol{CK})=0$。此外，当 $H(\boldsymbol{K})=N$ 且 $I(\boldsymbol{M};\boldsymbol{K})=0$ 时，$I(\boldsymbol{K};\boldsymbol{C}\mid\boldsymbol{M})=\boldsymbol{N}$（$N$ 是分组长度）。最后，由于 $H(C)\leqslant \lg|C|=N$，$I(\boldsymbol{M};\boldsymbol{C})=0$。图 2-7（a）所示为 3 个信息变量 $\boldsymbol{M}$、$\boldsymbol{C}$、$\boldsymbol{K}$ 的信息量关系图。图 2-7（b）所示为一次一密的绝对保密性。

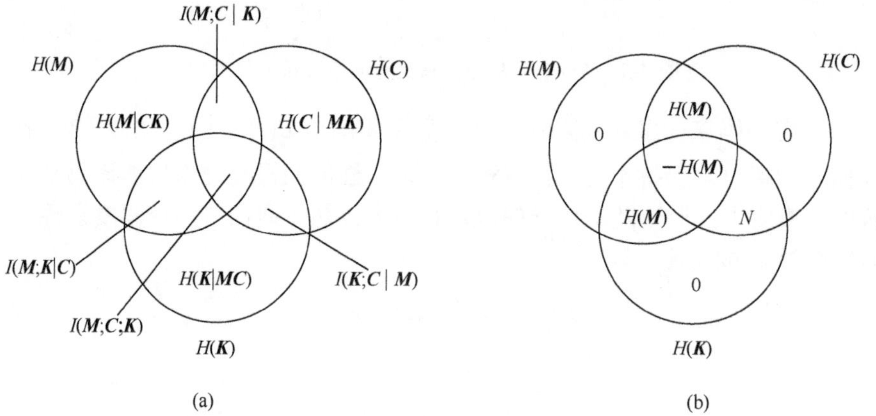

图 2-7　明文、密文和密钥的信息量关系

（a）3 个信息变量 $\boldsymbol{M}$、$\boldsymbol{C}$、$\boldsymbol{K}$ 的信息量关系；（b）一次一密的绝对保密性。

定理 2.2　对于每一个只有唯一解的绝对安全的保密系统，有以下关系：

$$H(\boldsymbol{K})\geqslant H(\boldsymbol{M}) \tag{2-40}$$

为了证明 Shannon 的如上定理，首先需要说明唯一可解码意味着 $H(\boldsymbol{M}\mid\boldsymbol{CK})=0$。图 2-8 所示为相关信息量。其中 $b\geqslant a$，因为 $I(\boldsymbol{C};\boldsymbol{K})\geqslant 0$，则

$$H(\boldsymbol{K})\geqslant b-a+c\geqslant a-a+c=H(\boldsymbol{M}) \tag{2-41}$$

绝对保密是需要代价的，通信双方必须共享一个与信息等长的密钥。从这个特点看，一次一密是完全不可实现的。Shannon 指出完全保密性无法轻易实现，

在图 2-6 的模型下是无法实现的，这就需要寻找其他模型。

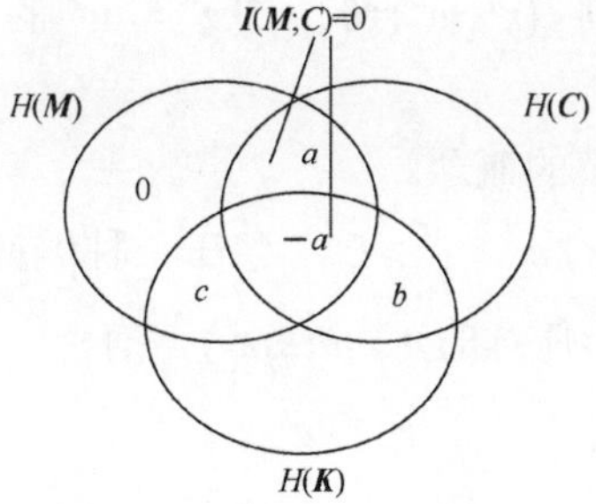

图 2-8　Shannon 理论的图示证明

2.2.2　窃听信道模型与秘密容量

窃听信道模型如图 2-9 所示，合法发送方 Alice 与合法接收方 Bob 通过一条主信道进行通信，而第三方 Eve 试图通过窃听信道窃取 Alice 和 Bob 之间的通信信息。

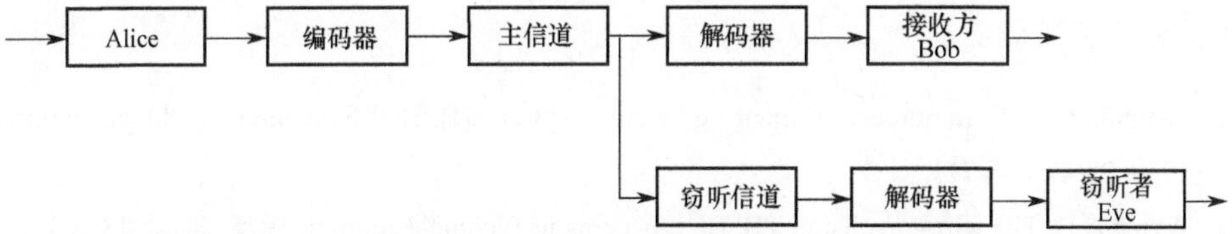

图 2-9　窃听信道模型

窃听信道的有关理论最先由 Wyner 等提出[2]，后来经过 Csiszar 等人不断发展而建立起来[3]。Wyner 指出，在窃听信道模型中，发送方发送出数据，合法接收者与窃听者同时收到了数据，假设窃听信道的信道质量劣于主信道，在这个条件下，证明了不依赖分享密钥即可实现绝对安全通信。这一理论的重要贡献在于：它证明了存在合适的编码/解码方案使得信息在信道上传输时具有良好的稳健性（差错概率小），同时也能保证一定的信息传输安全性。这一理论的建立，为绝对安全通信的研究开辟了一个新的方向。

在文献[2]中关于秘密容量的概念如下。

在 Wyner 窃听信道模型中，Alice 发送信息 $\boldsymbol{w}^k \in \boldsymbol{W}^k$，编码后得到 $\boldsymbol{x}^n$，合法接收者 Bob 与窃听者 Eve 分别收到的信息为 $\boldsymbol{y}^n$ 和 $\boldsymbol{z}^n$，这里我们首先定义模糊率的概念，它反映的是 Eve 收到的信息与正确信息 $\boldsymbol{w}^k$ 相比，信息损失的程度。

定义 2.5[2]　模糊率 R_{e} 定义为

$$R_{\mathrm{e}} = \frac{1}{n} h(\boldsymbol{w}^k \mid \boldsymbol{z}^n) \tag{2-42}$$

式中：$h(\cdot)$为熵函数，$0 \leqslant R_e \leqslant h(w^k)/n$。

如果$R_e = h(w^k)/n$，则$I(z^n, w^k)=0$，即z^n与w^k的互信息量为零，即实现了绝对保密通信。

接下来定义绝对保密率的概念。

定义 2.6 对于任意的ε、$\varepsilon' > 0$，存在一种编码方式(n,k)，n为码组长度，k为信息位长度，对于任意的$n \geqslant n(\varepsilon, \varepsilon')$，有

$$P_e \leqslant \varepsilon' \tag{2-43}$$

$$R_s - \varepsilon \leqslant R_e \tag{2-44}$$

在式（2-43）中，P_e为解码的误码率，它代表信息传输的可靠性，这里R_s即绝对安全保密通信速率。有了R_e和R_s的概念，我们就可以引出秘密容量的概念。

定义 2.7 系统的秘密容量C_s是绝对安全通信速率R_s的最大值。

参考文献

[1] Shannon C E. Communication theory of secrecy systems[J]. Bell Systematic Technical Journal, 1949, 28(4): 656-715.

[2] Wyner A D. The wire-tap channel[J]. Bell Systematic Technical Journal, 1975, 54(8): 1355-1387.

[3] Csiszar I, Korner J. Broadcast channels with confidential messages[J]. IEEE Transaction on Information Theory, 1978, 24(3): 339-348.

第3章　LDPC码概述

1962 年，Gallager 就提出了低密度奇偶校验码（Low-Density Parity-Check Codes，LDPC），也称 Gallager 码[1]。Mackay、Spielman 和 Wiberg 几乎同时“再发现”了 LDPC 码[2,3]。研究表明：LDPC 码的性能优于 Turbo 码，具有更低的线性译码复杂度和错误平层，因此受到广泛的关注[4]。LDPC 码的译码是基于图模型进行的，本章首先介绍与本书有关的图论基本知识，然后给出 LDPC 码的编码等基本概念。

3.1　图论基础知识

3.1.1　图的定义

定义 3.1　图 D 是一个三元组，记作 $D=\langle V(D),E(D),\varphi(D)\rangle$。

（1）$V(D)\neq\Phi$，称为图 D 的节点集合。

（2）$E(D)=(e_1,\ e_2,\ \cdots,\ e_m)$，是图 D 的边集合，式中 e_i 为 $\{v_j\ v_t\}$ 或 $\langle v_j\ v_t\rangle$。若 e_i 为 $\{v_j\ v_t\}$，则 e_i 称为以 v_j 和 v_t 为端点的无向边；若 e_i 为 $\langle v_j\quad v_t\rangle$，则 e_i 称为以 v_j 为起点、v_t 为终点的有向边。

（3）$\varphi(D)$：$E(D)\to V\times V$ 称为关联函数。

例 3.1　图 $D=\langle V(D),E(D),\varphi(D)\rangle$，有

$$V(D)=\{v_1,v_2,v_3,v_4,v_5\}$$
$$E(D)=\{e_1,e_2,e_3,e_4,e_5,e_6,e_7,e_8,e_9,e_{10}\}$$

$\varphi(D)$ 的定义为

$$\varphi_{e_1}(D)=\{v_1,v_2\},\qquad \varphi_{e_2}(D)=\{v_2,v_3\}$$
$$\varphi_{e_3}(D)=\{v_3,v_3\},\qquad \varphi_{e_4}(D)=\{v_3,v_4\}$$
$$\varphi_{e_5}(D)=\{v_2,v_4\},\qquad \varphi_{e_6}(D)=\{v_2,v_4\}$$
$$\varphi_{e_7}(D)=\{v_2,v_5\},\qquad \varphi_{e_8}(D)=\{v_2,v_5\}$$
$$\varphi_{e_9}(D)=\{v_3,v_5\},\qquad \varphi_{e_{10}}(D)=\{v_3,v_5\}$$

则图 D 的一个图形表示如图 3-1 所示。

定义 3.2 关联于同一条边的两个节点称为邻节点。

关联于同一个节点的两条边称为邻接边。

两端点相同的边称为环。

两个节点间方向相同的若干条边称为平行边。

每条边都是无向边的图称为无向图。

每条边都是有向边的图称为有向图。

无环并且无平行边的图称为简单图。

任何不同两节点之间都有边相连的简单无向图称为完全图。

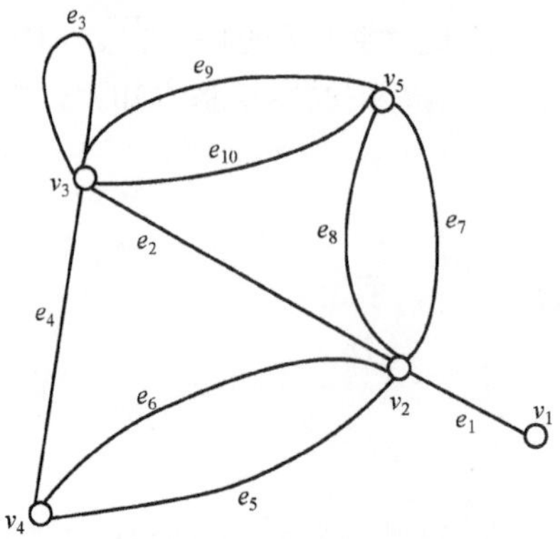

图 3-1 图 D 的图形表示

3.1.2 双向图

定义 3.3 每条边都是有向边的图称为有向图，每条边都是无向边的图称为无向图。设 D 是无向图，x 为 D 的任一节点，与节点 x 关联的边数称为 x 的度数，记为 $d(x)$。

所有节点的度数相同的无向图称为规则图，否则称为不规则图。

定义 3.4 设 u 和 v 是任意图 D 的顶点，图 D 的一条 $u-v$ 链是有限的顶点和边交替序列 $u_0e_1u_1e_2\cdots u_{n-1}e_nu_n(u=u_0,v=u_n)$，$u(u_0)$ 和 $v(u_n)$ 称为链的端点，其余顶点称为链的内部点。一条 $u-v$ 链，当 $u\neq v$ 时，称它为开的，否则称为闭的。边互不相同的链称为迹，内部点互不相同的链称为路。

定义 3.5 任意图 D 中有一条链，链中各内部顶点不同，若链的两端点相同，则该链称为循环；若链中出现的边数为 k，则该链称为 k 线循环。

定义 3.6 若把简单图 D 的顶点集合分成两个不相交的非空集合 V_1 和 V_2，使得图 D 中的每条边，与其关联的两个节点分别在 V_1 和 V_2 中（因此图 D 里没有边是连接 V_1 中的两个顶点或 V_2 中的两个顶点），则图 D 称为双向图，记作

$D=\langle V_1,V_2,E\rangle$。若$|V_1|=m$，$|V_2|=n$，且两个顶点之间有一条边，当且仅当一个顶点属于$V_1$而另一个顶点属于$V_2$时，则称该图为节点 m 和 n 的完全双向图，记作$K_{m,n}$。本书中提到的双向图都是完全双向图，图 3-2 所示给出了双向图$K_{2,3}$、$K_{3,3}$、$K_{3,6}$及$K_{2,6}$。

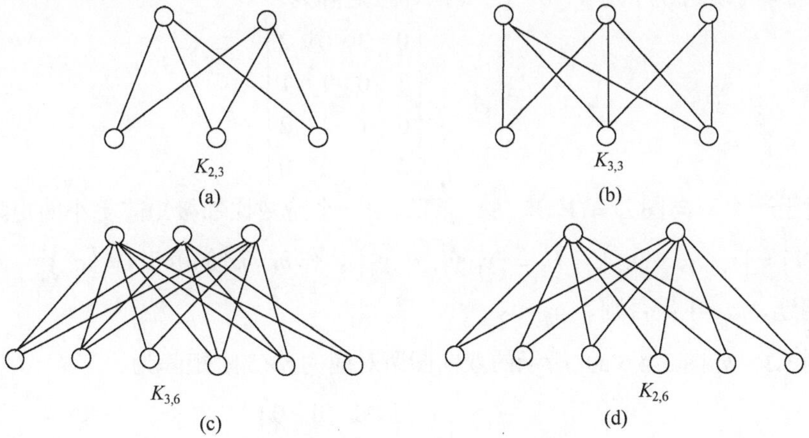

图 3-2　双向图 $K_{2,3}$、$K_{3,3}$、$K_{3,6}$ 及 $K_{2,6}$

节点集V_1和V_2中各自节点度数相同的双向图称为规则双向图，否则称为非规则双向图。在图 3-2 中，$K_{2,3}$、$K_{2,6}$为规则双向图，$K_{3,3}$、$K_{3,6}$为非规则双向图。

3.1.3　图的矩阵表示

设$D=\langle \boldsymbol{V},\boldsymbol{E},\varphi\rangle$是任意图，其中，$\boldsymbol{V}=\{x_1,x_2,\cdots,x_n\}$，$\boldsymbol{E}=\{e_1,e_2,\cdots,e_m\}$，则 n 阶方阵$\boldsymbol{A}=(a_{ij})$称为图 D 的邻接矩阵，其中 a_{ij} 为图 D 中以 x_i 为起点且以 x_j 为终点通过的边的数目。

例 3.2　给出如图 3-3 所示的图 D_1 和图 D_2 的邻接矩阵。

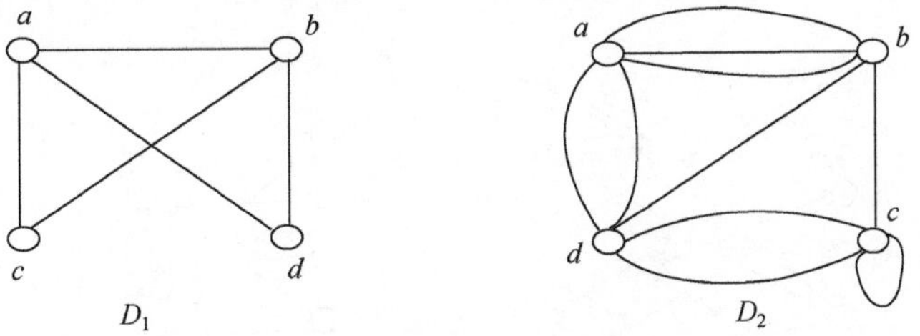

图 3-3　图 D_1 和图 D_2 的邻接矩阵

解：图 D_1 的顶点顺序为 a、b、c、d 的邻接矩阵为

$$A_{D_1}=\begin{bmatrix}0&1&1&1\\1&0&1&1\\1&1&0&0\\1&1&0&0\end{bmatrix}$$

图 D_2 的顶点顺序为 a、b、c、d 的邻接矩阵为

$$A_{D_2}=\begin{bmatrix}0&3&0&2\\3&0&1&1\\0&1&1&2\\2&1&2&0\end{bmatrix}$$

对于一个双向图 $D=\langle V_1,V_2,E\rangle$，可以用一个阶数比邻接矩阵更小的矩阵来表示。设 $V_1=\{x_1,x_2,\cdots,x_m\}$，$V_2=\{y_1,y_2,\cdots,y_n\}$，作 $m\times n$ 阶矩阵 $A=(a_{ij})_{m\times n}$，若 y_i 与 x_j 相连，a_{ij}=1；否则，a_{ij}=0。

例 3.3 如图 3-4（a）所示的双向图所对应的 6×5 阶矩阵为

$$A=\begin{bmatrix}1&1&1&0&0\\1&1&0&1&0\\1&0&0&1&1\\1&0&1&0&1\\0&1&1&0&1\\0&1&0&1&1\end{bmatrix}$$

反之，给定一个 0-1 矩阵 B，能唯一确定一个双向图，如图 3-4（b）所示，矩阵 B 定义为

$$B=\begin{bmatrix}0&1&1&1\\1&0&1&0\\0&0&1&0\\1&1&0&1\end{bmatrix}$$

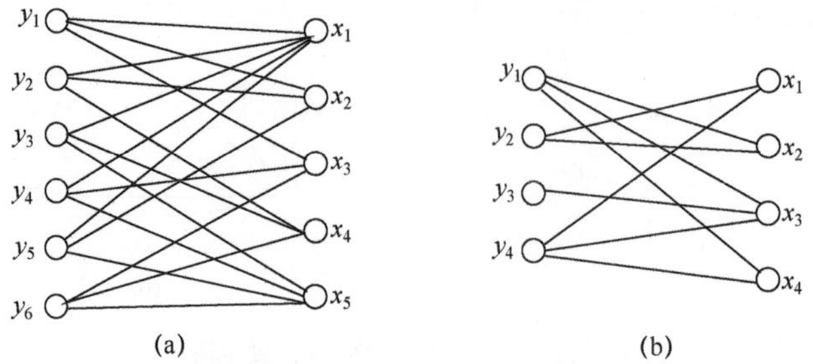

图 3-4 双向图的矩阵表示

3.2　LDPC 码的描述和图模型表达

LDPC 码是一类线性分组码，由它的校验矩阵来定义，设码长为N，信息位为K，校验位为$M=N-K$，码率为$R=K/N$，则码校验矩阵$\boldsymbol{H}$是一个$M\times N$阶矩阵。

定义 3.7　二元 LDPC 码的校验矩阵$\boldsymbol{H}$要满足以下 4 个条件。

（1）矩阵$\boldsymbol{H}$的每行有ρ个“1”；

（2）矩阵$\boldsymbol{H}$的每列有γ个“1”；

（3）矩阵$\boldsymbol{H}$的任意两行（或两列）间共同为“1”的个数不超过 1；

（4）与码长和矩阵$\boldsymbol{H}$中的行数相比较，ρ和γ很小，也就是说，矩阵中有很少一部分元素非零，其他大部分元素都是零，LDPC 码的校验矩阵是稀疏矩阵。

满足以上 4 个条件的校验矩阵$\boldsymbol{H}$对应的 LDPC 码一般表述为(N,γ,ρ)，码率为$R\geqslant 1-\gamma/\rho$。LDPC 码的校验矩阵对应用一个双向图表示，图的下边有N个节点，每个节点表示码字的信息位，称为信息节点$\{x_j, j=1,2,\cdots,N\}$,是码字的比特位，对应于校验矩阵的各列，信息节点也称为变量节点；上边有M个节点，每个节点表示码字的一个校验集，称为校验节点$\{z_i, i=1,2,\cdots,M\}$，代表校验方程，对应于校验矩阵的各行；与校验矩阵中“1”元素相对应的左右两节点之间存在连接边。我们将这条边两端的节点称为相邻节点，每个节点相连的边数称为该节点的度数，每个信息节点与γ个校验节点相连，该变量节点的度数为γ；每个校验节点与ρ个信息节点相连，该校验节点的度数为ρ。例如，$(10,2,4)$ LDPC 码的校验矩阵和双向图如图 3-5（a）和（b）所示，信息节点的度数为 2，校验节点的度数为 4。

z \ x	x_1	x_2	x_3	x_4	x_5	x_6	x_7	x_8	x_9	x_{10}
z_1	1	1	1	1	0	0	0	0	0	0
z_2	1	0	0	0	1	1	1	0	0	0
z_3	0	1	0	0	1	0	0	1	1	0
z_4	0	0	1	0	0	1	0	1	0	1
z_5	0	0	0	1	0	0	1	0	1	1

(a)

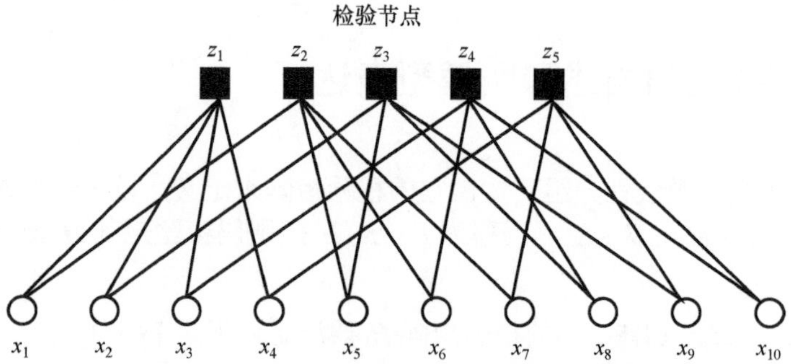

(b)

图 3-5 (10,2,4)LDPC 码的校验矩阵和双向图

（a）(10,2,4)LDPC 码的校验矩阵；（b）(10,2,4)LDPC 码的双向图。

一般情况下，校验矩阵是随机构造的，因而是非系统化的。在编码时，对校验矩阵 $\boldsymbol{H}$ 进行高斯消去，可得

$$\boldsymbol{H}=[\boldsymbol{I}\quad \boldsymbol{P}] \tag{3-1}$$

由式（3-1）得生成矩阵：

$$\boldsymbol{G}=[-\boldsymbol{P}^{\mathrm{T}}\quad \boldsymbol{I}] \tag{3-2}$$

3.3 LDPC 码的分类

3.3.1 规则 LDPC 码和非规则 LDPC 码

若 LDPC 码所对应的双向图为规则双向图，则此 LDPC 码称为规则 LDPC 码；若对应的双向图为非规则双向图，则此 LDPC 码称为非规则 LDPC 码。图 3-5 所示的（10,2,4）LDPC 码是规则 LDPC 码，其校验矩阵的每行（列）中“1”的个数是相等的。如果校验矩阵的每行（列）中“1”的个数不相等，则这种 LDPC 码为不规则 LDPC 码，不规则 LDPC 码一般表示为(N,K)，图 3-6 所示为（10,5）LDPC 码是不规则 LDPC 码。

$$\boldsymbol{H}=\left[\begin{array}{ccccc|ccccc}1&1&0&0&0&1&0&1&0&1\\0&1&1&0&0&1&0&0&1&0\\0&0&1&1&0&0&1&1&0&1\\0&0&0&1&1&1&0&0&1&0\\1&0&0&0&1&0&1&0&1&0\end{array}\right]$$

（a）

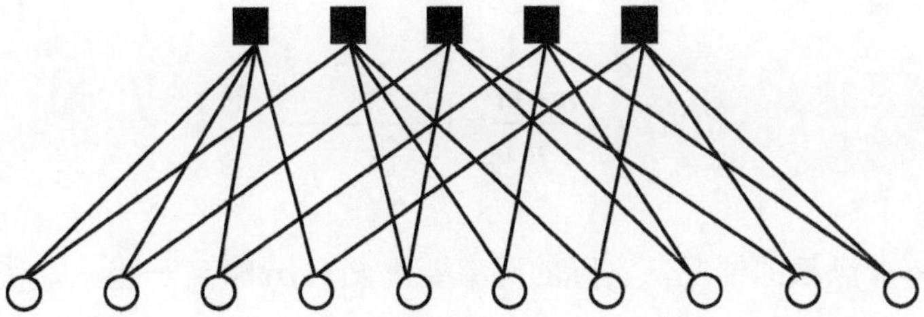

(b)

图 3-6　（10,5）不规则 LDPC 码的校验矩阵和双向图

（a）（10,5）不规则 LDPC 码的校验矩阵；（b）（10,5）不规则 LDPC 码的双向图。

对于非规则 LDPC 码，相应的双向图中各节点的度不相同，通常用度分布序列 $\left\{\gamma_1,\gamma_2,\cdots,\gamma_{d_l}\right\}$ 和 $\left\{\rho_1,\rho_2,\cdots,\rho_{d_t}\right\}$ 来表示，其中 γ_j 表示与度为 j 的信息节点相连的边占总边数的比率，ρ_i 表示与度为 i 的校验节点相连的边占总边数的比率，d_l 和 d_t 分别表示信息节点和校验节点的最大度数，有 $\sum_{j=1}^{d_l}\gamma_j=1$ 及 $\sum_{i=1}^{d_t}\rho_i=1$。边的度分布序列可用多项式表示，即

$$\gamma(x)=\sum_{j=1}^{d_l}\gamma_j x^{j-1} \tag{3-3}$$

$$\rho(x)=\sum_{i=1}^{d_l}\rho_i x^{i-1} \tag{3-4}$$

满足 $\gamma(1)=\sum_{j=1}^{d_l}\gamma_j=1$ 及 $\rho(1)=\sum_{i=1}^{d_l}\rho_i=1$。

例如，图 3-6 中的（10,5）不规则 LDPC 码相应的度分布多项式可表示为 $\gamma(x)=0.8x+0.2x^2$ 和 $\rho(x)=0.6x^3+0.4x^4$。

规则 LDPC 码可以看成是非规则 LDPC 码的特例。

设一个 LDPC 码对应的双向图中边的总数为 E，根据边的度分布多项式可以得到度为 j 的信息节点个数为 $v_j=E\gamma_j/j$，度为 i 的校验节点个数为 $u_i=E\rho_i/i$，则信息节点和校验节点的总数分别为

$$n=\sum_{j=1}^{d_l}v_j=\sum_{j=1}^{d_l}E\gamma_j/j=E\sum_{j=1}^{d_l}\gamma_j/j \tag{3-5}$$

$$m=\sum_{i=1}^{d_t}u_i=\sum_{i=1}^{d_t}E\rho_i/i=E\sum_{i=1}^{d_t}\rho_i/i \tag{3-6}$$

当校验矩阵满秩时，通过度分布多项式 $\gamma(x)$ 和 $\rho(x)$ 构造的非规则 LDPC 码

的码率为

$$R(\gamma,\rho)=\frac{n-m}{n}=1-\frac{\sum_{i=1}^{d_t}\rho_i/i}{\sum_{j=1}^{d_l}\gamma_j/j} \tag{3-7}$$

对于校验矩阵非满秩的情况，实际的码率要比 $R(\gamma,\rho)$ 略高一些。

Luby 的模拟试验说明适当构造的不规则码的性能优于规则码的性能。这一点可以从构成 LDPC 码的双向图得到直观性的解释：对于每一个信息节点来说，希望它的度数大一些，因为它从相关联的校验节点得到的信息越多，便能越准确地判断它的正确值；对于每一个校验节点来说，情况则相反，希望校验节点的度数小一些，因为校验节点的度数越小，它能反馈给其邻接的信息节点的信息就越有价值。不规则码比规则码能更好更灵活地平衡这两种相反的要求。在不规则码中，具有大度数的信息节点能很快地得到它的正确值，这样它就可以给校验节点更加正确的概率信息，而这些校验节点又可以给小度数的信息节点更多信息，大度数的信息节点首先获得正确的值，把它传输给对应的校验节点，通过这些校验节点又可以获得小度数的信息节点的正确值。因此，不规则码的性能要优于规则码的性能。

Chung 等基于不规则双向图，构造的码率为 1/2、码长为 10^7bit 的不规则 LDPC 码，经仿真得到在误码率为 10^{-6} 时，该码的译码性能距 Shannon 限仅为 0.0045dB[5]。

3.3.2　二元 LDPC 码和 q 元 LDPC 码

按照每个码元取值来分，可分为二元 LDPC 码和 q 元 LDPC 码。研究结果显示，q 元 LDPC 码优于二元 LDPC 码[6,7]。

域 GF(2) 上的规则 LDPC 码自然可推广到 GF(q)（$q=2^p, p$ 为整数）上，不同的只是 GF(q) 上的 LDPC 码的校验矩阵 $\boldsymbol{H}$ 的非零元素可有 $q-1$ 个值供选择，而不只为“1”。域 GF(q) 上的规则 LDPC 码和 GF(2) 上的规则 LDPC 码的译码思想基本类似。

对每一个 $a\in \mathrm{GF}(2^p)$ 与一个 $p\times p$ 的二元矩阵相关联（通过 GF(2) 上一个 p 次本元多项式），将与 GF(2^p) 中每一元素关联的矩阵代入 GF(2^p) 上的 LDPC 码的 (G_q,H_q) 中，可得到生成矩阵与校验矩阵的二进制表示 (G_2,H_2)，这种转换便于 GF(2^p) 上的运算。

GF(2^p)($q>2$) 上的 LDPC 码的性能可优于二进制的 LDPC 码的性能，而且在更大域上构造的 LDPC 码的性能可得到大的改善。下面给出一个直观性解释。

MacKay 已证明：对于给定的译码器，当校验矩阵 $\boldsymbol{H}$ 的列重量（固定常数）

足够大，码长充分大时，LDPC 码的性能可以接近 Shannon 限，即大重量的列有助于译码器的快速纠错，然而若增加列重量会造成相应的双向图中的循环数目急剧增加，从而导致迭代译码的性能下降。而在 $GF(2^p)(q>2)$ 上构造的 LDPC 码便可解决这个问题，增加它的校验矩阵 $\boldsymbol{H}_q$ 的列重量（增加与它对应的二进制校验矩阵 $\boldsymbol{H}_2$ 的列重量），而它们进行译码的双向图是相同的，$GF(q)$ 上不会造成节点之间循环路径数目的增加，从而使译码性能得到显著的提高。

如图 3-7 所示，比较两个等价矩阵的一部分，可以看到 q 进制码不包含长 4 的环，而等价二进制码含有长 4 的环。因此，在传输的二进制信息等价的情况下，q 元 LDPC 码的译码性能得到显著的提高。

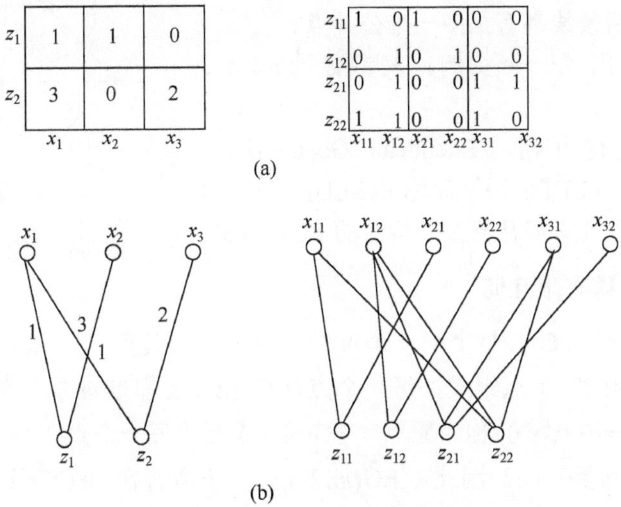

图 3-7　等价矩阵比较图

LDPC 码按它的构造方法还可分为随机构造码和代数构造码。

3.4　二元 LDPC 码的构造

Gallager 和 Mackay 等都是用随机方法构造 LDPC 码的稀疏校验矩阵，用随机方法构造的 LDPC 码的码字参数选择灵活。但是对于高码率、中短长度的 LDPC 码用随机方法进行构造，要避免双向图中的四线循环是困难的，其没有一定的码结构，编码复杂度高。同时，由于 Gallager 和 Mackay 等定义的稀疏校验矩阵不是系统形式的，也不是循环形式的，因此编码器非常复杂，不具有实用性。自 1996 年 LDPC 码复出以来，LDPC 码编码器的设计算法一直是信道编码领域的研究热点。

3.4.1 有限几何方法构造的LDPC码

Yu Kou 和 Shu Lin 提出了一种基于有限域上的欧几里得几何和射影几何的线和点来设计 LDPC 码的方法，得到一大类性能优异的有限几何 LDPC 码[6,7]。

有限几何是由有限个点组成的系统，假设有 n 个点和 J 条线，并且它们满足下面的构造特性。

（1）每条线都经过 ρ 个点；

（2）任意两个点都构成有且仅有的一条线；

（3）每个点都由 γ 条线交叉而成；

（4）任意两条线都有至多一个公共点。

图 3-8 给出了一个实例，其参数为 $n=4$、$J=6$、$\rho=2$、$\gamma=3$。

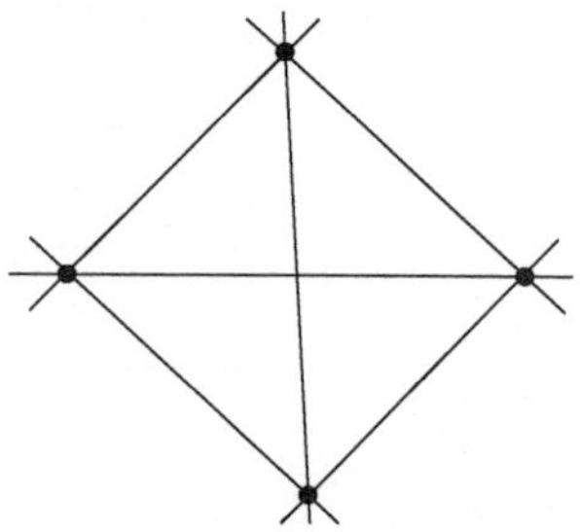

图 3-8　有限几何的实例

在欧几里得几何（Euclidean Geometries，EG）空间构造的 LDPC 码，简称 EG-LDPC 码。下面介绍在第一欧几里得几何空间构造的 LDPC 码。

1. 欧几里得有限几何

$\mathrm{EG}(m,2^s)$ 是域 $\mathrm{GF}(2^s)$ 上的一个 m 维的欧几里得几何，m 和 s 都是两个正整数。这个几何由 2^{ms} 个点组成，每一个点在 $\mathrm{GF}(2^s)$ 上都是 m 重向量。全为“0”的 m 重向量 $\boldsymbol{O}=(0,0,\cdots 0)$ 称为原点。$\mathrm{EG}(m,2^s)$ 上的每一个点在 $\mathrm{GF}(2^s)$ 中都表现为一个 m 维的向量空间。因此，$\mathrm{EG}(m,2^s)$ 是一个所有在 $\mathrm{GF}(2^s)$ 上有 2^{ms} 个 m 重向量的 m 维的向量空间。在 $\mathrm{EG}(m,2^s)$ 上的线是 $\mathrm{EG}(m,2^s)$ 的一个一维子空间，或者是一维子空间的陪集。因此，每一条线由 2^s 个点组成，并且在 $\mathrm{EG}(m,2^s)$ 中所有线的条数为

$$2^{(m-1)s}(2^{ms}-1)/(2^s-1) \tag{3-8}$$

每一条线具有的平行线为 $2^{(m-1)s}-1$ 条。对 $\mathrm{EG}(m,2^s)$ 中的点，将有 $(2^{ms}-1)/(2^s-1)$ 条线通过。

$\mathrm{GF}(2^{ms})$ 是 $\mathrm{GF}(2^s)$ 的扩域。在 $\mathrm{GF}(2^{ms})$ 中的每一个元素都可表示为 $\mathrm{GF}(2^s)$ 上的一个 m 重向量。因此，$\mathrm{GF}(2^{ms})$ 中的 2^{ms} 个元素相当于 $\mathrm{EG}(m,2^s)$ 中的 2^{ms} 个点，所以 $\mathrm{GF}(2^{ms})$ 等价于欧几里得几何 $\mathrm{EG}(m,2^s)$。α 是 $\mathrm{GF}(2^{ms})$ 上的一个本原元，于是 $\alpha^{\infty}=0$。$\alpha^0,\alpha^1,\alpha^2,\cdots,\alpha^{2^{ms}-2}$ 这样的形式表示 $\mathrm{EG}(m,2^s)$ 中的 2^{ms} 个点，其中 $\alpha^{\infty}=0$ 是原点。设 α^j 是 $EG(m,2^s)$ 上的非原点，有 2^s 个点

$$\left\{\beta\alpha^j\right\}\cdot\left\{\beta\alpha^j:\beta\in GF\left(2^s\right)\right\} \tag{3-9}$$

组成 $\mathrm{EG}(m,2^s)$ 中的一条线。当 $\beta=0$，$0\cdot\alpha^j=0$ 时，线就包括了原点 α^∞。所以 $\{\beta\alpha^j\}$ 就通过了原点。设 α^i 和 α^j 是 $\mathrm{EG}(m,2^s)$ 中两个线性独立的点。那么下面的这个连接

$$\left\{\alpha^i+\beta\alpha^j\right\}\cdot\left\{\alpha^i+\beta\alpha^j:\beta\in GF\left(2^s\right)\right\} \tag{3-10}$$

就构成了 $\mathrm{EG}(m,2^s)$ 上通过点 α^i 的一条线。$\{\beta\alpha^j\}$ 和 $\{\alpha^i+\beta\alpha^j\}$ 这两条线没有交叉点，因此它们是平行的。设 α^k 是与 α^i 和 α^j 线性独立的点，那么线 $\{\alpha^i+\beta\alpha^j\}$ 与线 $\{\alpha^i+\beta\alpha^k\}$ 的交点为 α^i。一条线可表示成 $\{\alpha^{l_0},\alpha^{l_1},\alpha^{l_2},\cdots,\alpha^{l_\mu}\}$，这条线也可以表示成一长为 2^{ms} 的向量 $(a_0\ a_1\cdots a_i\cdots a_{ms-1}), a_i\in 0,1$，当 $i=l_j, j=0,1,2,\cdots\mu$ 时，$a_i=1$。

例 3.4 考虑有限域 $\mathrm{GF}(2^4)$，令 $m=2$，α 是 $\mathrm{GF}(2^4)$ 的本原元，它的极小多项式 $\phi(x)=1+x+x^4$ 的 $\mathrm{GF}(2^4)$ 域的元素，如表 3-1 所列，令 $\beta=\alpha^5$，有 $\beta^0=1$，$\beta^1=\alpha^5$，$\beta^2=\alpha^{10}$，$\beta^3=\alpha^{15}=1$，所以 β 是一个 3 阶元。由元素 0、β^0、β^1、β^2 组成了一个 4 元素有限域 $\mathrm{GF}(2^2)$。$\mathrm{GF}(2^2)$ 是 $\mathrm{GF}(2^4)$ 的一个子域，表 3-2 所列为 $\mathrm{GF}(2^2)$ 和 $\mathrm{GF}(2^4)$ 的关系。$\mathrm{GF}(2^4)$ 中每个元素均可表示为 $\alpha^i=\alpha_{i_0}+\alpha_{i_1}$ 的形式，$\alpha_{i_0},\alpha_{i_1}\in\mathrm{GF}(2^2)$，把 $\mathrm{GF}(2^4)$ 的 16 个元素 $\{0,1,\alpha,\alpha^2,\alpha^3,\alpha^4,\alpha^5,\alpha^6,\alpha^7,\alpha^8,\alpha^9,\alpha^{10},\alpha^{11},\alpha^{12},\alpha^{13},\alpha^{14}\}$ 看成 $\mathrm{GF}(2^2)$ 上的欧几里得几何 $\mathrm{EG}(2,2^2)$ 的 16 个点，点

$$\alpha^{14}+0\cdot\alpha=\alpha^{14} \qquad \alpha^{14}+1\cdot\alpha=\alpha^7$$

$$\alpha^{14}+\beta\cdot\alpha=\alpha^8 \qquad \alpha^{14}+\beta^2\cdot\alpha=\alpha^{10}$$

组成了通过 α^{14} 的线，$\mathrm{EG}(2,2^2)$ 上的另外 4 条通过 α^{14} 的线分别为

$$\{\alpha^{14},\alpha^{13},\alpha,\alpha^5\} \qquad \{\alpha^{14},\alpha,\alpha^6,\alpha^2\}$$

$$\{\alpha^{14},\alpha^9,\alpha^4,0\} \qquad \{\alpha^{14},\alpha^{12},\alpha^{11},\alpha^3\}$$

表 3-3 所列为 $\mathrm{EG}(2,2^2)$ 上所有 20 条线。

表 3-1 极小多项式为 $\phi(x)=1+x+x^4$ 的 $\mathrm{GF}(2^4)$ 域的元素

指数形式	多项式形式	向量形式
0	0	0000
1	1	1000
α	α	0100
α^2	α^2	0010
α^3	α^3	0001
α^4	$1+\alpha$	1100
α^5	$\alpha+\alpha^2$	0110

（续）

指数形式	多项式形式	向量形式
α^6	$\alpha^2+\alpha^3$	0011
α^7	$1+\alpha+\alpha^3$	1101
α^8	$1+\alpha^2$	1010
α^9	$\alpha+\alpha^3$	0101
α^{10}	$1+\alpha+\alpha^2$	1110
α^{11}	$\alpha+\alpha^2+\alpha^3$	0111
α^{12}	$1+\alpha+\alpha^2+\alpha^3$	1111
α^{13}	$1+\alpha^2+\alpha^3$	1011
α^{14}	$1+\alpha^3$	1001

表 3-2　$GF(2^2)$和$GF(2^4)$的关系

$GF(2^4)$的元素	$GF(2^2)$的元素	$GF(2^4)$的元素	$GF(2^2)$的元素
$0=0$	$(0,0)$	$\alpha^7=\beta\alpha+\beta^2$	(β^2,β)
$1=1$	$(1,0)$	$\alpha^8=\alpha+\beta^2$	$(\beta^2,1)$
$\alpha=\alpha$	$(0,1)$	$\alpha^9=\beta\alpha+\beta$	(β,β)
$\alpha^2=\alpha+\beta$	$(\beta,1)$	$\alpha^{10}=\beta^2$	$(\beta^2,0)$
$\alpha^3=\beta^2\alpha+\beta$	(β,β^2)	$\alpha^{11}=\beta^2\alpha$	$(0,\beta^2)$
$\alpha^4=\alpha+1$	$(1,1)$	$\alpha^{12}=\beta^2\alpha+1$	$(1,\beta^2)$
$\alpha^5=\beta$	$(\beta,0)$	$\alpha^{13}=\beta\alpha+1$	$(1,\beta)$
$\alpha^6=\beta\alpha$	$(0,\beta)$	$\alpha^{12}=\beta^2\alpha+\beta^2$	(β^2,β^2)

表 3-3　$EG(2,2^2)$上所有 20 条线

$EG(2,2^2)$上的线	向量表达
$\{\alpha^0,\alpha^5,\alpha^{10},0\}$	1 0 0 0 0 1 0 0 0 0 1 0 0 0 0 1
$\{\alpha^1,\alpha^6,\alpha^{11},0\}$	0 1 0 0 0 0 1 0 0 0 0 1 0 0 0 1
$\{\alpha^2,\alpha^7,\alpha^{12},0\}$	0 0 1 0 0 0 0 1 0 0 0 0 1 0 0 1
$\{\alpha^3,\alpha^8,\alpha^{13},0\}$	0 0 0 1 0 0 0 0 1 0 0 0 0 1 0 1
$\{\alpha^4,\alpha^9,\alpha^{14},0\}$	0 0 0 0 1 0 0 0 0 1 0 0 0 0 1 1
$\{\alpha^3,\alpha^{11},\alpha^{12},\alpha^{14}\}$	0 0 0 1 0 0 0 0 0 0 0 1 1 0 1 0
$\{\alpha^0,\alpha^4,\alpha^{12},\alpha^{13}\}$	1 0 0 0 1 0 0 0 0 0 0 0 1 1 0 0
$\{\alpha^1,\alpha^5,\alpha^{13},\alpha^{14}\}$	0 1 0 0 0 1 0 0 0 0 0 0 0 1 1 0
$\{\alpha^0,\alpha^2,\alpha^6,\alpha^{14}\}$	1 0 1 0 0 0 1 0 0 0 0 0 0 0 1 0
$\{\alpha^0,\alpha^1,\alpha^3,\alpha^7\}$	1 1 0 1 0 0 0 1 0 0 0 0 0 0 0 0
$\{\alpha^1,\alpha^2,\alpha^4,\alpha^8\}$	0 1 1 0 1 0 0 0 1 0 0 0 0 0 0 0

（续）

$EG(2,2^2)$ 上的线	向量表达
$\{\alpha^2,\alpha^3,\alpha^5,\alpha^9\}$	0 0 1 1 0 1 0 0 0 1 0 0 0 0 0 0
$\{\alpha^3,\alpha^4,\alpha^6,\alpha^{10}\}$	0 0 0 1 1 0 1 0 0 0 1 0 0 0 0 0
$\{\alpha^4,\alpha^5,\alpha^7,\alpha^{11}\}$	0 0 0 0 1 1 0 1 0 0 0 1 0 0 0 0
$\{\alpha^5,\alpha^6,\alpha^8,\alpha^{12}\}$	0 0 0 0 0 1 1 0 1 0 0 0 1 0 0 0
$\{\alpha^6,\alpha^7,\alpha^9,\alpha^{13}\}$	0 0 0 0 0 0 1 1 0 1 0 0 0 1 0 0
$\{\alpha^7,\alpha^8,\alpha^{10},\alpha^{14}\}$	0 0 0 0 0 0 0 1 1 0 1 0 0 0 1 0
$\{\alpha^0,\alpha^8,\alpha^9,\alpha^{11}\}$	1 0 0 0 0 0 0 0 1 1 0 1 0 0 0 0
$\{\alpha^1,\alpha^9,\alpha^{10},\alpha^{12}\}$	0 1 0 0 0 0 0 0 0 1 1 0 1 0 0 0
$\{\alpha^2,\alpha^{10},\alpha^{11},\alpha^{13}\}$	0 0 1 0 0 0 0 0 0 0 1 1 0 1 0 0

2. I 类欧几里得有限几何 LDPC 码

根据 $EG(m,2^s)$ 上的点和线来构造 LDPC 码，设有 GF(2) 上的矩阵 $\boldsymbol{H}_{EG}^{(1)}(m,s)$，它的行对应着 $EG(m,2^s)$ 上所有的线，它的列对应着 $EG(m,2^s)$ 上所有的点，因此 $\boldsymbol{H}_{EG}^{(1)}(m,s)$ 矩阵的行数为 $2^{(m-1)s}(2^{ms}-1)/(2^s-1)$，列数为 2^{ms}，每一行为“1”的个数为 $\rho=2^s$，每一列为“1”的个数为 $\gamma=(2^{ms}-1)/(2^s-1)$。$\boldsymbol{H}_{EG}^{(1)}(m,s)$ 矩阵的密度（“1”的个数与矩阵中全部元素个数之比）为

$$r=2^{-(m-1)s} \tag{3-11}$$

对于 $m\geqslant 2$ 和 $s\geqslant 2$，$r\leqslant 1/4$，所以 $\boldsymbol{H}_{EG}^{(2)}(m,s)$ 是低密度矩阵。

构造 3-1 以 $\boldsymbol{H}_{EG}^{(1)}(m,s)$ 为校验矩阵的 LDPC 码是规则 LDPC 码，为 I 类 m 维 EG-LDPC 码，它有如下参数。

（1）码长度：$n=2^{ms}$；

（2）最小距离：$d_{\min}\geqslant\dfrac{2^{ms}-1}{2^s-1}+1$；

（3）校验矩阵的行重：$\rho=2^s$；

（4）校验矩阵的列重：$\gamma=\dfrac{2^{ms}-1}{2^s-1}$。

例 3.5 以例 3.4 中的欧几里得几何 $EG(2,2^2)$ 的 20 条线对应向量为行，得到矩阵为

以 $\boldsymbol{H}_{EG}^{(1)}(2,2^2)$ 为校验矩阵的 LDPC 码参数为：码长 $n=16$，信息位长 $k=7$，最小距离 $d_{\min}=6$，校验矩阵的行重 $\rho=4$，校验矩阵的列重 $\gamma=5$。

$$
\boldsymbol{H}_{\mathrm{EG}}^{(1)}(2,2^2)=\begin{bmatrix}
1&0&0&0&0&1&0&0&0&0&1&0&0&0&0&1\\
0&1&0&0&0&0&1&0&0&0&0&1&0&0&0&1\\
0&0&1&0&0&0&0&1&0&0&0&0&1&0&0&1\\
0&0&0&1&0&0&0&0&1&0&0&0&0&1&0&1\\
0&0&0&0&1&0&0&0&0&1&0&0&0&0&1&1\\
0&0&0&1&0&0&0&0&0&0&0&1&1&0&1&0\\
1&0&0&0&1&0&0&0&0&0&0&0&1&1&0&0\\
0&1&0&0&0&1&0&0&0&0&0&0&0&1&1&0\\
1&0&1&0&0&0&1&0&0&0&0&0&0&0&1&0\\
1&1&0&1&0&0&0&1&0&0&0&0&0&0&0&0\\
0&1&1&0&1&0&0&0&1&0&0&0&0&0&0&0\\
0&0&1&1&0&1&0&0&0&1&0&0&0&0&0&0\\
0&0&0&1&1&0&1&0&0&0&1&0&0&0&0&0\\
0&0&0&0&1&1&0&1&0&0&0&1&0&0&0&0\\
0&0&0&0&0&1&1&0&1&0&0&0&1&0&0&0\\
0&0&0&0&0&0&1&1&0&1&0&0&0&1&0&0\\
0&0&0&0&0&0&0&1&1&0&1&0&0&0&1&0\\
1&0&0&0&0&0&0&0&1&1&0&1&0&0&0&0\\
0&1&0&0&0&0&0&0&0&1&1&0&1&0&0&0\\
0&0&1&0&0&0&0&0&0&0&1&1&0&1&0&0
\end{bmatrix}
$$

I 类 m 维 EG-LDPC 码中有一类特殊的循环 EG-LDPC 码，它的构造是：GF(2) 上的矩阵 $\boldsymbol{H}_{\mathrm{EGC}}^{(1)}(m,s)$ 的行对应着 $\mathrm{EG}(m,2^s)$ 上所有不通过原点的线，它的列对应着 $2^{ms}-1$ 个非原点。列按照 $\alpha^0,\alpha^1,\alpha^2,\cdots,\alpha^{2^{ms}-2}$ 的阶所排列，如第 I 列对应点 α^i 。所有 $\boldsymbol{H}_{\mathrm{EGC}}^{(1)}(m,s)$ 的列数 $n=2^{ms}-1$，行数 $J=(2^{(m-1)s}-1)\ (2^{ms}-1)/(2^s-1)$ 。因此 $\boldsymbol{H}_{\mathrm{EGC}}^{(1)}(m,s)$ 具有如下结构。

（1）每一行“1”的个数为 $\rho=2^s$；

（2）每一列“1”的个数为 $\gamma=(2^{(m-1)s}-1)(2^{ms}-1)-1$；

（3）任意两行和任意两列之间在相同位置出现“1”的次数不能多于一个。

构造 3-2 以 $\boldsymbol{H}_{\mathrm{EGC}}^{(1)}(m,s)$ 为校验矩阵的 LDPC 码是一个长为 $n=2^{ms}-1$ 的规则 LDPC 码。我们把这种码称为 I 类 m 维循环 EG-LDPC 码，它有如下参数。

（1）码长度：$n=2^{ms}-1$；

（2）最小距离：$d_{\min}\geqslant\dfrac{2^{ms}-1}{2^s-1}$；

（3）校验矩阵的行重：$\rho=2^s$；

（4）校验矩阵的列重：$\gamma = \dfrac{2^{ms}-1}{2^s-1}-1$。

I 类 m 维循环 EG-LDPC 码是循环码，因为这类码还可以通过在 GF(2^{ms}) 中的根定义多项式 $g_{\mathrm{EGC}}^{(1)}(X)$ 为生成多项式，关于这个性质的叙述如下。

设 h 是小于 2^{ms} 的非负整数，所以 h 可以表示为基数为 2^s 的形式

$$h = \delta_0 + \delta_1 2^s + \cdots + \delta_{m-1} 2^{(m-1)s} \tag{3-12}$$

式中：$0 \leqslant \delta_i \leqslant 2^s$；$0 \leqslant i \leqslant m$；$h$ 的权数为 2^s；$W_{2^s}(h)$ 定义为：$W_{2^s}(h) = \delta_0 + \delta_1 + \cdots \delta_{m-1}$。

对于非零整数 l，设 $h^{(l)}$ 是 $2^l h$ 除以 $2^{ms}-1$ 的余数 $(0 \leqslant h^{(l)} \leqslant 2^{ms}-1)$。设 $g_{\mathrm{EGC}}^{(1)}(X)$ 为 I 类 m 维 EG-LDPC 码的生成多项式，α 为 GF(2^{ms}) 的本原元。α^h 是 $g_{\mathrm{EGC}}^{(1)}(X)$ 的根，当且仅当如下公式满足时，有

$$0 < \max_{0 \leqslant l \leqslant s} W_{2^s}(h^{(l)}) \leqslant (m-1)(2^s-1) \tag{3-13}$$

通过上面 $g_{\mathrm{EGC}}^{(1)}(X)$ 的根的性质，表明 $\alpha, \alpha^2, \cdots, \alpha^{(2^{ms}-1)/(2^s-1)-1}$ 都是它的根。由 BCH 限得到 I 类 m 维循环 EG-LDPC 码的最小距离的下限为

$$d_{\min} \geqslant (2^{ms}-1)/(2^s-1) \tag{3-14}$$

同样，由 $\boldsymbol{H}_{\mathrm{EGC}}^{(1)}(m,s)$ 的列重为 $\gamma = (2^{ms}-1)/(2^s-1)-1$，可得到以 $\boldsymbol{H}_{\mathrm{EGC}}^{(1)}(m,s)$ 为校验矩阵的 LDPC 码的最小距离至少为 $(2^{ms}-1)/(2^s-1)$。

第 I 类 m 维循环 EG-LDPC 码的校验位个数就等于生成多项式 $g_{\mathrm{EGC}}^{(1)}(X)$ 的次数。

第 I 类 m 维循环 EG-LDPC 码有一类特殊的子类称为 I 类二维 EG-LDPC 码。它的构造是：GF(2) 上的矩阵 $\boldsymbol{H}_{\mathrm{EG}}^{(1)}(2,s)$ 的行对应着 EG($2,2^s$) 上所有不通过原点的线，$\boldsymbol{H}_{\mathrm{EG}}^{(1)}(2,s)$ 是一个 $(2^{2s}-1)\times(2^{2s}-1)$ 的方阵。实际上这种检验矩阵的构造很简单，只需要将 EG($2,2^s$) 中不通过原点的线 L 对应的向量 v_L 循环位移 $2^{2s}-2$ 次，因此 $\boldsymbol{H}_{\mathrm{EG}}^{(1)}(2,s)$ 是一个循环方阵。

构造 3-3 以 $\boldsymbol{H}_{\mathrm{EG}}^{(1)}(2,s)$ 为校验矩阵的 LDPC 码称为 I 类二维循环 EG-LDPC 码，它有如下参数：

（1）码长度：$n = 2^{2s}-1$；

（2）校验比特个数：$n-k = 3^s-1$；

（3）最小距离：$d_{\min} = 2^s+1$；

（4）校验矩阵的行重：$\rho = 2^s$；

（5）校验矩阵的列重：$\gamma = 2^s$。

例 3.6 EG($2,2^s$) 是一个二维欧几里得空间，将例 3.4 中的欧几里得几何 EG($2,2^2$) 的 20 条线中通过原点的线去掉，即删去表 3-3 前面 5 行，去掉每条线中的零点（表 3-3 中剩下 15 条线右边的零元素），每条线对应的向量长为 15，可

以看到任意一条线对应向量的 14 次循环位移就得到其余 14 条线对应的向量，线 $L=\{\alpha^3,\alpha^{11},\alpha^{12},\alpha^{14}\}$ 对应向量为 (000100000001101)。此向量及它的 14 次循环位移就组成了校验矩阵 $\boldsymbol{H}_{\mathrm{EGC}}^{(1)}(2,2)$。以矩阵 $\boldsymbol{H}_{\mathrm{EGC}}^{(1)}(2,2)$ 为校验矩阵的 LDPC 码参数为：码长 $n=15$，信息位长 $k=7$。

矩阵 $\boldsymbol{H}_{\mathrm{EGC}}^{(1)}(2,2^2)$ 可表示为

$$\boldsymbol{H}_{\mathrm{EGC}}^{(1)}(2,2^2)=\begin{bmatrix}
1&0&0&0&1&0&0&0&0&0&0&0&1&1&0&0\\
0&1&0&0&0&1&0&0&0&0&0&0&0&1&1&0\\
1&0&1&0&0&0&1&0&0&0&0&0&0&0&1&0\\
1&1&0&1&0&0&0&1&0&0&0&0&0&0&0&0\\
0&1&1&0&1&0&0&0&1&0&0&0&0&0&0&0\\
0&0&1&1&0&1&0&0&0&1&0&0&0&0&0&0\\
0&0&0&1&1&0&1&0&0&0&1&0&0&0&0&0\\
0&0&0&0&1&1&0&1&0&0&0&1&0&0&0&0\\
0&0&0&0&0&1&1&0&1&0&0&0&1&0&0&0\\
0&0&0&0&0&0&1&1&0&1&0&0&0&1&0&0\\
0&0&0&0&0&0&0&1&1&0&1&0&0&0&1&0\\
1&0&0&0&0&0&0&0&1&1&0&1&0&0&0&0\\
0&1&0&0&0&0&0&0&0&1&1&0&1&0&0&0\\
0&0&1&0&0&0&0&0&0&0&1&1&0&1&0&0
\end{bmatrix}$$

I 类二维循环 EG-LDPC 码如表 3-4 所列。

表 3-4　I 类二维循环 EG-LDPC 码

s	n	k	$d_{\min}$	ρ	γ
2	15	7	5	4	7
3	63	37	9	8	8
4	255	175	17	16	16
5	1023	781	33	32	32
6	4095	3367	65	64	64
7	16383	14197	129	128	128

3.4.2　半随机 LDPC 码

文献[8]介绍了半随机 LDPC 码，其在编码的实现结构简单，同时兼顾参数选择的灵活性。

1. 半随机 LDPC 码

将码长为 n、信息位为 k 的 LDPC 码的校验矩阵 $\boldsymbol{H}$ 分解为两个子矩阵，即

$$\boldsymbol{H}=\begin{bmatrix}\boldsymbol{H}^d & \boldsymbol{H}^p\end{bmatrix} \tag{3-15}$$

式中：$\boldsymbol{H}^d$ 为 $(n-k)\times k$ 的矩阵，又称为信息位矩阵，可以描述为

$$\boldsymbol{H}^d=\begin{bmatrix} h_{1,1}^d & h_{1,2}^d & h_{1,3}^d & \cdots & h_{1,k-1}^d & h_{1,k}^d \\ \vdots & \vdots & \vdots & \cdots & \vdots & \vdots \\ h_{i,1}^d & h_{i,2}^d & h_{i,3}^d & \cdots & h_{i,k-1}^d & h_{i,k}^d \\ \vdots & \vdots & \vdots & \ddots & \vdots & \vdots \\ h_{n-k-1,1}^d & h_{n-k-1,2}^d & h_{n-k-1,3}^d & \cdots & h_{n-k-1,k-1}^d & h_{n-k-1,k}^d \\ h_{n-k,1}^d & h_{n-k,2}^d & h_{n-k,3}^d & \cdots & h_{n-k,k-1}^d & h_{n-k,k}^d \end{bmatrix}$$

矩阵 $\boldsymbol{H}^d$ 采用随机方法构造。$\boldsymbol{H}^p$ 是一个 $(n-k)\times(n-k)$ 的矩阵，又称为校验位矩阵，$\boldsymbol{H}^p$ 是双对角线形式的上三角子矩阵，具有如下形式：

$$\boldsymbol{H}^p=\begin{bmatrix} 1 & 0 & 0 & \cdots & 0 & 0 \\ 1 & 1 & 0 & \cdots & 0 & 0 \\ 0 & 1 & 1 & \cdots & 0 & 0 \\ \vdots & \vdots & \vdots & \ddots & \vdots & \vdots \\ 0 & 0 & 0 & \cdots & 1 & 0 \\ 0 & 0 & 0 & \cdots & 1 & 1 \end{bmatrix} \tag{3-16}$$

例如，一个 8×8 的 $\boldsymbol{H}^p$ 矩阵为

$$\boldsymbol{H}^p=\begin{bmatrix} 1&1&0&0&0&0&0&0 \\ 0&1&1&0&0&0&0&0 \\ 0&0&1&1&0&0&0&0 \\ 0&0&0&1&1&0&0&0 \\ 0&0&0&0&1&1&0&0 \\ 0&0&0&0&0&1&1&0 \\ 0&0&0&0&0&0&1&1 \\ 0&0&0&0&0&0&0&1 \end{bmatrix}$$

相应地，将矩阵 $\boldsymbol{H}$ 所对应的码向量 $\boldsymbol{c}$ 分解为对应的校验位向量 $\boldsymbol{c}^p$ 和信息位向量 $\boldsymbol{c}^d$，即有 $\boldsymbol{c}=\begin{bmatrix}\boldsymbol{c}^d & \boldsymbol{c}^p\end{bmatrix}$，奇偶校验矩阵 $\boldsymbol{H}$ 与码向量 $\boldsymbol{c}$ 之间有如下关系：

$$\boldsymbol{H}\boldsymbol{c}^{\mathrm{T}}=\begin{bmatrix}\boldsymbol{H}^d & \boldsymbol{H}^p\end{bmatrix}\begin{bmatrix}\boldsymbol{c}^d \\ \boldsymbol{c}^p\end{bmatrix}=\boldsymbol{H}^d\boldsymbol{c}^d+\boldsymbol{H}^p\boldsymbol{c}^p=\boldsymbol{0} \tag{3-17}$$

给定任意一个信息位向量 $\boldsymbol{c}^d$，可利用构造出的校验位矩阵 $\boldsymbol{H}^p$、信息位矩阵 $\boldsymbol{H}^d$ 及映射向量 $\boldsymbol{v}$ 产生码向量 $\boldsymbol{c}$，$\boldsymbol{v}$ 定义为式（3-17）的解，则

$$\boldsymbol{H}^p\boldsymbol{c}^p=\boldsymbol{v}=\boldsymbol{H}^d\boldsymbol{c}^d \tag{3-18}$$

令 $\begin{bmatrix}\boldsymbol{H}^p\end{bmatrix}^{-1}=\boldsymbol{U}^p$，$\boldsymbol{U}^p$ 是三角矩阵，式（3-18）运算时取模 2 和，则

$$\boldsymbol{c}^p = \boldsymbol{U}^p \boldsymbol{v} \tag{3-19}$$

先计算$\boldsymbol{v}$，再利用式（3-19）转换$\boldsymbol{v}$，计算出$\boldsymbol{c}^p$。已知$\boldsymbol{c}^d$，构造出$\boldsymbol{H}^p$和$\boldsymbol{H}^d$，利用式（3-18）和式（3-19）计算出$\boldsymbol{c}^p$，可得到码向量$\boldsymbol{c}$。值得注意的是，不一定采用对$\boldsymbol{H}^p$求逆的方法来求得$\boldsymbol{c}^p$，可直接对式（3-18）的前一个等式采用高斯消去法求得$\boldsymbol{c}^p$，其具有线性计算复杂度。由于$\boldsymbol{H}^p$是双对角的上三角矩阵，对给定的信息位向量$\boldsymbol{c}^d = \left\{d_j, j=1,2,\cdots,k\right\}$，根据式（3-15）和式（3-17）很容易有如下结论：

$$p_1 = \sum_{j=1}^{k} h_{1,j}^d d_j \tag{3-20}$$

$$p_i = p_{i-1} + \sum_{j=1}^{n-k} h_{i,j}^d d_j \text{，} \quad i = 0,1,\cdots, M-1 \tag{3-21}$$

式（3-16）中的矩阵$\boldsymbol{H}^p$的行重、列重仅为 2，文献[48]对半随机 LDPC 码进行了改进，矩阵$\boldsymbol{H}^p$有如下形式：

$$\boldsymbol{H}^p = \begin{bmatrix} \boldsymbol{I} & & & \boldsymbol{0} \\ \boldsymbol{I} & \boldsymbol{I} & \ddots & \\ & \ddots & \boldsymbol{I} & \boldsymbol{I} \\ \boldsymbol{0} & & & \boldsymbol{I} \end{bmatrix} \tag{3-22}$$

式中：$\boldsymbol{I}$是$m \times m$单位矩阵；$\boldsymbol{0}$是$m \times m$全零矩阵。

H^d由$S_m \times K_m$阶基矩阵和多个$m \times m$阶分量矩阵构成，其中，$S_m \times m = N-K$，$K_m \times m = K$。基矩阵由“0”和“1”组成，分量矩阵为同构矩阵，将基矩阵中元素为“1”的位置用不同分量矩阵代替，基矩阵中元素为“0”的位置用$m \times m$全零矩阵代替。

同时，为进一步简化半随机 LDPC 码的编码，提出对式（3-15）中的信息位矩阵$\boldsymbol{H}^d$采用结构化编码，得到结构半随机 LDPC 码。

2. IEEE802.16e 中的 LDPC 码

IEEE802.16e 中 LDPC 码的校验矩阵是$(m_b \times z)\times(n_b \times z)$矩阵，$m_b \times n_b$基矩阵表示如下：

$$\boldsymbol{H}_b = \begin{bmatrix} P^{h_{00}^b} & P^{h_{01}^b} & P^{h_{02}^b} & \cdots & P^{h_{0n_b}^b} \\ P^{h_{10}^b} & P^{h_{11}^b} & P^{h_{12}^b} & \cdots & P^{h_{1n_b}^b} \\ \vdots & \vdots & \vdots & & \vdots \\ P^{h_{m_b0}^b} & P^{h_{m_b1}^b} & P^{h_{m_b2}^b} & \cdots & P^{h_{m_bn_b}^b} \end{bmatrix} \tag{3-23}$$

矩阵$\boldsymbol{H}_b$共有$m_b \times n_b$个元素，其中各元素分别由$z \times z$的全零矩阵和$z \times z$的单位矩阵循环移位的同构矩阵构成。以码率为 5/6 和 3/4 的 A 码为例，其校验矩阵$\boldsymbol{H}_b$如表 3-5～表 3-7 所列。

表 3-5 码率为 5/6 的 A 码校验矩阵 $\boldsymbol{H}_b$

12	5	55	−1	47	4	−1	91	84	8	86	52	82	33	5	0	36	20	4	77	80	0	−1	−1
−1	6	−1	36	40	47	12	79	47	−1	41	21	12	71	14	72	0	44	49	0	0	0	0	−1
51	81	83	4	67	−1	21	−1	31	24	91	61	81	9	86	78	60	88	67	15	−1	−1	0	0
68	−1	50	15	−1	36	13	10	11	20	53	90	29	92	57	30	84	92	11	66	80	−1	−1	0

表 3-6 码率为 3/4 的 A 码校验矩阵 $\boldsymbol{H}_b$

6	38	39	3	−1	−1	−1	30	70	−1	86	−1	37	38	4	11	−1	46	48	0	−1	−1	−1	−1
62	64	19	84	−1	92	78	−1	15	−1	−1	92	−1	45	24	32	30	−1	−1	0	0	−1	−1	−1
71	−1	55	−1	12	66	45	79	−1	78	−1	−1	10	−1	22	55	70	82	−1	−1	0	0	−1	−1
38	61	−1	66	9	73	47	64	−1	39	61	43	−1	−1	−1	−1	95	32	0	−1	−1	0	0	−1
−1	−1	−1	−1	32	52	55	80	95	22	65	1	24	90	44	20	−1	−1	−1	−1	−1	−1	0	0
−1	63	31	88	20	−1	−1	−1	6	40	56	16	71	53	−1	−1	27	26	48	−1	−1	−1	−1	0

表 3-7 码率为 3/4 的 A 码校验矩阵 $\boldsymbol{H}_b$

−1	81	−1	28	−1	−1	14	25	17	−1	−1	85	29	52	78	95	22	92	0	0	−1	−1	−1	−1
42	−1	14	68	32	−1	−1	−1	−1	70	43	11	36	40	33	57	38	24	−1	0	0	−1	−1	−1
−1	−1	20	−1	−1	63	39	−1	70	67	−1	38	47	24	7	29	60	5	80	−1	0	0	−1	−1
64	2	−1	−1	63	−1	−1	3	51	−1	81	15	94	9	85	36	14	19	−1	−1	−1	0	0	−1
−1	53	60	80	−1	26	75	−1	−1	−1	−1	86	77	1	3	72	60	25	−1	−1	−1	−1	0	0
77	−1	−1	−1	15	28	−1	35	−1	72	30	68	85	84	26	64	11	89	0	−1	−1	−1	−1	0

IEEE802.16e 对 z 等参数的选择如表 3-8 所列，如果选取扩展因子为 96，可以得到码率为 5/6 的（2304,1920）码和码率为 3/4 的（2304,1728）码。相应地，在校验矩阵 $\boldsymbol{H}_b$ 中“***-1***”表示 96×96 全零矩阵，“***0***”表示 96×96 单位矩阵，“***81***”表示 96×96 单位矩阵循环移位 81 次得到的同构矩阵。

表 3-8　IEEE802.16e 中 LDPC 码的参数

n/bit	扩展因子 z	码率 R				子通道数目		
		R=1/2	R=2/3	R=3/4	R=5/6	QPSK	16QAM	64QAM
576	24	36	48	54	60	6	3	2
672	28	42	56	63	70	7	—	—
768	32	48	64	72	80	8	4	—
864	36	54	72	81	90	9	—	3
960	40	60	80	90	100	10	5	—
1056	44	66	88	99	110	11	—	—
1152	48	72	96	108	120	12	6	4
1248	52	78	104	117	130	13	—	—
1344	56	84	112	126	140	14	7	—
1440	60	90	120	135	150	15	—	5
1536	64	96	128	144	160	16	8	—
1632	68	102	136	153	170	17	—	—
1728	72	108	144	162	180	18	9	6
1824	76	114	152	171	190	19	—	—
1920	80	120	160	180	200	20	10	—
2016	84	126	168	189	210	21	—	7
2112	88	132	176	198	220	22	11	—
2208	92	138	184	207	230	23	—	—
2304	96	144	192	216	240	24	12	8

IEEE 802.16e 中的 LDPC 码是码率兼容码，即高、低码率的码可以同时使用一套编译码器。IEEE 802.16e 中 LDPC 码的校验矩阵结构如图 3-9 所示，其校验矩阵也可用下式表示：

$$\boldsymbol{H}_b = \left[\boldsymbol{H}_{\text{inf}1} \quad \boldsymbol{H}_{\text{inf}2} \quad \cdots \quad \boldsymbol{H}_{\text{inf}s} \quad \boldsymbol{H}_p\right] \tag{3-24}$$

该校验矩阵又称为码率兼容码的母码矩阵，通过打孔将 $\boldsymbol{H}_{\text{inf}1}$ 对应的信息比特取掉，重新得到码率更低的码，相应的校验矩阵为 $\left[\boldsymbol{H}_{\text{inf}2} \quad \boldsymbol{H}_{\text{inf}3} \quad \cdots \quad \boldsymbol{H}_{\text{inf}s} \quad \boldsymbol{H}_p\right]$，这个新校验矩阵是一个码率更低的 LDPC 码，但其可以和母码使用同一套编译码器；同理，若通过打孔将 $H_{\text{inf}2}$ 对应的信息比特取掉，重新得到码率更低的码，相应的校验矩阵为 $\left[\boldsymbol{H}_{\text{inf}3} \quad \boldsymbol{H}_{\text{inf}4} \quad \cdots \quad \boldsymbol{H}_{\text{inf}s} \ \boldsymbol{H}_p\right]$。码率兼容码在混合自动重传请求（Hybrid Automatic Repeatre Quest，HARQ）系统和协同编码系统中都是非常有用的。

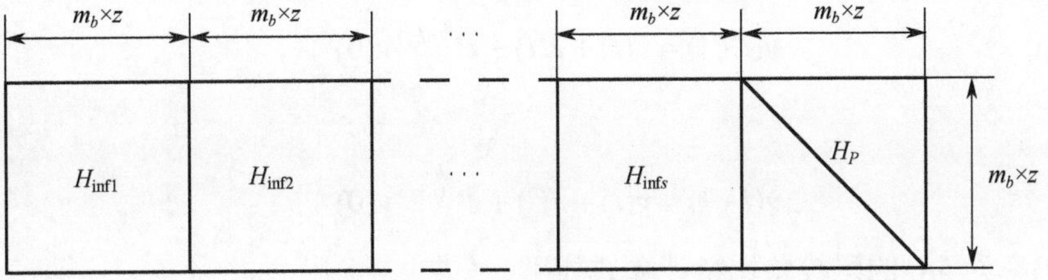

图 3-9　校验矩阵

该结构 LDPC 码的一个优点是：不需要生成矩阵就可进行编码。其校验比特在知道校验矩阵的情形下，可通过如下方式求解。

若码字表示为 $\boldsymbol{C}=[\boldsymbol{d} \quad \boldsymbol{p}]=[\boldsymbol{d}_1 \quad \boldsymbol{d}_2 \quad \cdots \quad \boldsymbol{d}_s \quad \boldsymbol{p}]$，将信息比特划分为 $k_b = n_b - m_b$ 个分向量，每个向量都由 z 比特组成：

$$\boldsymbol{d}=[\boldsymbol{u}(0),\boldsymbol{u}(1),\boldsymbol{u}(2),\cdots,\boldsymbol{u}(k_b-1)] \tag{3-25}$$

式中：$\boldsymbol{u}(i)=\left[s_{iz},s_{iz+1},s_{iz+2},\cdots,s_{(i+1)z-1}\right]^{\mathrm{T}}$。

校验序列 $\boldsymbol{p}$ 划分为 m_b 个分向量，每个向量都由 z 比特组成，即

$$\boldsymbol{d}=[\boldsymbol{v}(0),\boldsymbol{v}(1),\boldsymbol{v}(2),\cdots,\boldsymbol{v}(m_b-1)] \tag{3-26}$$

式中：$\boldsymbol{v}(i)=\left[p_{iz},p_{iz+1},p_{iz+2},\cdots,p_{(i+1)z-1}\right]^{\mathrm{T}}$。

定义中间向量 $\boldsymbol{\lambda}$ 如下：

$$\boldsymbol{\lambda}=\left[\lambda(0),\lambda(1),\cdots,\lambda(m_b-1)\right]^{\mathrm{T}} \tag{3-27}$$

式中：每个元素 $\lambda(i)$ 是 z 比特组成的列向量，其按下式计算：

$$\lambda(i)=\sum_{j=0}^{k_b-1}\boldsymbol{P}^{h_{(i,j)}^b}\boldsymbol{u}(j), i=0,1,\cdots,m_b-1 \tag{3-28}$$

首先计算 $\boldsymbol{v}(0)$：

$$\boldsymbol{P}^{h_{(x,k_b)}^b}\boldsymbol{v}(0)=\sum_{i=0}^{m_b-1}\lambda(i) \tag{3-29}$$

则

$$\boldsymbol{v}(0)=(\boldsymbol{P}^{h_{(x,k_b)}^b})^{-1}\sum_{i=0}^{m_b-1}\lambda(i)=\boldsymbol{P}^{(z-h_{(x,k_b)}^b) \bmod z}\sum_{i=0}^{m_b-1}\lambda(i) \tag{3-30}$$

式中：x 为 $\boldsymbol{H}_b$ 矩阵中第 k_b 列中 3 个不为零的元素中与另两个元素不相等的那个元素。

计算 $\boldsymbol{v}(i+1)$，$(i=1,\cdots,m_b-1)$：

$$\boldsymbol{v}(i+1)=\boldsymbol{v}(i)+\boldsymbol{\lambda}(i)+\boldsymbol{P}^{h^b_{(i,k_b)}}\boldsymbol{v}(0) \tag{3-31}$$

或

$$\boldsymbol{v}(i-1)=\boldsymbol{v}(i)+\boldsymbol{\lambda}(i)+\boldsymbol{P}^{h^b_{(i,k_b)}}\boldsymbol{v}(0) \tag{3-32}$$

码率为 5/6 的码校验比特计算式如下：

$$\begin{cases}\boldsymbol{v}(0)=\sum_{i=0}^{m_b-1}\boldsymbol{\lambda}(i)\\ \boldsymbol{v}(3)=\boldsymbol{\lambda}(3)+\boldsymbol{P}^{h^b_{(3,20)}}\boldsymbol{v}(0)\\ \boldsymbol{v}(2)=\boldsymbol{\lambda}(2)+\boldsymbol{v}(3)\\ \boldsymbol{v}(1)=\boldsymbol{\lambda}(1)+\boldsymbol{v}(2)\end{cases} \tag{3-33}$$

码率为 3/4 的码 A 校验比特计算式如下：

$$\begin{cases}\boldsymbol{v}(0)=\sum_{i=0}^{m_b-1}\boldsymbol{\lambda}(i)\\ \boldsymbol{v}(5)=\boldsymbol{\lambda}(5)+\boldsymbol{P}^{h^b_{(5,18)}}\boldsymbol{v}(0)\\ \boldsymbol{v}(4)=\boldsymbol{\lambda}(4)+\boldsymbol{v}(5)\\ \boldsymbol{v}(3)=\boldsymbol{\lambda}(3)+\boldsymbol{v}(4)\\ \boldsymbol{v}(2)=\boldsymbol{\lambda}(2)+\boldsymbol{v}(3)+\boldsymbol{P}^{h^b_{(2,18)}}\boldsymbol{v}(0)\\ \boldsymbol{v}(1)=\boldsymbol{\lambda}(1)+\boldsymbol{v}(2)\end{cases} \tag{3-34}$$

码率为 3/4 的码 B 校验比特计算式如下：

$$\begin{cases}\boldsymbol{v}(0)=\left[\boldsymbol{P}^{h^b_{(2,18)}}\right]^{-1}\sum_{i=0}^{m_b-1}\boldsymbol{\lambda}(i)\\ \boldsymbol{v}(5)=\boldsymbol{\lambda}(5)+\boldsymbol{v}(0)\\ \boldsymbol{v}(4)=\boldsymbol{\lambda}(4)+\boldsymbol{v}(5)\\ \boldsymbol{v}(3)=\boldsymbol{\lambda}(3)+\boldsymbol{v}(4)\\ \boldsymbol{v}(2)=\boldsymbol{\lambda}(2)+\boldsymbol{v}(3)+\boldsymbol{P}^{h^b_{(2,18)}}\boldsymbol{v}(0)\\ \boldsymbol{v}(1)=\boldsymbol{\lambda}(1)+\boldsymbol{v}(2)\end{cases} \tag{3-35}$$

图 3-10 所示为码率为 5/6 的（2304，1920）LDPC 码及其通过打孔得到的各种码率码的性能。图 3-11 所示为码率为 3/4 的（2304，1728）A 码及其通过打孔得到的各种码率码的性能。仿真时都采用二进制相移键控（Binary Phase Shift Keying，BPSK）调制方式，迭代次数最大为 50 次，分别比较了比特误码率（Bit Error Ratio，BER）和块误码率（Bilock Error Ratio，BLER）在不同比特信噪比（E_b/N_0）下的性能。

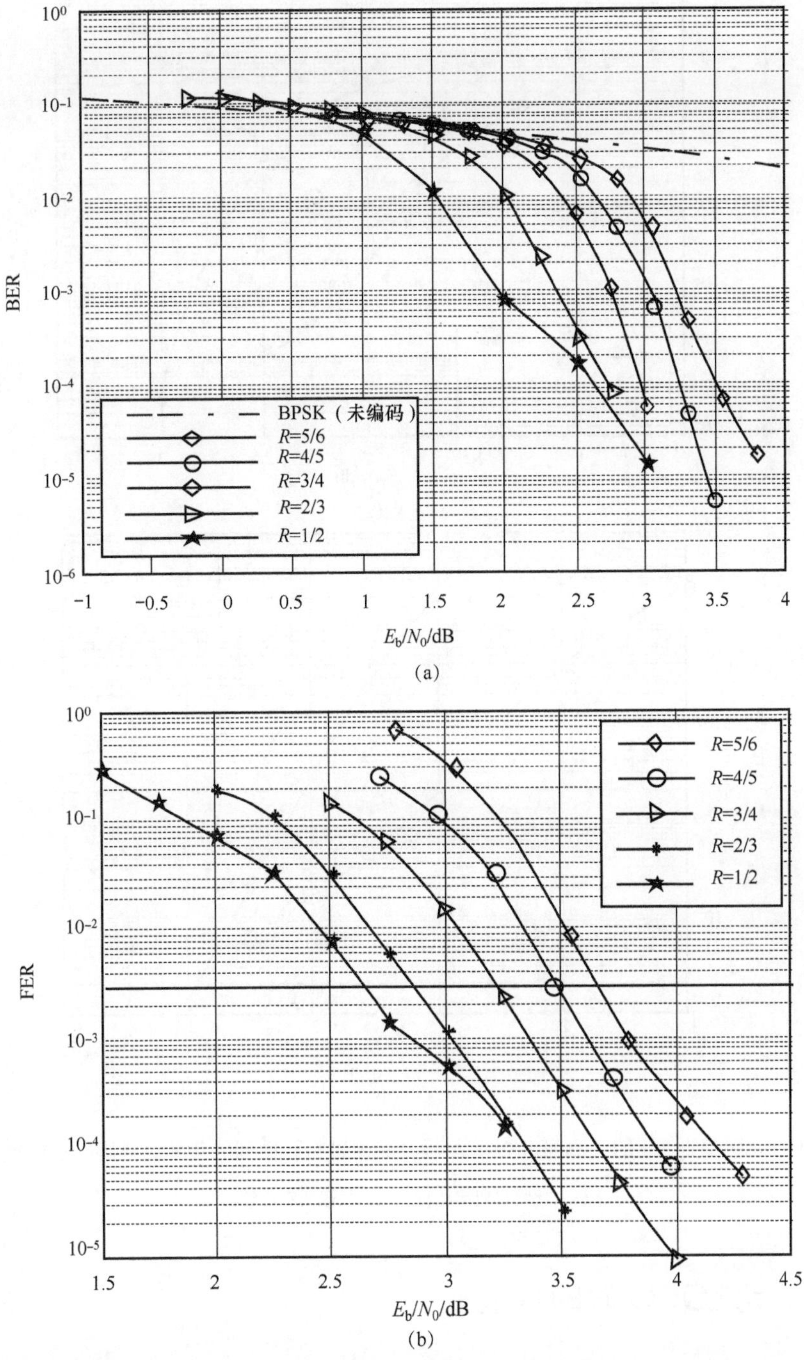

图 3-10 码率为 5/6 的（2304,1920）LDPC 码及其通过打孔得到的各种码率码的性能比较

（a）比特误码率比较；（b）块误码率比较。

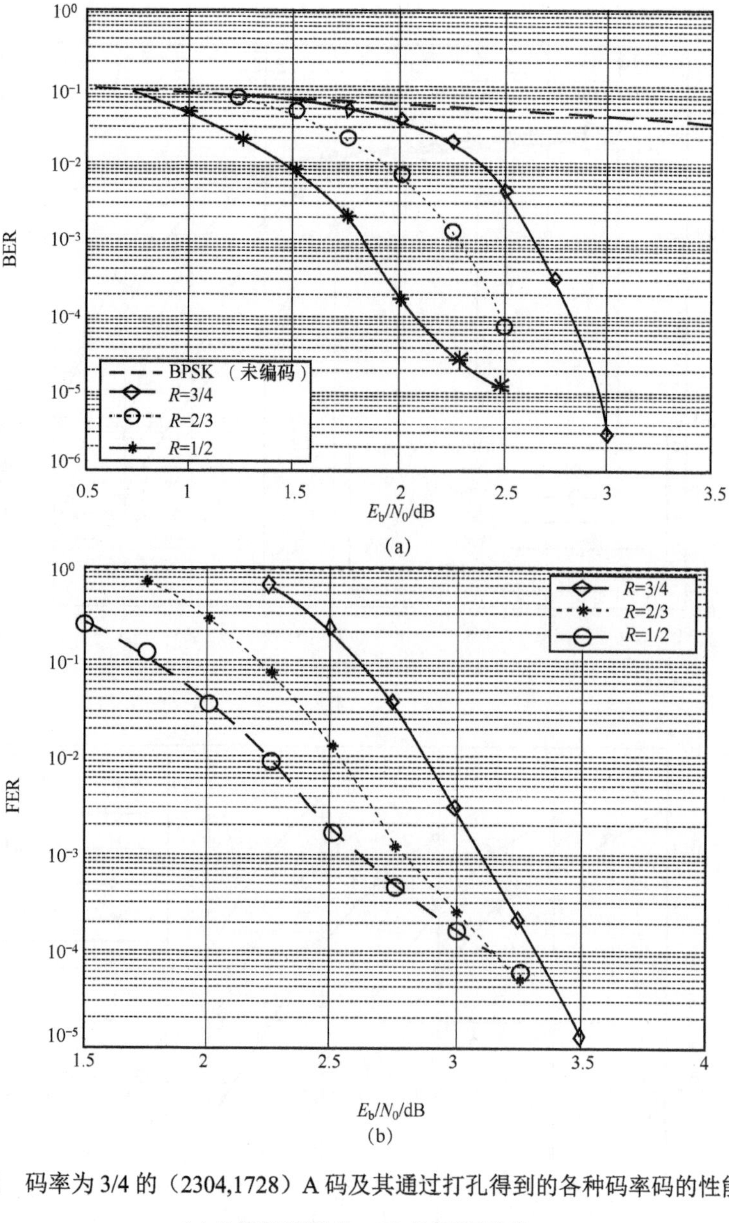

图 3-11　码率为 3/4 的（2304,1728）A 码及其通过打孔得到的各种码率码的性能比较

（a）比特误码率比较；（b）块误码率比较。

3.5　q 元 LDPC 码的构造

研究成果表明，二元 LDPC 码具有很好的纠错性能，将二元 LDPC 码扩展到多元域，可以很容易地引入多元 LDPC 码的概念[6,7]，研究结果同时表明，具有特定列重的低码率（R＝1/4～1/2）多元 LDPC 码，在 AWGN 信道下的性能要优于二元 LDPC 码，并且多元 LDPC 码的抗突发错误性能要明显优于二元 LDPC 码。

3.5.1　有限几何多元 LDPC 码

有限几何方法可以构造二元 LDPC 码，同样也是构造多元 LDPC 码的工具。通过有限几何方法可以构造多种类型的 LDPC 码。这里我们只介绍一种类型 LDPC 码的构造，感兴趣的读者可以进一步参考相关文献。在 $\mathrm{GF}(q^s)$ 上构造一个 $(q^s-1)\times(q^s-1)$ 的矩阵 $\boldsymbol{M}_i$，乘 α 循环类 S_i 的 q^s 元向量以循环的次序安排在行上。$\boldsymbol{M}_i$ 是一个典型的循环阵，它的每一行都是其上一行乘 α 后的向右循环移位，矩阵 $\boldsymbol{M}_i$ 的行重和列重都是 q，称 $\boldsymbol{M}_i$ 为一个乘 α 的循环阵。在 $GF(q^s)$ 上构造一个 $l(q^s-1)\times(q^s-1)$ 的矩阵 $\boldsymbol{H}_{\mathrm{EGC}}(l)$，$\boldsymbol{M}_1^{\mathrm{T}},\boldsymbol{M}_2^{\mathrm{T}},\cdots,\boldsymbol{M}_l^{\mathrm{T}}$ 作为子矩阵排列在该矩阵的每一列中，即

$$\boldsymbol{H}_{\mathrm{EGC}}(l)=\left[\boldsymbol{M}_1^{\mathrm{T}},\boldsymbol{M}_2^{\mathrm{T}},\cdots,\boldsymbol{M}_l^{\mathrm{T}}\right]^{\mathrm{T}} \tag{3-36}$$

矩阵 $\boldsymbol{H}_{\mathrm{EGC}}(l)$ 的列重和行重分别为 lq 和 q。矩阵 $\boldsymbol{H}_{\mathrm{EGC}}(l)$ 在 $GF(q^s)$ 上的零空间给出一个长为 q^s-1，最小距离至少为 $lq+1$ 的 q^s 元循环 EG-LDPC 码，其双向图包含的最小环长为 6。该类 LDPC 码是循环的，那么它可由其生成多项式唯一确定。

构造 3-4　考虑 $\mathrm{GF}(2^3)$ 上的二维欧几里得几何 $\mathrm{EG}(2,2^3)$，其子几何 $\mathrm{EG}^*(2,2^3)$ 由 $\mathrm{EG}(2,2^3)$ 上不经过原点的 63 条线构成。这 63 条线上的 64 元向量构成了一个单一的乘 α 循环类。基于这个 64 元向量的单循环类，我们在 $\mathrm{GF}(2^6)$ 上构造一个 63×63 的乘 α 循环矩阵 $H_{\mathrm{EGC}}(1)$，其列重和行重均为 8。在 $\mathrm{GF}(2^6)$ 上 $\boldsymbol{H}_{\mathrm{EGC}}(1)$ 的零空间向量给出一个 $\mathrm{GF}(2^6)$ 上的 $(63,37)$ 循环 EG-LDPC 码，其最小距离至少为 9。

3.5.2　由同构 MDS 码构造的多元 LDPC 码

考虑有 p^s 个元素 $\left\{\alpha^\infty,\alpha^0,\alpha^1,\cdots,\alpha^{p^s-2}\right\}$ 的有限域 $\mathrm{GF}(p^s)$，设 $\boldsymbol{z}=\left\{z_\infty,z_0,z_1,\cdots,z_{p^s-2}\right\}$ 是 GF(2) 上的长为 p^s 的向量，每个向量 $\boldsymbol{z}$ 都对应 $\mathrm{GF}(p^s)$ 中的一个元素 α^i，向量 $\boldsymbol{z}$ 中的分量 $z_i=1$，其余为 0，当 $i=\infty$，向量 $\boldsymbol{z}$ 为全零向量，每个向量 $\boldsymbol{z}$ 循环移位 p^s-1 次得到 $p^s\times p^s$ 矩阵。设有同构 MDS 码集 $\boldsymbol{C}_b$，$b^i\in\boldsymbol{C}_b,\boldsymbol{b}=\left[b_1^{\,i},b_2^{\,i},\cdots,b_\rho^{\,i}\right]$，我们得到 ρp^s 长向量

$$z(b^i)=\left\{z(b_1{}^i),z(b_2{}^i),z(b_3{}^i),\cdots,z(b_\rho{}^i)\right\} \tag{3-37}$$

$z(b^i)$ 中共 ρ 个“1”，若码集 $\boldsymbol{C}_b$ 中共有 L 个码字，可得 L 个不同 $z(b^i)$ 向量。每个分量 $z(b^i)$ 向量循环移位 p^s-1 次得到 ρ 个 $p^s\times p^s$ 矩阵 $\boldsymbol{A}(b_j{}^i)$，这样的矩阵共有 $\rho\times L$ 个，选择 $\boldsymbol{A}(b_j{}^i)$ 可得矩阵 $\boldsymbol{H}$ 为

$$\boldsymbol{H}=\begin{bmatrix}\boldsymbol{A}(b_1{}^1) & \boldsymbol{A}(b_1{}^2) & \cdots & \boldsymbol{A}(b_1{}^m)\\ \boldsymbol{A}(b_2{}^1) & \boldsymbol{A}(b_2{}^2) & \cdots & \boldsymbol{A}(b_2{}^m)\\ \vdots & \vdots & \ddots & \vdots\\ \boldsymbol{A}(b_n{}^1) & \boldsymbol{A}(b_n{}^2) & \cdots & \boldsymbol{A}(b_n{}^m)\end{bmatrix},\quad m<L,n<\rho \tag{3-38}$$

以矩阵 $\boldsymbol{H}$ 为校验矩阵的 LDPC 码是准循环码，码长为 $p^s\times m$，码率为 $1-\dfrac{n}{m}$。

选用（63，2）RS 码，选码集中两个码字中的 35 位可得

$$\boldsymbol{H}_1=\begin{bmatrix}\boldsymbol{A}(b_1{}^1) & \boldsymbol{A}(b_1{}^2) & \cdots & \boldsymbol{A}(b_1{}^{35})\\ \boldsymbol{A}(b_2{}^1) & \boldsymbol{A}(b_2{}^2) & \cdots & \boldsymbol{A}(b_2{}^{35})\end{bmatrix} \tag{3-39}$$

LDPC 码的校验矩阵为

$$\boldsymbol{H}=\begin{bmatrix} & \boldsymbol{H}_1 & \\ \boldsymbol{I} & \boldsymbol{I} & \cdots & \boldsymbol{I}\end{bmatrix} \tag{3-40}$$

式中：$\boldsymbol{I}$ 为 21×21 的单位矩阵，得到 LDPC 码的码长为 $63\times35=2205$；信息位长为 $2205-(63\times2+21)=2054$；码率为 0.933。

3.6 LDPC 码译码

LDPC 码具有良好性能的重要原因之一是，LDPC 码采用了基于置信传播的迭代软判决译码算法。这是一种迭代译码方法，是 LDPC 码与传统纠错码的重要区别之所在。LDPC 码除了用基于置信传播的软信息迭代概率译码方法，Gallager 在 1962 年还提出了一种基于置信传播的硬判决位翻转译码算法，近几年的研究又提出了一些其他的译码算法。目前的主流软判决译码方法有 BP 译码方法、BP-Based、Min-Sum 等方法，BP-Based 又分多种，如 Normalized BP-Based、Offset BP-Based 等，有时 Min-Sum 也归为 BP-Based 方法[6, 7]。其中，BP 译码方法最稳定，有很多资料介绍 BP-Based 译码方法，认为和 BP 译码方法相比，是一种简单但性能损失不大的译码方法。但是，在译码收敛性方面，BP 译码方法通常收敛更快，但不同的码结构在不同的译码方法下表现不同，因此不同结构的 LDPC 码采用何种译码方法为最优，通常需要通过大量的仿真来确定。

3.6.1　LDPC 码的硬判决译码

1．硬判决位翻转译码

Gallager 硬判决译码算法由 Gallager 在其博士论文中提出。这种算法仅适用于 BSC 信道，也被称为比特翻转（bit flipping，BF）算法，可看成置信传播算法的简化形式。设码字向量 $\boldsymbol{x}$ 经过 BSC 接收的硬判决值为 $\boldsymbol{z}$ ，$\boldsymbol{s}$ 为伴随子向量，比特翻转（BF）算法可简单描述如下。

步骤 1：计算方程 $\boldsymbol{s}=\boldsymbol{z}\boldsymbol{H}^{\mathrm{T}}$ ，统计每位接收值 y_i 不满足校验方程的个数。

步骤 2：找出不满足校验方程的个数最多的 z_i ，如不满足的个数大于某设定值，将其翻转，得到新的向量 $\boldsymbol{z}'$ 。

步骤 3：判断条件为由向量 $\boldsymbol{z}'$ 代替 $\boldsymbol{z}$ 计算方程 $\boldsymbol{s}=\boldsymbol{z}\boldsymbol{H}^{\mathrm{T}}$ ，如 $\boldsymbol{s}=\boldsymbol{0}$ 则正确译码输出。否则重复上述 3 个步骤，反复迭代，直到迭代至最大迭代次数。

由于校验矩阵为稀疏矩阵，而且一般为随机构成，所以参与每个校验方程的比特很少，且这些比特在码字上的分布很分散，那么任一校验方程所含的比特要么无错，要么很高概率下只有一比特错误，BF 算法就可以有效地进行纠错。即使某一校验方程发生多于一个的错误，纠错仍可以进行。具体算法描述如下。

设发送序列为编码后的码字 $\boldsymbol{c}=(c_1,c_2,\cdots,c_{N-1})$ ，经 BPSK 调制后得到序列 $\boldsymbol{X}=(x_0,x_1,\cdots,x_{N-1})$ ，式中，$x_i=(2c_i-1)\ (0\leqslant i\leqslant N-1)$ 。$\boldsymbol{r}=(r_1,r_2,\cdots,r_{N-1})$ 为经加性高斯白噪声信道传输后接收的实数向量序列。由实数向量序列可以得到硬判决二元向量序列 $\boldsymbol{Z}=(z_1,z_2,\cdots,z_{N-1})$:

$$z_i=\begin{cases}1, & r_i>0\\ 0, & r_i\leqslant 0\end{cases} \tag{3-41}$$

LDPC 码的校验矩阵 $\boldsymbol{H}=[\boldsymbol{h}_0,\boldsymbol{h}_1,\cdots,\boldsymbol{h}_{N-K-1}]^{\mathrm{T}}$ ，$\boldsymbol{h}_j=(h_{j,0},h_{j,1},\cdots,h_{j,N-1})$ ，由 $\boldsymbol{h}_j$ 可得到第 j 个校验方程 $h_{j,0}z_0+h_{j,1}z_1+,\cdots,+h_{j,N-1}z_{N-1}$ 。码的伴随式计算方法为

$$\boldsymbol{s}=(s_0,s_1,\cdots,s_j,\cdots,s_{J-1})=\boldsymbol{z}\cdot\boldsymbol{H}^{\mathrm{T}},\ s_j=\boldsymbol{z}\cdot\boldsymbol{h}_j=\sum_{i=0}^{N-1}z_i h_{j,i}(\mathrm{mod}\,2),\ J=N-K \tag{3-42}$$

若伴随式中的 $s_j=0$ ，则说明接收向量满足第 j 个校验方程，当伴随式为全“$\boldsymbol{0}$”向量时，接收向量满足所有校验方程，接收序列 $\boldsymbol{z}$ 没有错误。当伴随式中为非全“$\boldsymbol{0}$”向量时，接收序列 $\boldsymbol{z}$ 有错误，接收序列中每个码元不满足校验等式的个数为

$$\boldsymbol{f}=\left(f_0,f_1,\cdots,f_j,\cdots,f_{N-1}\right)=\boldsymbol{s}\cdot\boldsymbol{H},\ f_j=\sum_{i=0}^{J-1}s_i h_{i,j},\ J=N-K \tag{3-43}$$

集合 $\left\{f_0,f_1,\cdots,f_j,\cdots,f_{N-1}\right\}$ 中最大的元素为

$$f_j = \max\left\{f_0, f_1, \cdots, f_j, \cdots, f_{N-1}\right\} \tag{3-44}$$

反转 f_j 对应的码元 z_j（“1”变“0”，“0”变“1”），新得到的序列译码成功，否则重复上述过程，直到译码成功或达到最大迭代次数。

BF 译码算法如下。

步骤 1：将接收序列 $\boldsymbol{z}$ 代入式（3-42）计算伴随式，若伴随式为全“$\boldsymbol{0}$”向量，则停止，输出接收序列 $\boldsymbol{z}$，否则转下步。

步骤 2：按式（3-43）计算接收序列中每个码元不满足校验等式的个数，按式（3-44）计算出最大的元素 f_j。

步骤 3：反转 f_j 对应的码元 z_j。

步骤 4：将新得到的序列代替原接收序列 $\boldsymbol{z}$，代入式（3-42）计算伴随式：若伴随式为全“$\boldsymbol{0}$”向量，则停止，译码成功；若伴随式为非全“$\boldsymbol{0}$”向量，则判断是否到达最大迭代次数：如果是，则停止迭代，以最后一次结果为译码结果；如果否，则转步骤 2。

例 3.7 (7,3,4) 码的校验矩阵为

$$\boldsymbol{H} = \begin{bmatrix} 1 & 0 & 1 & 1 & 0 & 0 & 0 \\ 1 & 1 & 1 & 0 & 1 & 0 & 0 \\ 1 & 1 & 0 & 0 & 0 & 1 & 0 \\ 0 & 1 & 1 & 0 & 0 & 0 & 1 \end{bmatrix}$$

接收码向量为 $\boldsymbol{z} = (1,1,1,1,0,1,0)$，可计算伴随式向量为 $\boldsymbol{s} = (1,1,1,0)$，由式（3-43）可计算接收序列中每个码元不满足校验等式的个数为 $\boldsymbol{f} = (3,2,2,1,1,1,0)$，其中 f_0 的数值最大。因此，反转接收序列 $\boldsymbol{z}$ 中对应的 z_0 位，反转后的 $\boldsymbol{z}$ 成为 $\boldsymbol{z}' = (0,1,1,1,0,1,0)$；将 $\boldsymbol{z}'$ 代入式（3-42）计算伴随式，若伴随式为全“$\boldsymbol{0}$”向量，则译码成功。

2．软判决位翻转译码

3.5 节介绍的位翻转译码算法是简单的硬判决方法，通过在译码时加上接收信号的可信度信息可以改进这个方法。

考虑均值为 0、方差为 $N_0/2$ 的 AWGN 信道，令 $f(\cdot|\cdot)$ 表示信道输出的条件概率分布函数，可以计算码元的对数似然函数：

$$y_i = \ln\frac{f(r_i \mid c_i = 0)}{f(r_i \mid c_i = 1)} = \frac{4}{N_0} r_i,\ \ i = 0,1,\cdots,N-1 \tag{3-45}$$

用 $\mathcal{N}(m)$ 表示 LDPC 码的校验矩阵 $\boldsymbol{H}$ 的子矩阵 $\boldsymbol{H}_1$ 的第 m 行中为“1”的位置，$\mathcal{N}(m) = \left\{n, h_{m,n} = 1,\ 0 \leqslant n \leqslant N-1\right\}$，$0 \leqslant m \leqslant M-1$。

定义

$$\left|y_j\right|_{\min}=\min_{l\in\mathcal{N}(j)}\left|y_l\right|,\ \left|y_j\right|_{\max}=\max_{l\in\mathcal{N}(j)}\left|y_l\right|,\ 0\leqslant j\leqslant M-1 \tag{3-46}$$

计算第 l 个码字位的度量标准：

$$\theta_l=\sum_{j\in I(V_l)}\theta_{l,j},\quad 0\leqslant l\leqslant N-1 \tag{3-47}$$

式中：$\theta_{l,j}$ 可表示为

$$\theta_{l,j}=\begin{cases}\left|y_l\right|-\left|y_j\right|_{\min}, & s_j=0\\ \left|y_l\right|-(\left|y_j\right|_{\max}+\left|y_j\right|_{\min}), & s_j=1\end{cases} \tag{3-48}$$

这里 s_j 由式（3-42）计算得到。

每次反转 θ_l 最小的码字位，译码算法步骤如下。

步骤 1：按式（3-45）计算 $y_l(l=0,1,\cdots,K-1)$。

步骤 2：按式（3-41）计算硬判决二元向量序列 $z=(z_1,z_2,\cdots,z_{N-1})$，设置迭代计数为 0 及最大迭代次数。

步骤 3：按式（3-42）计算伴随式 $\boldsymbol{S}$，若 $\boldsymbol{S}=\boldsymbol{0}$，则停止迭代，否则转下一步。

步骤 4：按式（3-47）和式（3-48）计算每个信息位的 θ_l，找到最小的 θ_l，即

$$\theta_{l_{\min}}=\min\{\theta_l,0\leqslant l\leqslant K-1\} \tag{3-49}$$

步骤 5：反转 $\theta_{l_{\min}}$ 对应的接收码字 $\boldsymbol{z}_{\boldsymbol{l_{min}}}$，即，令 $\boldsymbol{z}^{(i)}$ 表示第 i 次迭代时的信息元，则

$$\boldsymbol{z}^{(i)}=\boldsymbol{z}^{(i-1)}+\boldsymbol{e_r}^{(i)}(\bmod 2) \tag{3-50}$$

式中：$\boldsymbol{e_r}^{(i)}$ 是 K 维向量，在第 $l_{\min}$ 位是 1，其余位是 0。

步骤 6：将新得到的序列代替原接收序列 $\boldsymbol{z}$，代入式（3-42）计算伴随式：若伴随式为全“***0***”向量，则停止，译码成功；若伴随式为非全“***0***”向量，则判断是否到达最大迭代次数：如果是，则停止迭代，以最后一次结果为译码结果；如果否，则转步骤 2。

采用行重为 3、列重为 6 的规则 LDPC 码，码参数：码长 $N=1008$，信息位长 $K=504$，码率 $R=0.5$。在 AWGN 信道上，采用 BPSK 调制，分别用硬判决翻转译码算法和软判决译码算法对其进行译码，结果如图 3-12 所示。图 3-12 中纵坐标的表示方法是对误码率（BER）取以 10 为底的对数：下面一条曲线是软判决翻转译码算法的性能曲线；上面一条曲线是硬判决翻转译码算法的性能曲线。软判决算法的性能在硬判决算法的基础上得到了提高。BER 为 $10^{-5}\sim10^{-2}$ 时，软判决算法的性能有明显的改善，当 BER 为在 $10^{-7}\sim10^{-5}$ 时，软判决算法的性能改善不明显，比较接近硬判决算法的性能。

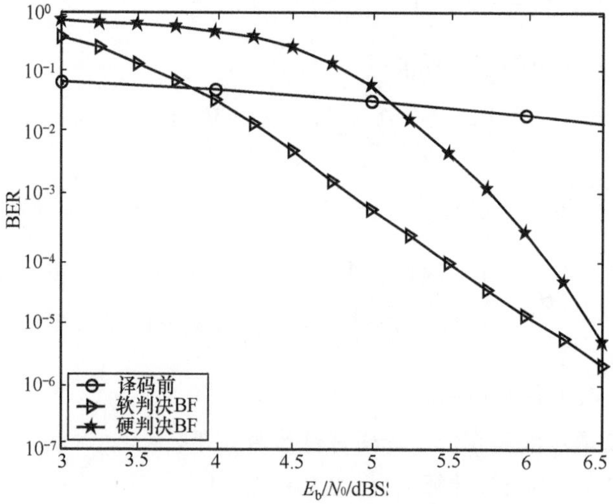

图 3-12 两种翻转译码算法的性能比较

3.6.2 LDPC 码的 BP 译码及其改进译码

1. 和积译码算法

这里介绍 LDPC 码的迭代软判决译码算法——和积译码算法（sum-product algorithm，SPA），它是基于置信传播的迭代软判决译码算法，是逐符号软判决译码方法[6,7]。

设一个 N 长 LDPC 码的校验矩阵 $\boldsymbol{H}=(h_{ij})_{M\times N}$，图 3-13 所示为其双向图表示，码字 $\boldsymbol{X}=\{x_1,x_2,\cdots,x_N\}$ 表示一组信息节点 $\{x_j:j=1,2,\cdots,N\}$，$\boldsymbol{Z}=\{z_1,z_2,\cdots,z_M\}$ 表示一组校验节点 $\{z_i:i=1,2,\cdots,M\}$，仅当 $h_{ij}=1$ 时，节点 x_j 到 z_i 由一条有向边连接。每一个信息节点都称为相邻的校验节点的父节点，每一个校验节点都称为相邻的信息节点的子节点。

收到的实数向量集合记为 $\{\boldsymbol{r}\}$，有信息节点 x_j，将信息节点 $\boldsymbol{X}$ 满足包含 x_j 的所有校验方程这个事件记为 $\boldsymbol{S}$，比特 $x_j=1$ 或 $x_j=0$ 关于 $\{\boldsymbol{r}\}$ 和 $\boldsymbol{S}$ 的条件概率为 $P_{\rm r}(x_i=1|\{\boldsymbol{r}\},\boldsymbol{S})$ 或 $P_{\rm r}(x_i=0|\{\boldsymbol{r}\},\boldsymbol{S})$，若

$$\frac{P_{\rm r}(x_j=0|\{\boldsymbol{r}\},\boldsymbol{S})}{P_{\rm r}(x_j=1|\{\boldsymbol{r}\},\boldsymbol{S})}\geqslant 1 \tag{3-51}$$

成立，则接收符号 r_i 的估值 $\hat{x}_j=0$；若式（3-51）不成立，则 $\hat{x}_j=1$。下面详细介绍如何通过迭代求取 $P_{\rm r}(x_j=1|\{\boldsymbol{r}\},\boldsymbol{S})$ 和 $P_{\rm r}(x_j=0|\{\boldsymbol{r}\},\boldsymbol{S})$ 的值。

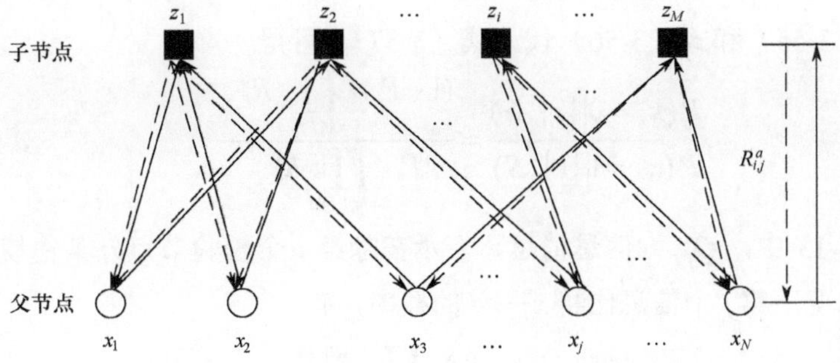

图 3-13　码字符号的联合后验概率分布双向图

定理 3.1　一个 n 长的二进制序列，第 j 位取值为 1 的概率用 P_j^1 表示，那么整个序列中包含偶数个 1 的概率为

$$\frac{1}{2}(1+\prod_{j=1}^{n}(1-2P_j^1)) \tag{3-52}$$

令集合 $M(j)=\{i:h_{ij}=1\}$ 表示变量 x_j 参加的校验集，$M(j)\backslash i$ 表示 $M(j)$ 不包含 i 的子集，$N(i)=\{j:h_{ij}=1\}$ 表示校验 z_i 约束的局部码元信息集，$N(i)\backslash j$ 表示 $N(i)$ 不包含 j 的子集。

在图 3-13 中，$R_{i,j}^a$ 为校验消息，表示第 j 个信息比特 $x_j=a$，a 取 0 或 1 的情形下，第 j 个校验方程满足的条件概率。当 $x_j=0$ 时，包含 x_j 的一个方程中，其他比特有偶数个是 1，则整个方程模 2 和为 0，也就是这个方程满足，由定理 3.1 有以下公式：

$$R_{i,j}^0=\frac{1}{2}(1+\prod_{j'\in N(i)\backslash j}(1-2P_{j',i}^1)) \tag{3-53}$$

$$R_{i,j}^1=1-R_{i,j}^0 \tag{3-54}$$

由于各比特间是统计独立的，所以包含 x_j 的所有校验方程都满足的概率是每个方程满足的概率的乘积，有

$$P_{\mathrm{r}}(\boldsymbol{S}|x_j=1,\{\boldsymbol{r}\})=\prod_{k\in M(j)\backslash i}R_{k,j}^1 \tag{3-55}$$

$$P_{\mathrm{r}}(\boldsymbol{S}|x_j=0,\{\boldsymbol{r}\})=\prod_{k\in M(j)\backslash i}R_{k,j}^0 \tag{3-56}$$

由条件概率的定义式（3-51），有

$$\frac{P_{\mathrm{r}}(x_j=0|\{\boldsymbol{r}\},\boldsymbol{S})}{P_{\mathrm{r}}(x_j=1|\{\boldsymbol{r}\},\boldsymbol{S})}=\frac{1-P_j}{P_j}\prod_{i=1}^{k}\frac{P_{\mathrm{r}}(\boldsymbol{S}|x_j=0,\{\boldsymbol{r}\})}{P_{\mathrm{r}}(\boldsymbol{S}|x_j=1,\{\boldsymbol{r}\})} \tag{3-57}$$

式中：P_j 是通过信道特征得到的码字中第 j 比特是 1 的概率。

将式（3-55）和式（3-56）代入式（3-57），可得

$$\frac{P_{\mathrm{r}}(x_j=0|\{\boldsymbol{r}\},\boldsymbol{S})}{P_{\mathrm{r}}(x_j=1|\{\boldsymbol{r}\},\boldsymbol{S})}=\frac{(1-P_j)\prod\limits_{k=M(j)\backslash i}R_{k,j}^0}{P_j\prod\limits_{k=M(j)\backslash i}R_{k,j}^1} \tag{3-58}$$

在图 3-13 中，$Q_{j,i}^a$ 为信息消息，表示在除第 i 个校验节点外其他校验节点提供信息的情况下第 j 个信息比特 $x_j=a$ 的概率，有

$$Q_{j,i}^0=(1-P_j)\prod_{k\in M(j)\backslash i}R_{i,j}^0 \tag{3-59}$$

$$Q_{j,i}^1=P_j\prod_{k\in M(j)\backslash i}R_{i,j}^1 \tag{3-60}$$

由 $Q_{j,i}^a$ 的定义可得到下面的关系：

$$P_{j,i}^1\leftarrow Q_{j,i}^0,\qquad P_{j,i}^0\leftarrow Q_{j,i}^1 \tag{3-61}$$

置信传播的迭代算法在每次迭代中，每个 z_i 节点向其所有 x_j 父节点分别传递 $R_{i,j}^a$ 信息，然后每个 x_j 节点向其所有 z_i 子节点传递已更新的 $Q_{i,j}^a$ 消息，用以更新 $R_{i,j}^a$。如果算法收敛，经过足够次数的迭代后，将渐进求出概率 $P_{\mathrm{r}}(x_i=1|\{\boldsymbol{r}\},\boldsymbol{S})$ 和 $P_{\mathrm{r}}(x_i=0|\{\boldsymbol{r}\},\boldsymbol{S})$，实现逐符号最大后验概率（MAP）译码。

在 AWGN 信道中采用 BPSK 调制，当功率谱密度为 $N_0=2\sigma_n^2$ 时，条件概率分布函数为

$$\begin{cases} p\left(r_j|x_j=1\right)=\dfrac{1}{\sqrt{\pi N_0}}\mathrm{e}^{-\frac{\left(r_j-1\right)^2}{N_0}} \\ p\left(r_j|x_j=0\right)=\dfrac{1}{\sqrt{\pi N_0}}\mathrm{e}^{-\frac{\left(r_j+1\right)^2}{N_0}} \end{cases} \tag{3-62}$$

由贝叶斯公式，有

$$P(x_j=1|r_j)=\frac{p(r_j|x_j=1)p(x_j=1)}{p(r_j|x_j=1)p(x_j=1)+p(r_j|x_j=0)p(x_j=0)} \tag{3-63}$$

由于 $p(x_j=1)=p(x_j=0)=\dfrac{1}{2}$，将式（3-62）代入式（3-63），可得

$$P(x_j=1|r_j)=\frac{1}{1+\mathrm{e}^{-2r_j/\sigma^2}} \tag{3-64}$$

$$P(x_j=0|r_j)=1-P(x_j=1|r_j) \tag{3-65}$$

在 AWGN 信道中采用 BPSK 调制时，译码过程如下。

步骤 1：初始化：

$$Q_{j,i}^{1}(0)=P(x_j=1|r_j),\quad Q_{j,i}^{0}(0)=P(x_j=0|r_j) \tag{3-66}$$

步骤 2：设定迭代次数 t：

步骤 3：计算：

$$R_{i,j}^{0}(t+1)=\frac{1}{2}\left\{1+\prod_{j'\in N(i)\backslash j}\left[1-2Q_{j',i}^{1}(t)\right]\right\},\quad t=0,1,\cdots$$
$$R_{i,j}^{1}(t+1)=1-R_{i,j}^{0}(t+1) \tag{3-67}$$

步骤 4：计算：

$$\begin{cases}Q_{j,i}^{0}(t+1)=k_{j,i}(1-P_j)\prod\limits_{k\in M(j)\backslash i}R_{i,j}^{0}(t+1)\\ Q_{j,i}^{1}(t+1)=k_{j,i}P_j\prod\limits_{k\in M(j)\backslash i}R_{i,j}^{1}(t+1)\end{cases} \tag{3-68}$$

式中：$k_{j,i}$ 是为了保证 $Q_{j,i}^{0}(t+1)+Q_{j,i}^{1}(t+1)=1$。

步骤 5：计算：

$$\begin{cases}Q_{j}^{0}(t+1)=k_{j}(1-P_j)\prod\limits_{k\in M(j)}R_{i,j}^{0}(t+1)\\ Q_{j}^{1}(t+1)=k_{j}P_j\prod\limits_{k\in M(j)}R_{i,j}^{1}(t+1)\end{cases} \tag{3-69}$$

式中：k_j 是为了保证 $Q_{j}^{0}(t+1)+Q_{j}^{1}(t+1)=1$。

令 $\lambda=\dfrac{Q_j^0(t+1)}{Q_j^1(t+1)}$，进行判决：

$$\begin{cases}x_j=0, & \lambda\geqslant 1\\ x_j=1, & \lambda<1\end{cases} \tag{3-70}$$

步骤 6：计算 $\boldsymbol{xH}^{\mathrm{T}}$ 是否为全零向量，如果是，则本次译码结束；若不是，则判断是否达到最大迭代次数，若已达到最大迭代次数，则结束译码，以最后的结果作为输出；若没有达到最大迭代次数，则 t 加 1，转步骤 3。

为简化计算，引入似然比量度，二元随机变量的概率分布将由一个量来表示。定义

$$\gamma_j(0)\equiv\frac{Q_{j,i}^{0}}{Q_{j,i}^{1}}=\exp(2r_j/\sigma_n^2) \tag{3-71}$$

$$\gamma_{j,i}(t+1)\equiv\frac{R_{i,j}^{0}(t+1)}{R_{i,j}^{1}(t+1)} \tag{3-72}$$

$$\tau_{j,i}\equiv Q_{j,i}^{0}/Q_{j,i}^{1} \tag{3-73}$$

$\{\gamma_{i,j}\}$初始化为 1。式（3-69）重写为

$$\tau_{j,i}(t+1)=\gamma_j(0)\prod_{k\in M(j)\backslash i}\gamma_{k,j}(t+1) \tag{3-74}$$

令$\tau_j \equiv Q_j^0 / Q_j^1$，则判决：

$$\begin{cases}\hat{x}_j=0, & \tau_j>1\\ \hat{x}_j=1, & \tau_j\leqslant 1\end{cases} \tag{3-75}$$

进一步简化计算，定义对数似然比量度：

$$u_j(0)\equiv \lg(\gamma_j)=2y_j/\sigma_n^2 \tag{3-76}$$

$$u_{i,j}\equiv \log(\gamma_{i,j}) \tag{3-77}$$

$$v_{i,j}\equiv \log(\tau_{i,j}) \tag{3-78}$$

$\{u_{i,j}\}$初始化为 0。设函数$\tanh(x/2)=(\mathrm{e}^x-1)/(\mathrm{e}^x+1)$，有

$$\begin{aligned}Q_{j,i}^0-Q_{j,i}^1&=\tanh(v_{i,j}/2)=\frac{\mathrm{e}^{v_{i,j}}-1}{\mathrm{e}^{v_{i,j}}+1}\\ R_{i,j}&=\tanh(u_{i,j}/2)=\frac{\mathrm{e}^{u_{i,j}}-1}{\mathrm{e}^{u_{i,j}}+1}\end{aligned} \tag{3-79}$$

于是，式（3-73）和式（3-67）分别重写为

$$v_{i,j}(t+1)=u_j(0)+\sum_{k\in M(j)\backslash i}u_{k,j}(t) \tag{3-80}$$

$$u_{i,j}(t+1)=2\operatorname{arc\,tanh}\left\{\prod_{k\in N(j)\backslash i}\tanh\left[v_{i,k}(t+1)/2\right]\right\} \tag{3-81}$$

式中：arc tanh 为 tanh 的反函数。

令$v_j \equiv \lg(\tau_j)$,则

$$\begin{cases}\hat{x}_j=0, & v_j>0\\ \hat{x}_j=1, & v_j\leqslant 0\end{cases} \tag{3-82}$$

可以发现，式（3-80）主要采用求和运算，式（3-81）主要采用乘法运算，因此这种置信传播算法也称为和积译码算法。

图 3-14～图 3-16 所示给出了随机构造的 LDPC 码在 AWGN 信道下采用和积译码算法译码的性能。

图 3-14 中的 Turbo 码采用文献[9]中码率为 1/2 的 Turbo 码，随机构造的 LDPC 码从左到右码长、信息位长、码率 3 个参数分别是（65389,32621,0.499）、（19839,9839,0.496）、（29331,19331,0.659）。图 3-16 中随机构造的 LDPC 码从左到右码长、信息位长、码率 3 个参数分别是（40000,10000,0.25）、（29507,9507,0.322）、（14971,4971）、（15000,5000,0.333）、（13298,3296,0.248）。图 3-17 中随机构造的

LDPC 码是两个短长度码，其码长分别为 1008 和 504，码率都是 0.5。

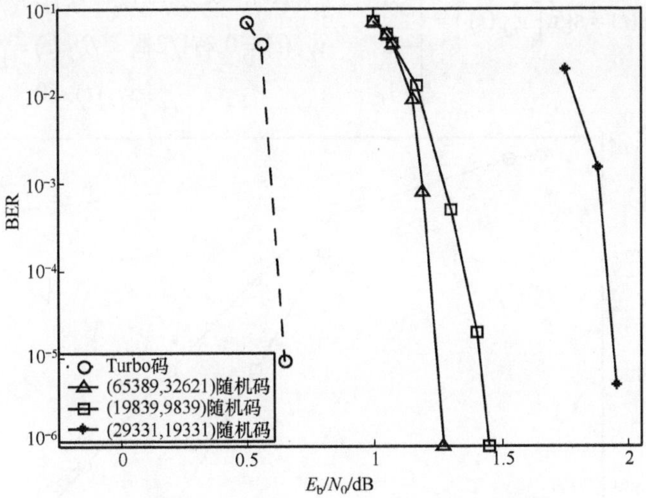

图 3-14　LDPC 码在和积译码算法下的性能与 Turbo 码的比较

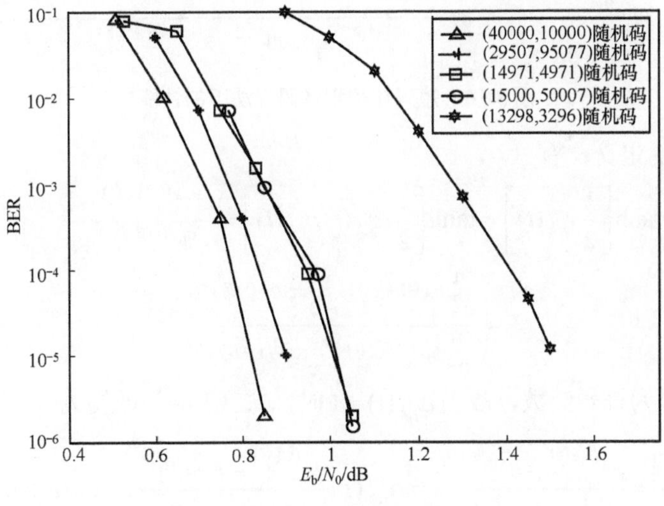

图 3-15　各种码参数 LDPC 码在和积译码算法下的性能

2．最小和积译码算法

由和积算法公式，进一步可得最小和积译码算法。

定义

$$v_{i,k}(t)=\alpha_{i,k}(t)\beta_{i,k}(t) \tag{3-83}$$

其中

$$\alpha_{i,k}(t)=\operatorname{sgn}\left[v_{i,k}(t)\right]=\begin{cases}1, & v_{i,k}(t)>0\\ 1, & v_{i,k}(t)=0,\text{有}1/2\text{概率}\beta_{i,k}(t)=\left|v_{i,k}(t)\right|\\ -1, & v_{i,k}(t)=0,\text{有}1/2\text{概率}\beta_{i,k}(t)=\left|v_{i,k}(t)\right|\\ -1, & v_{i,k}(t)<0\end{cases}$$

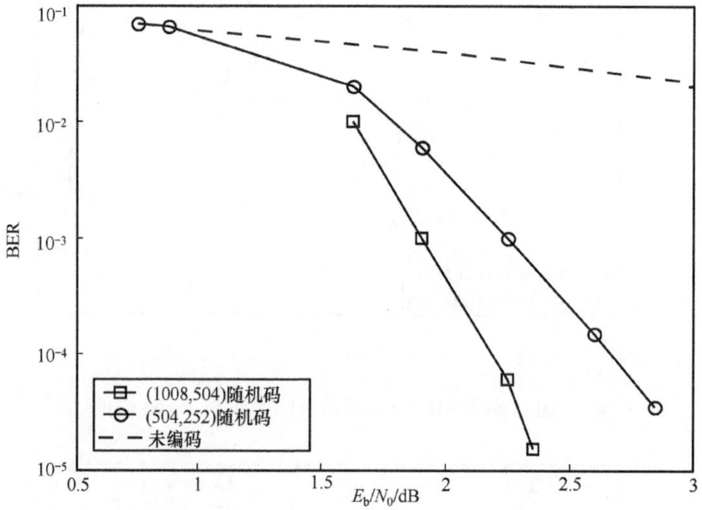

图 3-16　短码在和积译码算法下的性能

由 tanh 函数的定义，有

$$\begin{aligned}\tanh\left[\frac{1}{2}v_{i,k}(t)\right]&=\tanh\left[\frac{1}{2}\alpha_{i,k}(t)\beta_{i,k}(t)\right]=\frac{e^{\alpha_{i,k}(t)\beta_{i,k}(t)}-1}{e^{\alpha_{i,k}(t)\beta_{i,k}(t)}+1}\\&=\frac{e^{\frac{1}{2}\alpha_{i,k}(t)\beta_{i,k}(t)}-e^{-\frac{1}{2}\alpha_{i,k}(t)\beta_{i,k}(t)}}{e^{\frac{1}{2}\alpha_{i,k}(t)\beta_{i,k}(t)}+e^{-\frac{1}{2}\alpha_{i,k}(t)\beta_{i,k}(t)}}\end{aligned}\tag{3-84}$$

式中：$\alpha_{i,k}(t)$ 为符号函数，故当 $\alpha_{i,k}(t)=1$ 时，式（3-84）改写为

$$\tanh\left[\frac{1}{2}v_{i,k}(t)\right]=\frac{e^{\frac{1}{2}\beta_{i,k}(t)}-e^{-\frac{1}{2}\beta_{i,k}(t)}}{e^{\frac{1}{2}\beta_{i,k}(t)}+e^{-\frac{1}{2}\beta_{i,k}(t)}}=\alpha_{i,k}(t)\frac{e^{\frac{1}{2}\beta_{i,k}(t)}-e^{-\frac{1}{2}\beta_{i,k}(t)}}{e^{\frac{1}{2}\beta_{i,k}(t)}+e^{-\frac{1}{2}\beta_{i,k}(t)}}=\alpha_{i,k}(t)\tanh\left[\frac{1}{2}\beta_{i,k}(t)\right]$$

当 $\alpha_{i,k}(t)=-1$ 时，式（3-84）改写为

$$\begin{aligned}\tanh\left[\frac{1}{2}v_{i,k}(t)\right]&=\frac{e^{-\frac{1}{2}\beta_{i,k}(t)}-e^{\frac{1}{2}\beta_{i,k}(t)}}{e^{-\frac{1}{2}\beta_{i,k}(t)}+e^{\frac{1}{2}\beta_{i,k}(t)}}=-\frac{e^{\frac{1}{2}\beta_{i,k}(t)}-e^{-\frac{1}{2}\beta_{i,k}(t)}}{e^{\frac{1}{2}\beta_{i,k}(t)}+e^{-\frac{1}{2}\beta_{i,k}(t)}}\\&=\alpha_{i,k}(t)\frac{e^{\frac{1}{2}\beta_{i,k}(t)}-e^{-\frac{1}{2}\beta_{i,k}(t)}}{e^{\frac{1}{2}\beta_{i,k}(t)}+e^{-\frac{1}{2}\beta_{i,k}(t)}}=\alpha_{i,k}(t)\tanh\left[\frac{1}{2}\beta_{i,k}(t)\right]\end{aligned}\tag{3-85}$$

下面引入一辅助函数，即

$$f(x)=-\ln\left[\tanh\left(\frac{1}{2}x\right)\right]=\ln\frac{e^x+1}{e^x-1},\ x\geqslant 1 \tag{3-86}$$

且定义：$-\ln 0=-\infty$。

由式（3-86），有

$$f^{-1}[f(x)]=\ln\frac{e^{f(x)}+1}{e^{f(x)}-1}=\ln\frac{e^{\ln\frac{e^x+1}{e^x-1}}+1}{e^{\ln\frac{e^x+1}{e^x-1}}-1}=\ln\frac{\frac{e^x+1}{e^x-1}+1}{\frac{e^x+1}{e^x-1}-1}=\ln\frac{2e^x}{2}=x \tag{3-87}$$

即 $f^{-1}(x)=f(x)$。

将式（3-84）、式（3-85）和式（3-81）代入式（3-88），可得

$$\begin{aligned}u_{i,j}(t+1)&=\ln\frac{1+\prod\limits_{k\in N(i)\backslash j}\tanh\left[v_{i,k}(t)/2\right]}{1-\prod\limits_{k\in N(i)\backslash j}\tanh\left[v_{i,k}(t)/2\right]}\left[\prod_{k\in N(i)\backslash j}\alpha_{i,k}(t)\right]f\left\{\sum_{k\in N(i)\backslash j}f\left[\beta_{i,k}(t)\right]\right\}\\&=\ln\frac{1+\prod\limits_{k\in N(i)\backslash j}\alpha_{i,k}(t)\prod\limits_{k\in N(i)\backslash j}\alpha_{i,k}(t)\tanh\left[\beta_{i,k}(t)/2\right]}{1-\prod\limits_{k\in N(i)\backslash j}\alpha_{i,k}(t)\prod\limits_{k\in N(i)\backslash j}\alpha_{i,k}(t)\tanh\left[\beta_{i,k}(t)/2\right]}\\&=\ln\frac{1+(\prod\limits_{k\in N(i)\backslash j}\alpha_{i,k}(t))e^{-\sum\limits_{k\in N(i)\backslash j}f[\beta_{i,k}(t)]}}{1-(\prod\limits_{k\in N(i)\backslash j}\alpha_{i,k}(t))e^{-\sum\limits_{k\in N(i)\backslash j}f[\beta_{i,k}(t)]}}\end{aligned} \tag{3-88}$$

因为 $\alpha_{i,k}(t)$ 为符号函数，取值为 $\{-1,1\}$，故 $\prod\limits_{k\in N(i)\backslash j}\alpha_{i,k}(t)$ 的值域也为 $\{-1,1\}$，所以当 $\prod\limits_{k\in N(i)\backslash j}\alpha_{i,k}(t)=1$ 时，式（3-88）可写为

$$u_{i,j}(t)=\ln\frac{e^{\sum\limits_{k\in N(i)\backslash j}f[\beta_{i,k}(t)]}+1}{e^{\sum\limits_{k\in N(i)\backslash j}f[\beta_{i,k}(t)]}-1}=\left[\prod_{k\in N(i)\backslash j}\alpha_{i,k}(t)\right]f\left\{\sum_{k\in N(i)\backslash j}f\left[\beta_{i,k}(t)\right]\right\} \tag{3-89}$$

当 $\prod\limits_{k\in N(i)\backslash j}\alpha_{i,k}(t)=-1$ 时，式（3-88）可写为

$$u_{i,j}(t)=\ln\frac{\mathrm{e}^{\sum\limits_{k\in N(i)\setminus j}f[\beta_{i,k}(t)]}-1}{\mathrm{e}^{\sum\limits_{k\in N(i)\setminus j}f[\beta_{i,k}(t)]}+1}=-f\left\{\sum_{k\in N(i)\setminus j}f\left[\beta_{i,k}(t)\right]\right\}$$
$$=\left[\prod_{k\in N(i)\setminus j}\alpha_{i,k}(t)\right]f\left\{\sum_{k\in N(i)\setminus j}f\left[\beta_{i,k}(t)\right]\right\} \tag{3-90}$$

由式（3-89）和式（3-90），式（3-81）可进一步写为

$$u_{i,j}(t+1)=\left[\prod_{k\in N(i)\setminus j}\alpha_{i,k}(t)\right]f\left\{\sum_{k\in N(i)\setminus j}f\left[\beta_{i,k}(t)\right]\right\} \tag{3-91}$$

由式（3-87）的性质，函数值随自变量的增加而变小，如图 3-17 所示，$f(x)$ 可以近似为

$$f\left\{\sum_{k\in N(i)\setminus j}f\left[\beta_{i,k}(t)\right]\right\}\approx f\left\{f\left[\min_{k\in N(i)\setminus j}\beta_{i,k}(t)\right]\right\}=\min_{k\in N(i)\setminus j}\beta_{i,k}(t)$$

式（3-91）可简化为

$$u_{i,j}(t+1)=\left[\prod_{k\in N(i)\setminus j}\alpha_{i,k}(t)\right]\min_{k\in N(i)\setminus j}\beta_{i,k}(t) \tag{3-92}$$

在迭代译码中用简化后的式（3-92）代替式（3-81），这样简化后的算法成为最小和算法（Min-sum Algorithm）。

图 3-18 所示为 Mackay 随机构造的（13298,3296,0.248）码在和积译码和最小和积译码两种算法下的性能比较。

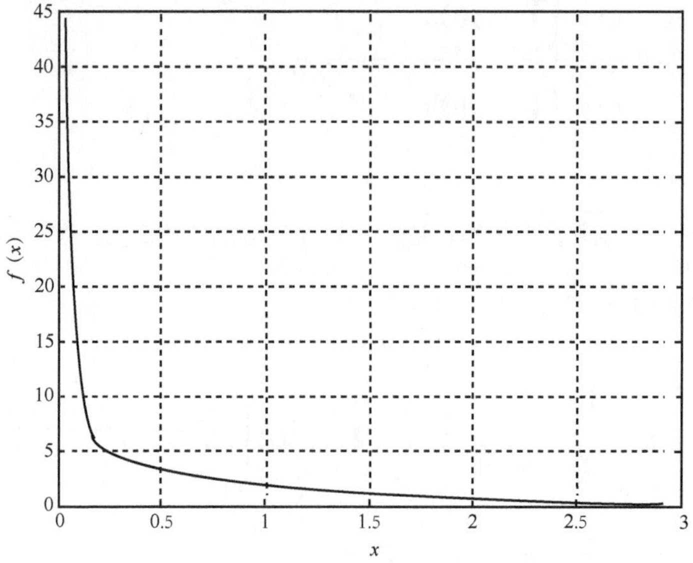

图 3-17　$f(x)$ 曲线图

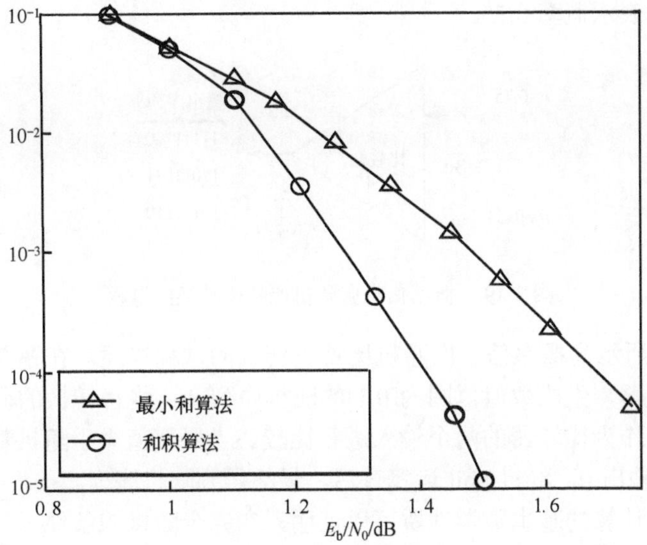

图 3-18　LDPC 码在两种迭代译码下的性能比较

3.7　LDPC 码的概率译码方法

置信传播过程可直观表示为由信息节点和校验节点及内部路由构成的因子图上的节点信息传播。在全并行 LDPC 译码实现中，全部的信息节点和校验节点同时进行更新。大量的信息交互为路由的布局布线带来沉重负担，过多的布线不只引发资源浪费，还会导致其他一系列问题，如，由于线网长度过长，线网本身的能量消耗过多；由于路由过于复杂，时钟同步很难实现，译码进程中时钟工作频率很难得到提高，最终严重影响系统的吞吐量。

针对这一问题，很多学者在译码算法和硬件实现两方面均做了大量工作。概率译码器是一种新提出的译码实现方法，其实现思路来自随机计算思想[10]。

3.7.1　随机序列

LDPC 码概率译码器的基本思想是：将信道的概率软信息值转换成随机比特数据流，原先很复杂的概率值的乘除等运算，通过位串行结构，转变成在随机比特上的异或操作。在随机计算中，首先把信道中接收的概率软信息值转化为比特流，又称为伯努利序列。在转换过程中，概率值由比特流中“1”的个数所占的比例表征，如图 3-19 所示，概率 0.75 可以由一个随机选取的 N 长序列来表示，只要该序列中“1”的个数比例占总序列数的 75%就可以，图 3-20 中，我们选长为 8 的序列来表示概率 0.75。

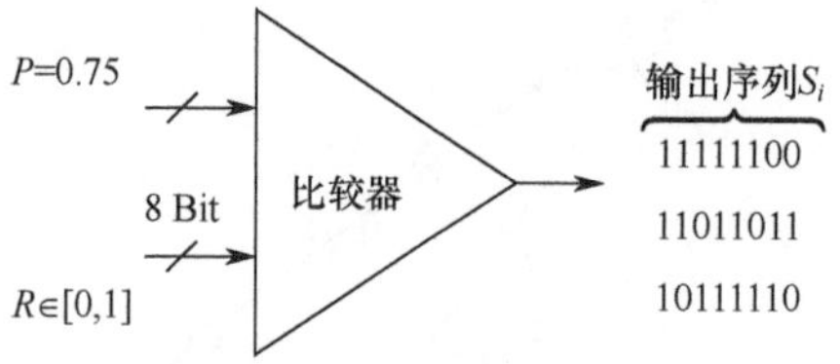

图 3-19　概率信息向随机比特流转换的过程

图 3-19 所示为概率信息向随机比特流转换的过程描述。在系统中，设计一个随机数发生器，生成数值范围为[0,1]的随机序列 R，将待转换的概率值 P 和生成的随机数 R 作为比较器的两个输入进行比较。当概率值大于随机数时，比较器输出 1，否则输出 0。经过 8bit 运算过后，最终得到随机序列。

通过随机计算的基本数学性质可以证明，在完全随机的条件下，随机比特流在大量数学运算中，其排列顺序不影响运算结果。另外可以证明，在固定精度（固定比特长度）的前提下，原始概率值的区间分布同样不影响对应序列乘除运算的统计正确性。

3.7.2　LDPC 码的概率译码

LDPC 码的置信传播（BP）译码是在图 3-20 所示的双向图上，经过连接节点的信息传递和多次更新迭代实现的。在讨论的 LDPC 码的概率译码同样是这样迭代译码的思想的。与 LDPC 码的 BP 译码相比，LDPC 码的概率译码器最大的改进之处就在于，它大大简化了迭代算法中乘除运算的复杂度，译码器只需要进行简单的异或操作就可以。

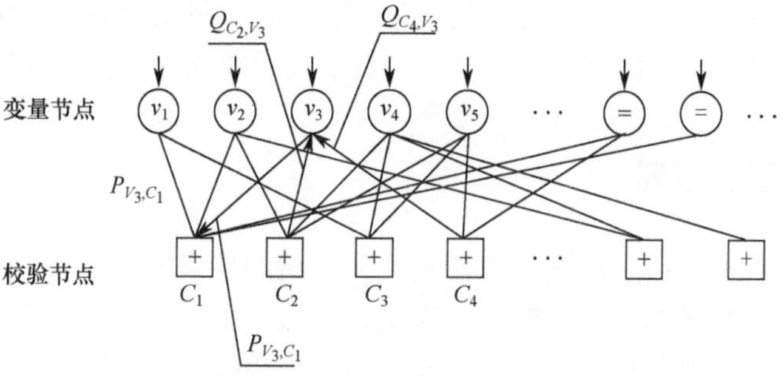

图 3-20　LDPC 码因子图

LDPC 码的概率译码过程如下：概率值转换为随机序列后，进入节点路由，开始译码迭代，在图 3-20 所示的因子图中，变量节点（Variable Nodes， VN） V_3

是度为 3 的节点，则在其概率译码中，V_3 节点传给 C_1 节点的更新信息为

$$P_{V_3,C_1} = \frac{Q_{C_2,V_3}Q_{C_4,V_3}}{Q_{C_2,V_3}Q_{C_4,V_3} + (1-Q_{C_2,V_3})(1-Q_{C_4,V_3})} \tag{3-93}$$

式中：P_{V_i,C_j} 表示节点 V_i 传给节点 C_j 的更新信息；Q_{C_j,V_i} 表示节点 C_j 传给节点 V_i 的更新信息。

图 3-21 所示给出对应的电路结构，由图中门电路结构和 JK 触发器[11]特性可以得出：该算法可称为投票表决算法。当来自另外两个节点 C_2、C_4 的信息一致为“0”或“1”时，节点 C_1 内信息顺利更新，若两者判决不一致，则进入保持状态，此时取前值作为当前更新值。

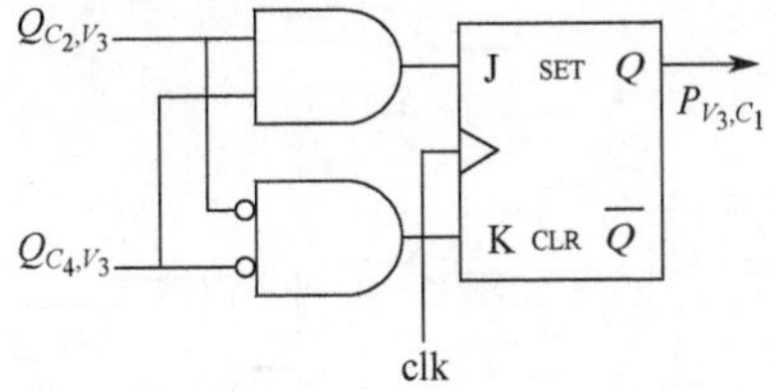

图 3-21　度为 3 的节点 V_3 结构图

与 LDPC 码的 BP 译码相同，LDPC 码的概率译码需要信道信息参与信息的更新，依然以图 3-20 中节点 V_3 为例，节点 C_1 的更新不仅需要从节点 C_2、C_4 中得到的信息，还需要信道信息参与表决。此处信道信息概率值大小不变，对应生成的随机序列中“1”的比例也不变，但由于每个译码周期，随机数实时生成，所以“0，1”的排列顺序随机变化。因此，在实用的信息节点构造中，度为 2 的节点实际需要 2 个输入端，同样度为 3 的节点，需要 3 个输入端，如图 3-22 所示。

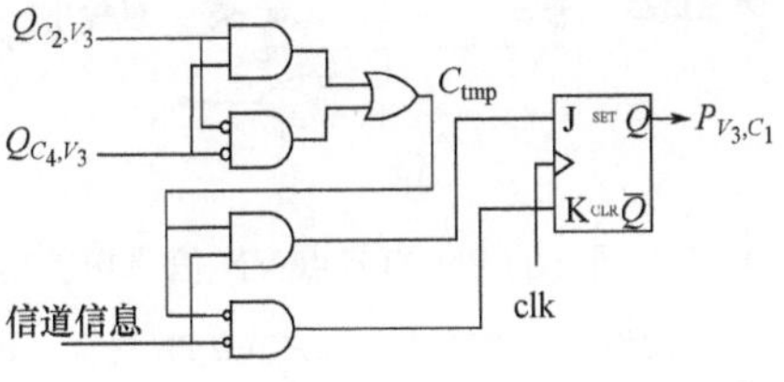

图 3-22　信道信息参与的度为 3 的节点 V_3 结构

相对 VN 节点来说，校验节点（Parity-check Nodes，PN）的结构和计算方法要简单得多。观察图 3-20 中的节点 C_3，在概率译码中，其对节点 V_1 的更新算法为

$$Q_{C_3,V_1} = P_{V_4,C_3}(1-P_{V_5,C_3}) + P_{V_5,C_3}(1-P_{V_4,C_3})$$

或更简便地表示为

$$Q_{C_3,V_1}=P_{V_4,C_3}\oplus P_{V_5,C_3} \tag{3-94}$$

其对应电路结构可直接由一个异或门实现。

对不同度数的 VN 节点，不论信息节点还是校验节点，只需根据现有度为 3 的结构在外层叠加或减少与（非与）门、或门组合结构，即可实现。对不同度数 PN 节点，亦只需增减异或门，或者直接增减异或门的输入端口即可实现。图 3-23（a）～（d）依次给出度为 2 和 6 的 VN 及度为 3 和 6 的 PN 结构。

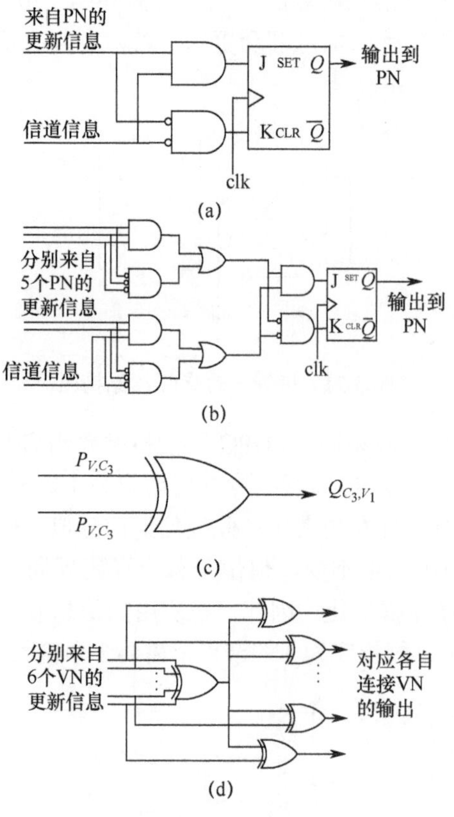

图 3-23　不同度的 PN 和节点 VN 信息更新电路

（a）度为 2 的 VN 结构；（b）度为 6 的 VN 结构；（c）节点 PN 更新；（d）度为 6 的 PN 结构。

3.7.3　LDPC 码概率译码器的改进

从图 3-22 所示的节点 V_3 结构中，JK 触发器的两个输入不一致时，选前值作为输出，该操作可以有效跳出保持状态，继续下一次迭代。但同时注意到，节点 C_2、C_4 两个输入不一致时，图示中间节点 C_{mp} 被强制上拉为“1”，并没得到有效处理。另外，保持状态时，JK 触发器只能以前值作为替代输出，在码长较长的情况下，极大影响译码收敛。如果能对 VN 结构中的每一次迭代运算均考虑对保持状态的有效处理，并且在跳出保持状态的操作中，结合运算的随机特性，尽可能地破坏其相关性。为此，考虑引入边存储器（Edge Memories，EM）和衍生的内部存储器（Internal Memories，IM）[12]。

边存储器指分配给图表中边的存储器。译码之前，用信道信息对存储器进行初始化，然后开始译码。在运算过程中，若节点进入保持状态，则随机从 EM 中选择 1bit 作为输出；若节点判决一致，处于非保持状态，则将生成的比特输出到下一节点，同时用该结果对 EM 实时更新。图 3-24 所示为 EM、IM 在节点 V_3 中的具体结构及操作。

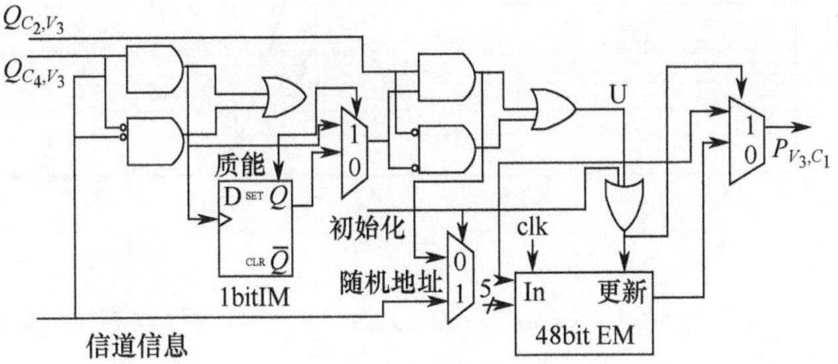

图 3-24　EM 和 IM 原理图

在图 3-24 中，EM 结构用移位寄存器实现。初始化依照地址顺序进行；更新操作则遵循先进先出原理，每次都对首位更新，存储器内部数据依次移位，末位数据丢弃；在保持状态下，首先生成一个随机地址，而后将寄存器对应位置的存储值作为输出。EM 的存储深度 M 可根据 VN 的结构复杂度确定。度为 2 时，地址位取 5bit，对应深度 M 为 32bit，度为 3 时，对应 M 取 48bit；度为 6 时，对应 M 可取 64bit。

IM 则是分配给中间节点的存储器。在图 3-24 中，IM 用 D 触发器实现，工作原理和 EM 相同。IM 的数量和存储空间同样视 VN 结构而定。节点度数为 3 时，只需 1bit 的 IM，即图中 D 触发器；节点度为 6 时，依照节点结构，2 个存储深度为 2bit 的 IM 或者 4 个深度为 1bit 的 IM 可以满足需求。

在 AWGN 信道下，采用 BPSK 对 3.4.2 节介绍的 IEEE802.16e 中码率为 5/6 的（2304，1920）LDPC 码进行了计算机仿真，仿真结果如图 3-25 所示，图中给出了 3 种译码方式的比特 BER 的性能，其中 BP 译码算法性能最好，但复杂度高，本章新介绍的译码算法在经过改进后和 BP 译码算法的性能非常接近，但复杂度却极大地降低了。

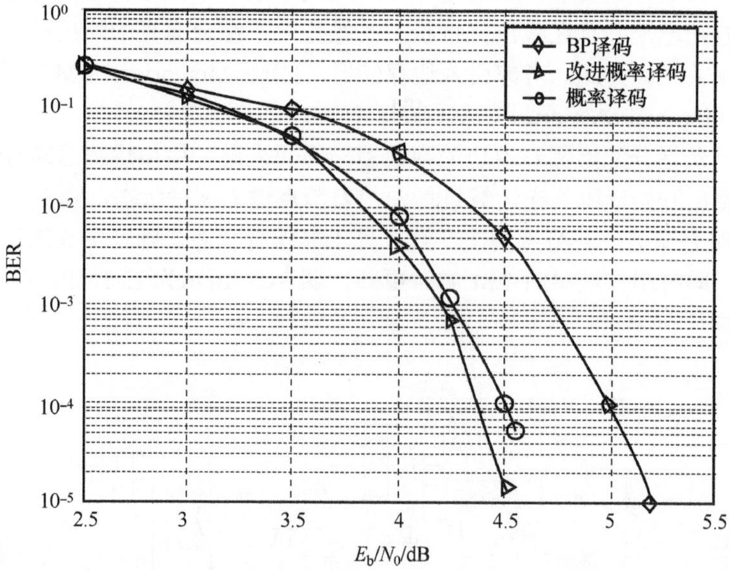

图 3-25　码率为 5/6 的（2304,1920）LDPC 码的几种译码方法性能比较

参考文献

[1] Gallager R G. Low density parity check codes[J]. IRE Transaction on Information Theory, 1962, IT-8(1): 21-28.

[2] Mackay D J C. Good error correcting codes based on very sparse matrices[J]. IEEE Transaction on Information Theory, 1999, 45(2): 399-431.

[3] Wiberg N. Codes and decoding on general graphs[D]. Linköping, Sweden: Linköping University, 1996.

[4] Lin S, Costello D J. Error control coding: fundamentals and application[M]. Englewood Cliffs, New Jersey: Prentice-Hall Publisher, 1983.

[5] Chung S Y, Forney G D, Richardson T J, Urbanke R. On the design of low-density parity check codes within 0.0045dB of the Shannon limit[J]. IEEE Communication Letters, 2001, 5(2): 58-60.

[6] 王新梅，肖国镇. 纠错码-原理与方法[M]. 西安：西安电子科技大学出版社，2002.

[7] 文红，符初生，周亮. LDPC 码原理与应用[M]. 成都：电子科技大学出版社，2006.

[8] Li P, Leung W K, Nam P. Low density parity check codes with semi- random parity check matrix[J]. Electronic Letters, 1999, 35(1): 38-39.

[9] Berrou C, Glavieux A, Thitimajshima P. Near Shannon limit erroe-correcting coding and decoding: turbo-codes[J]. IEEE Int. Conf. On Commun. Geneva, 1993: 1064-1070.

[10] Tou J T . Advances in Information Systems Science[M]. New York: Plenum Press, 1974.
[11] Tehrani S S, Gross W J, Mannor S. Stochastic decoding of LDPC codes[J]. IEEE Communication Letters, 2006, 10(10): 716-718.
[12] Tehrani S S, Mannor S , Gross W J. Fully parallel stochastic LDPC decoders，IEEE transaction on signal processing[J]. 2008, 56(11): 5692-5703.

第 4 章　LDPC 码的链路自适应差错控制

高速和可靠的数据传输是现代通信技术的两个最基本要求。无线通信系统由于具有时变和多径导致的衰落特点，具有高误码率、高突发误帧等问题，因此需要采用纠错码，同时针对无线信道多变的特点，链路自适应技术根据信道质量状况的变化，自适应地调整物理层模式，以达到尽可能大的网络吞吐量，并且最大限度地节约系统资源，以实现高可靠性、高吞吐量的可靠传输。

链路自适应技术的关键技术包括自适应调制技术、自适应差错控制技术和反馈信令设计。在无线系统中，纠错码需要能与链路自适应技术匹配使用，这对纠错码的结构特性提出了新的要求。本章将介绍混合自动重传请求（Hybrid Automatic Repeat reQuest, HARQ）技术中 LDPC 码的编译码设计，以及结合自适应调制编码（Adaptive Modulation and Coding, AMC）和 HARQ 的跨层设计中 LDPC 码的性能。

4.1　LDPC 码的增加冗余 HARQ 方式

4.1.1　ARQ 的 3 种基本类型

无线移动信道具有时变和多径导致的衰落特点，常有较高的误码率，一般可采用差错控制方式来确保通信质量。在传统的差错控制技术中，FEC 方案有恒定的通过量和时延，但它不必要的开销却减少了通过量，而自动重传请求（Automatic Repeat reQuest，ARQ）虽然在误码率不是很高的时候可以得到理想的通过量，但它要产生可变时延，不宜于提供实时服务。为了克服两者的缺点，将这两种方法相结合就产生了混合 ARQ 方式（HARQ）[1]。

HARQ 具有以下 3 种基本类型[1-3]。

（1）Type I HARQ 方式。Type I HARQ 方式中增加了 CRC，并且数据经

FEC 编码，在接收端进行 FEC 译码和 CRC 校验，若分组有错则请求重传，并放弃错误分组。重传分组与已传分组相同，没有组合译码。

Type Ⅰ HARQ 系统的性能主要依赖于 FEC 的纠错能力，而 FEC 又必须与信道误码率相匹配，但随着承载业务的变化，呼叫中的纠错需要很长的处理时间。因此，Type Ⅰ HARQ 方式没有广泛应用。

（2）Type Ⅱ HARQ 方式。Type Ⅰ HARQ 方式中重传分组与已传分组没有组合译码，而 Type Ⅱ HARQ 方式与 Type Ⅲ HARQ 方式则与此不同。在 Type Ⅱ HARQ 方式中，其重传请求产生与 Type Ⅰ HARQ 方案相同，重传分组与已传分组相同，但错误分组不被丢弃，而是与重传分组进行 chase 合并，即将两次传递分组中对应比特位的初始软信息进行叠加，再进行 FEC 译码。

Type Ⅱ HARQ 方式较之 Type Ⅰ HARQ 方式，有效利用了已传分组的信息，是一种以能量换取译码性能的方式。但是，每次重传的信息相同，将会导致低通过率和低信道利用率。

（3）Type Ⅲ HARQ 方式。Type Ⅲ HARQ 方式又称为增加冗余 ARQ，重传请求产生与 Type Ⅰ HARQ 方式相同，但错误分组不被丢弃，而与重传分组采用编码合并方式组合并进行译码，重传分组和已传分组的格式和内容可以不相同，多次重传需要有时序标号而且比数据有更高的差错保护能力。在 Type Ⅲ HARQ 方式中，不成功的分组被存储在接收端，通过 FEC 机制与重传分组结合。这样既可得到高通过率和低时延，又能提高译码正确率。而且 Type Ⅲ HARQ 方式可以通过使用速率兼容打孔卷积码、Turbo 码和 LDPC 码很方便地实现，但对信道码的设计提出了码率兼容的要求。

4.1.2　LDPC 码的递增冗余 HARQ 方案原理

采用 LDPC 码作为差错控制编码结合 HARQ 技术已经成为一种广泛应用的方案，用于保证数据可以高速和可靠的传输。其中，LDPC 码的递增冗余 HARQ（IR_HARQ）技术在上一次信息传输的基础上只需重发部分比特，就可以保证系统具有良好的吞吐量特性，因此 IR_HARQ 方式成为一种最优的 HARQ 方式。下面介绍 LDPC 码的两种 IR_HARQ 方式的方案原理。

LDPC 码的递增冗余 HARQ 技术可以通过穿孔和扩展两种方式实现。穿孔方式是通过信息比特穿孔得到码率更低的码，该方式的方案原理如图 4-1 所示。设码率兼容 LDPC 码字表示为 $\boldsymbol{C}=[\boldsymbol{d}_1,\boldsymbol{d}_2,\cdots,\boldsymbol{d}_s,\boldsymbol{p}]$，若第一次发信息 $\boldsymbol{d}_1,\boldsymbol{d}_2,\cdots,\boldsymbol{d}_s$

和校验位 $\boldsymbol{p}$ 后，收端第一次译码不成功，第二次发端将信息位减少为 $\boldsymbol{d}_i,\boldsymbol{d}_{i+1},\cdots,\boldsymbol{d}_s$，$(1<i<s)$。由此而构造校验位 $\boldsymbol{p}'$ 重新发送，收端将上次发送的信息 $\boldsymbol{d}_i,\boldsymbol{d}_{i+1},\cdots,\boldsymbol{d}_s$ 和重发的校验位 $\boldsymbol{p}'$ 一起译码。如此反复，直到正确译码或达到最大反馈次数。

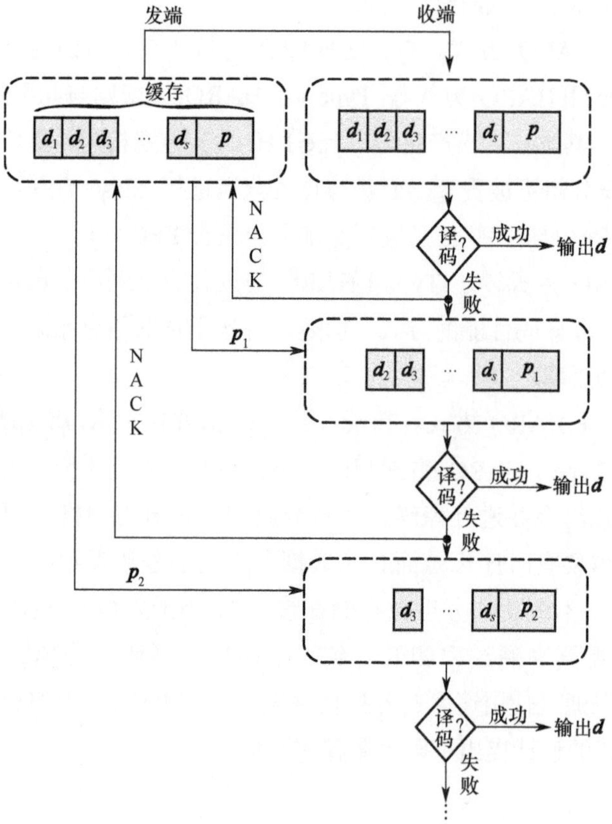

图 4-1　信息比特穿孔的 IR_HARQ 方式方案原理

扩展方式的方案原理如图 4-2 所示，该方式是在前次译码不成功时，通过再发送更多的校验比特和前次发送的码比特一起得到纠错能力更强的码率更低的码。该原理也称为直接增加校验位的方案原理，设码率兼容 LDPC 码字表示为 $\boldsymbol{C}=\left[\boldsymbol{d},\boldsymbol{p}_1,\cdots,\boldsymbol{p}_s\right]$，若第一次发信息 $\boldsymbol{d}$ 和校验位 $\boldsymbol{p}_1$ 后，收端第一次译码不成功，第二次发端发送校验位 $\boldsymbol{p}_2$，收端将信息 $\boldsymbol{d}$、校验位 $\boldsymbol{p}_1$ 和校验位 $\boldsymbol{p}_2$ 一起译码。若译码失败，收端将前两次发送的码字存入缓存，给发端发送再传信息，发端发送校验位 $\boldsymbol{p}_3$。如此反复，直到正确译码或达到最大反馈次数。

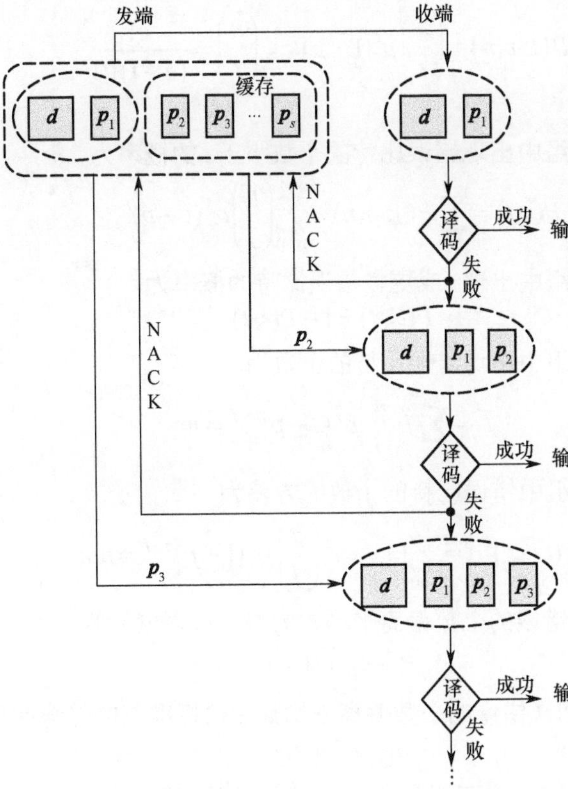

图 4-2　扩展方式（直接增加校验位）的 IR_HARQ 方案原理

4.2 LDPC 码增加冗余 HARQ 方式的迭代译码方法

IR_HARQ 方法要求 LDPC 码具有码率兼容的特性，因此人们研究的注意力都集中在如何构造码率兼容 LDPC 码，而译码解决方案成为被忽视的问题。在 IR_HARQ 方式下，LDPC 码的前次译码虽不成功，但有部分码比特已正确译码，尤其是在一定情况下，前次译码残留的错误比特极少，在重发后的译码中若有效利用前次译码的部分成果将能提高重发译码的性能。

4.2.1 译码改进的理论依据

1. 3σ 原理

记一个符号或比特差错为一个错误，则 n 比特的分组中恰好出现 t 错误比特的概率为

$$P(t;p,n)=\binom{n}{t}p^t(1-p)^{n-t},\ \binom{n}{t}=\frac{n!}{(n-t)!t!} \tag{4-1}$$

式中：p 为误码率。

- n 比特的分组中出现错误比特的个数小于 t 的概率为

$$P(<t)=\sum_{j=0}^{t-1}P(j;p,n)=\sum_{j=0}^{t-1}\binom{n}{j}p^j(1-p)^{n-j} \tag{4-2}$$

- n 比特的分组中出现 t 或更多错误比特的概率为

$$P(\geqslant t)=1-P(<t) \tag{4-3}$$

- n 比特的分组中平均错误比特的个数为

$$\overline{t}=\sum_{j=0}^{n}j\binom{n}{j}p^j(1-p)^{n-j}=np \tag{4-4}$$

- n 比特的分组中错误比特的个数的方差为

$$\sigma_t^2=E\left[(t-\overline{t})^2\right]=\sum_{j=0}^{n}(j-\overline{t})^2\binom{n}{j}p^j(1-p)^{n-j}=np(1-p) \tag{4-5}$$

- 标准偏差（错误的个数偏离平均数的趋势或程度）为

$$\sigma_t=\sqrt{np(1-p)} \tag{4-6}$$

- 3σ 错误区间（错误的个数偏离平均数 3 倍标准差的趋势或程度）为

$$t_{3\sigma}=\overline{t}+3\sigma_t \tag{4-7}$$

由于在 n 比特的分组中出现大于 $t_{3\sigma}$ 错误比特的概率 $P(t\geqslant t_{3\sigma})$ 为小概率事件，所以 $t_{3\sigma}$ 常作为衡量分组传输信道差错特性的重要参量。

当误码率为 $p=10^{-3}$，码字分组长度 $n=1400$ 时，在 1400 bit 的分组中，平均错误比特的个数为 $\overline{t}=np=1.4$；标准偏差为 $\sigma_t=\sqrt{np(1-p)}=\sqrt{1400\times0.001\times(1-0.001)}=1.1826$，$3\sigma$ 错误区间为 $t_{3\sigma}=\overline{t}+3\sigma_t=4.9478$，分组中出现错误比特的个数大于 $t_{3\sigma}$ 的概率为 $P(t\geqslant t_{3\sigma})=\binom{n}{1}p(1-p)^{n-1}=3.45\times10^{-5}$。

2．译码改进的理论依据

图 4-3 所示为码长为1400，码率 R 为 0.7143 的码率兼容 LDPC 码的性能，在 AWGN 信道下，采用 BPSK 调制，当比特信噪比 $E_b/N_0=3\,\text{dB}$ 时，未译码时的比特误码率由下式确定：

$$P_{\text{BPSK\_AWGN}}=Q\left(\sqrt{2RE_s/N_0}\right) \tag{4-8}$$

由此得到未译码时的比特误码率 $\text{BER}=0.046$，则未译码时的平均错误比特个数为 $\overline{t}=np=1400\times0.046=64.4$，标准偏差为 $\sigma_t=\sqrt{np(1-p)}\approx7.8382$，$3\sigma$ 错误区间为 $t_{3\sigma}=\overline{t}+3\sigma_t=87.9146$。

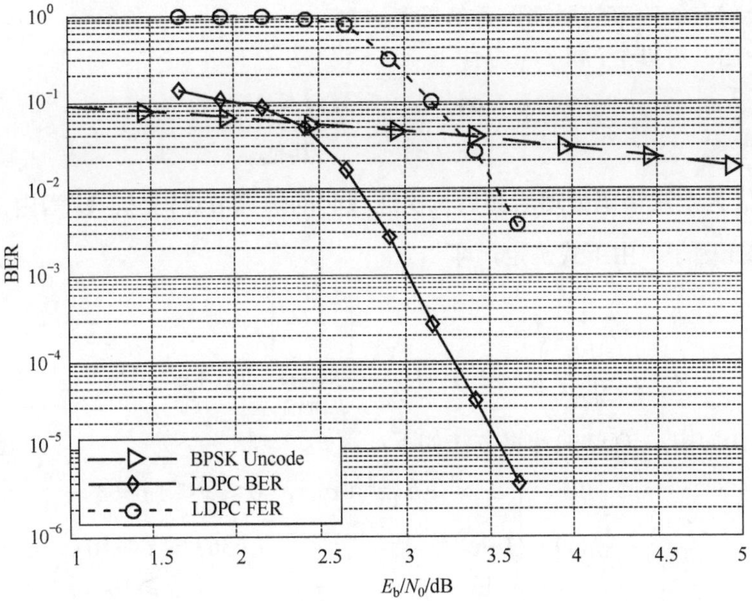

图 4-3　码长为 1400，码率为 0.7143 的码率兼容 LDPC 码的性能

从图 4-3 可以看出，译码后的帧误码率 FER = 0.2，译码后的比特误码率 $\text{BER} = 10^{-3}$，此时若译码不成功，按编码理论中的 3σ 原理，在图 4-3 中，3σ 错误区间为 $t_{3\sigma} = \overline{t} + 3\sigma_t = 4.9478$，$P(t \geqslant t_{3\sigma}) = \binom{n}{1} p(1-p)^{n-1} = 3.45 \times 10^{-5}$。在多数情况下，一帧中错误的比特数不超过 5 bit（错误超过 5 bit 的概率为 3.45×10^{-5}），远低于未译码时的错误比特的个数。

显然，即使在译码不成功的情况下，译码后得到的结果仍然远比未译码时接近正确码字，如果能在重传译码过程中利用到上次译码的结果信息，则可以改进译码性能，减少译码迭代次数，这是译码改进方法提出的理论依据。

4.2.2　IR_HARQ 方式下基于 LDPC 码的译码改进

一般的 BP 译码过程见式（3-76）～式（3-82）。第一次传送时的译码算法（直接增加校验位和信息比特穿孔的 IR_HARQ）都采用该算法，下面给出直接增加校验位和信息比特穿孔的 IR_HARQ 下重传时的 LDPC 码的译码改进。

1. 扩展方式下 IR_HARQ 的译码改进算法

设重传后 LDPC 码的校验矩阵为 $\boldsymbol{H} = (h_{ij})_{M_t \times N_t}, (t = 2,3,4,\cdots s, M_t > M, N_t > N)$。集合 $M_t(j) = \{i : h_{ij} = 1\}$ 表示信息节点 x_j 参加的校验集，$N_t(i) = \{j : h_{ij} = 1\}$

表示校验节点 z_i 约束的局部码元信息集。

初始化：对每个 i 和 j，均有

$$v_{i,j}=\begin{cases}\alpha v'_{i,j}, & i\leqslant M, j\leqslant N\\ 2r_j/\sigma_n^2, & \text{其他}\end{cases} \tag{4-9}$$

式中：$v'_{i,j}$ 为上次译码处理后最后一次迭代时的信息节点消息；α 为由信道参数确定的修正因子，由下式确定，即

$$\alpha=f\left(\sqrt{\frac{4}{\sigma_n^2}}\right),\quad f(x)=\int_{-\infty}^{+\infty}\frac{\mathrm{e}^{-\left[\frac{(t-x^2/2)}{2\delta^2}\right]^2}}{\sqrt{2\pi x^2}}\ln(1+\mathrm{e}^{-t})\,\mathrm{d}t \tag{4-10}$$

在式（4-10）中，$f(x)$ 的计算方法如下：

$$f(x)=\begin{cases}a_{1,1}x^3+b_{1,1}x^2+c_{1,1}x, & 0\leqslant x\leqslant 1.6363\\ 1-\mathrm{e}^{a_{1,2}x^3+b_{1,2}x^2+c_{1,2}x+d}, & 1.6363\leqslant x\leqslant 10\\ 1, & x\geqslant 10\end{cases} \tag{4-11}$$

式中：
$$a_{1,1}=-0.0421061, b_{1,1}=0.29252, c_{1,1}=-0.00640081$$
$$a_{1,2}=0.00181491, b_{1,2}=-0.142675, c_{1,2}=-0.0822054, d=0.0549608$$

校验节点处理、信息节点处理和判决均按式（3-80）、式（3-81）和式（3-82）计算。其中，修正因子 a 的证明如下。

LDPC 码译码首先是初始化，码字可直接由信道信息确定在多次重传中，我们可以利用上次译码的结果，若上次译码的最后一次迭代后信息节点的处理结果为 $v'_{i,j}$，$\boldsymbol{X}=\{x_1,x_2,\cdots,x_N\}$ 表示信息节点向量，先验信息 $p(x=1)=p(x=-1)=0.5$，则每比特的附加信息为

$$\alpha=H_{(X)}-H_{(x|v'_{i,j})}$$

$$\begin{cases}p(x=1|v'_{i,j})=\begin{cases}1, & v'_{i,j}\geqslant 0\\ 0, & v'_{i,j}<0\end{cases}\\ p(x=-1|v'_{i,j})=\begin{cases}0, & v'_{i,j}\geqslant 0\\ 1, & v'_{i,j}<0\end{cases}\end{cases} \tag{4-12}$$

$H_{(X)}-H_{(x|v'_{i,j})}$ 可表示为

$$H(x|v'_{i,j})=\int_{-\infty}^{+\infty}\frac{\mathrm{e}^{-\left[\frac{(t-\sigma_n^2/2)}{2\sigma_n^2}\right]^2}}{\sqrt{2\pi\sigma_n^2}}\ln(1+\mathrm{e}^{-t})\mathrm{d}t \tag{4-13}$$

令函数

$$f(\sigma_n)=\int_{-\infty}^{+\infty}\frac{\mathrm{e}^{-\left[\frac{(t-\sigma_n^2/2)}{2\sigma_n^2}\right]^2}}{\sqrt{2\pi\sigma_n^2}}\ln(1+\mathrm{e}^{-t})\mathrm{d}t \tag{4-14}$$

则

$$\alpha=f\left(\sqrt{\frac{4}{\sigma_n^2}}\right) \tag{4-15}$$

由于 $f(\cdot)$ 的解困难，所以我们使用式（4-11）所示的近似估值。

2．信息比特穿孔下 IR_HARQ 方式的改进译码算法

设重传后 LDPC 码的译码过程如下。

初始化：对每个 i 和 j，有

$$v_{i,j}=\begin{cases}\alpha v'_{i,j}, & i\leqslant M, j\leqslant N_t-M_t\\ 2r_j/\sigma_n^2, & \text{其他}\end{cases} \tag{4-16}$$

式中：$v'_{i,j}$ 为上次译码处理后最后一次迭代时的信息节点消息；α 为由信道参数确定的修正因子，由式（4-10）和式（4-11）确定。校验节点处理、信息节点处理和判决均按式（3-80）～式（3-82）。

3．改进译码算法的性能评价结果

使用 3.4.2 节中介绍的 IEEE 802.16e 中的 LDPC 码，对两种类型的 IR_HARQ 性能进行分析如下：在编码速率 $R=k/n$ 下，吞吐量和 E_b/N_0，以及残余帧差错率（Residual FER）和信噪比的相互关系。具体参数如下：

- 收端返回 NACK/ACK 等信息的信道性能完好，没有错误；
- 具体 ARQ 的形式是 SAW 停等 ARQ 协议（Stop-and-wait ARQ）；
- 每个帧长 768 bit；
- 信道模型为 AWGN 信道和 Rayleigh 衰落信道；
- 数据帧的最大个数为 10000；
- 采用二进制相移键控调制；
- 利用表 3-5～表 3-7 中的 LDPC 码的 Type III HARQ 方式；
- 在发端每次传送的数据子帧都有一样的长度。

采用的吞吐量为

$$\text{吞吐量}=\frac{\text{正确译码的帧的个数}}{\text{所有传送的帧的个数}}\times\text{有效编码速率}$$

这样得到的吞吐量是有效吞吐量，它表示的是实际传送有效信息（而不包括

冗余比特）的效率。因此对于码率 $R=\frac{3}{4}$ 来说，其吞吐量最大（理想值）也就是 0.75 左右。

图 4-4～图 4-7 所示是码率为 5/6 的 LDPC 码及其通过打孔得到的各种码率码的性能图。该码的最大重传次数为 4，采用停等协议，迭代次数最大为 50。图 4-4 是新的译码方法和过去译码方法的吞吐量比较。横坐标是信噪比（SNR），纵坐标是平均吞吐量。图 4-5 是新的译码方法和过去译码方法的迭代次数比较。横坐标同样是 SNR，纵坐标是总迭代次数。从图 4-4 和图 4-5 中可以看到，在 SNR 为−3～−1 dB 范围内，新的译码方法提高吞吐量达 2%～20%，该新方法对于提高在低 SNR 下的性能显示了优越性；在 SNR=0～3 dB 范围内，新的译码方法吞吐量提高不多，但迭代次数减少比例为 5%～20%。图 4-6 和图 4-7 是两种译码方法在迭代次数分别为 2、5、10 和 20 时的性能，新译码方法明显显示了更好的收敛性。

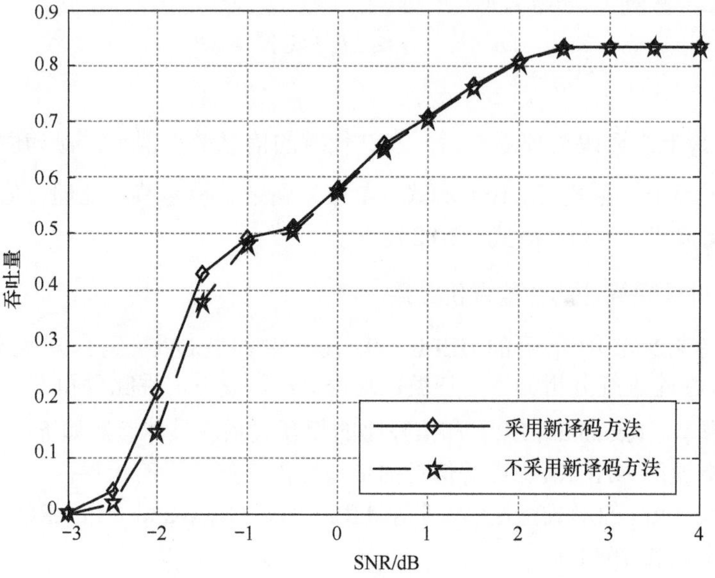

图 4-4　码率为 5/6 的（2304,1920）码的两种译码方法吞吐量比较

图 4-8 和图 4-9 所示是码率为 3/4 的（2304,1728）A 码的性能。该码的最大重传次数为 2，采用停等协议，译码迭代次数最大为 50。图 4-8 是新的译码方法和过去译码方法的吞吐量比较。图 4-9 是新的译码方法和过去译码方法的迭代时间比较。从图 4-8 和图 4-9 中可以看到，在 SNR=−3～−1 dB 范围内，新的译码方法提高吞吐量达 2%～23%，在 SNR=−1～2 dB 范围内，新的译码方法迭代时间减少比例为 5%～23%。

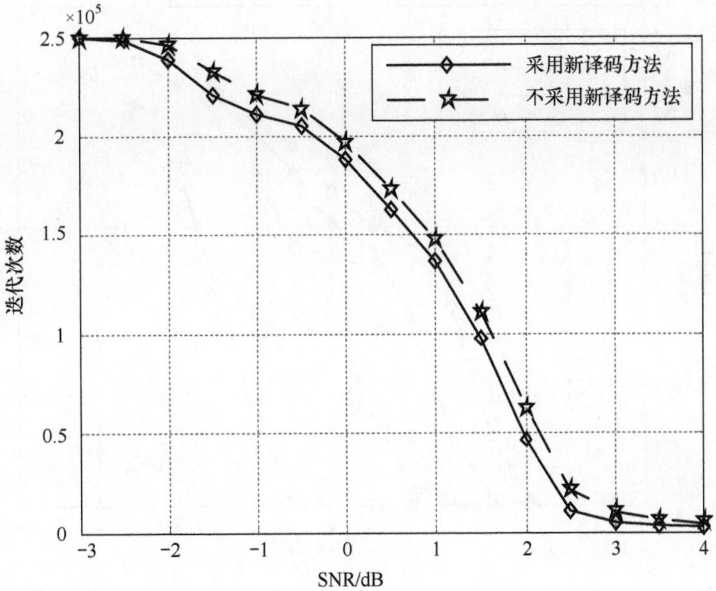

图 4-5　码率为 5/6 的（2304,1920）码的两种译码方法迭代次数比较

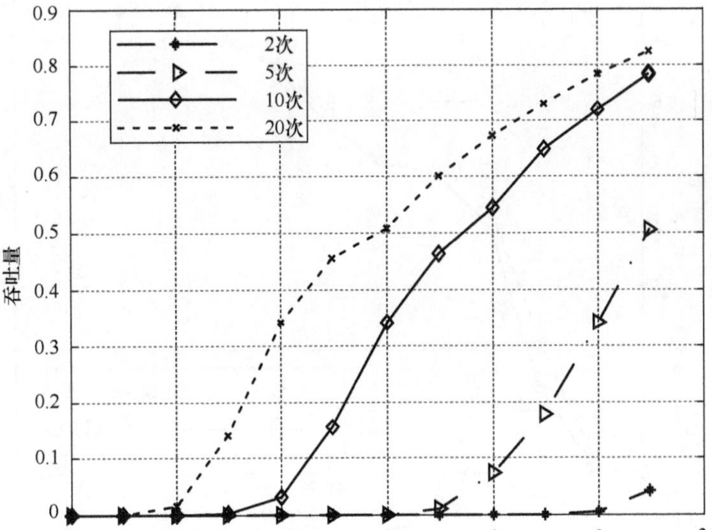

图 4-6　码率为 5/6 的（2304,1920）码采用过去译码方法的收敛性

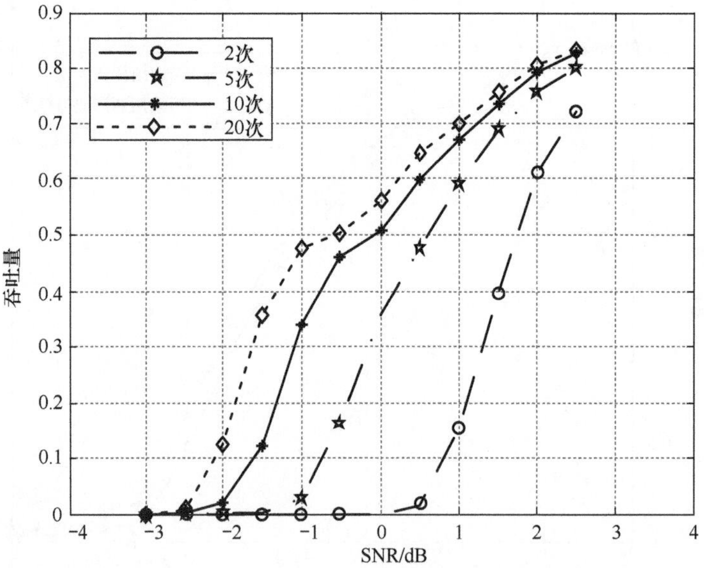

图 4-7 码率为 5/6 的（2304,1920）LDPC 码采用新译码方法的收敛性

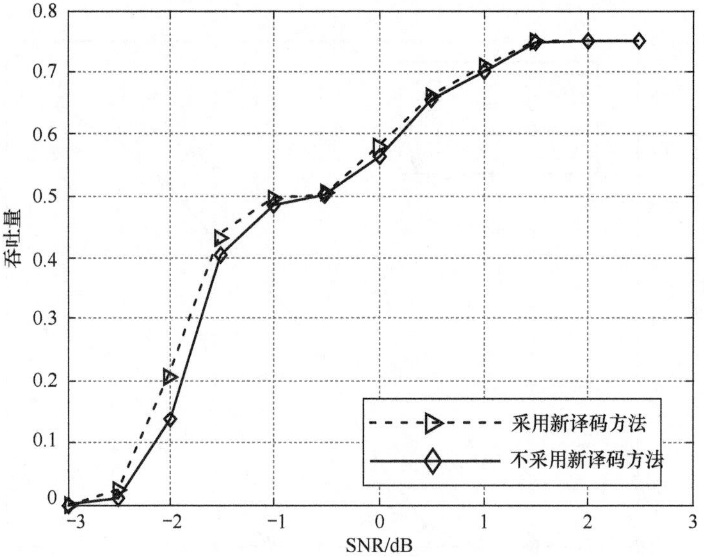

图 4-8 码率为 3/4 的（2304,1728）A 码采用两种译码方法的吞吐量比较

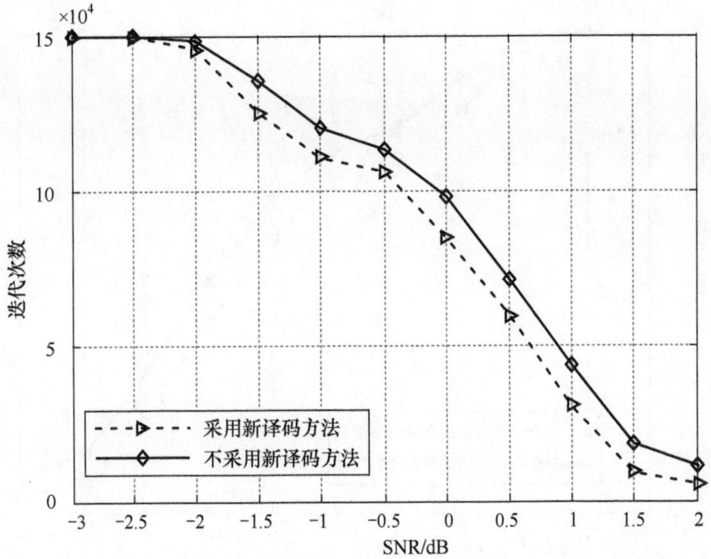

图 4-9　码率为 3/4 的（2304,1728）A 码采用两种译码方法的迭代次数比较

图 4-10 和图 4-11 所示是码率为 3/4 的（2304,1728）B 码的性能。该码的最大重传次数为 2，采用停等协议，译码迭代次数最大为 50。图 4-10 是新的译码方法和过去译码方法的吞吐量比较。图 4-11 是新的译码方法和过去译码方法的迭代次数比较，从图中我们看到新的译码方法吞吐量提高不大，但迭代次数明显减少。

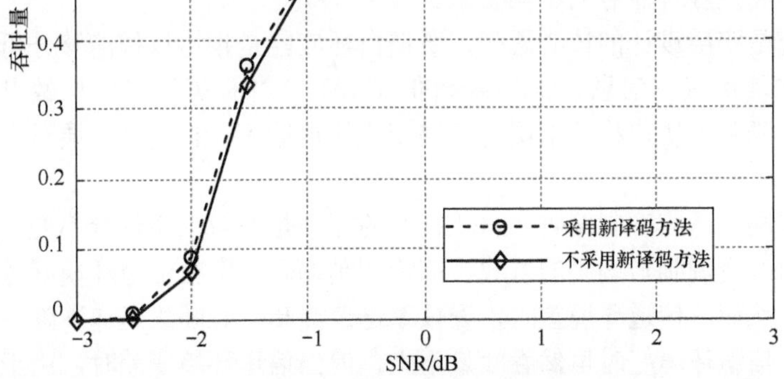

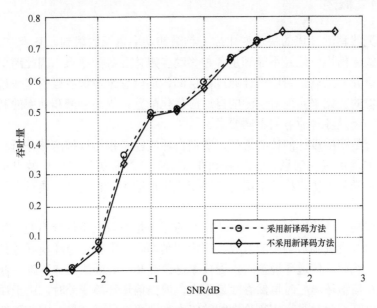

图 4-10　码率 3/4 的（2304,1728）B 码两种译码方法的吞吐量比较

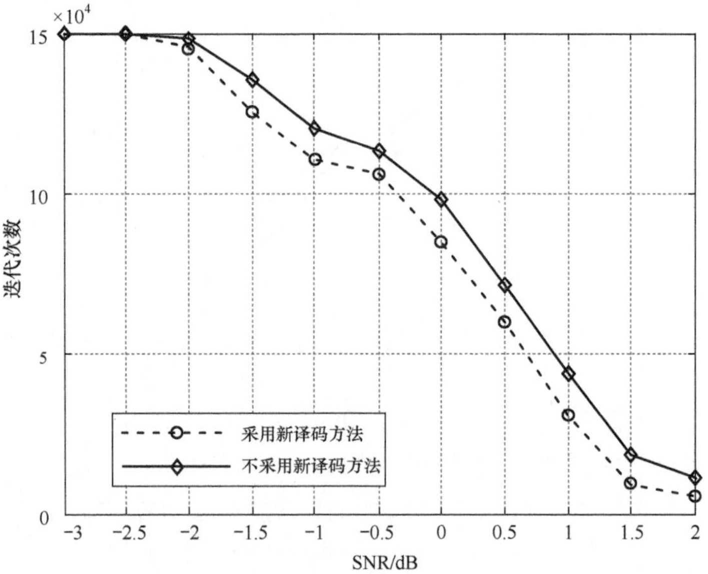

图 4-11　码率 3/4 的（2304,1728）B 码两种译码方法的迭代次数比较

4.3　联合 LDPC 码的 AMC 和 HARQ 的跨层设计

4.3.1　概述

由于无线移动环境的快速变化加上频谱和功率资源的限制，基于 OSI 标准分层结构的通信协议已经不能满足各种移动多媒体业务的要求，因此跨层自适应优化成为研究的热点。跨层设计通过在层间传递信息来协调各层的工作过程，根据无线环境的变化来实现对资源的自适应优化配置，提高频谱和功率的利用率，使系统能够满足各种业务的不同要求。

自适应是跨层设计的核心思想，所谓自适应就是指协议栈能够分析和提取所需信息（如信道状态信息、QoS 需求信息等），并根据这些信息做出正确反应的机制，它既包括协议栈的上层对下层变化的自适应，也包括下层对上层要求的自适应。

在物理层自适应调制编码 AMC 技术的原理是发射功率保持不变，随信道环境的变化而改变调制与编码的方式。高阶调制编码方案在信道环境好时具有较高的吞吐量，然而，信道环境差时，误帧率迅速提高，吞吐量迅速下降。低阶调制编码方案在信道环境好时虽然吞吐量不大，但当信道环境变差时，由于误帧率并不会明显提高，此时具有比高阶调制编码力方案更高的吞吐量。因此随信道环境选择适当的调制编码方案可以得到此信道环境下最大的吞吐量。AMC 以频谱效率和吞吐率作为优化的目标，并不考虑上层应用对服务质量的要求。

针对无线多媒体业务对服务质量的要求，越来越多的研究人员采用了跨层设计方法，提出了一种物理层和链路层联合自适应方法，将 AMC 和 ARQ 相结合，可以提供更高的频谱效率。

AMC 本身可以提供一定的灵活性去根据测量的信道条件选择合适的调制方式，测量通常由接收端向发送端报告或者由网络决定。然而，这需要很精确的信道测量，而且时延的影响也是不可忽略的。所以，一般需要将 AMC 与 ARQ 联合使用。将 AMC 与 HARQ 合并产生最优的结合：AMC 提供了粗糙的数据速率选择，而 HARQ 根据信道条件对数据速率做精细的调整。物理层的自适应调制和编码与数据链路层的精简 ARQ 协议结合起来，在保证时延和性能的情况下，物理层选择合适的调制和编码方式，从而在保持所需性能的基础上，使数据速率最大。

AMC 与 HARQ 合并设计的关键点是有好的码率兼容的信道编码，卷积码和 Turbo 码都曾用于 AMC 系统和 HARQ 设计。

4.3.2　LDPC 码的自适应调制

1．多进制调制的软信息提取

将 LDPC 编码和多进制调制结合在一起，由于 LDPC 译码需要软信息输入，因此，多进制调制解调需要输出软信息。以 M 进制 QAM（M 分别为 4、16、64）为例，对于多进制调制系统，通常将对数似然比（Log Likelihood Ratio, LLR）作为解调软信息输出[4,5]，我们使用 LLR 作为解调器的软信息输出。

1）M-QAM 的软信息提取

在时刻 k，M-QAM 星座图上的信号点用复平面上的实数对 $\{A_k, B_k\}$ 来表示，它是由 $\log_2 M$ 比特 $\{u_{k,i}, 1 \leqslant i \leqslant \log_2 M\}$ 映射得到的。使用相关接收，解调器接收数据的同相支路和正交支路 X_k 和 Y_k 可以表示为

$$X_k = a_k A_k + I_k \tag{4-17}$$

$$Y_k = a_k B_k + Q_k \tag{4-18}$$

式中：a_k 为瑞利（Rayleigh）衰落信道下的一个服从瑞利分布的复随机变量，在高斯白噪声信道下为 1；I_k 和 Q_k 是均值为 0、方差为 σ_N^2 的复高斯噪声，且相互独立。

比特 $\{u_{k,i}\}$，$(i = 1, 2, \cdots, \log_2 M)$ 的 LLR 定义为[4,5]

$$\Lambda(u_{k,i}) = \ln \frac{P\{u_{k,i} = 1 / X_k, Y_k\}}{P\{u_{k,i} = 0 / X_k, Y_k\}},\ i = 1, 2, \cdots, \log_2 M \tag{4-19}$$

使用贝叶斯准则，并且由于 $P\{u_{k,i} = 1\} = P\{u_{k,i} = 0\}$，由式（4-19）得到[4,5]

$$\Lambda(u_{k,i})=\ln\frac{P\{u_{k,i}=1/X_k,Y_k\}}{P\{u_{k,i}=0/X_k,Y_k\}}=\ln\frac{P\{X_k,Y_k/u_{k,i}=1\}}{P\{X_k,Y_k/u_{k,i}=0\}},i=1,2,\cdots,\log_2 M \quad (4\text{-}20)$$

由于$u_{k,i}=1$和$u_{k,i}=0$分别映射了星座图上$\frac{M}{2}$个不同的点，因此，对于每一个$u_{k,i}$，M-QAM 的星座图都可以分为两部分。假设$C_1(i)$为$u_{k,i}=1$在星座图上所映射点(X_n,Y_n)的集合，$C_0(i)$为$u_{k,i}=0$在星座图上所映射点(X_n,Y_n)的集合。将式（4-17）和式（4-18）代入式（4-20），可得[4,5]

$$\Lambda(u_{k,i})=\ln\frac{\sum\limits_{(X_n,Y_n)\in C_1(i)}P\{X_k=a_kX_n+I_k,Y_k=a_kY_n+Q_k\}}{\sum\limits_{(X_n,Y_n)\in C_0(i)}P\{X_k=a_kX_n+I_k,Y_k=a_kY_n+Q_k\}},i=1,2,\cdots,\log_2 M \quad (4\text{-}21)$$

对于特定的a_k，X_k和Y_k是两个互不相关的高斯噪声，分别具有均值a_kX_n和a_kY_n，以及方差σ_N^2。因此，由式（4-21）可得[4,5]

$$\Lambda(u_{k,i})=\ln\frac{\sum\limits_{(X_n,Y_n)\in C_1(i)}\mathrm{e}^{-\frac{(X_k-a_kX_n)^2+(Y_k-a_kY_n)^2}{2\sigma_N^2}}}{\sum\limits_{(X_n,Y_n)\in C_0(i)}\mathrm{e}^{-\frac{(X_k-a_kX_n)^2+(Y_k-a_kY_n)^2}{2\sigma_N^2}}},i=1,2,\cdots,\log_2 M \quad (4\text{-}22)$$

式中：$x_k=\frac{X_k}{a_k},y_k=\frac{Y_k}{a_k}$，在 AWGN 信道下，$a_k=1$。

下面就 M 分别取 4、16、64 的 3 种情形给出具体公式。

2）4QAM 的软信息提取

复平面上的实数对$\{X_k,Y_k\}$表示 4QAM 解调器接收数据，它是由两个比特$\{u_{k,i}\}$，$(i=1,2)$映射得到的，若信号星座点如图 4-12（a）所示，则第一个比特$u_{k,1}=1$和$u_{k,1}=0$映射如图 4-12（b）所示，图中右边阴影的星座点表示$u_{k,1}=1$，由式（4-22）可得[4,5]

$$\Lambda(u_{k,1})=\ln\frac{P\{X_k\mid u_{k,1}=1\}}{P\{X_k\mid u_{k,1}=0\}}=\ln\frac{\mathrm{e}^{-\frac{(X_k-a_k\sqrt{E_s})^2}{2\sigma^2}}}{\mathrm{e}^{-\frac{(X_k+a_k\sqrt{E_s})^2}{2\sigma^2}}}=-\frac{(X_k-a_k\sqrt{E_s})^2}{2\sigma^2}+\frac{(X_k+a_k\sqrt{E_s})^2}{2\sigma^2} \quad (4\text{-}23)$$

第二个比特$u_{k,2}=1$和$u_{k,2}=0$映射分别如图 4-12（c）所示，图中横坐标上方星座点表示$u_{k,2}=1$。由式（4-22）可得 4,5]

$$\Lambda(u_{k,2})=\ln\frac{P\{Y_k\mid u_{k,2}=1\}}{P\{Y_k\mid u_{k,2}=0\}}=\ln\frac{\mathrm{e}^{-\frac{(Y_k-a_k\sqrt{E_s})^2}{2\sigma^2}}}{\mathrm{e}^{-\frac{(Y_k+a_k\sqrt{E_s})^2}{2\sigma^2}}}=-\frac{(Y_k-a_k\sqrt{E_s})^2}{2\sigma^2}+\frac{(Y_k+a_k\sqrt{E_s})^2}{2\sigma^2}\tag{4-24}$$

式（4-23）和式（4-24）中归一化能量 $\sqrt{E_s}=1/\sqrt{2}$。

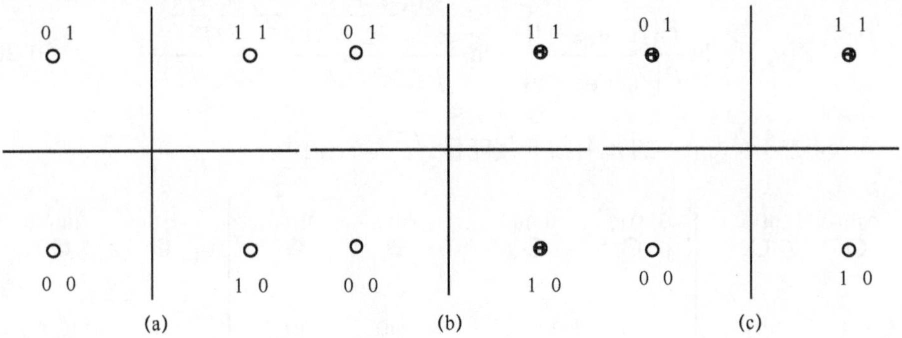

图 4-12　4QAM 调制

（a）信号星座点；（b）第一比特划分示意图；（c）第二比特划分示意图。

3）16QAM 的软信息提取

复平面上的实数对 $\{X_k,Y_k\}$ 表示 16QAM 解调器接收数据，它是由 4 个比特 $\{u_{k,i}\}$ $(i=1,2,3,4)$ 映射得到的。若信号星座点如图 4-13（a）所示，则第一个比特 $u_{k,1}=1$ 和 $u_{k,1}=0$ 映射分别如图 4-13（b）所示，图中纵坐标右边星座点表示 $u_{k,1}=1$。由式（4-22）可得[4,5]

$$\Lambda(u_{k,1})=\ln\frac{P\{X_k\mid u_{k,1}=1\}}{P\{X_k\mid u_{k,1}=0\}}=\ln\frac{\mathrm{e}^{-\frac{(X_k-a_k\sqrt{E_s})^2}{2\sigma^2}}+\mathrm{e}^{-\frac{(X_k-a_k\cdot 3\cdot\sqrt{E_s})^2}{2\sigma^2}}}{\mathrm{e}^{-\frac{(X_k+a_k\sqrt{E_s})^2}{2\sigma^2}}+\mathrm{e}^{-\frac{(X_k+a_k\cdot 3\cdot\sqrt{E_s})^2}{2\sigma^2}}}\tag{4-25}$$

第二个比特 $u_{k,2}=1$ 和 $u_{k,2}=0$ 映射分别如图 4-13（c）所示，图中靠近纵坐标的两列星座点表示 $u_{k,2}=1$。由式（4-22）可得

$$\Lambda(u_{k,2})=\ln\frac{P\{X_k\mid u_{k,2}=1\}}{P\{X_k\mid u_{k,2}=0\}}=\ln\frac{\mathrm{e}^{-\frac{(x_k-a_k\sqrt{E_s})^2}{2\sigma^2}}+\mathrm{e}^{-\frac{(x_k+a_k\sqrt{E_s})^2}{2\sigma^2}}}{\mathrm{e}^{-\frac{(x_k-a_k\cdot 3\cdot\sqrt{E_s})^2}{2\sigma^2}}+\mathrm{e}^{-\frac{(x_k+a_k\cdot 3\cdot\sqrt{E_s})^2}{2\sigma^2}}}\tag{4-26}$$

第三个比特 $u_{k,3}=1$ 和 $u_{k,3}=0$ 映射分别如图 4-13（d）所示，图中横坐标上方的星座点表示 $u_{k,3}=1$。由式（4-22）可得

$$\Lambda(u_{k,3})=\ln\frac{P\left\{Y_k\mid u_{k,3}=1\right\}}{P\left\{Y_k\mid u_{k,3}=0\right\}}=\ln\frac{\mathrm{e}^{-\frac{(Y_k-a_k\sqrt{E_s})^2}{2\sigma^2}}+\mathrm{e}^{-\frac{(Y_k-a_k\cdot 3\cdot\sqrt{E_s})^2}{2\sigma^2}}}{\mathrm{e}^{-\frac{(Y_k+a_k\sqrt{E_s})^2}{2\sigma^2}}+\mathrm{e}^{-\frac{(Y_k+a_k\cdot 3\cdot\sqrt{E_s})^2}{2\sigma^2}}} \tag{4-27}$$

第四个比特$u_{k,4}=1$和$u_{k,4}=0$映射分别如图 4-13（e）所示，图中靠近横坐标的两行星座点表示$u_{k,4}=1$。由式（4-22）可得

$$\Lambda(u_{k,4})=\ln\frac{P\left\{Y_k\mid u_{k,4}=1\right\}}{P\left\{Y_k\mid u_{k,4}=0\right\}}=\ln\frac{\mathrm{e}^{-\frac{(Y_k-a_k\sqrt{E_s})^2}{2\sigma^2}}+\mathrm{e}^{-\frac{(Y_k+a_k\sqrt{E_s})^2}{2\sigma^2}}}{\mathrm{e}^{-\frac{(Y_k-a_k\cdot 3\cdot\sqrt{E_s})^2}{2\sigma^2}}+\mathrm{e}^{-\frac{(Y_k+a_k\cdot 3\cdot\sqrt{E_s})^2}{2\sigma^2}}} \tag{4-28}$$

式（4-25）~式（4-28）中归一化能量$\sqrt{E_s}=1/\sqrt{10}$。

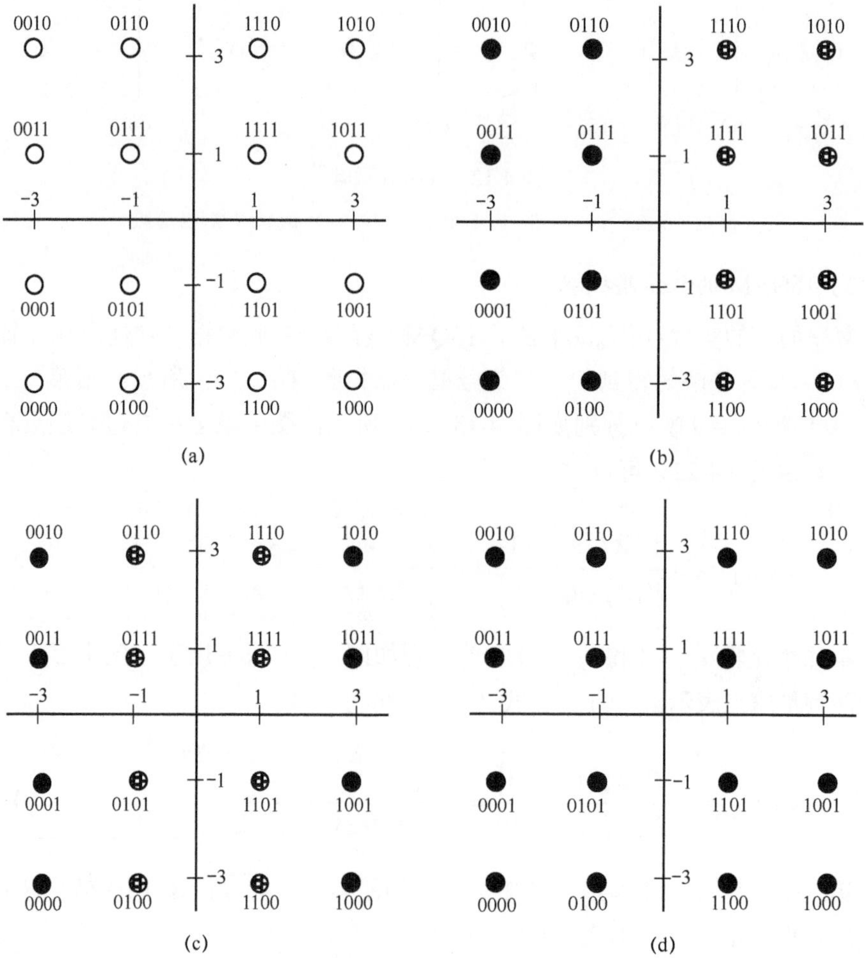

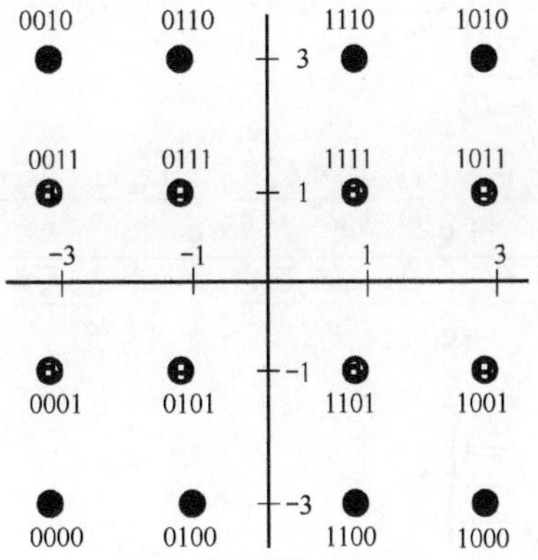

(e)

图 4-13　16QAM 调制

（a）信号星座点；（b）第一个比特划分示意图；（c）第二个比特划分示意图；（d）第三个比特划分示意图；（e）第四个比特划分示意图。

4）64QAM 的软信息提取

复平面上的实数对 $\{X_k, Y_k\}$ p 表示 64QAM 解调器接收数据，它是由 6 个比特 $\{u_{k,i}\}$ $(i=1,2,3,4,5,6)$ 映射得到的，若信号星座点如图 4-14 所示，则与前面相同的道理。由式（4-22）可得第一个比特，有[4,5]

$$\Lambda(u_{k,1}) = \ln\frac{P\{X_k \mid u_{k,1}=1\}}{P\{X_k \mid u_{k,1}=0\}} = \ln\frac{\mathrm{e}^{-\frac{(X_k-a_k\sqrt{E_s})^2}{2\sigma^2}}+\mathrm{e}^{-\frac{(X_k-a_k\cdot 3\cdot\sqrt{E_s})^2}{2\sigma^2}}+\mathrm{e}^{-\frac{(X_k-a_k\cdot 5\cdot\sqrt{E_s})^2}{2\sigma^2}}+\mathrm{e}^{-\frac{(X_k-a_k\cdot 7\cdot\sqrt{E_s})^2}{2\sigma^2}}}{\mathrm{e}^{-\frac{(X_k+a_k\sqrt{E_s})^2}{2\sigma^2}}+\mathrm{e}^{-\frac{(X_k+a_k\cdot 3\cdot\sqrt{E_s})^2}{2\sigma^2}}+\mathrm{e}^{-\frac{(X_k+a_k\cdot 5\cdot\sqrt{E_s})^2}{2\sigma^2}}+\mathrm{e}^{-\frac{(X_k+a_k\cdot 7\cdot\sqrt{E_s})^2}{2\sigma^2}}} \tag{4-29}$$

第二个比特，有[4,5]

$$\Lambda(u_{k,2}) = \ln\frac{P\{X_k \mid u_{k,2}=1\}}{P\{X_k \mid u_{k,2}=0\}} = \ln\frac{\mathrm{e}^{-\frac{(X_k-a_k\sqrt{E_s})^2}{2\sigma^2}}+\mathrm{e}^{-\frac{(X_k-a_k\cdot 3\cdot\sqrt{E_s})^2}{2\sigma^2}}+\mathrm{e}^{-\frac{(X_k+a_k\sqrt{E_s})^2}{2\sigma^2}}+\mathrm{e}^{-\frac{(X_k+a_k\cdot 3\cdot\sqrt{E_s})^2}{2\sigma^2}}}{\mathrm{e}^{-\frac{(X_k-a_k\cdot 5\cdot\sqrt{E_s})^2}{2\sigma^2}}+\mathrm{e}^{-\frac{(X_k-a_k\cdot 7\cdot\sqrt{E_s})^2}{2\sigma^2}}+\mathrm{e}^{-\frac{(X_k+a_k\cdot 5\cdot\sqrt{E_s})^2}{2\sigma^2}}+\mathrm{e}^{-\frac{(X_k+a_k\cdot 7\cdot\sqrt{E_s})^2}{2\sigma^2}}} \tag{4-30}$$

第三个比特，有[4,5]

$$\Lambda(u_{k,3})=\ln\frac{P\{X_k\mid u_{k,3}=1\}}{P\{X_k\mid u_{k,3}=0\}}$$

$$=\ln\frac{\mathrm{e}^{-\frac{(X_k-a_k\cdot 3\cdot\sqrt{E_s})^2}{2\sigma^2}}+\mathrm{e}^{-\frac{(X_k-a_k\cdot 5\cdot\sqrt{E_s})^2}{2\sigma^2}}+\mathrm{e}^{-\frac{(X_k+a_k\cdot 3\cdot\sqrt{E_s})^2}{2\sigma^2}}+\mathrm{e}^{-\frac{(X_k+a_k\cdot 5\cdot\sqrt{E_s})^2}{2\sigma^2}}}{\mathrm{e}^{-\frac{(X_k-a_k\sqrt{E_s})^2}{2\sigma^2}}+\mathrm{e}^{-\frac{(X_k-a_k\cdot 7\cdot\sqrt{E_s})^2}{2\sigma^2}}+\mathrm{e}^{-\frac{(X_k+a_k\sqrt{E_s})^2}{2\sigma^2}}+\mathrm{e}^{-\frac{(X_k+a_k\cdot 7\cdot\sqrt{E_s})^2}{2\sigma^2}}} \tag{4-31}$$

第四个比特，有[4,5]

$$\Lambda(u_{k,4})=\ln\frac{P\{Y_k\mid u_{k,4}=1\}}{P\{Y_k\mid u_{k,4}=0\}}$$

$$=\ln\frac{\mathrm{e}^{-\frac{(Y_k-a_k\sqrt{E_s})^2}{2\sigma^2}}+\mathrm{e}^{-\frac{(Y_k-a_k\cdot 3\cdot\sqrt{E_s})^2}{2\sigma^2}}+\mathrm{e}^{-\frac{(Y_k-a_k\cdot 5\cdot\sqrt{E_s})^2}{2\sigma^2}}+\mathrm{e}^{-\frac{(Y_k-a_k\cdot 7\cdot\sqrt{E_s})^2}{2\sigma^2}}}{\mathrm{e}^{-\frac{(Y_k+a_k\sqrt{E_s})^2}{2\sigma^2}}+\mathrm{e}^{-\frac{(Y_k+a_k\cdot 3\cdot\sqrt{E_s})^2}{2\sigma^2}}+\mathrm{e}^{-\frac{(Y_k+a_k\cdot 5\cdot\sqrt{E_s})^2}{2\sigma^2}}+\mathrm{e}^{-\frac{(Y_k+a_k\cdot 7\cdot\sqrt{E_s})^2}{2\sigma^2}}} \tag{4-32}$$

第五个比特，有

$$\Lambda(u_{k,5})=\ln\frac{P\{Y_k\mid u_{k,5}=1\}}{P\{Y_k\mid u_{k,5}=0\}}$$

$$=\ln\frac{\mathrm{e}^{-\frac{(Y_k-a_k\sqrt{E_s})^2}{2\sigma^2}}+\mathrm{e}^{-\frac{(Y_k-a_k\cdot 3\cdot\sqrt{E_s})^2}{2\sigma^2}}+\mathrm{e}^{-\frac{(Y_k+a_k\sqrt{E_s})^2}{2\sigma^2}}+\mathrm{e}^{-\frac{(Y_k+a_k\cdot 3\cdot\sqrt{E_s})^2}{2\sigma^2}}}{\mathrm{e}^{-\frac{(Y_k-a_k\cdot 5\cdot\sqrt{E_s})^2}{2\sigma^2}}+\mathrm{e}^{-\frac{(Y_k-a_k\cdot 7\cdot\sqrt{E_s})^2}{2\sigma^2}}+\mathrm{e}^{-\frac{(Y_k+a_k\cdot 5\cdot\sqrt{E_s})^2}{2\sigma^2}}+\mathrm{e}^{-\frac{(Y_k+a_k\cdot 7\cdot\sqrt{E_s})^2}{2\sigma^2}}} \tag{4-33}$$

第六个比特，有

$$\Lambda(u_{k,6})=\ln\frac{P\{Y_k\mid u_{k,6}=1\}}{P\{Y_k\mid u_{k,6}=0\}}$$

$$=\ln\frac{\mathrm{e}^{-\frac{(Y_k-a_k\cdot 3\cdot\sqrt{E_s})^2}{2\sigma^2}}+\mathrm{e}^{-\frac{(Y_k-a_k\cdot 5\cdot\sqrt{E_s})^2}{2\sigma^2}}+\mathrm{e}^{-\frac{(Y_k+a_k\cdot 3\cdot\sqrt{E_s})^2}{2\sigma^2}}+\mathrm{e}^{-\frac{(Y_k+a_k\cdot 5\cdot\sqrt{E_s})^2}{2\sigma^2}}}{\mathrm{e}^{-\frac{(Y_k-a_k\sqrt{E_s})^2}{2\sigma^2}}+\mathrm{e}^{-\frac{(Y_k-a_k\cdot 7\cdot\sqrt{E_s})^2}{2\sigma^2}}+\mathrm{e}^{-\frac{(Y_k+a_k\sqrt{E_s})^2}{2\sigma^2}}+\mathrm{e}^{-\frac{(Y_k+a_k\cdot 7\cdot\sqrt{E_s})^2}{2\sigma^2}}} \tag{4-34}$$

式（4-29）～式（4-34）中归一化能量$\sqrt{E_s}=1/\sqrt{42}$。

2. LDPC码的自适应调制

LDPC 码在多进制调制下显示了好的性能，在信道条件好时使用高阶调制，在信道条件差时使用低阶调制，自适应调制编码方式根据信道条件选择合适的调制方式，这样可以在保证传输质量的要求下实现高的频谱效率，提高传送效率。自适应调制编码的系统如图 4-15 所示[5]。

这里采用 3.4.2 节介绍的 IEEE802.16 标准提出的编码调制模式来分析 LDPC 码自适应调制编码的性能，调制编码模式定义如表 4-1 所列。表中的 QPSK、16QAM 和 64QAM 均采用 Gray 映射，星座点如图 4-12～图 4-14 所示（也可以采用其他星座点布置方式）。表 4-1 中的纠错编码选取 IEEE802.16 标准中的 LDPC 码：码率为 3/4 的（2304,1728）A 码和码率为 5/6 的（2304,1920）码。

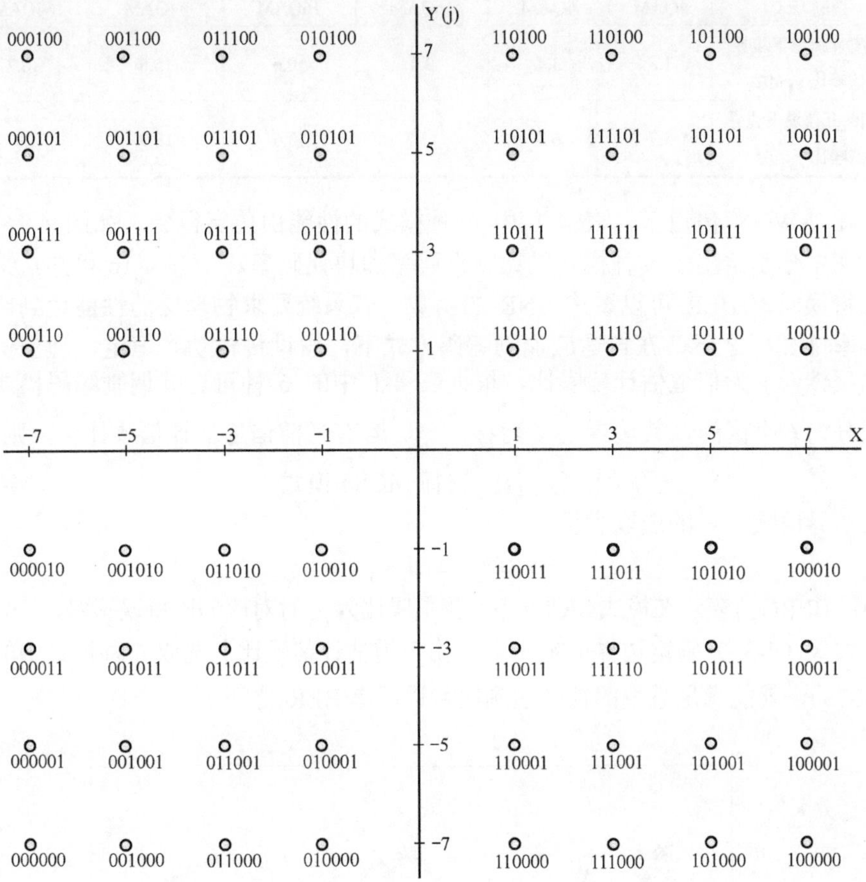

图 4-14　64QAM 调制信号星座点

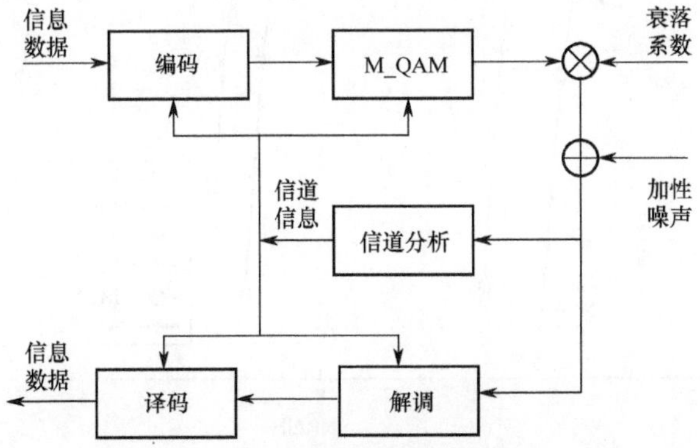

图 4-15　自适应调制编码系统

表 4-1　调制编码模式

参数	MCS1	MCS2	MCS3	MCS4	MCS5	MCS6
调制方式	4QAM	4QAM	16QAM	16QAM	64QAM	64QAM
AWGN 信道下边界信噪比 γ_n /dB	1.8	3.4	9.4	10.6	15.6	16.7
Rayleigh 信道下边界信噪比 γ_n /dB	5.7	6.3	12.7	13.6	18.9	20

在 AWGN 信道下，表 4-1 中 6 种模式的性能由仿真得到，如图 4-16 所示，图中分别给出了 6 种模式的比特误码率和块误码率。由图 4-16 可知，特定的比特误码率 BER 可以看成 SNR 的函数。若系统要求物理层的性能达到比特误码率 BER_0 之下，在自适应调制编码方式下，假设传输功率恒定，理想信道信息反馈，γ 为信道估计信噪比，根据表 4-1 中的 6 种可选择调制编码模式，γ 划分为 6 个区间，其边界定义为$\{\gamma_n\}_{n=0}^{6}$。若有当前信道估计信噪比γ，则

$$\gamma \in [\gamma_n, \gamma_{n+1})\text{，选择 MCS}n\text{ 模式} \tag{4-35}$$

边界信噪比γ_n的选取满足

$$\text{BER}(\gamma_n) = \text{BER}_0 \tag{4-36}$$

式中：$\text{BER}(\gamma_n)$表示在模式 MCSn 下，当信噪比为γ_n时对应的比特误码率。

按式（4-36）确定边界信噪比γ_n，由信道估计信噪比γ选取 6 种模式中的一种 MCSn，就能满足系统的性能达到比特误码率 BER_0 之下。

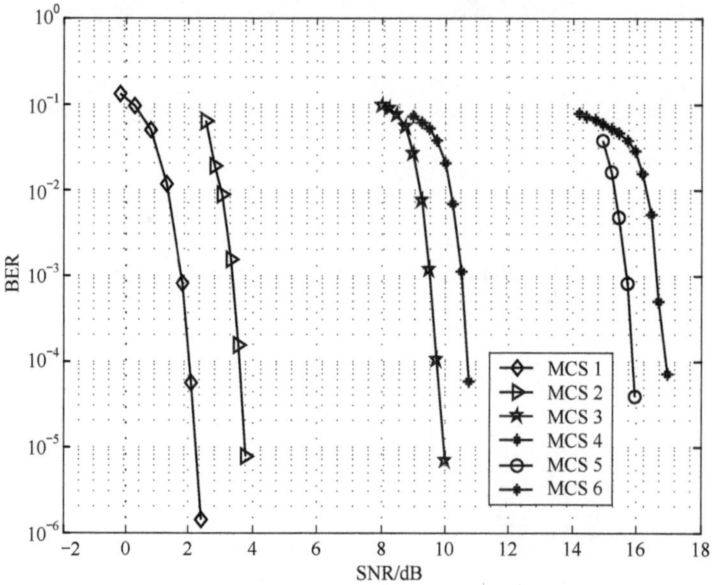

图 4-16　AWGN 信道下 6 种模式的比特误码率

4.3.3　LDPC 码的自适应调制与 HARQ 的跨层设计

将频谱效率和吞吐率作为优化的目标，采用跨层设计方法，将 AMC 和混合自动请求重传 HARQ 相结合，可以提供更高的频谱效率[1-3]。

1．自适应调制与固定重传次数的 HARQ

如果链路层的最大重传次数为 $N^{\max}$，即一个数据包最大传输次数为 $N^{\max}+1$。若物理层的每种编码调制模式的块误码率不大于 BLER_0，则链路层的块误码率不大于 $\text{BLER}_0^{N^{\max}+1}$，若链路层的块误码率要求为 $\text{BLER}_{\text{link}}$，则有

$$\text{BLER}_0^{N^{\max}+1} \leqslant \text{BLER}_{\text{link}} \tag{4-37}$$

由式（4-37）可以根据链路层的块误码率要求得到物理层的块误码率要求

$$\text{BLER}_0 \leqslant \text{BLER}_{\text{link}}^{\left(\frac{1}{N^{\max}}+1\right)} \tag{4-38}$$

也将物理层块误码率 BLER_0 称为 $\text{BLER}_{\text{target}}$。

系统模型如图 4-17 所示，信道估计 SNR 作为选择模式 MCSn 的依据，表 4-2 中有 3 种可选模式，γ 划分为 3 个区间，其边界定义为 $\{\gamma_n\}_{n=0}^{3}$，按式（4-35）选择模式 MCSn。由系统的链路层的块误码率要求 $\text{BLER}_{\text{link}}$，按式（4-37）和式（4-38）计算物理层的块误码率 BLER_0，边界信噪比 γ_n 的选取满足

$$\text{BLER}(\gamma_n) = \text{BLER}_0 \tag{4-39}$$

式中：$\text{BLER}(\gamma_n)$ 表示在模式 MCSn 下，当信噪比为 γ_n 时对应的块误码率。

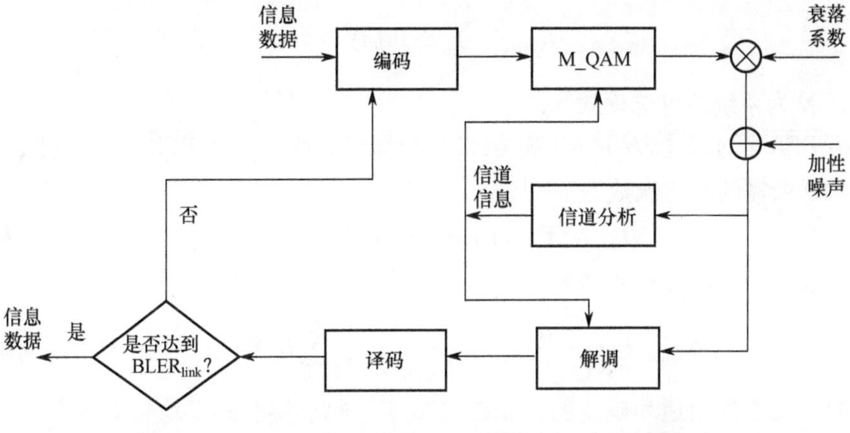

图 4-17　自适应调制与固定重传次数的 HARQ 系统模型

若我们选取 802.16 标准中 5/6 码率的（2304,1920）LDPC 码作为表 4-2 中 3 种模式的纠错码，该 LDPC 码是码率兼容 LDPC 码，通过打孔分别得到码率为

4/5、3/4、2/3 和 1/2 的码，因此系统可实现的最大重传次数为 $N^{\max}=4$，即一个数据包最大传输次数为 5，表中边界信噪比 γ_n 的选取，我们将在下面的仿真中给出。

表 4-2　AMC+固定重传次数的 HARQ

参数		MCS1	MCS2	MCS3
调制方式		4QAM	16QAM	64QAM
AWGN 信道下边界信噪比 γ_n /dB	$\gamma_{n\_5/6}$	5.8	12.4	17.2
	$\gamma_{n\_4/5}$	4.8	10.9	16
	$\gamma_{n\_3/4}$	3.6	10	15.1
Rayleigh 信道下边界信噪比 γ_n /dB	$\gamma_{n\_5/6}$	8.9	15.5	21
	$\gamma_{n\_4/5}$	8	14.3	19.4
	$\gamma_{n\_3/4}$	6.7	12.9	18.2

由式（4-37）我们看到，在系统特定的链路层块误码率 $\mathrm{BLER}_{\mathrm{link}}$ 要求下，通过调整最大重传次数 $N^{\max}$ 可以改变物理层的块误码率 BLER_0 要求，这成为我们联合设计的一个目标。

2. 自适应调制与 HARQ 的跨层设计

系统模型如图 4-18 所示，在图 4-18 所示的系统中，若 MCS_n 模式的频谱效率用 R_n 表示，R_c 是该模式所用纠错码的码率，M_n 是该模式的调制阶数，则

$$R_n = R_c \log_2 M_n \tag{4-40}$$

$\Pr(n)$ 表示 MCS_n 模式出现的概率，则物理层总的平均频谱效率为

$$\bar{S}_{\mathrm{e,phy}} = \sum_{n=1}^{N} R_n \Pr(n) \tag{4-41}$$

式中：N 为系统的可选模式数。

若 $\overline{\mathrm{PER}}$ 表示系统 N 种 MCS_n 模式的平均包误码率，令 $\overline{\mathrm{PER}}=p$，则每个包正确传送所需的平均次数为

$$\bar{N}(p,N^{\max}) = 1 + p + p^2 + \cdots + p^{N^{\max}} \tag{4-42}$$

则链路层总的平均频谱效率为

$$\bar{S}_{\mathrm{e,link}} = \frac{\bar{S}_{\mathrm{e,phy}}}{\bar{N}(p,N^{\max})} = \frac{1}{\bar{N}(p,N^{\max})}\sum_{n=1}^{N} R_n \Pr(n) \tag{4-43}$$

对于特定的信道和确定的 AMC 模式下，物理层总的平均频谱效率 $\bar{S}_{\mathrm{e,phy}}$ 一定，可以通过改变最大重传次数 $N^{\max}$ 优化链路层总的平均频谱效率 $\bar{S}_{\mathrm{e,link}}$（实现最大的吞吐量）。

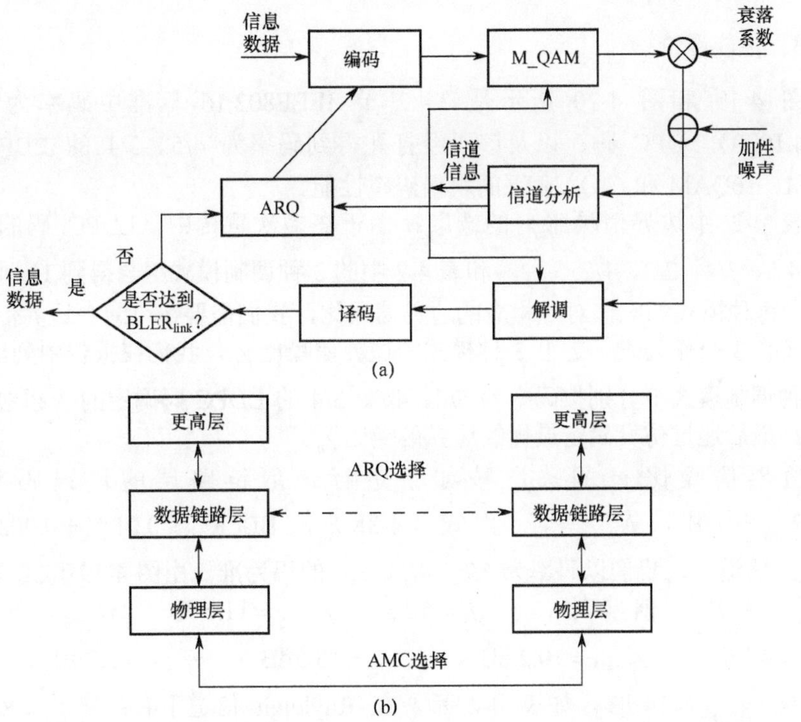

图 4-18 自适应调制与 HARQ 的跨层设计模型

（a）自适应调制与变重传次数的 HARQ 系统模型； （b）自适应调制与 HARQ 的跨层组合结构。

表 4-3 给出了一个具体的例子，表中有 3 种可选调制模式，在每种模式下又有 3 种最大重传次数可选择，模式和最大重传次数的选择都以信道估计 SNR 作为依据，当系统的链路层的块误码率要求 $\mathrm{BLER}_{\mathrm{link}}$ 相同，但最大重传次数 $N^{\max}$ 不同时，物理层的块误码率要求 BLER_0 将不相同，表 4-3 中列出了计算结果。

表 4-3 AMC+变重传次数的 HARQ

参数	MCS1			MCS2			MCS3		
调制方式	4QAM			16QAM			64QAM		
重传次数	4	3	2	4	3	2	4	3	2
BLER_0	0.0032	0.0022	0.001	0.0032	0.0022	0.001	0.0032	0.0022	0.001
AWGN 信道下边界信噪比 γ_n/dB	3.6	4.9	5.95	10	11	12.5	15.1	16.1	17.4
Rayleigh 信道下边界信噪比 γ_n/dB	6.7	8.1	9.1	12.9	14.4	15.6	18.2	19.5	21.4

3. 性能评价

图 4-19 和图 4-20 所示是 3.4.2 节 IEEE802.16 标准中码率为 5/6 的 (2304,1920) LDPC 码，以及该码经打孔得到码率为 4/5、3/4 的 LDPC 码在 4QAM、16QAM 和 64QAM 下的块误码率性能。

表 4-2 中边界信噪比 γ_n 的选取：由于在多次重传中，LDPC 码的码率为 5/6、4/5、3/4、2/3、1/2 5 种，和表 4-2 中的 3 种调制模式组合得到 15 种不同的模式，每种模式都应该对应相应的边界信噪比，我们需要在 15 个边界信噪比得到最优的 3 个作为表 4-2 中 3 种模式的边界信噪比 γ_n，我们在报告中列出表 4-2 中 3 种调制模式下分别按码率为 5/6、4/5、3/4 的 LDPC 码确定的 3 组边界信噪比 γ_n，最后通过仿真确定最优的边界信噪比 γ_n。

边界信噪比 γ_n 的选取按如下进行：取链路层的块误码率要求 $BLER_{link}=0.01$，$N^{max}=4$，由式（4-38），$BLER_0 \leqslant 0.01^{1.25}=0.0032$，在 AWGN 信道下，我们以码率为 5/6、4/5、3/4 的码为准，由图 4-19 和式（4-39）近似得到边界信噪比：$\gamma_{1\_5/6}=5dB$、$\gamma_{2\_5/6}=11.6dB$、$\gamma_{3\_5/6}=16.4dB$；$\gamma_{1\_4/5}=4.2dB$、$\gamma_{2\_4/5}=10.2dB$、$\gamma_{3\_4/5}=15.5dB$；$\gamma_{1\_3/4}=2.3dB$、$\gamma_{2\_3/4}=9.3dB$、$\gamma_{3\_3/4}=14dB$，如表 4-2 示。在 Rayleigh 信道下有：$\gamma_{1\_5/6}=8.2dB$、$\gamma_{2\_5/6}=14.6dB$、$\gamma_{3\_5/6}=20.2dB$；$\gamma_{1\_4/5}=7.4dB$、$\gamma_{2\_4/5}=13.6dB$、$\gamma_{3\_4/5}=18.6dB$；$\gamma_{1\_3/4}=6dB$、$\gamma_{2\_3/4}=11.8dB$、$\gamma_{3\_3/4}=17.6dB$。

在 AWGN 信道和 Rayleigh 信道下对 $\gamma_{n\_5/6}$、$\gamma_{n\_4/5}$ 和 $\gamma_{n\_3/4}$ 3 种不同的边界信噪比条件下的 AMC+HARQ 系统进行仿真分析，HARQ 采用停等协议，LDPC 码最大译码迭代次数为 50，当估计信噪比小于最小边界信噪比时，取 BPSK 和码率为 5/6 的 LDPC 码，最大重传次数为 4。结果如图 4-21 和图 4-22 所示，图中虚线为表 4-1 所列系统的性能，该系统中当估计信噪比小于最小边界信噪比时，取 BPSK 和码率为 1/2 的 LDPC 码。由图我们看到：$\gamma_{n\_4/5}$ 边界条件为最优边界条件，其性能优于 AMC 系统。

还是选取 3.4.2 中的 IEEE802.16 标准中码率为 5/6 的 (2304,1920) LDPC 码作为表 4-3 中 3 种模式的纠错码，按表 4-3 给出的模式，首次传送数据的编码码率均为 5/6。首先由表 4-3 中的最大重传次数 N^{max}，取链路层的块误码率要求 $BLER_{link}=0.01$，按式（4-37）和式（4-38）分别计算物理层的块误码率 $BLER_0$，边界信噪比 γ_n 的选取满足式（4-39）。

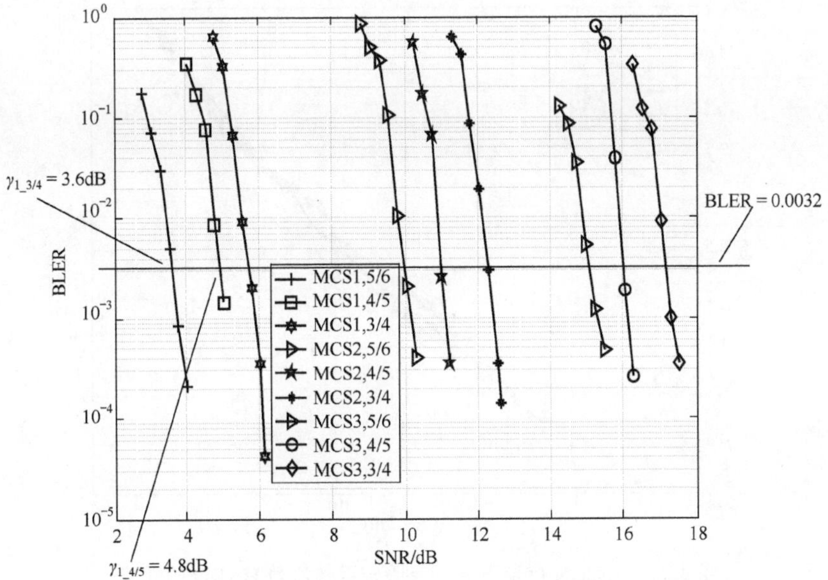

图 4-19　AWGN 信道下码率为 5/6、4/5、3/4 的 LDPC 码的块误码率

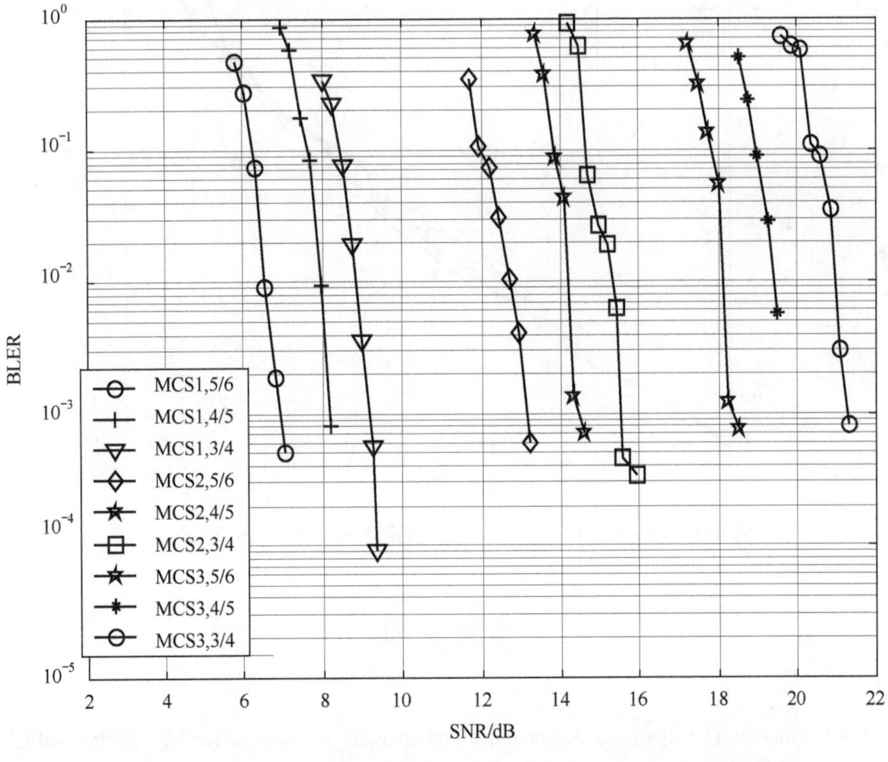

图 4-20　Rayleigh 信道下码率为 5/6、4/5、3/4 的 LDPC 码的块误码率

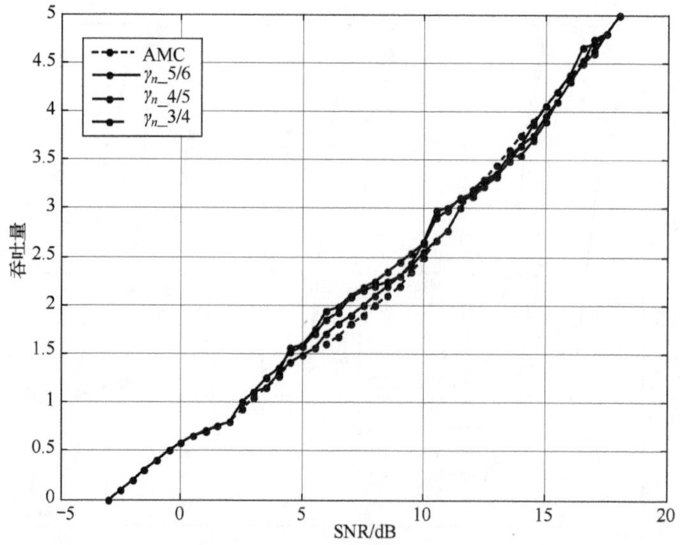

图 4-21　AWGN 信道下 AMC+固定重传次数 HARQ 的性能

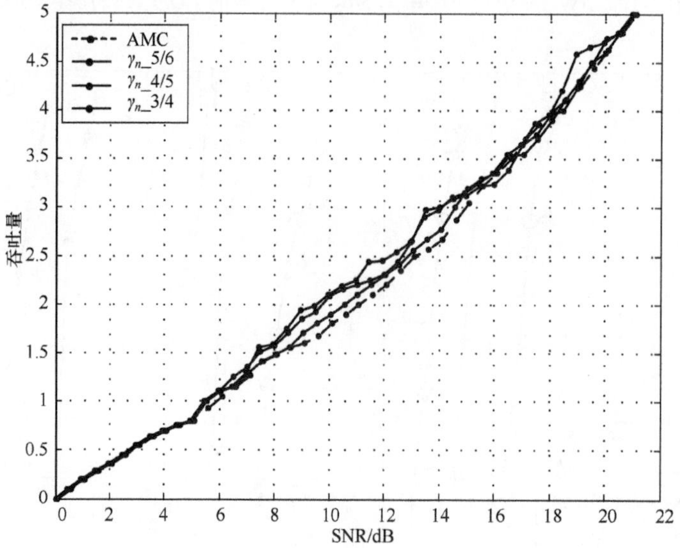

图 4-22　Rayleigh 信道下 AMC+固定重传次数 HARQ 的性能

参考文献

[1] Lin S, Costello D J. Error control coding: fundamentals and application[M]. Englewood Cliffs, New Jersey: Prentice-Hall Publisher, 1983.

[2] 王新梅，肖国镇. 纠错码-原理与方法[M]. 西安：西安电子科技大学出版社，2002.
[3] 文红，符初生，周亮. LDPC 码原理与应用[M]. 成都：电子科技大学出版社，2006.
[4] Allpress S, Luschi C, Felix S. Exact and approximated expressions of the log-likelihood ratio for 16-QAM signals[C]. in Proceedings of the Conference Record of the 38th Asilomar Conference on Signals, Systems and Computers, Pacific Grove, 2004: 794-798.
[5] Zhang G Y, Sun L M, Wen H, et al. A cross-layer design combining of AMC with HARQ for DSRC systems[J]. International Journal of Distributed Sensor Networks, 2013, 2013（2013）: 1-9.

5 第 5 章　删除信道下喷泉码

本章将介绍喷泉码的应用及删除信道下喷泉码（LT 码和 Raptor 码）的编码和译码过程。

5.1　喷泉码

5.1.1　概述

喷泉码最初提出时仅仅是一个概念，名字来源于其编码器可以源源不断地产生编码符号，就像喷泉一样不断地往外喷涌水珠。2002 年，Michael Luby 提出了一种稀疏的随机线性喷泉码——LT（Luby Transform）码[1]，至此喷泉码才有了真正的具体实现。2006 年，Shokrollahi 在 LT 码的基础上提出了性能更佳的 Raptor 码[2]。

喷泉码是指该种编码可以由 K 个信源符号生成任意数量的编码符号，而译码器只要接收其中任意 N 个编码符号，即可通过译码以高概率成功恢复全部信源符号。这里，每个信源符号都代表一个数据包，可以是 1 比特，也可以是多比特。一般情况下，N 略大于 K，从而引入一定译码开销 $\beta = N/K-1$。该种编码与传统码的最大区别在于不存在码长 N 的定义，或者说码长 $N\to\infty$；相应地，码率 $R=K/N$ 的定义也不存在。因此，喷泉码又称为无速率码（Rateless Codes）。

喷泉码的设计需要考虑以下两方面问题。

（1）尽量减小译码开销 ε，使其趋近于 0。

（2）尽量减小编译码复杂度，在理想情况下，应该使生成每个编码分组需要的运算量是一个与 K 无关的常量，而成功译码 N 个编码分组获得 K 个原始数据分组需要的运算量是一个关于 K 的线性函数。

5.1.2　喷泉码的分类

目前喷泉码主要有 3 种，即随机线性编码、LT 码和 Raptor 码。

1．随机线性编码

设定原始一个文件包含若干数据包 $\boldsymbol{s}_1,\boldsymbol{s}_2,\cdots,\boldsymbol{s}_k$，这里的数据包指传输的一个基本单位。在传输过程中，数据包将被完整无差错地接收或者被丢弃。

设编码后的数据包为$[\boldsymbol{t}_1,\boldsymbol{t}_2,\cdots,\boldsymbol{t}_n]^{\mathrm{T}}$，则其可由生成矩阵 $\boldsymbol{G}$ 按式（5-1）产生：

$$\begin{bmatrix}\boldsymbol{t}_1\\ \boldsymbol{t}_2\\ \vdots\\ \boldsymbol{t}_n\end{bmatrix}=\boldsymbol{G}^{\mathrm{T}}\begin{bmatrix}\boldsymbol{s}_1\\ \boldsymbol{s}_2\\ \vdots\\ \boldsymbol{s}_k\end{bmatrix}=\begin{bmatrix}\boldsymbol{G}_{11} & \boldsymbol{G}_{12} & \cdots & \boldsymbol{G}_{1n}\\ \boldsymbol{G}_{21} & \boldsymbol{G}_{22} & \cdots & \boldsymbol{G}_{2n}\\ \vdots & \vdots & \ddots & \vdots\\ \boldsymbol{G}_{K1} & \boldsymbol{G}_{K2} & \cdots & \boldsymbol{G}_{Kn}\end{bmatrix}^{\mathrm{T}}\begin{bmatrix}\boldsymbol{s}_1\\ \boldsymbol{s}_2\\ \vdots\\ \boldsymbol{s}_K\end{bmatrix} \tag{5-1}$$

假设接收者成功接收 N 个数据包。

如果 $N<K$，接收端没有足够的信息还原原始文件。

如果 $N=K$，并且生成矩阵 $\boldsymbol{G}$ 可逆，接收端能够还原原始文件。

如果 $N>K$，设 $E=N-K$,则不能还原出原始文件的概率 $\sigma(E)$ 的上限为 $\sigma(E)\leqslant 2^{-E}$。

图 5-1 中斜线阴影表示数据包丢失，从接收者角度来看，重新整理接收的各个列就可以定义生成矩阵。

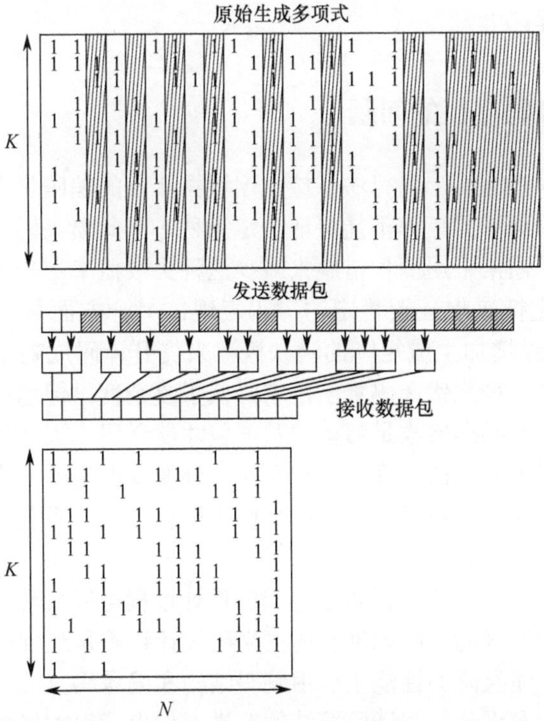

图 5-1　随机线性喷泉码生成多项式

2. LT 码

LT 码是在删除信道背景下喷泉码的第一次具体实现，称为通用删除码。LT 码是无码率的，也就是说，码字可以无限产生，像喷泉一样。具体来说接收端只要接收足够多能够恢复出原始数据的包即可，而与接收的具体是哪些码字没有关系。在实际应用中，我们只要接收到比信息数据的长度略大即可，一般取信息单元个数的 1.5 倍就可以完全恢复出原始数据。设计和分析 LT 码的关键是对其原理和编译码的过程进行分析（编译码的具体过程将在下节介绍），因为译码器可以从尽可能少的码字中恢复出原始信息，因此对于任何删除信道来说，LT 码都是最佳选择。

3. Raptor 码

Raptor 码编码的主要思想仍源于 LT 码。Raptor 码由内码和外码组成，内码为一个弱化的 LT 码，外码为传统的纠错编码，一般采用 LDPC 码和 RS 码。通常我们将外码的生成过程称为 Raptor 码的预编码，预编码过程首先将原始输入符号通过外码转换为中间编码符号；然后将中间编码符号作为 LT 码的输入进行编码。这样，在 Raptor 码的译码过程中，LT 码译码只需恢复固定比例的中间编码符号，再利用外码的译码性质就可以恢复所有的输入符号。后面将具体介绍 Raptor 编译码过程。

5.1.3 喷泉码存在的问题

喷泉码采用的是随机编码算法，接收端根据接收的编码包重建的生成矩阵就是一个随机矩阵，这样的矩阵不能保证一定满秩，因此喷泉码在译码时存在一定的译码失败概率。通常采用两种措施来减少这种失败概率：一方面是采用较长的码长，依靠大数定律来保证较稳定的译码表现；另一方面是增加接收包的数量（译码开销），通过增加生成矩阵的满秩概率来提升译码成功率。另外，喷泉码采用的译码算法是一种次优译码算法，它降低了复杂度，但也损失了一定的译码成功率。由于喷泉码必须接收足够多的数据包才能译码，因此码长太长意味着更长的译码时延和更多的存储空间，不利于对时延要求严格的多媒体应用；而当接收的数据包数量不足时，喷泉码译出的数据比例相当低，不利于它在高差错、低冗余的恶劣信道环境中的应用。

回顾 LT 码和 Raptor 码等经典喷泉码的设计过程可以发现，它们都是根据某种启发式思想设计出来的，因此现有的喷泉码设计还不是最优的结果，存在改进的余地。事实上，喷泉码的性能主要由编码结构和编译码算法决定。对此，人们在喷泉码编码度分布设计、编译码算法的改进上付出了很大努力，并取得了一定的成果。但是，与传统信道编码领域相比，喷泉码技术无论在理论研究还是工程应用方面都仍处于起步阶段，还存在诸多问题有待进一步研究。

5.1.4　喷泉码在协作通信中的应用

2007 年，Molisch 首次提出了数字喷泉码在协作多中继无线网络中的应用方案，同时指出了基于数字喷泉码的协作传输方法可以看作一种逼近多中继信道信息论容量的实用方案。

协作通信是近年来无线通信领域学术界关注的热点问题之一，其主要思想是通过在无线通信网络的终端间进行协作，在系统功耗、误码特性、中断概率、覆盖范围等方面改善系统性能。与传统的编码技术相比，数字喷泉码的一个最大优点是利用该种编码技术可将源信息包编码为一个无限长编码包流。对于协作中继无线网络，在基于数字喷泉码的异步传输协议中，每个中继节点一旦对接收的编码包完成译码，该中继节点便开始向其目的节点传输通过译码所得的源数据包。由于无线信道的广播特性和数字喷泉码无限长编码包流特点，这种传输方式不仅可对目标节点提供有用的信息，也有助于未完成译码的中继节点进行译码。在协作通信中，我们引入了喷泉码，图 5-2 所示为喷泉码在协作通信系统的传输模型。

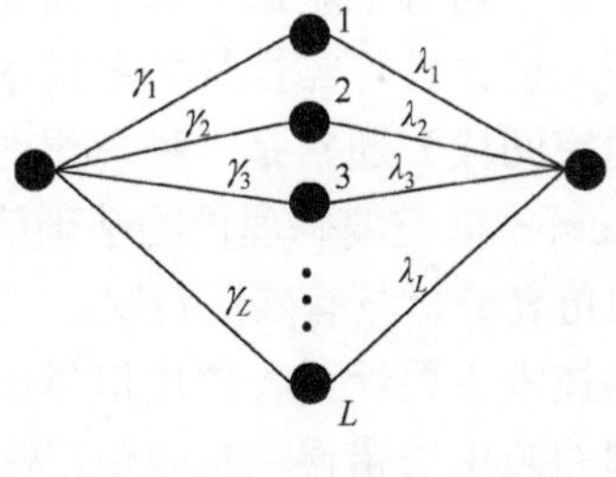

图 5-2　喷泉码在协作通信系统的传输模型

基于喷泉码的传输过程分为两个阶段。第一阶段，源节点到中继节点传输。源节点将要发送的信息进行喷泉编码，并向中继节点发送编码信息。每个中继节点在收到足够用于译出原始信息的编码信息后停止接收，并向源节点反馈接收完成的信息。当所有中继节点均收够需要的信息后源节点停止发送，第一阶段传输结束。第二阶段，中继节点向目的节点传输。每个中继节点将译出的原始信息重新进行喷泉编码，获得编码信息并向目的节点发送。有两种发送方式：方式 1（能量累积方式），首先在所有的中继节点均译出原始信息后，采用相同的喷泉编码方案进行编码；然后同时向目的节点发送，目的节点将从各个中继节点接收的信息合并；最后进行喷泉译码。其中不同中继节点发送的信息是相同的。方式 2（信息累积方式），中继节点在译出原始信息并进行喷泉编码后即向目的节点发送编码信息，而不管其他中继节点是否完成接收。不同的中继节点传送编码信息中的不同部分。其中，目的节点对来自各个中继节点的编码信息（信息是相同的）进行合并，然后进行喷泉译码。这个合并的实质是对从各个中继节点接收的信息进行能量累积，获得分集增益，能降低发送功率。另一种情况是，各个中继节点发送不同的信息，等效于多个信息同时发送，因此信道数量增加，可降低传输所需要的时间。同时，该方式不要求各中继节点转发的信息量相同，特别适用于中继节点有不同转发能力的场合。

喷泉码应用到协作通信中，除了能大大降低反馈信息量，在有多个中继节点时，还能大大改善前向传输的性能。对前向传输性能的改善：一方面在于使源—中继节点间的传输量大大下降；另一方面则在于中继—目的节点间传输性能的改善。能量累积方式能带来分集增益，降低传输误码率，从而改善传输功耗。信息累积方式使中继节点和目的节点之间多条信道并行传输，大大减少了传输所需要的时间，而且各中继节点间不需要同步。喷泉码在协作通信中的具体应用将在下章中详细介绍。

5.1.5 喷泉码在深空通信中的应用

深空通信的基本特征是传输距离异常遥远，并由此导致链路损耗严重、误码率高、传输时延巨大、链路易中断等卫星通信和地面无线通信所不具备的特殊问题。信道编码技术作为保证通信系统可靠性的关键技术，对于解决上述问题具有重要意义。深空信道（自由空间段）通常是一种理想的无记忆加性高斯白噪声信道，这种信道正是构成 Shannon 信道编码理论的基础信道，因此使得在该信道模型下进行的信道编码理论和仿真分析具有实际意义。

传统深空通信信道编码技术主要针对物理层信息比特进行错误保护，当面对由于未纠正的比特错误引起的应用层错误帧接收情况时，只能采用自动重传请求 ARQ 机制来保证分组数据的可靠接收。但是，在深空通信中，应用 ARQ 机制受到链路传输长时延的显著约束。联合物理层信道编码与上层面向分组纠删编码的方法为解决此问题提供了良好思路。

喷泉码作为新近兴起的一种纠删编码，可以在无需反馈信道的情况下提供一种高效可靠的前向恢复（纠删）方法，避免 ARQ 机制在深空通信应用中的瓶颈，非常适合于深空通信的特殊环境。首先，喷泉码的纠删性能只与码长（数据包数量）和编码结构有关，而与数据包长度无关，因此有利于更好的抵抗复杂深空电磁干扰可能引起的长突发错误。其次，喷泉码的非固定码率特性使得发送端可以根据信道状况、能量状况、通断时间等条件精确而灵活的控制码率。然后，喷泉码良好的可扩展性和对不同类型用户的支持有利于未来深空通信网的演进。最后，其低复杂度的译码算法也有利于深空探测器的节能和简化设计。

5.2 LT 码

实际可实现的喷泉编译码流程如图 5-3 所示。

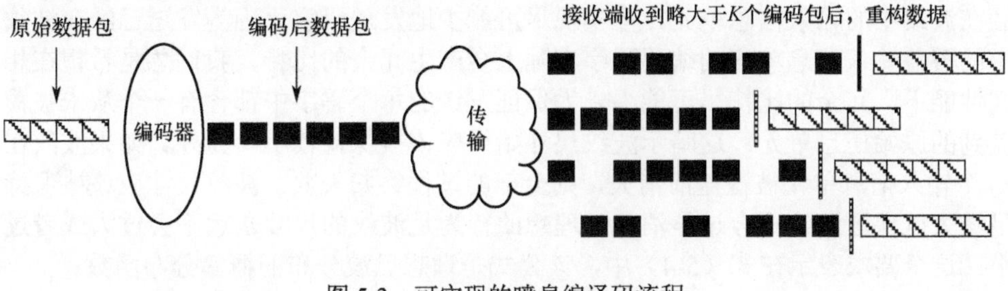

图 5-3　可实现的喷泉编译码流程

图 5-3 中，发送端的 K 个原始数据包被称为输入数据，编码后的数据包被称为输出数据包。经过传输，接收端只要接收到略大于 K 个编码包后就可以重构数据（恢复出原始数据包）。

5.2.1 随机度的确定

度的概念：某个编码分组的度定义为与该编码分组相关联的原始数据分组的数目。度分布：对于所有的 d，$\rho(d)$ 是一个编码分组的度为 d 的概率。LT 码的随机行为完全由度分布 $\rho(d)$ 来决定。目前，已经在研究的度分布主要有 4 种：均匀分布全“1”分布、理想孤波分布和稳健孤波分布。

1. 均匀分布

均匀分布定义为

$$\rho(i)=\frac{1}{n},\ i=1,\cdots,n \tag{5-2}$$

均匀分布是等概率分布，对于一些较重要的信息没有采用大的概率，在一定程度上会影响译码的成功概率，在实际的编码中并不常用。

2. 全“1”分布

全“1”分布定义为

$$\rho(d)=\begin{cases}1, & d=1\\ 0, & 其他\end{cases} \tag{5-3}$$

式（5-3）表示度为 1 的概率是 1，即所有的生成码字的度都是 1。采用该分布实质上就是随机地每生成一个码字就随机地选择一个信息单元，并将该信息单元的内容复制到该码字上。该分布在实际应用中也不常用。

3. 理想孤波分布（Ideal Soliton Distribution）

一种好的度分配的基本需要是使得输入符号在处理时以相同的速率增加，像波纹一样，所以在这里起孤波（Solution）这个名字，因为孤波可以使信息单元在保持平衡的基础上又尽可能分散在整个码中。一个预期效果是：尽可能覆盖已经在波纹中的输入信息单元，但实现尽可能少地发送码字。因为发送已经在波纹中的覆盖输入信息单元的编码码字实际上会产生冗余的比特，我们总是希望在相同性能下，冗余的比特尽可能少。为保证发送的每个码字中都含有一个从未被覆盖到的原始信息单元，这暗示波纹尺寸始终应该被保持较小。另外，如果波纹在 K 个输入信息单元被覆盖前消失，则全部的过程终归失败。波纹尺寸应该被保持足够大以保证波纹不会过早消失。理想的行为是波纹的尺寸永远不会过大或者过小。这个要求表示在式（5-4）中，该公式是理想孤波分布的概率分布函数。
理想孤波分布为 $\rho(1),\cdots,\rho(k)$，对于所有的 d，$\rho(d)$ 是一个编码分组拥有度为 d 的概率。$\rho(\cdot)$ 定义为

$$\rho(1)=\frac{1}{k} \tag{5-4}$$

$$\rho(d)=\frac{1}{d(d-1)},\ d=2,\cdots,k \tag{5-5}$$

理想孤波分布展示的理想行为是对被期望的编码符号的数量需要恢复数据而言，实际上却很少应用。

4. 稳健孤波分布（Robust Soliton Distribution）

虽然理想孤波分布实际上不好工作，但是它确实给稳健孤波分布的分析带来了前景。一方面，稳健孤波分布保证波纹被期望的大小在进程中的每个点足够大，因此不会高概率地完全消失；另一方面，为了使被使用的总的编码码字的数量减到最小，最小化波纹的尺寸很重要，因为这样可以使涵盖波文中已经存在的信息单元的冗余被释放的不至于太多。

稳健孤波分布为 $\mu(1),\cdots,\mu(k)$，$\mu(\cdot)$ 定义为

$$S=c\ln\left(\frac{k}{\sigma}\right)\sqrt{k} \tag{5-6}$$

式中：σ 为译码时收到 n 个编码分组时允许解码失败的概率，$n=k\beta$；n 为至少 $1-\sigma$ 的概率译码成功的所需接收的编码分组数据；S 为解码过程中度为 1 的校验节点的期望值；c 为任意常数，在实际应用中，c 值一般都小于 1。

$\tau(d)$ 的定义为

$$\tau(d)=\begin{cases}\dfrac{s}{k}\dfrac{1}{d}, & d=1,2,\cdots(k/s-1)\\ \dfrac{s}{k}\ln\left(\dfrac{s}{\sigma}\right), & d=k/s\\ 0, & d>k/s\end{cases} \tag{5-7}$$

把理想孤波分布的 $\rho(\cdot)$ 加入 $\tau(\cdot)$，并使之标准化得到 $\mu(\cdot)$，即

$$\beta=\sum_{d=1}^{k}\rho(d)+\tau(d) \tag{5-8}$$

$$\mu(d)=\frac{\rho(d)+\tau(d)}{\beta}, d=1,2,\cdots,k \tag{5-9}$$

LT 码随机度产生的流程图如图 5-4 所示。

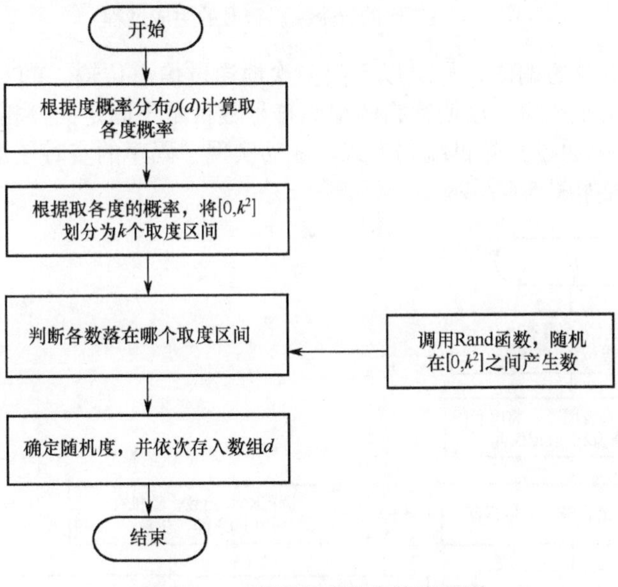

图 5-4　LT 码随机度产生的流程图

5.2.2　LT 码的编码符号的生成

对于每一个经过 LT 码产生的编码符号 t_n 都按照如下规则，由源文件 $s_1,s_2,\cdots s_K$ 生成。

（1）从度分布概率函数 $\rho(d)$（这用的 $\rho(d)$ 不同于上面提到的理想孤波分布中所指的度分布概率函数，指代任意使用的一种度分布概率函数）中随机选取 n 个度，分别用 d_n 表示，并且 ρ 的选择受到源文件个数 K 的限制。

（2）从 K 个源数据包中，等概率地随机选取 d_n 个源数据包 s_k。其中，d_n 表示参与编码的 s_k 的个数。这里的度只是决定了编码由几个数据源异或而成，但并没有确定是哪几个数据源异或而成。

（3）将这 d_n 个源数据包进行模 2 和，生成一个编码数据包。

图 5-5 所示为 LT 码的一个编码符号的生成过程。

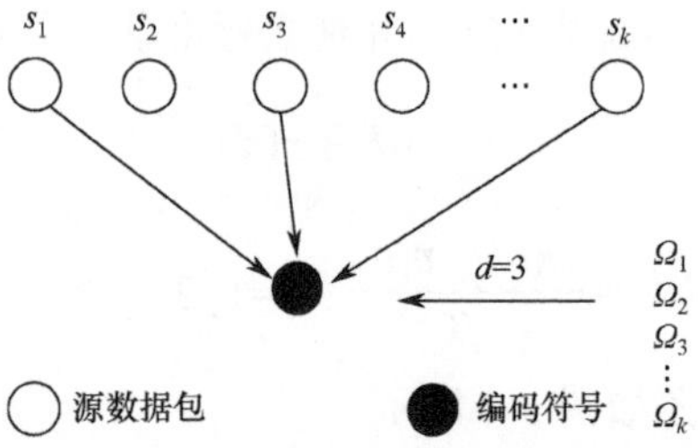

图 5-5　LT 码的一个编码符号的生成过程

理论上，生成的编码符号可以无限多次地通过信道传输。LT 码生成的编码符号之间是相互独立的，这使得它的编码符号数目是不固定的，相应的码率也不是固定的。LT 码通过其随机编码方式，成功实现了码率的实时任意调节。LT 码的详细编码过程如图 5-6 所示。

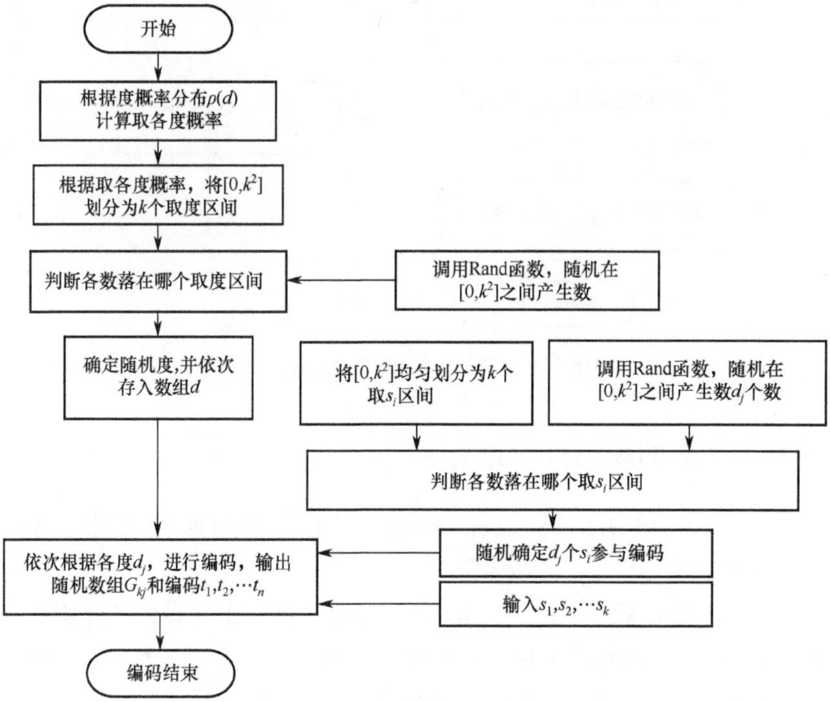

图 5-6　LT 码的详细编码过程

5.2.3　LT 码的译码

LT 码的译码算法有两种：第一种译码算法为消息传递算法（Message Passing, MP）；第二种译码算法为高斯消元法（Gaussian Elimination Decoding, GED）。

1. MP 译码

在删除信道条件下，LT 码的 MP 译码过程如下。

步骤 1：找到一个度为 1 的编码符号 t_n，即该编码符号只与一个 s_k 联系。如果没有这样的编码符号，译码过程由此终止，无法恢复所有的信源符号。

第一步令 $s_k = t_n$；

第二步将 s_k 与所有和 s_k 有联系的 t_n 异或；

第三步删除所有与 s_k 的联系。

步骤 2：重复步骤 1，直到确定所有的 s_k。

图 5-7 所示为 LT 码 MP 译码过程。

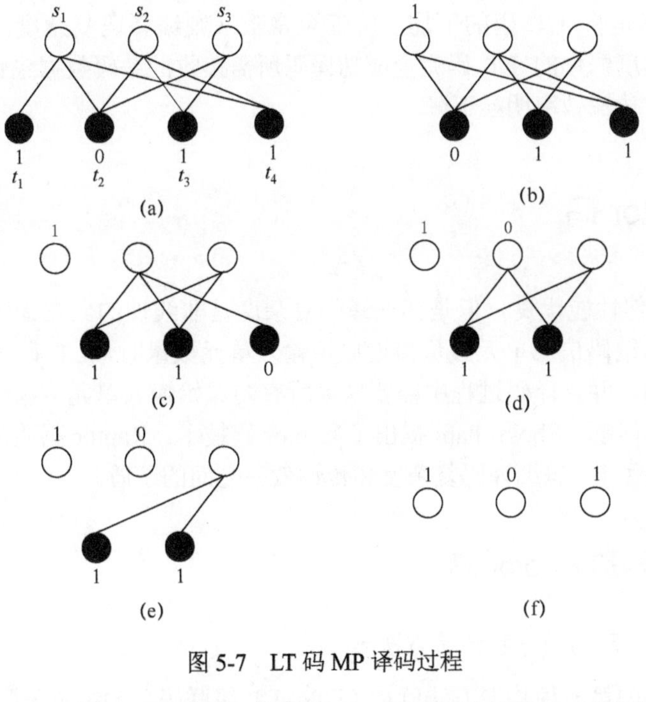

图 5-7　LT 码 MP 译码过程

从图 5-7（a）我们可以看到 t_1 是度为 1、与 t_1 相连的是 s_1，所以令 $t_1 = s_1$。

从图 5-7（b）可以看到，令 $t_1 = s_1$ 后，恢复出了 s_1，然后释放 t_1。

从图 5-7（c）中可以看到，恢复出 s_1 后，删除了与 s_1 相连的 t_2 和 t_4 的连线。此时，t_4 的度现在为 1，令 $t_4 = s_2$，然后 s_2 数据得到恢复，删除 t_4。

从图 5-7（d）可以看出，s_2 已经恢复出来了，然后让 s_2 与和它相连的 t_2 和 t_3 相异或，并且删除与其的连线。

从图 5-7（e）可以看出，此时 t_2 和 t_3 的度都为 1，与它们相连的是 s_3。所以 s_3 也就恢复出来了。

从图 5-7（f）是恢复出来的原始数据包。

2. GED 译码

GED 译码步骤如下。

步骤 1：对生成矩阵进行列变换，对应列接收的数据包进行相同的变换，将生成矩阵 $\boldsymbol{G}$ 变换为 $\left[\boldsymbol{E}_{k\times k} \mid \boldsymbol{P}\right]$ 形式，对应的 $t_1,t_2,\cdots t_n$ 变换为 $t_1',t_2',\cdots t_k'$。

步骤 2：执行 $s_1,s_2,\cdots s_k = t_1',t_2',\cdots t_k'$。

从 LT 码的编译码过程可以看出，合理的度分布是 LT 码性能的关键。上述稳健孤波分布存在这样一个问题：符合 RSD 的节点的平均度会随码长的增大而提高，即 LT 码的编译码复杂度不能达到与码长呈线性关系。可以求得，采用 RSD 的 LT 喷泉码其平均度约为 $o(k\ln k)$ 量级，其中 k 为 LT 码的码长。一种可能的解决方案是将 LT 码的平均度降低至常数（则编译码复杂度与码呈线性关系），但这种度弱化的 LT 码完全成功译码所需接收的编码数据包数量会大大增加，从而导致传输效率明显下降。

5.3 Raptor 码

LT 码虽然性能优良，但是其编译码复杂度是非线性的。在译码过程中，当接收端收到的编码信息单元数量接近原始输入单元数量时，LT 码不能以固定的时空代价译码，并且译码过程中需要恢复所有的原始输入单元，译码才能成功。为了解决这些问题，Shokrollahi 提出了 Raptor 码技术。Raptor 码通过级联编码的方式有效解决了 LT 码编译码复杂度和传输效率之间的矛盾。

5.3.1 构造 Raptor 码

1. Raptor 码的第一种构造方法

Raptor 码的第一种构造方法就是 LDPC-LT 级联码，预编码采用 LDPC 码，再与 LT 码级联，即可得到 Raptor 码的一种 LDPC-LT 级联码。相对于 LT 编码方法，可以降低给定 k 值的 LT 码的解码失败概率。在删除信道上，使用 BP（置信传播）算法的 LDPC 码解码过程与采用 MP 算法的 LT 码的解码过程相似。BP

算法能成功解码当且仅当与删除信息位置相关的二部图中不包含停止集。

停止集是指一部分原始输入单元组成的集合，该集合性质为在表示原始输入单元和校验单元邻接关系的二部图中，每个校验单元的邻接单元集合中都存在停止集中的某些组成元素，并且这些组成元素的数量大于 1。

LDPC-LT 级联码构造方法：对原始输入符号序列 $\{U_i;1\leqslant i\leqslant k\}$ 进行 LDPC 编码，得到编码后的符号序列 $\{S_i;1\leqslant i\leqslant l\}$。对 LDPC 编码后的序列 $\{S_i;1\leqslant i\leqslant l\}$ 再进行 LT 编码，得到 LDPC-LT 编码符号序列 $\{N_i;1\leqslant i\leqslant n\}$。

2．Raptor 码的第二种构造方法

Raptor 码的第二种构造方法是 RS-LT 级联码。

RS 码是 BCH 码的一个重要子类。在 q 进制 BCH 码里，其生成多项式的根。取自域 $GF(q^m)$，若 m=1 时，即码的码元和生成多项式的根均取自域 $GF(q)(q\neq 2)$，它是码元的符号域和根域一致的本元 BCH 码，称为 RS 码。纠正 t 个错误的 RS 码有如下参数：

$$\begin{cases} n=q-1 \\ k=n-2t \end{cases} \tag{5-10}$$

在较强干扰的环境下，会出现大量的差错符号，如果超过抗干扰编码的纠错范围，将会导致传输数据的不连续。利用 LT 码与码率无关的特性，使数据的传输具有了“无断点”的续传能力。

预编码采用 RS 编码，再与 LT 码相结合可以得到 RS-LT 级联编码。相对 LT 编码方法，可以降低给定 k 值的 LT 码的解码失败概率。解码失败概率指解码失败的次数占总解码次数的比例。在单次解码过程中，解码结束后只要仍然存在任何一个原始分组被删除或者译码错误，即认为该次解码失败。由于数据文件在传输时，不允许出现任何错误，因此解码失败概率是衡量数字喷泉码的重要指标之一。

RS-LT 级联码构造方法如下。

（1）对原始输入符号序列 $\{U_i;1\leqslant i\leqslant k\}$ 进行 RS 编码，得到编码后的符号序列 $\{S_i;1\leqslant i\leqslant l\}$。

（2）对 LDPC 编码后的序列 $\{S_i;1\leqslant i\leqslant l\}$ 再进行 LT 编码，得到 RS-LT 编码符号序列 $\{N_i;1\leqslant i\leqslant n\}$。

5.3.2　Raptor 码的多层校验预编码

基本 Raptor 码的编码过程由预编码过程和 LT 码编码过程组成。预编码过程首先将原始 k 个输入符号通过某种传统的纠删码转换为 k' 个中间符号；然后将 k' 个中间符号作为 LT 码的输入符号来进行二次编码，从而得到 Raptor 码的编

码符号。由于预编码具有一定的纠删能力，放宽了对于 LT 码的要求，因此整体编译码复杂度可以有所降低。

根据中间编码校验单元所处的层次可以分为：单层校验预编码技术和多层校验预编码技术。

1．单层校验预编码技术

Raptor 码采用单层校验预编码技术如图 5-8 所示，中间一层节点为中间编码校验单元，输入单元到中间编码校验单元的映射可以采用多种编码方法（如 LDPC 码、Turbo 码等）。单层校验预编码所采用的编码需满足以下条件：令 ε 为正整数，码率 $R=(1+\varepsilon/2)/(1+\varepsilon)$。采用 BP 算法可以在删除率 $\sigma=(\varepsilon/4)/(1+\varepsilon)=(1-R)/2$ 的二进制删除信道上通过 $O(n\log(1/\varepsilon))$ 次异或运算解码。

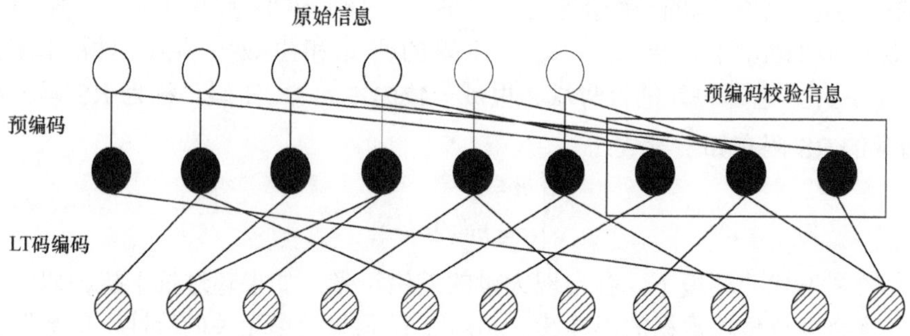

图 5-8　Raptor 码单层校验预编码过程

2．多层校验预编码技术

多层校验预编码技术如图 5-9 所示，Raptor 码采用多层校验预编码技术，中间两层节点为中间编码校验单元，输入单元到第一层中间编码校验单元的映射采用一种编码技术，采用了扩展汉明码，第一层中间编码校验单元到第二层中间编码校验单元的映射采用另一种编码技术，这里采用的是 LDPC 码。然后进行 LT 编码，实现 Raptor 码多层校验编码。

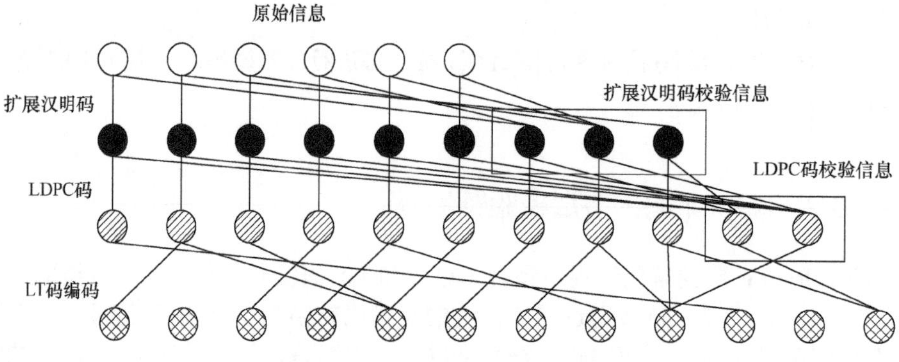

图 5-9　Raptor 码多层校验预编码过程

5.3.3 Raptor 码的译码

Raptor 码的译码相应地分为两步：译出中间符号和译出源输入符号。

第一步，由于 Raptor 码的内码采用的是 LT 码，因此要得到中间符号，只要利用 MP 译码方式进行译码即可。在这步译码过程中，可以不必完全恢复出 k' 个中间符号，只要恢复出一定比例的中间符号即可。

第二步，利用传统纠删码的译码方式对恢复出来的中间符号进行译码，如果上一步译出的中间符号的数量能够成功恢复出全部 k 个源输入符号，那么译码成功，否则译码失败。

通过预编码纠错能力的辅助，Raptor 码得以将内码 LT 码的工作点前移至传输效率较高的位置。它集成了 LT 码的无速率性质，可实现码率的实时任意调节，接收端只需保证接收足够数量的编码包即可恢复原始数据。同时，由于 LT 码的对数关系，其编译码复杂度为 $O(k\ln(1/\varepsilon))$（ε 为译码开销），与码长 k 呈线性关系。

通过上述分析可以看出， Raptor 码的整体性能由预编码和内码共同决定。内码保证了 Raptor 码同样具有喷泉码的编译码特性：实时码率调节，可按需无限地生成编码包，译码成功条件仅与成功接收编码包的数量有关；而外码则保证了 Raptor 码在低编译码复杂度下仍具有良好的译码性能。

显然，如何构造一个码率较高且兼具良好的译码性能和编译码复杂度的外码是 Raptor 码设计的核心。

5.4 在删除信道下喷泉码的性能仿真

5.4.1 仿真模型

对喷泉码的性能进行仿真所用到的仿真框图如图 5-10 所示。信源发生器产生原始输入，经过编码器的编码后，被送入信道。这时必然会引入一定的噪声干扰，输出信道后再被送入译码器进行译码。译码结束后，比较译码得到的数据与原始输入数据，从而对喷泉码的性能进行分析。仿真所用的信道为二进制删除信道。

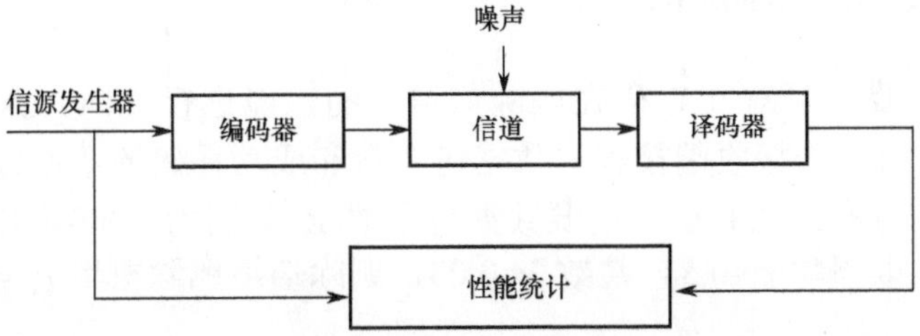

图 5-10　喷泉码性能仿真的系统框图

5.4.2 二进制删除信道模型

喷泉码是定义在删除信道模型上的前向纠错编码技术。删除信道的定义是待传输信号在通过该信道后，或者能确知为原信号，或以删除概率 p_e 被判决为不确定（被删除）。删除信道是一种重要的信道模型。例如，文件在互联网上传输时，是基于数据包通信的，通常每个数据包要么无差错地被接收端接收，要么根本就没有被接收端接收到。

设定信道为二进制删除信道，输入集为{0,1}，输出集为{1,E,0}且参数为 p_e 的二进制删除信道如图 5-11 所示。输出符号 E 称为删除（错误）， p_e 为删除概率，这类信道的信道容量为 $1-p_e$。

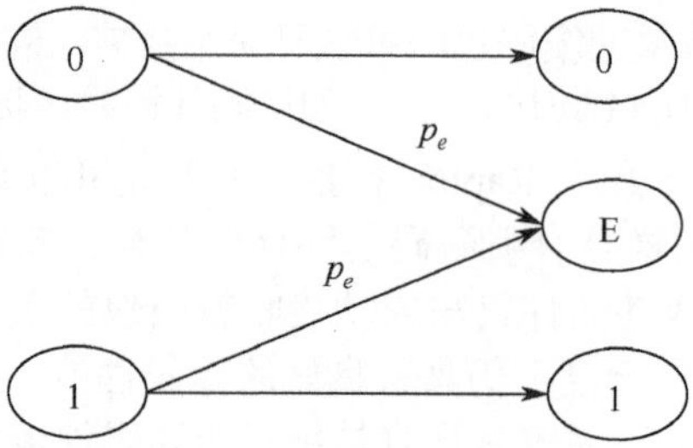

图 5-11　二进制删除信道模型

在实际的通信系统中并不存在物理上的删除信道，删除信道模型更多还是在通信理论研究中被作为一种理想的抽象信道模型使用。随着通信技术的发展、分组交换通信网络的出现，带检错机制的分组交换信道可以被看作天然的删除信道。通过计算每个分组（或数据包）的检错校验和，接收端很容易判决出所收到数据分组正确与否。若忽略校验和的漏检概率，则可以把分组交换信道等效成一个二进制删除信道。此时，在二进制删除信道中所传输的不再是单个的比特,而是完整的数据分组。而信道的删除概率等于分组交换信道的总误包率（包含丢包率）。

5.4.3 LT 码在删除信道下的性能分析

在本节，我们只对 LT 码在删除信道下的性能进行 MATLAB 仿真和分析。图 5-12 所示为接收端接收的数据包个数和成功译码的数据包个数的关系图。稳健孤波分布的 LT 码的信源数据包个数 K 分别为 2000、4000、6000、8000，译码失败概率 ρ=0.5，常数 c=0.03，删除信道删除概率 $p_\mathrm{e}=0.05$，迭代次数为 200。

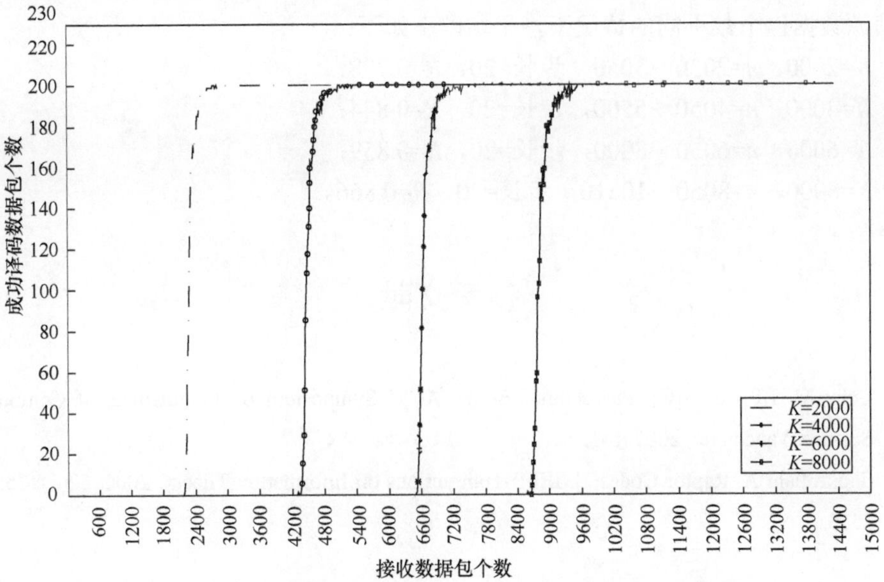

图 5-12　采用稳健孤波分布的 LT 码成功译码数据包个数

图中：－·－·－ 表示信源数据包个数 K=2000；—○— 表示信源数据包个数 K=4000；—✳— 表示信源数据包个数 K=6000；—□— 表示信源数据包个数 K=8000。

从图 5-12 可以看出，当信源数据包个数 K=2000 时，接收端只要接收到约 2800 个数据包就能成功译出源数据包。同时还可以看到，随着接收的数据包的个数越来越多，我们可以在接收端达到接近 100%的成功译码。当信源数据包个数 K 为 4000、6000、8000 时，分别在接收端只要接收到接近于 5000、7500 和 10000 个数据包就能完全成功译码。同时随着接收的数据包个数的增多，几乎每次都能译码成功。

总之，当接收端接收的数据包个数大于发送数据包个数到一定程度，就能成功译出原始数据包。

5.4.4　LT 码的平均码率

对 LT 码在删除信道下进行 VC 实现，得到 4 组不同信源数据包长下的结果，它们分别接收多少个数据包才能译出源数据包：

$$\text{码率}=\frac{\text{源数据包数目}}{\text{接收数据包数目}} \tag{5-11}$$

$$\text{平均码率}=\frac{\text{码率和}}{\text{次数}} \tag{5-12}$$

在信源数据包个数不同的情况下，平均码率如下：

K=2000，n=2030～3050，步长=20，R=0.798；

K=4000，n=4050～5500，步长=20，R=0.844；

K=6000，n=6050～8000，步长=20，R=0.859；

K=8000，n=8050～10510，步长=20，R=0.866。

参考文献

[1] Luby M. LT Codes[C]. Proceedings of the ACM Symposium on Foundations of Computer Science, Vancouver, 2002: 6-7.

[2] Shokrollahi A. Raptor Codes[J]. IEEE Transactions on Information Theory, 2006, 52(6): 2551-2555.

6 第6章 协同无线通信中的分布式喷泉码

本章在对短长度喷泉码进行分析的基础上，将分布式编码技术应用于喷泉码中，详细介绍在多源单中继模型下的分布式喷泉码的性能。

6.1 无线协同通信与喷泉码

6.1.1 无线协同通信

马可尼经过对无线电波反复进行试验，最终于 1897 年取得了试验成功，由此产生了无线通信技术。由于 3GPP 的不断发展和成熟应用，第四代移动通信也开始不断得到发展，其在系统容量、传输速率方面得到了不断提高。在无线通信应用场景[1]，包括蜂窝移动通信网、无线传感网络、无线自组织网络等方面变得更加丰富。

由于无线通信技术的不断发展，用户数量也在不断增多；与此同时，人们对无线通信的通信质量要求也越来越高，主要是在这两方面：一方面是对频谱带宽的要求；另一方面是对速率的要求。然而，两方面要求的提高是对无线通信发展提出了一个极大的挑战。同时，它自身具有的某些特性也限制了它的发展。除此之外，由于无线通信信道传输环境的复杂性，所以无线波在无线通信中的传输会受到房屋等高大建筑物和传输距离等因素的影响使其发送信号产生了一定的衰落。信号的衰落会对通信系统质量和数据传输率产生极大的影响。所以说，为了能保证系统有好的通信质量和高的数据传输率，应该尽量采用最前沿的通信技术[2]。

经过实践证明，分集是一种非常有效且实用的抗衰落的技术[3]。分集技术的主要工作原理就是在发送端发送多个信号的副本，并且这些副本之间都是相互独立的且都是携带相同信息的。在目的接收端接收来自发送端的多个独立衰落信号，并将它们进行相应的合并处理。由于这些独立的信号副本在传输的过程中经历的是不同的衰落信道，且这些信号副本都同时经历深衰落信道绝对是不大可能的。所以，在接收端对这些经历不同衰落信道的衰落信号进行相应的合并处理，不仅能使信号的衰落减少，还能使衰落信道的性能得到提高。

目前，分集技术主要有极化分集技术、频率分集技术、空间分集技术和时间分集技术这 4 种。在这些分集技术当中，空间分集技术得到了广泛的使用[4]，这是因为它不使用过多的信道时间和过多的带宽资源。其中多发多收天线（MIMO）系统是对抗衰落的有效方法[5]。然而，由于常使用的终端设备体积都比较小，所以很难在这样的设备上安装多天线。也就是说，理想的 MIMO 技术是很难得到实现的。

为了能很好地解决无线通信中存在的问题，一个新的技术应运而生——协同中继方案。这种技术主要利用合作伙伴间的协作来完成整个信息的传送工作。通过用户间的协作就能使通信系统的性能得到极大的提高和改善。

目前，无线通信领域中最受业内人士爱戴的技术就是协同技术，它在下面 4 方面具有显著优势。①各中继节点之间的相互合作可使重传率和传输时间降低；②在目的节点处接收源节点和中继节点发来的信息，这不仅使整个系统的数据传输可靠性和有效性得到提高，还可以在目的接收端得到分集产生的增益；③由于合作伙伴间用的是共享资源，所以整个系统的资源也就节约了；④无线网路的覆盖范围和传输距离得到了扩大。

6.1.2 数字喷泉码技术

由于无线通信的快速发展，人们在享受信息技术带来的快捷方便的同时，也对通信系统的服务范围和能力提出了更高的要求，然而这与不断增长的网络数据量和有限的网络带宽及下载规模之间形成了一个急需解决的矛盾。图 6-1 所示为长期构想中的空天地一体化星际互联网络。

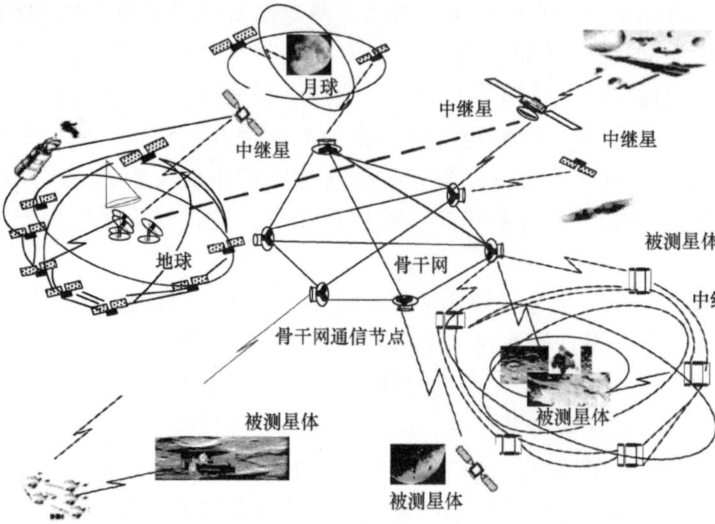

图 6-1 长期构想中的空天地一体化星际互联网络

针对上述问题，可扩展的可靠数据广播方案是人们一直在研究的方向。在 1998 年，Michael Luby 和 John Byers 等人提出了数字喷泉（digital fountain，DF）这一概念[6,7]，提出的这一种理想的解决方法主要可以应用于无线通信场景下的广播，并且可以用来发送海量的数据。数字喷泉码的基本原理是在发送端将需要发送的源数据包分割成一个个小的数据包，然后对这些数据包进行相应的编码，并且源源不断地输出编码数据包。在接收端，只要能接收足够多的编码数据包，就能以极高的概率恢复出所有的源数据包。在这个过程中，不需要考虑在接收端到底接收的编码数据包是源数据包中哪几个数据包，并且也不需要知道这些数据包接收的前后次序。由于喷泉码的编码器能源源不断地产生编码数据包就像一个喷泉一样，因此它的编码称为喷泉编码。为什么喷泉码方案称为一种理想的解决方式呢？那是因为喷泉码这个概念的提出最初完全是为了解决海量数据的分发和无线通信场景下广播的应用的需求而归纳和提炼的，以致于数字喷泉方案在刚提出来的时候，没有符合其发送模式的编码。直到实用的喷泉码出现——LT 码[8]和 Raptor 码[9]，数字喷泉编码才成为可能的实现方案。

6.1.3　数字喷泉码的优势

喷泉码和传统码之间的一个很大区别，就是喷泉码没有码长的定义，或者也可以说它的码长 N 是趋于无穷大的，相应地，也就没有码率的定义。所以，数字喷泉码也特为无码率码。

数字喷泉码方案，在数据广播方面有很多显著的优势[10]。

1．无须反馈信道

因为喷泉码采用了一类新的前向纠错编码技术，所以在接收端不需要反馈信道发送反馈信息，它只需要接收足够多数量的编码数据包就可以以高概率恢复出源发送数据包。在和反馈重传纠错方案进行比较的时候，发现它不仅在信号往返的延时和系统的可扩展性方面有极大的提高，而且在广播应用中也回避了反馈爆炸问题。

2．对信道变化良好适应性

通常，传统纠删码是要提前设定某些编码参数的，如设定信道的模型、选取适合信道模型的码长和码率等，而使用喷泉码仅仅只需要设定源数据包的长度 K，和采用的信道模型没有关系，其无码率特性决定了其编码器能够源源不断地生成无数个编码数据包。当接收端检测到差的信道状况和有大量的数据包丢失时，则只需要继续接收更多的数据包就可以恢复出源发送数据包，而无须发送端重新设计新的编码方案继续进行编码发送。所以说，喷泉码在极其复杂的信道条件下仍然具有极强的适应能力。

3. 编码和译码的复杂度低

通常，在理想的情况下，喷泉码每生成一个编码数据包所需的运算量是一个与源发送数据包个数 K 没有关系的常数，而译码端成功译出源 K 个发送数据包所要用的运算量是一个和源发送数据包个数 K 有关的线性函数，这就是说喷泉码的编码和译码的复杂度是成线性的，这些都有利于简化编码器和译码器及软件化的设计。而传统的 RS 纠删码有较高的编码和译码复杂度，其标准算法的复杂度达到 $O(k(n-k)\log_2 n)$ 。因此，必须将源发送文件分成较小的数据块来进行编码，目的是使编译码的复杂度降低。这样不仅会降低对突发错误的抵御能力，而且会导致数据包头比例过大以致于降低了对信道的有效利用率。

4. 很好地支持异质用户

由于喷泉码具有无码率的特性，所以不同的用户可以根据自身的接收能力来灵活地确定需要接收的数据包数目，系统没必要考虑个别用户的接收情况而影响其他用户。同时，这一特性还对中断续传、异步接入等服务模式有很方便的支持。

5. 有利于数据并行下载和分层组播

喷泉码（fountain code，DF）采用随机编码方式生成相互独立的编码数据包，并且这些编码数据包有可能组成一个非常巨大的集合。因此，这些编码数据包之间有极低的重复概率，从而可以消除因收到很多重复的数据包而导致低的译码效率。假设采用传统的分组纠删码，那么就必须在各个源发送数据包之间引入一个复杂的调度机制来协调各个源发送的数据包，即便这样也很难避免接收到重复的数据包。因此，它不但增加了系统设计和实现的复杂度，也降低了对信道的利用率。

6.1.4 喷泉码存在的问题

正如大家所知，喷泉码是数字喷泉的核心部分，喷泉码的编码和译码算法会直接影响数字喷泉方案的性能，而目前实用的喷泉码是对理想数字喷泉技术的一种近似，所以仍有一些不足的地方需要改进。

目前，喷泉码的编码采用的是随机编码的算法，所以接收端通过信道接收一定量的编码数据包进行重建后得到的生成矩阵也就是一个随机矩阵，这样的矩阵不一定能够保证满秩。因此，喷泉码在译码时存在着一定的译码失败率。为了减少译码失败率，通常采用下面两种措施：第一，采用长码长的喷泉码，根据大数定律来确保较稳定的译码表现；第二，增加接收的编码数据包的个数也就是增加译码开销，通过增加生成矩阵的满秩概率来提高译码的成功概率。除此之外，喷泉码采用的是一种次优译码算法，尽管能降低译码的复杂度，但同时也降低了一定的译码成功率。

综上所述，它会导致如下 4 个问题。

（1）喷泉码在译码时，必须接收足够多数量的编码数据包才能够成功译码。所以，较长的码长就会导致较长的译码时延和需要较多的储存空间，因而不仅不利于应用于对时延要求严格的多媒体，同时也不利于应用在追求设备小型化的深空通信中。

（2）喷泉码在接收端的译码开销会直接消耗额外的发送功率，所以将它应用于对功率有效性要求高的深空通信场景中，就受到了极大的限制。

（3）译码失败概率的存在使通信的可靠性得到了降低，所以不利于保证多媒体应用的服务质量，同时也不利于接收深空通信中珍贵的科学数据。

（4）喷泉码的译码器在没有接收足够多的编码数据包的情况下，恢复出源数据包的可能性非常低，这一点不利于应用于高差错和低冗余的恶劣信道环境中。

由此可见，喷泉码独特的设计在带来巨大的技术优势的同时，也存在一些缺点，使得它在某些应用场景中还存在着不足，需要加以改进。

6.1.5 喷泉码在协同通信中的应用

2007 年，Molisch 首次提出了将数字喷泉码应用于协同多中继无线网络中的方案，同时指出了可以将基于数字喷泉码的协同传输方法看成一种逼近多中继信道信息论容量限的实用方案[11]。

近年来，协同通信一直是无线通信领域学术界关注的热点问题之一。其主要思想可以追溯到 Cover 和 Gamal 关于中继信道的信息论特性的研究[12,13]，它是利用中继用户间的相互合作来进行信息传递的，这样做可以使系统在功率损耗、误码率和系统的中断概率，以及小区覆盖面方面的性能得到改善[14]。针对协同中继无线网络，在基于数字喷泉码（digital fountain codes）的异步传输协议中，中继节点中如果有节点率先完成对编码数据包的译码工作，则该中继节点就立刻开始向目的节点发送译出的源数据包。由于无线信道具有能够广播信息特性和数字喷泉码能源源不断地产生编码数据包的特性，所以在传输过程中采用这个协议可以使目的接收端快速地得到有用信息，也可以给未成功译码的节点时间，使它有时间继续接收更多的编码数据包来进行译码。

将喷泉码引入协同通信中，图 6-2 所示为喷泉码在协同通信系统的传输模型。

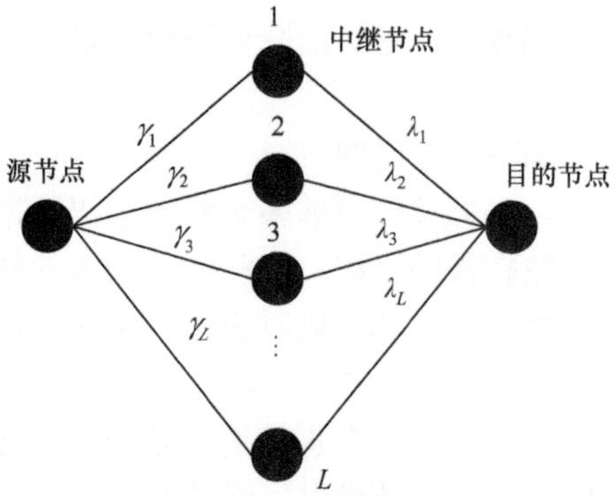

图 6-2　喷泉码在协同通信系统的传输模型

由图 6-2 可以看到，喷泉码的传输过程是由两个阶段构成的[15-18]。第一阶段是源节点向中继节点传送编码后的信息数据包的过程。详细的传输过程为源发送端将要发送出去的数据包进行喷泉编码，然后把编码后的数据包发送给中继节点。当每一个中继节点接收足够多的编码数据包并且能成功译出源信息后，立刻停止对编码数据包的接收，并发送一个反馈信息给源节点。然而，当所有的中继节点都接收足够多的编码数据包，并能译出源信息后，源节点就停止发送编码后的数据包。此时，第一阶段的数据传输就结束了。第二阶段是一个中继节点向目的节点传送数据包的过程。具体过程是每一个中继节点将译码出来的源数据包进行再一次的喷泉编码，并将编码后的数据包传送到目的节点。在第二阶段中，有两种传送方式。第一种传送方式是能量累积方式。在每一个中继节点都译出源发送数据包后，再运用相同的喷泉编码方案对其进行编码，并将重新编码的编码数据包传给目的节点。而在目的节点处需要进行的操作是合并来自各个中继节点发来的编码数据包，并进行喷泉译码。其中，每一个中继节点都是发送的相同信息。第二种传送方式是信息累积方式。只要中继节点译出源数据包，就可以对译出的数据包进行喷泉编码，然后将其发送给目的节点，而不管其他中继节点是不是已经完成了译码工作，并停止接收数据包。其中，每一个中继节点发送的都是编码后信息的不同部分。

第一种方式是在目的节点处先合并来自不同中继节点的相同编码信息，然后进行喷泉译码。其实质就是对不同中继节点接收的信息进行能量累积，从而获得一定的分集增益，这样也就降低了发送端的发射功率。第二种方式的实质是在不同的中继节点发送不同的信息，这就相当于同时发送多个信息。因此增加了信道数量，降低了传输时间。同时，信息累积方式不要求各个中继节点发送相同的信息量，这种方式特别适合于有不同转发能力的中继节点的场合。

将喷泉码应用到协同通信中：一方面可以极大地降低反馈的信息量；另一方

面在有多个中继节点时，还可以极大地改善前向传输的性能。在两方面能对前向传输的性能进行改善：第一方面，可以极大地降低源节点到中继节点之间的传送量；第二方面，能改善中继节点到目的节点之间的传输性能。总之，在喷泉码传输过程中的第二阶段采用能量累积方式能得到分集增益和减小传输的误码率，从而改善了传输的功耗。而采用信息累积方式能使中继节点和目的节点之间的多条信道并行传输，这样极大地减少了传输时间，并且这些中继节点之间还不需要达到同步。

6.2　协同通信

6.2.1　协同通信的基本原理

协同通信（cooperative communication）又称为协作通信[19]，它的基本思想可以追溯到富有开创性的关于容量的工作和中继信道的信息理论[20]。它主要是分析源节点、中继节点和目的节点的三节点网络的系统容量。假设三个节点都工作在相同的带宽下，则这个系统就可以分解为：从发送端来看的广播信道和从接收端来看的多址接入信道。

然而，通常在不同的协同通信中，中继和协同是不相同的两个概念。首先，在衰落信道中，最近的研究是以分集概念来分析加性高斯白噪声信道下的容量。其次，在中继信道中，中继节点以帮助主信道为目的，而在协同通信系统中，因其具有固定的系统资源，所以用户不仅要做信息源还要做中继节点。图 6-3 所示是典型的三节点协同通信模型，其中 S、R 和 D 分别表示源节点、中继节点和目的节点。

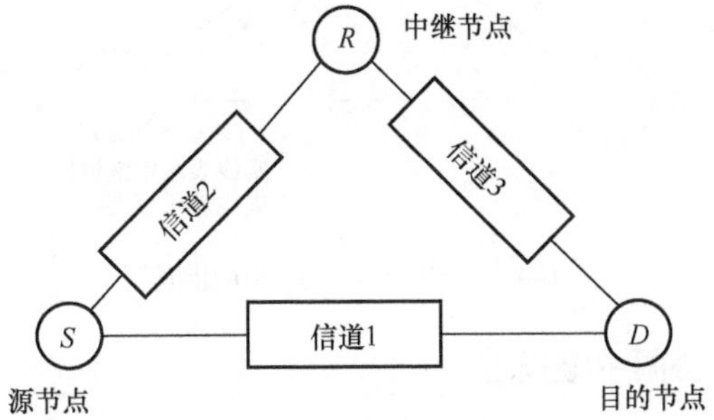

图 6-3　三节点协同通信模型

下面简要描述协同通信模型中的数据传输过程。第一步，源节点对待发送的消息以广播的形式传送给中继节点和目的节点；第二步，中继节点对来自源节点发送的消息进行接收并加以处理，然后将这些信息进行转发。这样，在目的节点处就可以收到来自源节点和中继节点的两个相互独立的衰落副本，通过将这两个独立副本进行合并来获得分集增益。在中继转发的过程中，协同分集方案需要为源节点和中继节点分配一定的信道资源和发射功率。

6.2.2 中继网络结构分类

在协同中继系统中，根据中继转发的次数可分为两跳系统和多跳系统。除此之外，还有按照网络拓扑结构的不同来划分的，其可划分为[21]：单中继双跳协同中继模型、多中继并行协同中继模型、多中继多跳串行协同中继模型和多中继多跳协同中继模型。

1. 单中继双跳协同中继模型

图 6-4 所示为单中继双跳协同中继模型，它是最基本的一种中继传输模型。在该模型中，有源节点 S 到中继节点 R、中继节点 R 到目的节点 D 和源节点 S 到目的节点 D 这 3 条链路。在这种模型中[22]，源节点以广播的形式向中继节点和目的节点发送待传输的信息，在中继节点和目的节点处都可以收到发来的信息。其中，中继节点根据不同的转发方式来处理接收的信息，处理完后将其转发给目的节点。同样，目的节点也能接收来自源节点和中继节点处的转发信息，并将接收的信息按照一定的合并方式进行合并处理，之后进行译码获得源发送信息。

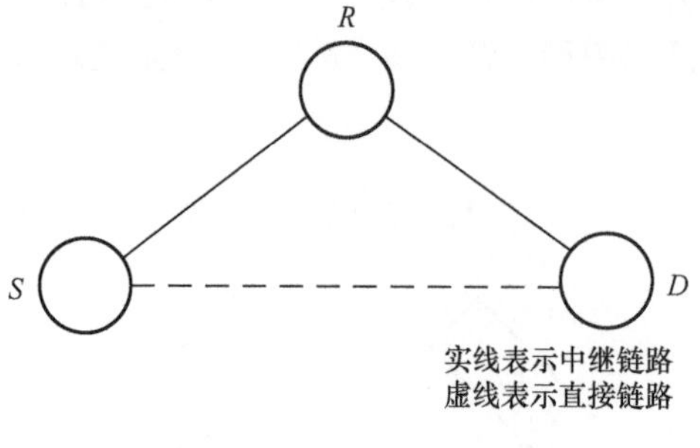

图 6-4 单中继双跳协同中继模型

2. 多中继并行协同中继模型

在图 6-4 模型的基础上，将模型中的中继节点数由原来的一个增加到 N 个，如图 6-5 所示。在信息传输过程中，这 N 个中继节点之间是共同协作来帮助信息传输到目的节点的。源节点还是以广播的形式向各中继节点和目的节点发送信息。其传输信息的过程和单中继双跳协同中继模型相似，中继节点根据不同的转发方式对接收的信息进行转发[23]。在这个模型中，目的节点 D 可以获得 $N+1$ 个信号并将这些信号进行合并、译码后得到源发送信息。在整个传输过程中，系统可以获得"$N+1$"阶的分集。在图 6-5 中，实线表示中继链路，虚线表示直接链路。

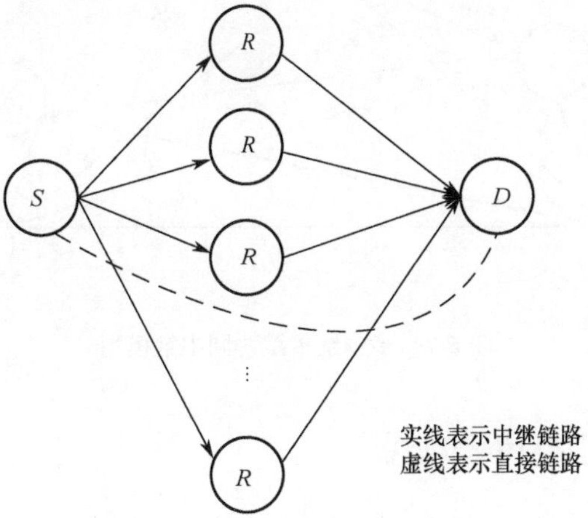

图 6-5　多中继并行协同中继模型

3. 多中继多跳串行协同中继模型

上述两种模型都是双跳系统，单中继双跳协同中继模型可以推广到多跳的传输环境中。图 6-6 所示为多中继多跳串行协同中继模型。在这个模型中，有 N 个中继节点 R 帮助源节点 S 和目的节点 D 间的信息传输[24]。

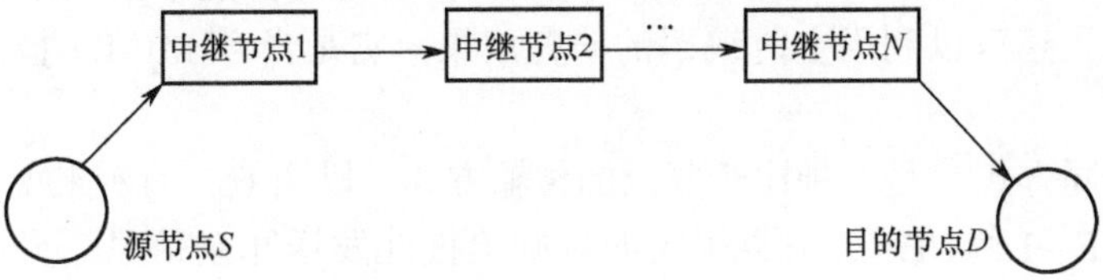

图 6-6　多中继多跳串行协同中继模型

4. 多中继多跳协同中继模型

图 6-7 所示为多中继多跳协同中继模型，这个传输模型就像一个接力赛一样，信息在各个中继节点和源节点之间进行传输。该模型是在多中继并行协同模型和多中继多跳协同模型的基础上做了进一步的扩展而得到的。从图 6-6 可知，这个模型在目的节点和源节点之间设立了多个中继节点，每个中继节点都按照一定的规则接收固定中继节点和源节点发来的信息，然后将信息传送给固定的多个

中继节点及目的接收端，直到目的接收端收到传来的信息[25]。该模型是由 Boyer 等人提出来的，之后 Sadek 等又在此模型的基础上对其进行了完善[26]。

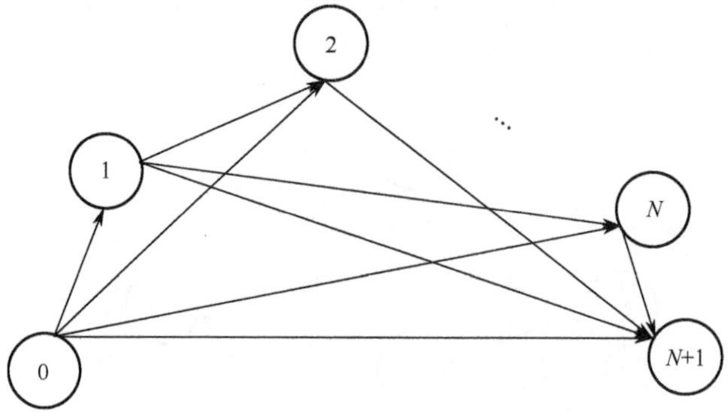

图 6-7　多中继多跳协同中继模型

6.2.3　协同中继传输方式

根据协同中继节点对接收的信息采用不同的方式进行处理，可将协同中继的传输方式分为 3 种[19-27]：编码协同（Coded Cooperation，CC）方式、放大转发（Amplify and Forward，AF）方式和译码转发（Decoded and Forward，DF）方式。

1. 编码协同方式

编码协同方式是将协同信号与信道编码技术相结合的中继传输方式，它首先通过正确译出伙伴的信息，然后对信息进行重新编码并发送，这样就可以获得分集增益和编码增益。由于编码协同方式有良好的性能，且无须知道用户间的信道信息，还可以利用空时编码的研究成果，它是当今 MIMO 技术中的一个热点。

编码协同方式[28]是一种比较复杂的传输方式，以图 6-7 为例来说明，它的主要思想是 UE－1 和 UE－2 按照相应的规则给彼此发送冗余信息，同时 UE－1 和 UE－2 之间的协同工作是否能够得到实现且没有多余的反馈信息这都是在编码的设计下自动完成的。在采用该方式进行传输的过程中，协同用户需要对接收的信息进行判断，判断信息是否正确校验。如果信息校验是正确的，则用户间采用协同方式；反之如果信息校验是不正确的，则用户间自动采用非协同方式。其通信模型如图 6-8 所示。

从图 6-8 的传输方式可知，UE－1 和 UE－2 都将各自的发送信息分为第一帧 N1 比特和第二帧 N2 比特。在传送第一帧的时候，UE－1 发送自己的第一帧 N1 比特给 UE－2，同样地，UE－2 也发送自己的第一帧 N1 比特给 UE－1，然后各自对各自收到的信息进行循环冗余校验。如果 UE－1 和 UE－2 对各自收到的信息进行校验是正确的，那么在传送第二帧的时候，UE－1和UE－2将分别发送对方的第二帧N2比特给目的节点。反之，如果UE－1和UE－2都校验失败，则UE－1和UE－2就各自发送各自的第二帧N2比特给目的节点。针对上述情况，将编码协同传输方式分为下面这4种情况，如图6-9所示。

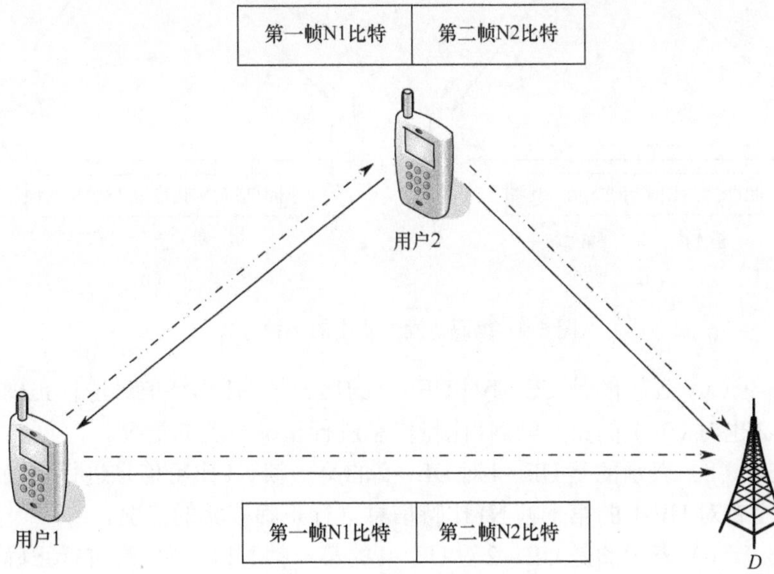

图6-8 编码协同传输方式

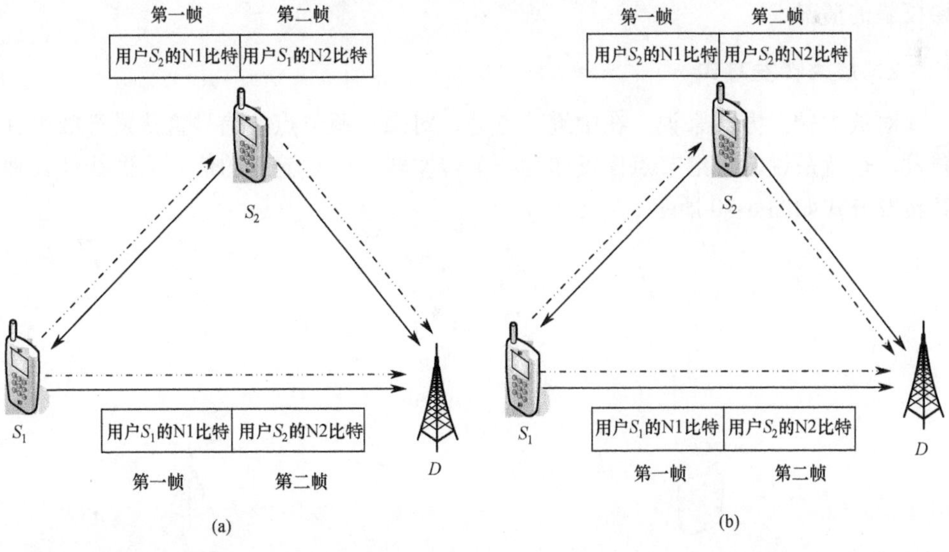

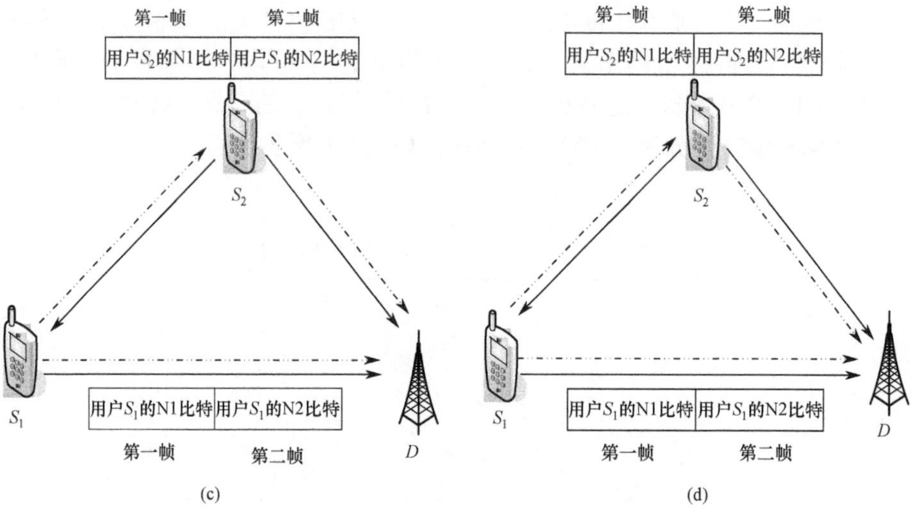

图 6-9　编码协同方式中的 4 种方式

图 6-9（a）表示的是 UE－1 对 UE－2 的第一帧 N1 比特信息进行正确校验，同时 UE-2 也对 UE-1 的第一帧 N1 比特信息进行正确校验的情况。

图 6-9（b）表示的是 UE－1 对 UE－2 的第一帧 N1 比特信息进行正确校验，而 UE-2 没有对 UE-1 的第一帧 N1 比特信息进行正确校验的情况。

图 6-9（c）表示的是 UE－2 对 UE－1 的第一帧 N1 比特信息进行正确校验，而 UE-1 没能对 UE-2 的第一帧 N1 比特信息进行正确校验的情况。

图 6-9（d）表示的是 UE－1 和 UE－2 都对对方的第一帧 N1 比特信息进行错误校验的情况。

2. 放大转发方式

对放大转发方式来说，在中继节点处，对来自源节点的信号直接进行放大并转发。也就是说，中继节点仅仅作为一个转发器，它对输入的信号只做线性处理，其转发方式如图 6-10 所示。

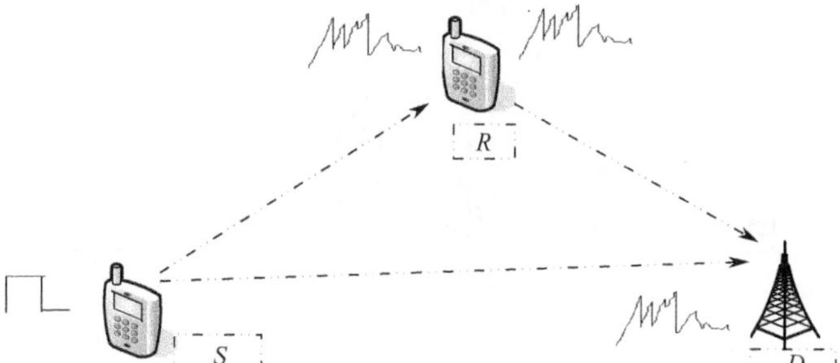

图 6-10　放大转发方式

从图 6-10 中可以看到，发送端的手机用户 S 在发送信息给中继用户 R 的过程中受到信道噪声的干扰，使其信号在一定程度上发生了畸变。其中，在中继节点处，并不对所接收的信号做任何除噪声处理，而是进行了简单的信号放大处理，然后将放大后的信号（含噪声）发送给目的节点（也就是图中的基站）。在接收端按照相应的条件或准则对来自源节点和中继节点的信号进行联合处理来恢复源信号。至于中继节点 R 是否要协同源节点来传送信号，这要根据一定的条件来进行判断决定。例如，当发送端到目的接收端的直达信道环境非常差时，而源发送端到中继节点以及中继节点到目的接收端之间的信道条件却较好时，中继节点 R 参与协同通信能很好地改善系统的性能。而当发送端到目的接收端的直达信道环境较好，但发送端到中继节点（或协同用户）以及中继节点（或协同用户）到目的接收端之间的信道条件却较差时，中继节点 R 参与协同通信并不能改善系统性能。也就是说，具体问题具体分析，根据信道状况来进行判定。因为该种传输方式非常简单，并且非常容易进行分析，所以它对了解和分析协同系统模型性能是非常有益的。但是，由于这种方式只是在中继节点处对信息进行简单的放大处理，在进行放大处理的过程中，噪声也被一并放大和发送到了目的节点，这样会对整个系统的性能造成一定的影响。

3. 译码转发方式

译码转发方式比放大转发方式复杂一点。译码转发方式的中继节点首先要对接收的带有噪声干扰的信信息先进行译码处理；然后转发译码后的信息到目的节点。其传输方式如图 6-11 所示。

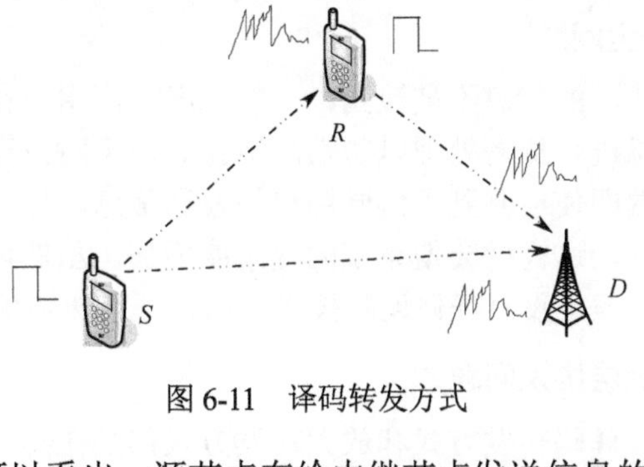

图 6-11 译码转发方式

从图 6-11 中可以看出，源节点在给中继节点发送信息的过程受到了噪声干扰的影响，使其发送信号发生了畸变。中继节点 R 在接收加有噪声的信号后对其首先进行解码，然后对译码恢复的信息进行编码，将编码后所得的信息发送给目的接收端。在目的接收端按照相应的条件或准则对来自源节点和中继节点的信号进行联合处理来恢复源信号。在该种传输方式中，中继节点 R 是否要协同源节点来传送信号，这要根据一定的条件来进行判断决定。这个例子和上面的例子相类似，不同的是，一个是对信号进行简单的放大处理，而另一个则是首先进行解码，然后判断解码结果是否正确，再重新编码和发送信号给目的节点。

6.2.4 协同通信技术的特征

在与无协同方案相比的情况下，用户协同是非常有益的，其他增益不仅可以使数据的传输速率得到提高，还可以使信号对信道的敏感度降低。其中，数据传输速率的提高可使用户端的发送功率降低，换言之，在相同的数据传输速率的条件下，采用协同方案进行数据传输的用户端总发射功率得到了降低。这样做对用户端使用的电池也是有好处的，即可以使电池的使用时间得到延长。上述这些益处已经得到了证实，其中在蜂窝协同通信系统中，协同产生的增益还可以增大用户小区的覆盖面积。

即便协同通信技术已经得到了很好的应用，但是仍在下面这 3 个方面存在着问题[29]。

1. 接收机复杂度方面问题

在协同通信系统中进行数据传输时，要求移动接收台要具备一定的检测上行传输信号的能力，这样就会增加移动接收端接收机的复杂度。所以，在实际应用中，必须要在接收端复杂度和用户协同产生的增益间进行一定的折中处理。实际上，用户协同分集技术的一大优点就是减小的数据速率会对信道变化有一定的敏感性。这是由于某些要求最小数据率的实时业务，采用了该种协同分集方式，这样做能使系统的中断率变得更小，从而使系统的通信质量得到保证。

2. 用户信息安全问题

为了使合作伙伴间的信息不被泄露，一般情况下，用户在发送信息给同伴之前要先将发送的信息进行加密处理以防消息泄露。由于对发送的消息采用了加密技术，所以移动终端即使检测到了协同用户的发送信息，也不可能知道发送端到底发送的是什么信息，这样做会使系统的复杂度增加。虽然可以用一些加密手段来防止信息被窃取，但是没有任何调制技术可以保证所传输信息的安全。

3. MAC 层及上层协议问题

编码协同方式、译码转发方式和放大转发方式都是在物理层上进行的传输方式，而很多问题也存在于物理层以上的层。协同中继中的 3 种传输方式是基于两个用户协作的，但是实际中合作用户数目可能是 3 个或更多协作伙伴用户。在更高层中也存在很多问题，如在各个用户间，谁和谁在一起结为伙伴？在什么时间让用户结为伙伴？是该让基站来决定协同伙伴还是由移动台来决定协同的伙伴呢？例如，当两个用户面临相似的上行信道，则每个用户都可获益，所以这两个用户都愿意结为伙伴，而当他们遇到不同的上行信道，则事情就不好处理了。好的信道条件可使移动台获得一定的性能，但这使自身的数据率得到减小，这些因素就是用户协同的增益的来源。那怎样能让移动台甘愿放弃一小部分数据率而为别人服务呢？这就是 MAC 的主要职能。

6.3　分布式 LT 码的性能研究及分析

6.3.1　分布式 LT 码

喷泉码是一种无码率稀疏的二部图编码，该种编码方法能够生成无穷多个 LT 编码数据包，且在译码过程中不需要反馈信道来传送反馈信息，只需要在目的接收端接收大于 K 个的编码数据包就可以以极高的概率进行译码，恢复源发送数据包。喷泉码的这个特性使得它非常适合用于深空环境中。

但是，由于喷泉码的性能易受码长的影响，并且这种影响还非常的大。所以如果想设计一种性能好的喷泉码，就必须使其码长尽可能长。而在深空环境中，需要短帧长且性能好的喷泉码，这是为了使通信的时延变小。基于这种需求，并结合喷泉码的特点，文献[30]提出了将喷泉码引入协同中继系统中的方案，由此就有了分布式 LT 码。

目前，有下面 4 种类型的协同中继模型，分别为单源单层中继模型、单源多层中继模型、多源单层中继模型及多源多层中继模型，如图 6-12 所示。

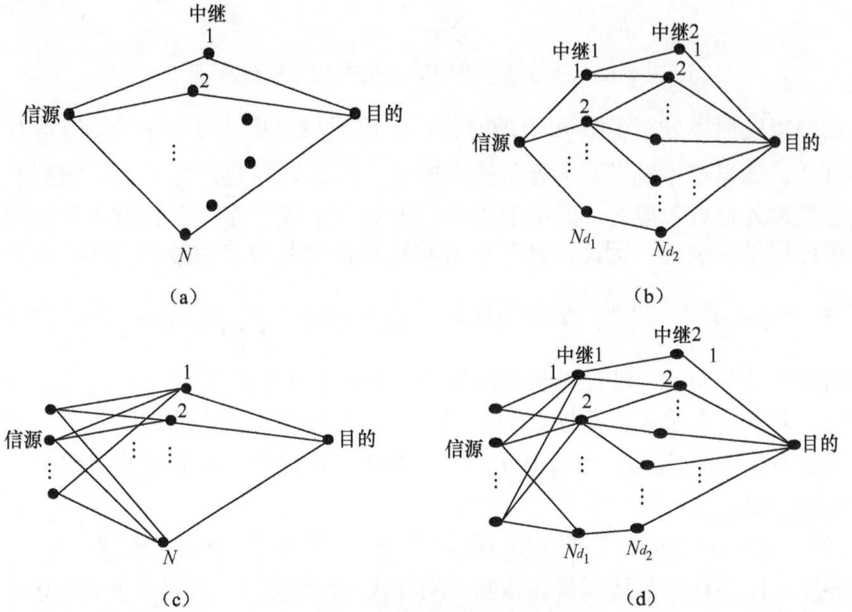

图 6-12　协同中继通信模型

（a）单源单层中继模型；（b）单源多层中继模型；（c）多源单层中继模型；（d）多源多层中继模型。

6.3.2 两信源分布式 LT 码

两信源、单中继分布式 LT 码通信模型如图 6-13 所示，信源节点 S_1 和 S_2 分别相互独立发送 $k/2$ 个数据包，并且每个信源发送的数据包都是以度概率分布函数 $p(x)$ 进行编码的，然后通过中继节点 R 进行合并处理后再传给目的节点 D。目标是选择度概率分布函数 $p(x)$，使得中继节点 R 到目的节点 D 的数据服从稳健孤波分布。所以，每个信源节点的度概率分布函数 $p(x)$ 可根据稳健孤波分布的度概率分布函数 $\mu(\cdot)$ 来得到，也就是对 $\mu(\cdot)$ 函数进行解卷积处理。上面解卷积得到的分布函数就是解卷积孤波分布函数。

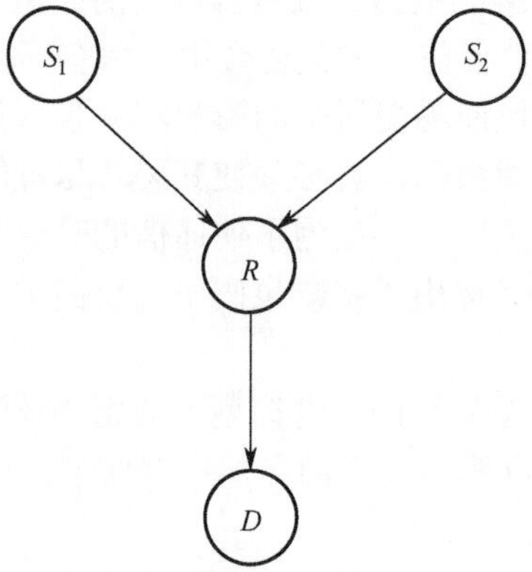

图 6-13　两信源、单中继分布式 LT 码通信模型

在确定度概率分布函数 $p(x)$ 的时候，采用对稳健孤波分布函数 $\mu(\cdot)$ 进行解卷积的方法。如果在中继节点 r 处将输入的两个信源数据包进行异或，得到的数据包的度是输入数据包度之和，并且合并后数据包的度分布符合稳健孤波分布，则解卷积过程是正确的。因此，如果信源数据包的度是独立地接近 $p(\cdot)$，则它们的和将为 $p*p$。其中，“*”是卷积操作：$(p*p)(i)=\sum\limits_{j=-\infty}^{+\infty}p(j)p(i-j)$。然而，直接对稳健孤波分布 $\mu(\cdot)$ 进行解卷积操作会存在以下 4 个问题。

（1）对一个有限长的正序列 $y[n]$ 进行解卷积操作不一定能得到一个有限长的正序列 $x[n]$，使其满足 $(x*x)[n]=y[n]$。因此，直接对 $\mu(\cdot)$ 进行解卷积不一定能得到所需的概率分布。

（2）当 $\mu(0)=0$ 时，需要 $p(0)=0$。在 $p*p$ 运算中，最小的度为 2，不允许出现零度，因为这样会造成资源浪费。对于 $k\geqslant 2$ 的情况，只有令 $p(0)>0$ 才能唯一保证 $(p*p)(1)=\mu(1)>0$。

（3）即使忽略 $\mu(1)$，企图继续分解 $\mu(\cdot)$ 的剩余部分，通过下面的公式计算：

$$\left\{\begin{aligned} p^2(1) &= \mu(2) \\ 2\cdot p(1)\cdot p(2) &= \mu(3) \\ 2\cdot p(3)\cdot p(1)+p^2(2) &= \mu(4) \\ 2\cdot p(4)\cdot p(1)+2\cdot p(3)\cdot p(2) &= \mu(5) \\ &\vdots \end{aligned}\right. \tag{6-1}$$

由于 $\mu(i)$ 在 $i=k/S$ 有个峰值，我们将得到一个 $p(i)$ 的负值。

（4）通过计算最后分解出来的 $p(i)$ 发现概率和不为 1，所以在程序实现时，需要进行归一化处理。

为了解决上述的 4 个问题，不采用直接对稳健孤波分布进行解卷积的方法，而是先将稳健孤波分布 $\mu(\cdot)$ 分成两个分布 $\mu'(\cdot)$ 和 $\mu''(\cdot)$。其中，$p(\cdot)$ 是一个光滑的分布，比较容易进行解卷积，而 $\mu''(\cdot)$ 是一个只有度为 1 和度为 k/S 两个冲击的不光滑曲线，不容易进行解卷积。下面将具体介绍得到 $p(\cdot)$ 的步骤。

首先，把 $\mu'(\cdot)$ 的分布定义为

$$\mu'(i)=\begin{cases} 0 &, i=1 \\ \dfrac{\rho(i)+\tau(i)}{\beta'} &, 2\leqslant i\leqslant \dfrac{k}{S}-1 \\ \dfrac{\rho(i)}{\beta'} &, \dfrac{k}{S}\leqslant i\leqslant k \end{cases} \tag{6-2}$$

式中：归一化因子 β' 满足 $\beta'=\sum_{i=2}^{k}\rho(i)+\sum_{i=2}^{\frac{k}{S}-1}\tau(i)$。

把 $\mu''(\cdot)$ 的分布定义为

$$\mu''(i)=\begin{cases} \dfrac{\rho(1)+\tau(1)}{\beta''}, & i=1 \\ \dfrac{\tau(k/S)}{\beta''}, & i=k/S \\ 0 \quad , & \text{其他} \end{cases} \tag{6-3}$$

式中：归一化因子 β'' 满足 $\beta''=\rho(1)+\tau(1)+\tau\left(\dfrac{k}{s}\right)$ 且 $\beta=\beta'+\beta''$。

因此，稳健孤波分布的度概率分布函数可写成

$$\mu(i)=\frac{\beta'}{\beta}\cdot\mu'(i)+\frac{\beta''}{\beta}\cdot\mu''(i)=\frac{\beta'}{\beta}\cdot\mu'(i)+\left(1-\frac{\beta'}{\beta}\right)\cdot\mu''(i),1\leqslant i\leqslant k \tag{6-4}$$

由式（6-4）可知，稳健孤波分布的度分布 $\mu(i)$ 是由分布 $\mu'(\cdot)$ 和 $\mu''(\cdot)$ 按照比

例$\dfrac{\beta'}{\beta}$进行线性叠加而得到的。

光滑部分的度概率分布函数$\mu'(\cdot)$进行解卷积操纵的过程详述如下。第一步定义一个概率分布函数$f(\cdot)$，使其满足

$$(f*f)(i)=\mu'(i),2\leqslant i\leqslant k/2+1 \tag{6-5}$$

利用式（6-1）的方法，可得

$$f(i)=\begin{cases}\sqrt{\mu'(2)}\ , & i=1\\ \dfrac{\mu'(i+1)-\sum\limits_{j=2}^{i-1}f(j)f(i+1-j)}{2f(1)}\ , & 2\leqslant i\leqslant \dfrac{k}{2}\\ 0\ , & \text{其他}\end{cases} \tag{6-6}$$

式（6-6）解的卷积，对任意的i，$f(i)$都满足$f(i)\geqslant 0$。

定义一个新的分布函数$f^{\text{ext}}(i)$，令$f^{\text{ext}}(i)\geqslant 0$将式（6-6）解卷积的结果可以扩展到$k$个度，可得

$$0<(f*f)(i)<(f^{\text{ext}}*)f^{\text{ext}}(i)=\mu'(\cdot),i=k/2+2,\cdots,k \tag{6-7}$$

由于

$$\lim_{k\to\infty}\sum_{i=1}^{k/2}f(i)=1 \tag{6-8}$$

$$(f*f)(i)=\mu'(i),1\leqslant i\leqslant k/2+1 \tag{6-9}$$

有

$$\lim_{k\to\infty}\sum_{i=1}^{k}(f*f)(i)=1 \tag{6-10}$$

因此可得

$$\sum_{i=1}^{k}(f*f)(i)=\left(\sum_{i=1}^{k/2}f(i)\right)^2 \tag{6-11}$$

一般情况下，为保证它的概率和为 1。需要在满足式（6-12）的条件下，将$f(\cdot)$归一化，则

$$(f*f)(i)=\mu'(i),1\leqslant i\leqslant k/2+1 \tag{6-12}$$

解卷积孤波分布，可由$f(\cdot)$和$\mu''(\cdot)$组合而成，$p(i)$可表示为

$$p(i)=\lambda\cdot f(i)+(1-\lambda)\cdot\mu''(i),1\leqslant i\leqslant k/2 \tag{6-13}$$

其中

$$\lambda = \sqrt{\frac{\beta'}{\beta}} \tag{6-14}$$

图 6-14 所示为孤波分布和解卷积孤波分布的度分布的性能比较。

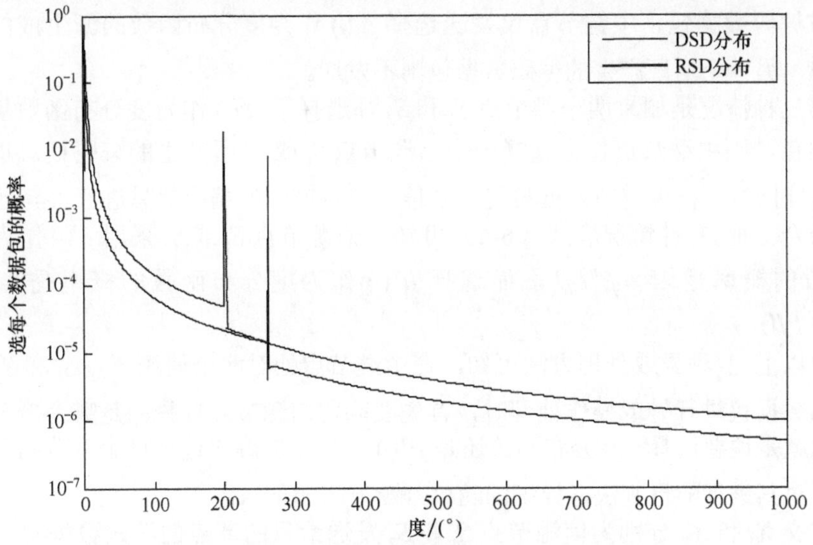

图 6-14　RSD 和 DSD 的度分布的性能比较图

6.3.3　分布式两信源 LT 码的编码

本节主要介绍如何利用生成的解卷积孤波分布在中继节点处合并两信源分布式 LT 码的编码过程。

第一步，信源节点 S_1 和 S_2 分别利用分布对要发送 $k/2$ 个数据包进行编码，生成两信源分布式 LT 码。其具体的编码过程是：首先两个信源节点 S_1 和 S_2 以概率 λ 选择分布函数 $f(\cdot)$ 或以概率 $1-\lambda$ 选择分布函数 $\mu''(\cdot)$ 作为两信源分布式 LT 码的编码度分布，根据信源节点 S_1 和 S_2 选择出来的度概率分布函数 $f(\cdot)$ 或 $\mu''(\cdot)$ 来进行一个度 d 的确定；然后在信源节点发送的数据包中等概率地选取 d 个数据包进行异或，从而得到两信源分布式 LT 码的编码数据包。

第二步，中继节点将两个源节点 S_1 和 S_2 发送来的两信源分布式 LT 码（Distribution LT Code，DLTC）的编码数据包按照如下规则进行选择性的异或，生成改进型的两信源 LT 码（Modified Distribution LT Code，MDLTC）的编码数据包。

第三步，将改进型的两信源 LT 码的编码数据包发送给目的节点。

选择性异或的具体操作如下。

第一种情况是假若两个信源节点 S_1 和 S_2 都选择度分布函数 $f(\cdot)$ 作为它进行编码所用的度概率分布函数，则在中继节点处将这两个信源节点 S_1 和 S_2 生成的两信源分布式LT码编码数据包进行异或，然后将异或后的数据包发送给目的节点。

第二种情况是如果有且仅有一个信源节点选择了 $\mu''(\cdot)$ 作为编码的度分布函数生成编码数据包，中继节点仅发送选择 $\mu''(\cdot)$ 作为度分布函数的源生成的编码数据包，另一个信源产生的编码数据包则不发送。

第三种情况是如果两个源节点 S_1 和 S_2 都选择了 $\mu''(\cdot)$ 作为度分布函数生成编码数据包，则中继节点任意选择一个信源节点 S_1 或 S_2 所产生的编码信息进行发送。与此同时，在中继节点处将另一个信源节点产生的编码信息进行丢弃处理。

结合上面 3 种情况和式（6-4）可知，信源节点 S_1 或 S_2 采用 $\mu'(\cdot)$ 作为度分布函数的概率是 $\lambda^2 = \beta'/\beta$，而选择 $\mu''(\cdot)$ 作为度分布函数的概率是 $1-\lambda^2 = (1-(\beta'/\beta))$。

由以上 3 种异或处理方法可知，在中继节点处对两个信源节点 S_1 和 S_2 产生的编码数据包进行异或操作处理时，首先要确定信源节点选择的是哪个度分布函数，也就是说要选择 $f(\cdot)$ 分布函数还是 $\mu''(\cdot)$。为了能解决选择哪个度分布函数的问题，对其进行随机判决。详细的随机判断方法如下。

定义 X_1 和 X_2 分别为信源节点 S_1 和 S_2 发送给目的节点的编码数据包，相应的度分别是 d_1 和 d_2。

中继节点随机生成两个独立的随机变量 U_1 和 U_2，它们服从[0,1]的均匀分布。

中继节点产生两个二元随机变量 b_1 和 b_2，其按照下式取值，即

$$b_i = \begin{cases} 1, \left(d_i = 1 \text{和} U_i < 1 - \dfrac{\lambda \cdot f(1)}{p(1)}\right) \text{或} \left(d_i = k/S \text{和} U_i < 1 - \dfrac{\lambda \cdot f(k/S)}{p(k/S)}\right) \\ 0, \text{其他} \end{cases} \tag{6-15}$$

中继节点按照如下规则来发送二元随机变量 Y：

$$Y = \begin{cases} X_1 \oplus X_2, & b_1 = b_2 = 0 \\ X_1, & b_1 = 1 \text{和} b_2 = 0 \\ X_2, & b_1 = 0 \text{和} b_2 = 1 \\ flip\,(X_1, X_2), & b_1 = b_2 = 1 \end{cases} \tag{6-16}$$

式中：$flip\,(X_1, X_2)$ 为等概率的随机选择 X_1 或 X_2。

由式（6-16）可知，$b_i = 0$ 表示两个信源节点都选择了度分布函数 $f(\cdot)$，$b_i = 1$ 表示两个信源节点中至少有一个选择了度分布函数 $\mu''(\cdot)$。

6.3.4　四信源分布式 LT 码

图 6-15 所示为四信源单中继分布式 LT 码通信模型。信源节点S_1、S_2、S_3、S_4分别独立发送$k/4$个数据包，并且对其发送的信息进行编码，中继节点 R 将信源节点S_1、S_2、S_3、S_4传送来的编码数据包进行异或操作，将 4 路编码信号合并成为一路编码信息，最后将这一路编码信息传送给目的节点。

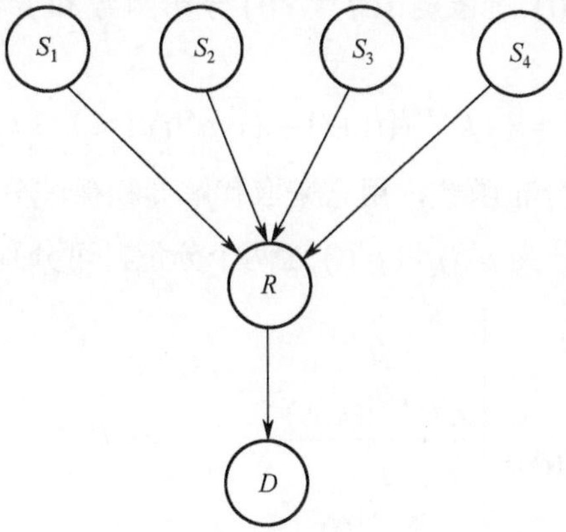

图 6-15　四信源单中继分布式 LT 码通信模型

为了能使该四信源方案得以实现，需要对解卷积孤波分布函数进行解卷积。将解卷积孤波分布函数进行解卷积操作后，得到的就是双解卷积孤波分布函数。4 个信源节点S_1、S_2、S_3、S_4都利用解卷积得到的双解卷积孤波分布函数生成编码包，称为四信源分布式LT 码，中继节点将S_1、S_2、S_3、S_4这 4 个信源节点发送出来的编码数据包进行选择性异或生成的编码数据包，称为四信源改进型LT 码。

1．解卷积孤波分布的解卷积

本节主要介绍如何利用解卷积孤波分布函数来进行解卷积获得双解卷积孤波分布函数，其方法类似于将稳健孤波分布函数解卷积为解卷积孤波分布。

根据图 6-14 可知，信源S_1、S_2、S_3、S_4分别独立地发送$k/4$个数据包到目的节点，与两信源单中继传输模型的解卷积情况相同，对解卷积孤波分布函数进行直接解卷积是非常困难的。所以，利用和两信源类似的方法，先将解卷积孤波分布函数拆分成两个独立的分布函数，然后将拆分出来的一个分布函数进行解卷积处理。

在实际的四信源分布情况中，必须对解卷积孤波分布函数的分量分布函数$f(i)$在$i=k/S-1$处做一些相应的更改。如果没有做这样的改动，则直接采用和两信源相类似的方法对函数进行拆分和解卷积，这样做会造成在点$i=k/S-2$时值是负数的情况。为了继续保持分布函数$f(i)$的平滑，采用线性插值方法来代替$f(k/S-2)$和$f(k/S)$的中间值$f(k/S-1)$，定义新的分布函数$f^{(\mathrm{new})}(i)$，可表示为

$$f^{(\text{new})}(x)=\begin{cases}\dfrac{f(i)}{\gamma}, & i\neq \dfrac{k}{S}-1\\[2ex] \dfrac{f\left(\dfrac{k}{S}\right)+f\left(\dfrac{k}{S}-2\right)}{2\gamma}, & i=\dfrac{k}{S}\end{cases} \tag{6-17}$$

式中：γ 为 $f^{(\text{new})}(i)$ 归一化因子。

由此可定义 $p^{(\text{new})}(i)$，它是由 $f^{(\text{new})}(i)$ 分布函数和 $\mu''(\cdot)$ 分布函数混合而成的，可表示为

$$p^{(\text{new})}(i)=\lambda\cdot f^{(\text{new})}(i)+(1-\lambda)\cdot\mu''(i),1\leqslant i\leqslant k/2 \tag{6-18}$$

$p^{(\text{new})}(i)$ 作为目标分布函数，用它来取代解卷积孤波分布DSD函数，并将目标分布函数 $p^{(\text{new})}(i)$ 拆分为 $p'(i)$ 和 $p''(i)$ 这两个分量，可分别表示为

$$p'(i)=\begin{cases}0, & i=1\\[1ex] \dfrac{\lambda f^{(\text{new})}(k/S)}{\gamma'}, & i=k/S\\[2ex] \dfrac{p^{(\text{new})}(i)}{\gamma'}, & \text{其他}\end{cases} \tag{6-19}$$

$$p''(i)=\begin{cases}\dfrac{p^{(\text{new})}(1)}{\gamma''}, & i=1\\[2ex] \dfrac{(1-\lambda)\mu''(k/S)}{\gamma''}, & i=k/S\\[2ex] 0, & \text{其他}\end{cases} \tag{6-20}$$

式中：$p'(i)$ 和 $p''(i)$ 的归一化因子分别是 γ' 和 γ''。

进而，可得 $p^{(\text{new})}(i)$ 的表达式为

$$p^{(\text{new})}(i)=\gamma'\cdot p'(i)+\gamma''\cdot p''(i)=\gamma'\cdot p'(i)+(1-\gamma')\cdot p''(i) \tag{6-21}$$

然后对 $p'(i)$ 进行解卷积操作，得到 $g(i)$，其表达式为

$$g(i)=\begin{cases}\sqrt{p'(2)}, & i=1\\[2ex] \dfrac{p''(i+1)-\sum\limits_{j=2}^{i-1}g(j)(i+1-j)}{2g(1)}, & 2\leqslant i=\dfrac{k}{4}\\[2ex] 0, & \text{其他}\end{cases} \tag{6-22}$$

式中：对所有的 i，都有 $g(i)\geqslant 0$。

由此，可以用 $g(i)$ 和 $p''(i)$ 来表示双解卷积孤波分布，其表达式为

$$q(i)=\eta\cdot g(i)+(1-\eta)\cdot p''(i),1\leqslant i\leqslant\frac{k}{4} \tag{6-23}$$

式中：$\eta=\sqrt{\gamma'}$。

2. 四信源分布式 LT 码的编码

四信源改进型 LT 码的编码过程和两信源改进型 LT 码的编码过程类似。下面将主要介绍编码过程。

在图 6-4 中，4 个信源节点都利用双解卷积孤波分布的分布函数对待发送的 $k/4$ 个数据包进行编码，生成四信源分布式 LT 码的编码数据包。信源节点具体的编码过程如下。

（1）4 个信源节点 S_1、S_2、S_3、S_4 以概率 η 选择分布函数 $g(\cdot)$ 或者以概率 $1-\eta$ 来选择分布函数 $p''(\cdot)$ 作为四信源改进型 LT 码的度分布。

（2）根据信源节点选择出来的度分布 $g(\cdot)$ 或 $p''(\cdot)$ 来确定生成编码包的度值 d。

（3）在这 $C_d^{k/4}$ 种可能中，任意选择一种来确定 d 个信源发送数据包进行异或操作，使其得到四信源分布式 LT 码的编码数据包。

信源节点在生成编码数据包之后：首先将这些编码数据包发送到中继节点；然后中继节点通过选择性异或来生成四信源改进型 LT 码的编码数据包；最后将在中继节点处合并得到一路信息传送给目的节点端。

在中继节点处，进行选择性异或处理的详细步骤如下。

第一步，中继节点先将 4 个四信源分布式 LT 码生成的编码信息进行合并处理，生成一对两信源分布式 LT 码信息，也就是把四路编码信息合并为两路编码信息。具体的合并操作有 3 种方式。

（1）假设两路编码数据包都是由分布函数 $g(\cdot)$ 生成的，则对这两路编码数据信息进行异或操作处理。

（2）假设只有一路编码信息是由分布函数 $p''(\cdot)$ 生成的，则将该路编码信息作为两信源分布式 LT 码的编码信息。

（3）假设两路编码信息都是由分布函数 $p''(\cdot)$ 生成的，则随机地在这两路信息中选择一个作为两信源分布式 LT 码的编码信息。

第二步，根据生成的两信源分布式 LT 码编码信息来进行合并处理，生成一路单独的编码信息，也就是生成了一路改进型 LT 码的编码信息。这里的合并方案和两信源单中继模型所用的合并方案是一样的。

6.3.5 仿真结果及性能分析

仿真选用的参数为 c=0.2, δ=0.5，删除概率分别取 0.01、0.03、0.05。源数据包（LT 码）的长度 K=分别为 400、600、800、1000。例如：LT 码源数据包长取 K=400，则两信源分布式 LT 码的两个信源取 $k_1=k_2=K/2=200$，四信源分布式 LT 码的四信源 $k_1=k_2=k_3=k_4=K/4=100$。其他码长类似计算。

LT 码、两信源、单中继分布式 LT 码和四信源、单中继分布式 LT 码这 3 种 LT 码编码性能仿真结果比较如图 6-16～图 6-19 所示。

在图 6-16 中，点画线、点线和实线分别表示的是在删除概率为 0.01、0.03 和 0.05 条件下的 3 组曲线。从左向右，第一组曲线表示的是四信源分布式 LT 码，第二组表示的是两信源分布式 LT 码，第三组表示的是 LT 码。从图中曲线可知，无论删除概率是多少，四信源分布式 LT 码都是以最快、最少接收包数量恢复源发送数据包的，两信源分布式次之，LT 码最差。也就是说，它需要最多的编码数据包和最长的时间来译出信源发送数据包。

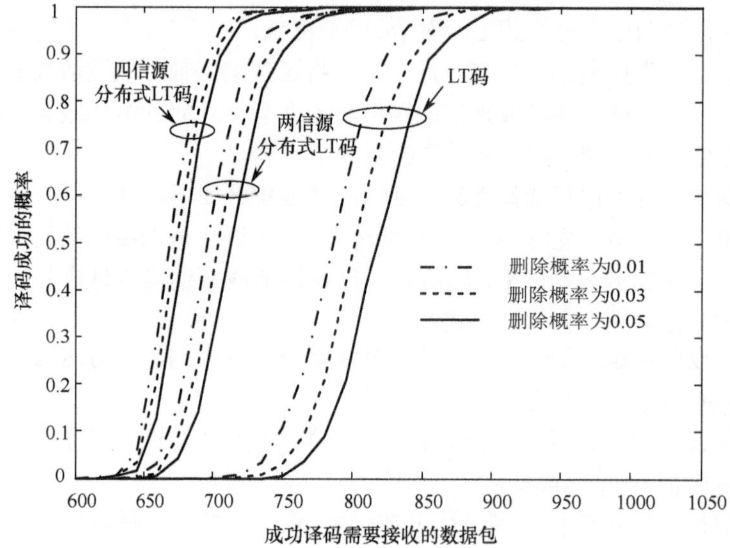

图 6-16 K=400 的 LT 码、MLT-2 码和 MLT-4 码在不同删除概率下的性能

图 6-17 的仿真条件和参数设置都与图 6-16 相同。从图中可以看到，四信源分布式 LT 码那组曲线和两信源分布式 LT 码那组曲线靠得很近，这说明在 K=600 时，四信源和两信源在接收的编码数据包的数量上相差不多（相差 100 个左右的编码数据包），性能也相差不多，都能以很快的速度完成译码工作。但还是四信源分布式 LT 码性能最好，而 LT 码性能还是较差。

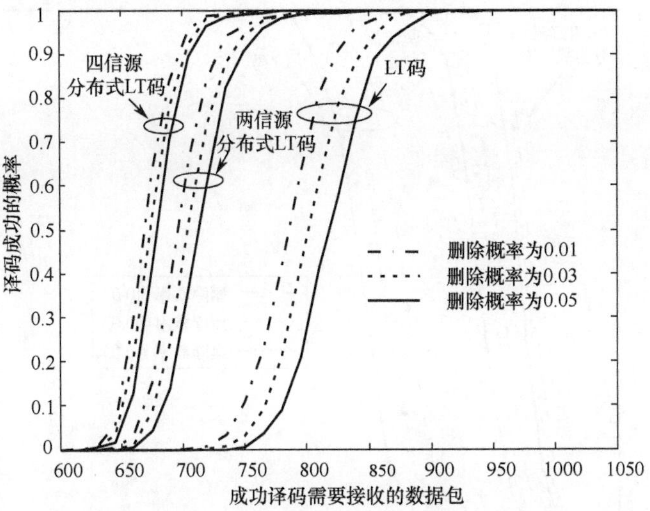

图 6-17　*K*=600 的 LT 码、MLT-2 码和 MLT-4 码在不同删除概率下的性能

图 6-18 的仿真条件同上。从图中可以粗略看到，随着信源发送数据包长度的加长，MLT-4 码和 MLT-2 的性能越发相近，且四信源分布式在 3 个删除概率下的性能也特别相近，即受删除概率的影响不大。而 LT 码的性能却受不同删除概率的影响比较大，所以在删除概率为 0.05 时，需要接收约 1200 个数据包才能首次完全成功地译码。

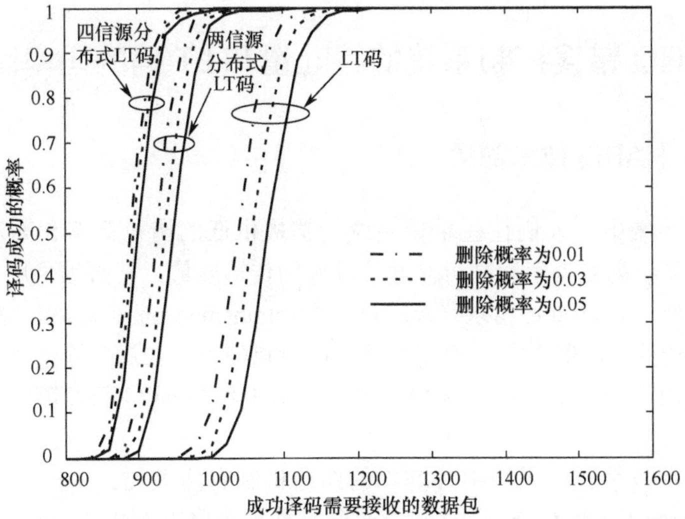

图 6-18　*K*=800 的 LT 码、MLT-2 码和 MLT-4 码在不同删除概率下的性能

从图 6-19 中可以看到，仍然是四信源分布式 LT 码的性能最好，需要的数据包最少，并且以最快的速度成功译出源发送数据包。

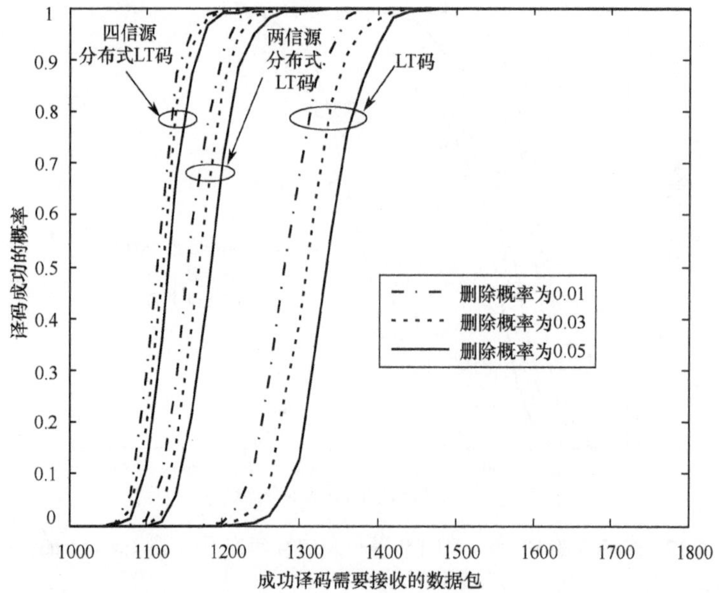

图 6-19　K=1000 的 LT 码、MLT-2 码和 MLT-4 码在不同删除概率下的性能

由以上仿真结果可以看出，四信源分布式 LT 码性能优于两信源分布式 LT 码，没有进行分布式设计的 LT 码性能最差。综上所述，分布式 LT 码能有效地提高整个系统的性能。

6.4　HARQ 错误控制系统的吞吐量和 LT 码的码率比较

6.4.1　HARQ 技术简述

在通信系统中，人们往往希望系统能够提供低的错包概率和高的系统吞吐量。为了能得到高数据率和高可靠通信及好的传输质量，它必须采用一些相应的差错控制机制，自动重传请求（Automatic Retransmission Request，ARQ）是一种重要的差错控制机制[31-34]，但是其反馈的特点使得其在深空通信中的应用受到极大限制，而不需要反馈的喷泉码是深空通信中代替 ARQ 差错控制方式的一种编码方式。

目前，在数字通信系统中，基本的纠错机制有两大类：第一类是前向纠错（Forward Error Correct，FEC）；第二类是自动重传请求 ARQ 。FEC 机制的基本原理是：在发送端，先对要发送的信息进行有纠错能力的编码，然后将带有冗余信息的编码信息进行发送。在接收端，将接收的信息进行译码，从而获得源发送信息。它具有高传输效率和小时延的特点，其缺点是信道适应性差和有限的纠错能力。自动请求重传 ARQ 机制的基本原理是：当接收端接收发送来的信息后，根据校验收到信息的正确性，产生一个 ACK（Acknowledgement）或者 NACK（Negative Acknowledgement）反馈信息并将其发送给发送端。为了能纠正错误，所以当发送端收到 NACK 反馈信号时，将重传该信息。它具有实现简单、可靠性高及信道适应性强等特点，但也有较大重传时延的缺点。常见的自动请求重传 ARQ 制采用 3 种标准协议，分别是停止等待协议、GBN 回退 N 步协议和选择重传协议[35]。综上所述，自动重传请求 ARQ 机制和 FEC 机制具有极强的互补性，这就是为什么这两种机制要合并成为一个新型的差错控制技术。

混合 ARQ 技术（Hybird Automatic Retransmission Qequest，HARQ）充分结合了这两种机制的优点，把自动重传请求机制和 FEC 机制有机地结合[31,32]，更好地保证了数据的可靠性传输。FEC 机制用来纠错，减少重传需求，而超出纠错范围的就利用重传机制要求重发。在选择合适的差错控制编码方案的基础上，HARQ 可提供更高的吞吐量，而可靠性却相近。

图 6-20 所示为 ARQ 和 FEC 相结合得到的 HARQ 系统模型。ARQ 系统模型的基本工作原理是：首先，在发送端处对信源信息进行前向纠错编码，并将编码后的信息发送出去。在接收端，用前向纠错编码机制对接收的信息进行译码操作。如果在接收端译码正确，则发送一个 ACK 反馈信号给发送端。反之，则发送一个 NACK 反馈信号给发送端。其次，如果发送端接收到接收端发送的 ACK 反馈信号，则进行下一次的数据传输。反之，如果接收的是一个信号，则要启用自动重传请求机制来重新发送 FEC 译错的信息。最后，接收端根据不同的重传机制，对重传的信息采用单独的 FEC 译码和合并处理后，再一次用前向纠错编码技术来进行译码。因此，混合自动重传请求技术可被看作在自动重传请求 ARQ 机制中添加运用了前向纠错编码技术，混合自动重传请求技术不仅能使系统的纠错能力得到极大的提高，还能使信号的时延和对信道的适应能力得到明显的改善，从而提高了系统整体的性能。但是，依然需要信息的重传和反馈，而喷泉编码则是更适合深空通信的一种错误控制方式，本章将在详细介绍的基础上对 HARQ 系统和喷泉编码系统的效率进行比较。

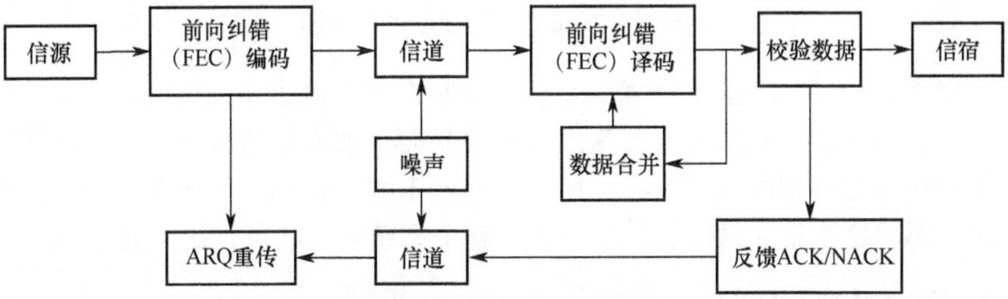

图 6-20　HARQ 的系统模型

6.4.2 HARQ 技术的基本类型及原理

目前，常用的混合自动请求重传HARQ技术有 3 类，分别为 Type-I 型、Type-II 型和 Type-III 型 HARQ。下面将详细介绍这三种混合自动请求重传技术的原理及特征。

1．Type-I 型 HARQ。

图 6-21 所示为 Type-I 型 HARQ 的基本原理图，其基本原理是：在发送端，先给待发送的信息加一个循环冗余校验位，然后对加了循环冗余校验位的信息进行 FEC 编码。在接收端，采用FEC译码技术对来自信道输出的信息进行前向纠错译码处理。然后，对前向纠错译码出来的信息进行循环冗余校验位校验，假若信息校验是正确的，则传送一个 ACK 反馈信号给发送端。如果校验失败，则发送一个 NACK 反馈信号，同时丢掉接收的译码错误信息。如果发送端收到来自接收端的一个 ACK 反馈信号，则本次的数据传输工作就成功完成了。反之，如果发送端收到一个来自接收端的 NACK 反馈信号，则要启动自动重传请求ARQ机制来发送之前发送的信息。而接收端在收到重传的信息后，不对其做什么合并处理操作，而是对它采用直接译码的操作方式。只要接收端没有对译码信息进行正确的校验或者自动重传次数没有达到最大，就不断反复进行上述的过程。从上述过程可以看出，Type-I 型 HARQ 技术只不过是将自动重传请求 ARQ 和前向纠错编码刻板地组合在一起，而没能将这两种机制充分地融合起来。

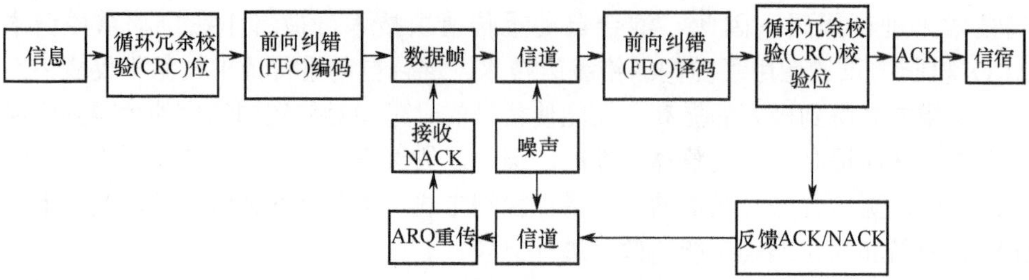

图 6-21　Type-I 型 HARQ 的原理图

运用 Type-I 型 HARQ 技术的系统优点是系统开销小和系统结构简单，缺点是每一次自动重传请求重传的都是同样的信息而未加入任何合并技术，从而导致每次重传信息都有相同的冗余量。所以，Type-I 型 HARQ 每一次重传的信息都能正确译码的概率是非常低的，这就使得整个系统的吞吐量也比较低。

2．Type-II 型 HARQ。

图 6-22 所示为 Type-II 型 HARQ 的基本原理图。第二类型 HARQ 的 Type-II

型 HARQ 技术属于增加冗余方式 HARQ[36]，其基本原理是：在接收端接收信息并对它进行错误的前向纠错译码校验后，先将校验发生错误的信息存储在一个数据缓存区里，并不对它采取丢弃处理。当目的接收端收到来自发送端的重传信息后，先将该重传信息与刚刚存储在数据缓存区中的校验错误信息做相应的合并处理，再将合并后的信息进行前向纠错译码操作。如果前向纠错译码校验还没有正确或者自动重传的次数没有达到最大；首先将反复地把错误的校验信息存储在数据缓存区里；然后要求发送端进行再次重传；最后将这些信息合并在译码。在采用 Type-II 型 HARQ 技术的传输系统中，每一次发送端重传的都是不含信息位的消息，该重传消息只是相应地增加了冗余信息。因此，该种技术也称为完全增量冗余技术。因为发送端每一次重传的都是没有信息位的消息。所以，当目的接收端收到来自发送端的重传信息是不可以自行译码的，它必须和存储在缓存器中的信息进行合并后才能进行再一次的 FEC 译码。

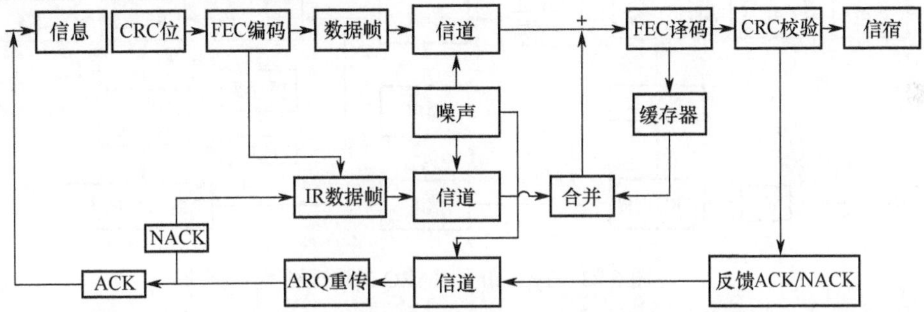

图 6-22　Type-II型 HARQ 的基本原理图

由于在采用 Type-II 型 HARQ 技术的系统中发送端每次发送重传信息都是只对冗余信息进行相应地增加。而在目的接收端对来自发送端的重传信息进行相应地合并处理，这样做会使系统中总的冗余量增加，因而这样也就增大了译码的成功率。

与 Type-I 型 HARQ 的系统性能相比较，Type-II 型 HARQ 的系统性能有了明显的提高。但是，由于 Type-II 型 HARQ 系统对首次传输的信息系统信息位有很大的依赖性。所以，一旦系统信息位遭到严重的损坏，增加冗余信息就无济于事了，从而整个系统的性能也会得到急剧地下降。

3．Type-III 型 HARQ。

图 6-23 所示为一种增加冗余量方式的 HARQ[37]技术原理图，它被人们称作 Type-III 型 HARQ 技术。其实，Type-III型 HARQ 和 Type-II 型 HARQ 的工作原理非常相似。它们之间的差异是 Type-III型 HARQ 技术的发送端每次进行重传的都是含有信息位和冗余位的信息，有了这些信息，它们就能够自行进行前向纠错

译码。当目的接收端收到来自发送端的信息，并且进行了不正确的前向纠错译码校验时，目的接收端将向发送端发送一个 NACK 反馈信号要求重传信息，但是不丢弃译码错误的信息，而是将译码错误的信息储存在一个数据缓冲区里。当发送端收到来自目的接收端的 NACK 反馈信号时，将立即向其重传刚刚译码校验发生错误的信息。在目的接收端，先将发送端重传来的信息进行前向纠错译码，再进行译码后的冗余位校验判断。假设译码后的冗余校验是错误的，则将冗余校验错误的信息和存储在数据缓存区的信息进行相应的合并处理操作后，再进行前向纠错译码处理。假设译码冗余校验还是错误的，则目的接收端又要向发送端发送一次 NACK 反馈信号，以便再次请求发送端进行数据重传操作。上述操作将反复进行，直到重传次数达到最大（或者译码冗余校验是正确的）。

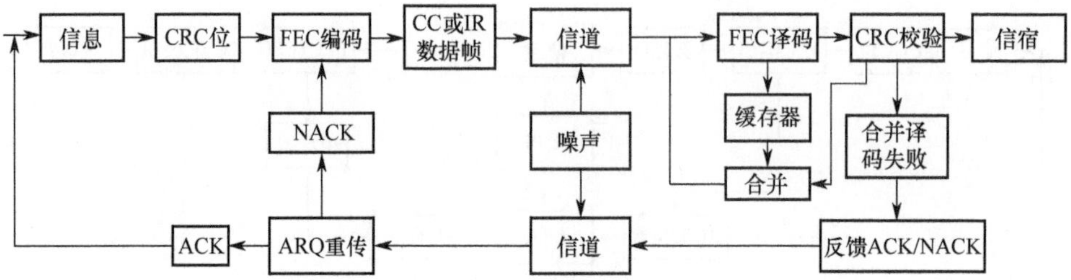

图 6-23　Type-III型 HARQ 的原理图

根据相关文献可知，Type-III 型 HARQ 技术中有采用 Chase 合并方式的 HARQ 和多版本增量冗余 HARQ 这两种[38]。当发送端进行每一次重传都传送的是同样的冗余类型和数据信息时，译码合并操作将根据信噪比来衡量，怎样对收到的不同重传信息进行合并处理，这就是 Chase 合并 HARQ 方式。当每一次重传的是不同版本的冗余信息和每一次都重传不一样的信息且冗余量都进行了增加时，这种方式为多版本增量冗余 HARQ。在将这两种方式进行比较的过程中，可发现前者有三方面优点：一是信令简单；二是算法实现复杂度低；三是资源占用少。

6.4.3　LT 码的传输码率和 HARQ 错误控制系统的吞吐量的比较

采用码率为 5/6 的（2304, 1920）LDPC 码（IEEE 802.16e 标准）[39]的纠错码为信道编码，码率为 5/6 的（2304, 1920）LDPC 码的性能如图 6-24 所示。图 6-25 所示为由（2304，1920）LDPC 码及其通过打孔得到的各种码率进行重传得到的 Type-III型 HARQ 方式与 Type-II型 HARQ HARQ 方式的吞吐量比较。

该码的最大重传次数为 4，采用停等协议，迭代次数最大为 50。

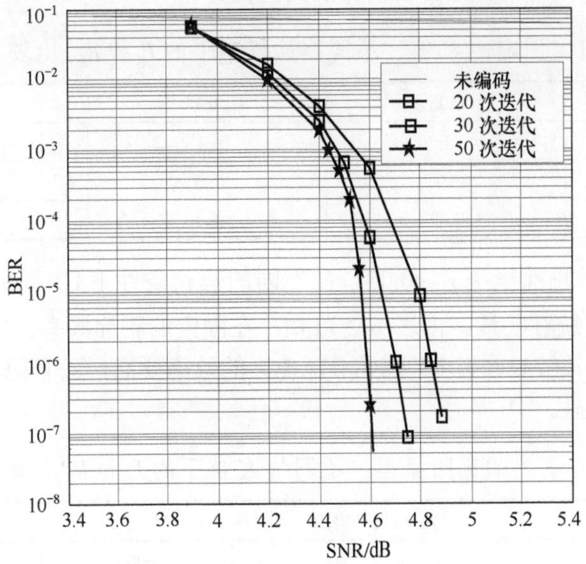

图 6-24　码率为 5/6 的（2304,1920）LDPC 码的性能图

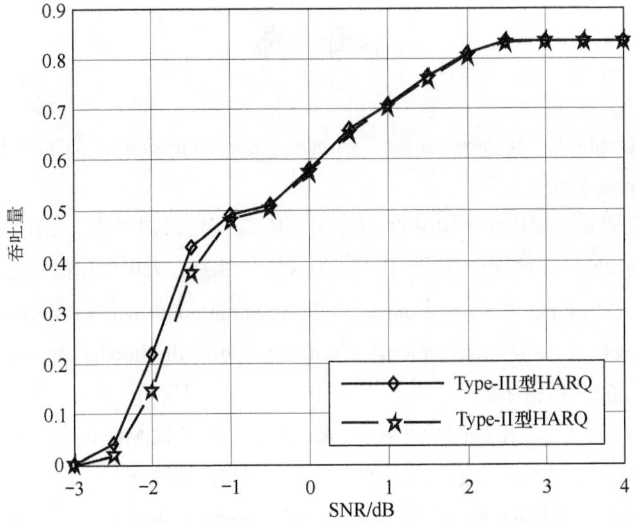

图 6-25　AWGN 信道下，BPSK 调制，Type-III型 HARQ 方式与 Type-II型 HARQ 方式吞吐量比较

表 6-1 是在 K=255，成功译码概率 $P \geqslant 0.99$，不同删除概率条件下的 LT 码传输码率和 HARQ 错误控制系统吞吐量。由表 6-1 可以看出，不同的删除概率

对应着不同的 SNR 值，然而对于短码长，在低的信噪比下，LT 码有明显的优势；在高信噪比下，HARQ 的吞吐量有很大的优势。

表 6-1　固定的 K 值，不同删除概率下的 T_r 和 R_{LT} 比较

p_e	0.05	0.1	0.15
SNR	1	−1	−3
T_r	0.7	0.5	0
R_{LT}	0.49	0.4	0.3

表 6-2 是信道删除概率 p_e=0.05，在不同的码长条件下 LT 码的传输码率和 HARQ 错误控制系统吞吐量。由表 6-2 可知，在固定的删除概率、信噪比和吞吐量的情况下，当码长较长时，LT 码比 HARQ 的效率要高，而且码长越长，LT 码的效率优势越明显。

表 6-2　固定的删除概率，不同的 K 值下的 T_r 和 R_{LT} 比较

p_e=0.05，SNR=1，T_r=0.7				
信息位 K	2000	4000	6000	8000
R_{LT}	0.75	0.78	0.81	0.83

参考文献

[1] Tse D, Viswanath P. Fundamentals of wireless communication[M]. Cambridge: Cambridge University Press, 2005.

[2] 闫慧慧. 喷泉码在无线协作传输中的应用[D]. 南京：南京邮电大学，2011.

[3] Tse D, Viswanath P, 无线通信基础[M]. 李锵, 等译. 北京：人民邮电出版社，2007.

[4] Jenkac H, Stockhammer T. Asynchronous media streaming over wireless broadcast channels[C]. In Proceedings of IEEE International Conference on Multimedia & Expo., Amsterdam, Netherlands, 2005: 1318-1321

[5] Paulraj A J, Gore D A, Nabar R U, et al. An overview of MIMO communications-A Key to Gigabit Wireless[J]. Proceedings of the IEEE, 2004, 92(2):198-218.

[6] Byers J W, Luby M, Mitzenmacher M, et al. A digital fountain approach to reliable distribution of bulk data[J]. Acm Sigcomm Computer Communication Review, 1998, 28(4):56-67.

[7] Byers J W, Luby M, Mitzenmacher M, et al. A digital fountain approach to asynchronous reliable multicast[J]. IEEE Journal on Selected Areas in Communications, 2002, 20(8):1528-1540.

[8] Luby M. LT Codes[C]. Proceedings of the ACM Symposium on Foundations of Computer Science, Vancouver, 2002: 6-7.

[9] Shokrollahi A. Raptor codes[C]. Proceedings of the International Symposium on Information Theory, Chicago, USA, 2004: 36.
[10] 朱宏杰. 喷泉码编译码技术与应用研究[D]. 北京：清华大学，2009.
[11] Molisch A F, Mehta N B, Yedidia J S, et al. Performance of Fountain Codes in collaborative relay networks[J]. IEEE Transactions on Wireless Communications, 2007, 6(11): 4108-4119.
[12] Sendonaris A, Erkip E, Aazhang B. User cooperation diversity. Part I. System description[J]. IEEE Transactions on Communications, 2003, 51(11):1927-1938.
[13] Sendonaris A, Erkip E, Aazhang B. User cooperation diversity. Part II. Implementation aspects and performance analysis[J]. IEEE Transactions on Communications, 2003, 51(11): 1939-1948.
[14] Fitzek F H P, Katz M D. Cooperation in wireless networks: principles and applications[M]. Dordrecht, Netherland: Springer, 2006.
[15] 雷维嘉, 谢显中, 李广军. 采用数字喷泉码的无线协作中继方案及其性能分析[J]. 电子学报，2010, 38(1): 228-233.
[16] 张乃通, 李晖, 张钦宇. 深空探测通信技术发展趋势及思考[J]. 宇航学报, 2007, 28(04): 786-793.
[17] 冯登国. NESSIE 工程简介[J]. 信息安全与通信保密，2003(03): 36-39.
[18] Mackay D J C. Fountain codes[J]. Proceedings of the IEEE, 2005, 152(6):1066-1068.
[19] Nosratinia A, Hunter T E, Hedayat A. Cooperative communication in wireless networks[J]. IEEE communications Magazine, 2004, 42: 74-80.
[20] Cover T M, Gamal A E. Capacity theorems for the relay channel[J]. IEEE Transactions on Information Theory. 2004, 25(4): 576-584.
[21] 姚丽丽. 基于 ARQ 的协作通信系统研究[D]. 大连：大连海事大学，2011.
[22] Hasna M O, Alouini M S. End-to-end performance of transmission systems with relays over Rayleigh-fading channels[J]. IEEE Transactions on Wireless Communications, 2003, 2(6): 1126-1131.
[23] Karagiannidis G K. Performance bounds of multihop wireless communication with blind relays over generalized fading channels[J]. IEEE Transactions on Wireless Communications, 2006, 5(3): 498-503.
[24] Sadek A K, Su W, Liu K J R. Multinode Cooperative communications in wireless networks[J]. IEEE Transactions on Signal Processing, 2006, 55(1):341-355.
[25] Wei H, Gitlin R D. Two-hop-relay architecture for next-generation WWAN/WLAN integration[J]. IEEE Wireless Communications, 2004, 11(2): 26-30.
[26] Hunter T E. Coded cooperation: A new framework for user cooperation in wireless systems[D]. Dallas: University of Texas at Dallas, 2004.
[27] Laneman J N, Wornell G W, Tse D N C. An efficient protocol for realizing cooperative diversity in wireless networks[C]. Proceedings of IEEE International Symposium on Information Theory,

Washington, DC, USA, 2001: 294.

[28] Hunter T E, Nosratinia A. Diversity through coded cooperation[J]. IEEE Transactions on Wireless Communications, 2006, 5(2):283-289.

[29] 魏宁. 协同分集技术及其在无线通信中的应用研究[D]. 成都：电子科技大学，2006.

[30] S. Puducheri, J. Kliewer,T. E. Fuja. The design and performance of distributed LT codes[J]. IEEE Trans Inform Theory. Vol. 53, No. 10, 2007: 3740-3745.

[31] Hlaing Minn, Mao Zeng, Vijay K. Bhargava. On ARQ Scheme with Adaptive Error Control[J]. IEEE Transactions on Vehicular Technology. 2001, 50(6).

[32] Jian Gu, Yi Zhang, Dacheng Yang. Modeling Conditional FER for Hybrid ARQ[J]. IEEE Communications Letters. 2006, 10(5).

[33] Harvind Samra, Zhi Ding. A Hybrid ARQ protocol Using Integrated Channel Equalization[J]. IEEE Transactions on Communications. 2005, 53(12).

[34] M. Wissem EI Bahri, Hatem Boujemaa, Mohamed Siala. Performance of Hybrid ARQ Schemes over Multipath Block Fading Channels[C]. 3rd Irernational Conferrence: SETIT 2005.

[35] 陈庆春. 基于码合并的混合差错控制及相关理论研究[D]. 成都：西南交通大学，2004.

[36] V. Tripathi, E. Visotsky, R. Peterson, Michael Honig. Reliability-Based Type II Hybrid ARQ Schemes[C]. IEEE International Conference on Communications, Anchorage. 2003.

[37] Wang Yafeng, Zhang Lei, Yang Dacheng. Performance Analysis of Type III HARQ with Turbo Codes[C]. IEEE Vehicular Technology Conference. Florida. 2003.

[38] 李玉萍. IEEE 802.16e 中 HARQ 技术研究[D]. 杭州：浙江大学. 2007.

[39] Draft IEEE Standard for Local and metropolitan area networks: Air Interface for Fixed and Mobile Broadband Wireless Access Systems, IEEE P802.16e/D12, October 2005.

第7章　Turbo码

1993年，C. Berrou、A. Glavieux和P. Thitimajshiwa首先提出了称为Turbo码的并行级联编译码方案[1,2]，其具有逼近Shannon极限的优良性能。正是Turbo码的提出促进了LDPC码的再发现，虽然LDPC码的总体性能比Turbo码好，但低码率和短长度的Turbo码还是展示了更优越的性能。本章将对Turbo码进行简单介绍。

7.1　Turbo码的编码原理

7.1.1　Turbo码的基本原理

在Turbo码的构造中，在利用递归系统卷积码编码器作为成员码时，低重量的输入序列经过编码后可以得到高重量的输出序列。同时交织器的使用，也能加大码字重量。实际上，Turbo码的目标不是追求高的最小距离，而是设计具有尽可能少的低重量码字的码。Turbo码由两个递归系统卷积码（RSC）并行级联而成[1,2]，译码采用特有的迭代译码算法。

如图7-1所示，Turbo码编码器由两个递归系统卷积码编码器（RSC1和RSC2）通过一个交织器并行级联而成，经过删除或复用，产生不同码率的码字，进入传输信道。在接收端，译码器是由两个软输入软输出译码器（DEC1和DEC2）串行级联组成，使用与编码器相对应的交织器和解交织器传递相应的信息。两个译码器通过外验信息，进行不断的迭代译码，从而使比特误码率减小。

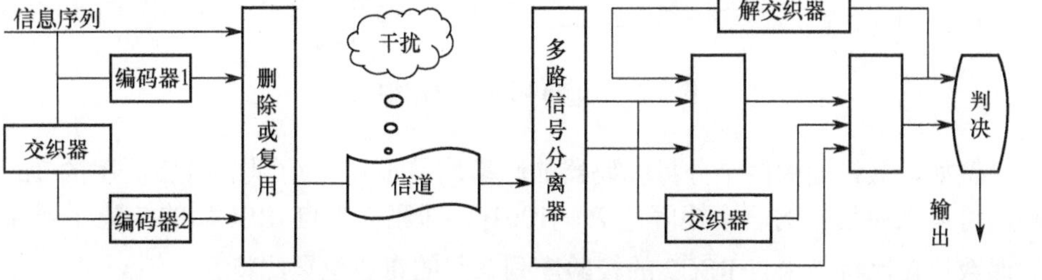

图7-1　Turbo码的编译码工作原理图

C. Berrou 等提出的 Turbo 码是纠错编码研究领域内的重大进展，Turbo 编码器采用两个并行相连的系统递归卷积编码器，并辅之以一个交织器。两个卷积编码器的输出经并串转换以及删余（Puncture）操作后输出。于是，Turbo 解码器由首尾相接、中间由交织器和解交织器隔离的两个以迭代方式工作的软判输出卷积解码器构成。

Turbo 码有优异的编码性能，其独特的编码结构使其可以采用并行译码算法，这样就大大降低了实时译码（采用软判决迭代译码算法）的复杂度，进而可用 VLSI 实现。

在尚未得到严格的 Turbo 编码理论性能分析结果的情况下，从计算机仿真结果看，在交织器长度大于 1000、软判输出卷积解码采用标准的最大后验概率（MAP）算法的条件下，其性能比约束长度为 9 的卷积码提高 1～2.5dB。

7.1.2 Turbo 码的编码过程

图 7-2 所示为典型的 Turbo 码编码器结构框图[1,2]，信息序列 $\boldsymbol{d}=\{\boldsymbol{d}_1,\boldsymbol{d}_2,\cdots,\boldsymbol{d}_N\}$ 经过 N 位交织器，使得长度 $\boldsymbol{d}$ 与内容没变，但比特位置经过重排，从而形成一个新序列 $\boldsymbol{d}'=\{\boldsymbol{d}'_1,\boldsymbol{d}'_2,\cdots,\boldsymbol{d}'_N\}$。$\boldsymbol{d}$ 和 $\boldsymbol{d}'$ 分别被传送到两个分量码编码器。一般情况下，这两个分量码编码器结构相同，生成序列 $\boldsymbol{X}^{1p}$ 与 $\boldsymbol{X}^{2p}$。为了提高码率，序列 $\boldsymbol{X}^{1p}$ 与 $\boldsymbol{X}^{2p}$ 需要经过删余器，采用删余技术从这两个校验序列中周期地删除一些校验位，形成校验位序列 $\boldsymbol{X}^{p}$。$\boldsymbol{X}^{p}$ 与未编码序列 $\boldsymbol{u}$（为方便表述，用 $\boldsymbol{X}^{s}$ 表示）经过复用，生成 Turbo 码序列。

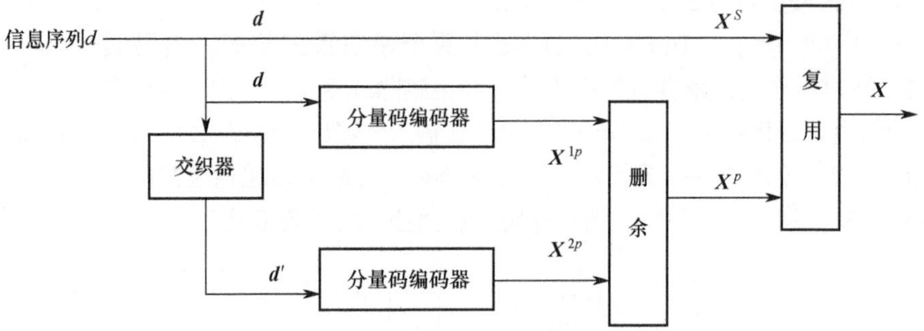

图 7-2 Turbo 码编码器结构框图

例如，假设图中两个分量编码器的码率均是 1/2，为了得到 1/2 码率的 Turbo 码，可以采用这样的删余矩阵：$\boldsymbol{P}=[1001]$，即删去来自 RSC1 的校验序列 $\boldsymbol{X}^{1p}$ 的偶数位置比特与来自 RSC2 的校验序列 $\boldsymbol{X}^{2p}$ 的奇数位置比特。

又如，对于生成矩阵为 $\boldsymbol{g}=[g_1\ g_2]$ 的 (2, 1, 2) 卷积码，通过编码后，如果进

行删余，则得到码率为 1/2 的编码输出序列；如果不进行删余，则得到的码率为 1/3。一般情况下，Turbo 码的成员编码器是 RSC 编码器，原因在于递归编码器可以改善码的比特误码率性能。

7.2 Turbo 码的译码原理

由于 Turbo 码是由两个或多个成员码经过不同交织后对同一信息序列进行的编码，译码时，为了更好地利用译码器之间的信息，译码器应该利用软判决信息，而不是硬判决信息。因此，一个由两个成员码构成的 Turbo 码的译码器，由两个与成员码对应的译码单元和交织器与解交织器组成，将一个译码单元的软输出信息作为下一个译码单元的输入，为了进一步提高译码性能，将此过程迭代数次，这就是 Turbo 码的迭代译码算法的原理。

Turbo 码可以利用多种译码算法，如最大似然译码 MAP、Log-MAP 算法、Max-log-MAP 算法和 SOVA 算法等[1,2]。图 7-3 所示为 Turbo 码迭代译码器结构。

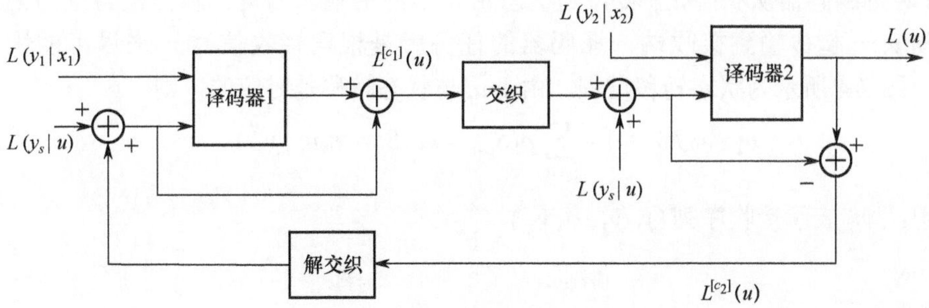

图 7-3 Turbo 码迭代译码器结构

Turbo 码译码器为串行结构，两个编码器所产生的校验信息通过串并转换被分开，分别送到对应的译码器输入端[1,2]。第一级译码器根据系统位信息 $L(y_s\,|\,u)$ 和第一级编码器的校验位信息 $L(y_1\,|\,x_1)$ 得到输出信息（此时译码器 2 外信息 $L^{[c_2]}(u)=0$）。输出信息包含两部分：一部分是由译码器根据码字相关性提取出来的外信息，用 $L^{[c_1]}(u)$ 表示；另一部分来自系统位对应的信道输出，在传递给下一级译码器之前被减去。$L^{[c_1]}(u)$ 在交织之后被送到译码器 2 作为先验信息，译码器 2 因此根据校验位信息、系统位信息和 $L^{[c_1]}(u)$ 这三者共同做出估计，得到输出信息 $L(u)$。$L(u)$ 在减去 $L^{[c_1]}(u)+L(y_s\,|\,u)$ 之后，得到译码器 2 的外信息 $L^{[c_2]}(u)$，它在解交织之后，反馈给第一级译码器作为先验信息，结合 $L^{[c_2]}(u)$，译码器 1 重新做出译码估计，得到改善的外信息。而此时的外信息又可以传递到译码器

2，如此往复，形成迭代过程。最终，当达到预先设定的迭代次数或满足迭代结束条件时，译码结束，取 $L(u)$ 的符号作为最终硬判决输出。

Turbo 码的译码算法之一是 SOVA 译码算法，是传统 Viterbi 算法用来计算卷积码的最大似然（ML）序列的算法，只提供硬判决输出。在级联系统中，前级硬判决实际上相当于丢失了信息，使后级译码器无法从解调得到的软输出中获益。SOVA 是改进的 Viterbi 算法，它可以给出译码结果的可靠性值（软输出），这个可靠性值作为先验信息传递给下级译码器，从而提高译码性能。

LOG-MAP 译码算法是 Turbo 码的另一个性能更优的译码算法。LOG-MAP 是改进的 MAP（最大后验概率）算法，它在对数域进行计算时，可以将 MAP 算法中大量的乘法运算简化为加法运算，从而降低计算量[1,2]。除此之外，它的基本原理与经典 MAP 算法相同。

MAP 算法由 Bahl 等于 1974 年提出，因此又称为 BCJR 算法[1,2]。与 Viterbi 算法不同，它估计出最大似然比特，而前者产生最大似然序列。也就是说，Viterbi 算法提供整体最优解，而 MAP 算法则提供个体最优解。

前面已经提到，卷积码编码过程实际就是一个有限状态机的状态转移过程。设 t 时刻编码器从状态 S_{t-1} 转移到状态 S_t，对应的输入为 u_t，输出校验位为 x_t，它与 u_t 一起传输到接收端，译码器的任务就是根据接收信号 y_t 来尽可能恢复 u_t。图 7-4 所示为状态转移过程。由于 u_t 与状态转移是对应的，则

$$p(u_t = k \mid y_1^N) = \sum_{u_t = k} p(S_{t-1} = m', S_t = m, u_t \mid y_1^N) \tag{7-1}$$

式中：y_1^N 表示接收序列 $(y_1, y_2, \cdots, y_N)$。

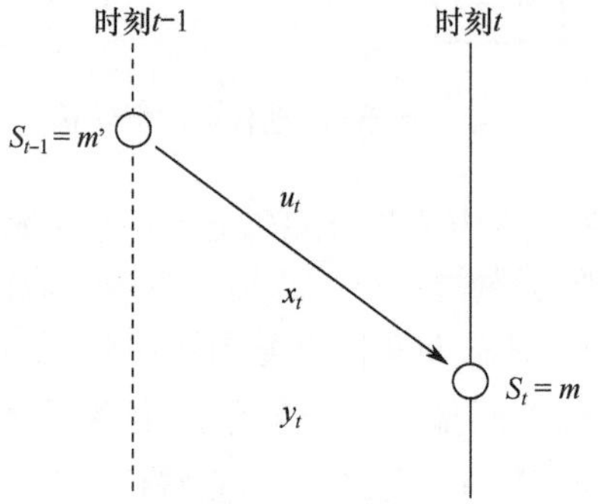

图 7-4　编码网格中一次状态转移

由式（7-1）可知，只要得到所有的后验概率

$$p(S_{t-1} = m', S_t = m \mid y_1^N) \tag{7-2}$$

就可以通过对其中那些对应于 $u_t = k$ 的状态转移概率求和来得到信息比特的后验概率。由贝叶斯定理可知

$$p(S_{t-1}=m',S_t=m\mid y_1^N)=\frac{p(S_{t-1}=m',S_t=m,y_1^N)}{p(y_1^N)} \tag{7-3}$$

式（7-3）右侧分子项联合概率可作进一步化简：

$$\begin{aligned}p(S_{t-1}=m',S_t=m,y_1^N)&=p(S_{t-1}=m',s_t=m,y_1^t)p(y_{t+1}^N\mid S_{t-1}=m',S_t=m,y_1^t)\\&=p(S_{t-1}=m',S_t=m,y_1^t)p(y_{t+1}^N\mid S_t=m)\\&=p(S_{t-1}=m',y_1^{t-1})p(S_t=m,y_t\mid S_{t-1}=m',y_1^{t-1})p(y_{t+1}^N\mid S_t=m)\\&=p(S_{t-1}=m',y_1^{t-1})p(S_t=m,y_t\mid S_{t-1}=m')p(y_{t+1}^N\mid S_t=m)\end{aligned} \tag{7-4}$$

以上的化简过程中应用了马尔可夫信源的性质，即 t 时刻以后的状态只与 S_t 及以后的输入有关，而与 t 时刻之前的状态和输入无关，也就是得到了 t 时刻的状态，之后的状态转移就不再依赖 y_1^t 及 $t-1$ 时刻的状态。

式（7-4）可分为 3 个部分，分别定义如下：

$$\begin{cases}\alpha_t(m)=p(S_t=m,y_1^t)\\ \beta_t(m)=p(y_{t+1}^N\mid S_t=m)\\ \gamma_t\left(m',m\right)=p(S_t=m,y_t\mid S_{t-1}=m')\end{cases} \tag{7-5}$$

则联合概率可写为

$$p(S_{t-1}=m',S_t=m,y_1^N)=\alpha_{t-1}(m')\cdot\gamma_t(m',m)\cdot\beta_t(m) \tag{7-6}$$

式中：$\alpha_t(m)$ 和 $\beta_t(m)$ 可以用递归方法求出：

$$\begin{cases}\alpha_t(m)=\sum\limits_{m'}p(S_{t-1}=m',S_t=m,y_1^t)\\ \qquad=\sum\limits_{m'}p(S_{t-1}=m',y_1^{t-1})p(S_t=m,y_t\mid S_{t-1}=m',y_1^{t-1})\\ \qquad=\sum\limits_{m'}\alpha_{t-1}(m')\cdot\gamma_t(m',m)\\ \beta_t(m)=\sum\limits_{m''}p(S_{t+1}=m'',y_{t+1}^N\mid S_t=m)\\ \qquad=\sum\limits_{m''}p\left(S_{t+1}=m'',y_{t+1}\mid S_2=m\right)p(y_{t+2}^N\mid S_t=m,S_{t+1}=m'',y_{t+1})\\ \qquad=\sum\limits_{m''}\gamma_{t+1}(m,m'')\cdot\beta_{t+1}(m'')\end{cases} \tag{7-7}$$

通常，编码器的初始状态已知，对于编码器 1，帧结束时网络终止，因此其终了状态也是已知的，因此有

$$a_0(m_i)=\begin{cases}1,\ m_i=0\\0,\ 其他\end{cases}$$

和

$$\beta_N(m_i)=\begin{cases}1,\ m_i=0\\0,\ 其他\end{cases}$$

对于编码器 2，由于网格不终止，可以认为它的终了状态是平均分布的。另外，有

$$\begin{aligned}\gamma_t(m',m) &= p(S_t = m \mid S_{t-1} = m')p(y_t \mid S_{t-1} = m', S_t = m) \\ &= p\left[u_t(m',m)\right]p\left[y_t \mid x_t(m',m)\right]\end{aligned} \tag{7-8}$$

式中：$u_t(m',m)$ 为信息符号；$x_t(m',m)$ 为对应于状态转移 (m',m) 的编码输出符号。

式（7-8）中，$p(u_t)$ 为信息符号的先验概率，而条件概率 $p(y_t \mid x_t)$ 可由如前所述的信道模型得到。

MAP 算法可按以下步骤实现[1,2]：

（1）对于每个时刻 t，根据解调软输出 y 和信息符号 u 计算式（7-8）；

（2）根据式（7-6）及式（7-7）递归计算 $\alpha_t(m)$ 及 $\beta_t(m)$；

（3）根据式（7-5）计算联合概率 $p(S_{t-1} = m', S_t = m, y_1^N)$；

（4）根据式（7-1）得到 $p(u_t = k \mid y_1^N)$；

（5）计算每个信息符号的对数似然比 $L(u_t) = \ln \dfrac{p(u_t = 1 \mid y_1^N)}{p(u_t = -1 \mid y_1^N)}$。

式（7-3）中的分母 $p(y_1^N)$ 在第（5）步中被约去，因此不必求得具体数值。另外，在具体实现中，上述概率计算都是在对数域中进行的，因此乘法运算都变成了加法运算。

图 7-5 所示为 SOVA 和 LOG-MAP 两种译码算法的误码率和误帧率曲线仿真比较。

仿真中采用码率为 1/3 的 Turbo 码，共传输了 20000 帧（每帧 210bit，共 200 万比特），采用与软件中相同的螺旋交织方案，通过高斯白噪声（AWGN）信道，采用 BPSK 调制方式，迭代 1～5 次。

由图 7-5 可得到如下结论。

（1）在相同的迭代次数和信噪比条件下，LOG-MAP 译码算法的误码率和误帧率性能都明显优于 SOVA 译码算法。

（2）迭代次数越高，误码率性能越好。但是，大部分迭代增益都出现在前两次迭代中。

（3）在信噪比较小时（低于 0），SOVA 迭代译码的误码率随信噪比的增大降低较快，信噪比较大时误码率改善较缓慢。因此，在信道噪声比较弱时，减少迭代次数不会对误码率性能造成太大影响，却可以降低译码时延；而信道环境比较差时，可通过增加迭代次数来提高误码率性能。

（4）LOG-MAP 译码的性能非常优异，二次迭代在信噪比为−0.5dB 时的误码率可达到 10^{-6}。

从误码率性能看，Log-MAP 优于 SOVA。从实现复杂度看，SOVA 译码算法

实现比较容易，更简单。因此，可以根据实际需要来选择译码方式。

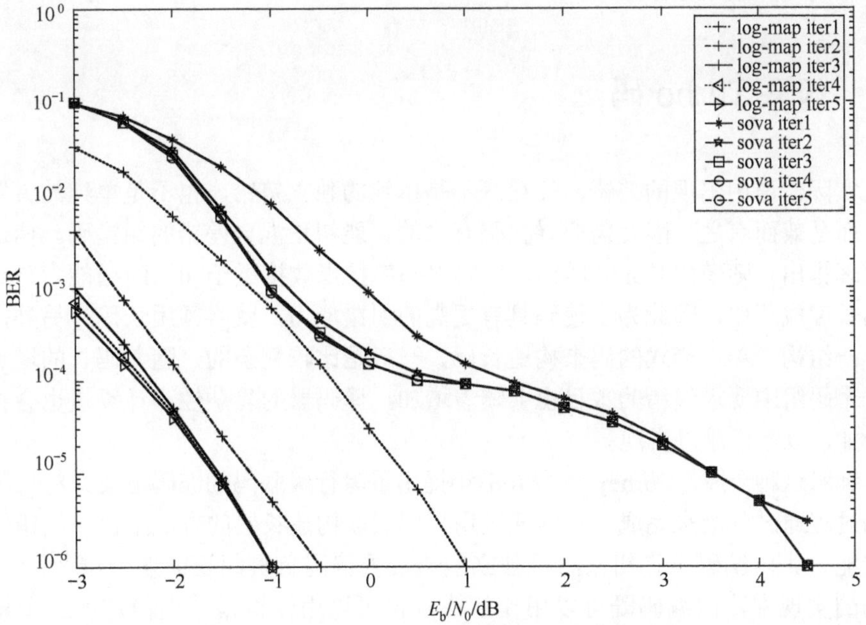

图 7-5 SOVA 和 LOG-MAP 译码算法的误码率和误帧率曲线仿真比较

Turbo 码的迭代译码终止条件的设计是一个很重要的问题：一方面，因为迭代译码是很耗资源的计算；另一方面，过多的迭代可能会造成溢出或者振荡，从而得到错误的输出结果。

最简单的终止方法就是指定迭代次数，实验表明，经过 5 次左右迭代，能够从以后的迭代过程中获得的好处就很少了，因此可以指定迭代次数，使译码过程在达到设定数值时结束。这是本项目中采取的方法之一。

然而，固定迭代次数有两个弊端。一方面，当信道特性较好时，多余的迭代造成了计算资源的浪费；另一方面，当信道特性差、误码率高时，又不能充分发挥 Turbo 码的性能。在理想的情况下，迭代次数应随着误码情况动态地变化。

另一种译码终止算法是在信息序列中加入 CRC 校验码字，每次迭代之后立即检测信息序列是否有错，无错时译码即结束，为防止误码率很高时不能完全纠错的情况，还必须设定最大迭代次数，达到这一数值后，即使译码结果仍然有错误，迭代过程也被强制终止。CRC 校验适用于信道特性比较好的情况，实验表明，在这种情况下，只需一两次迭代就可以得到正确结果。它的缺点是必须加入多余的校验位，降低了通信效率。

另外一种效果较好的方法是采用检测成员编码器输出之间的交叉信息熵，当发现熵值低于某一阈值时，表明再次迭代能够获得的增益已经很小，因此终止译码。这种方法能够非常好地挖掘 Turbo 码的潜力。它的缺点是计算交叉信息熵需要较大的计算量和存储空间。

7.3 级联 Turbo 码

实际信道中出现的差错，往往既不是单纯的独立差错，也不是单纯的突发错误，而是兼而有之，因此需要寻找强有力的、能纠正混合差错的纠错码。信道编码定理指出，随着码长 n 的增加，译码误码率按指数接近于 0。纠错能力与纠错码的长度成正比，因此为了使码具有更高的纠错能力，就必须用长码。另外，采用单一结构、单一形式的码来构造长码，一般是比较复杂的，随着码长的增加，在一个码组中要求纠错的数目也会随着增加，译码器的复杂性和计算量也会相应地增加，以至于难以实现。

针对这种矛盾，Forney 于 1966 年提出了串行级联码的编码方案，将长码的编码过程通过分级来完成，从而通过用短码级联构造长码的方法来提高纠错码的纠错能力。内编码负责纠正随机独立差错，外编码负责纠正突发差错[1,2]。在级联码的实现中，内编码既可以用作纠错，也可以用作检错。当信道产生少量随机错误时，通过内编码就可以纠正。在干扰比较严重的组合信道中，内编码中的某些码字内错误很多，往往超过内码的纠错能力。所以，通常内编码仅用来纠正少量错误，而大部分用来检错，指出错误的位置，而纠错任务则由外编码译码器完成。

Turbo 码和其他编码方法可以进行串行级联，其中空时分组码和 RS 码与 Turbo 码的级联方案有很多应用。下面简要介绍这两种级联编码方法。

7.3.1 空时分组码和 Turbo 码级联技术

在 MIMO 系统下，传统的直联方案是将空时分组码译码得到的数据序列送给 Turbo 码译码，译完后直接判决输出。但是，考虑到 Turbo 迭代思想和软信息的作用，本节提出一种将空时分组码和 Turbo 码级联的迭代技术，充分利用外部软信息的纠错能力，通过迭代方式来获得增益，从而提高系统性能。

空时分组编码可以获得很高的分集增益，却没有编码增益，同时虽然 Turbo 码有良好的编码增益，但在衰落信道下性能却大受影响。因此，空时分组码和 Turbo 码的级联技术能充分利用空时分组码的分集增益和 Turbo 码的编码增益，在 MIMO 系统中，不仅能提高系统带宽效率，还能有效地对抗噪声干扰、多径衰落等影响。

迭代的级联系统是在接收端将 Turbo 码的译码软信息反馈回空时分组码的译

码器，使空时分组码译码出来的符号软信息能够利用 Turbo 码提供的比特软信息，从而提高接收判决符号的可靠性，也就是提高了送入 Turbo 译码器数据序列的可靠性，达到系统整体性能的提升。尽管这种方式并不是严格意义上的最优，但是仿真结果仍然显示，对于这种级联译码技术来说，在 MIMO 衰落信道下，性能还是有非常明显地提高。空时分组码和 Turbo 的迭代级联系统框图如图 7-6 所示。

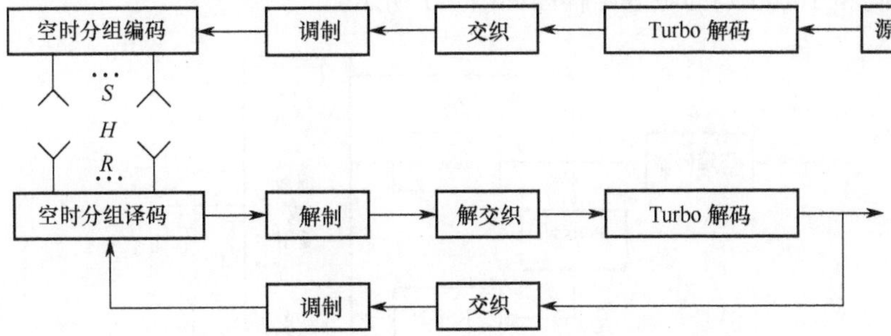

图 7-6 空时分组码和 Turbo 的迭代级联系统框图

数据源经过 Turbo 码编码后，一定数量的编码块组合成一个大帧，先经比特交织器后调制成符号，再按照空时分组码的编码原则进行编码，最后通过发送天线发射出去。

经过 MIMO 衰落信道后，在接收端空时分组译码器还原发送符号，解调和解交织后，送入 Turbo 译码器；Turbo 译码后得到数据序列的软信息作为外部信息，交织、调制后反馈回空时分组译码器，如此迭代来提升系统性能。

7.3.2 RS 码和 Turbo 码级联技术

RS 码是最优线性分组码，具有严格的代数结构和非常低的漏检概率，并且其实现电路也比较简单，但是 RS 码的延时比较大，要求精确的帧同步。所以，当信道条件比较差的时候，性能会变差。Turbo 码通常利用递推系统卷积码，通过交织器并联级联，其优点是延时短，译码算法能够充分利用软判决，因此纠突发错误性能好；即使在信道条件比较差的时候，仍然能有较强的纠错能力，是一种优异的信道纠错编码，其性能接近 Shannon 极限。

当信噪比较小时，随着信噪比的增加，Turbo 码误码率迅速降低，当信噪比较大时，随着信噪比的增加，Turbo 码误码率降低的速度趋于平缓。为了得到更低的误码率，需要更高的信噪比。但是，高的信噪比会带来能源浪费、信息泄漏等问题。

于是，我们考虑将 RS 码和 Turbo 码级联编码。这样做有两方面理论根据：

一方面，这样做会增加 Turbo 码的等效码长，从而提高了 Turbo 码的固有性能；另一方面，利用串联的 RS 纠错码纠正 Turbo 码不能纠正的错误，达到提高纠错能力的目的。

RS 码与 Turbo 码级联时，RS 码作为外编码使用，可以纠正内编码译码后仍然出现的突发差错。为了进一步降低 Turbo 码的误码率和误帧率，减少迭代次数，充分利用 RS 码的纠错能力，将这两种编码方式级联，可以获得较好的性能。RS 码和 Turbo 码的级联结构图如图 7-7 所示。

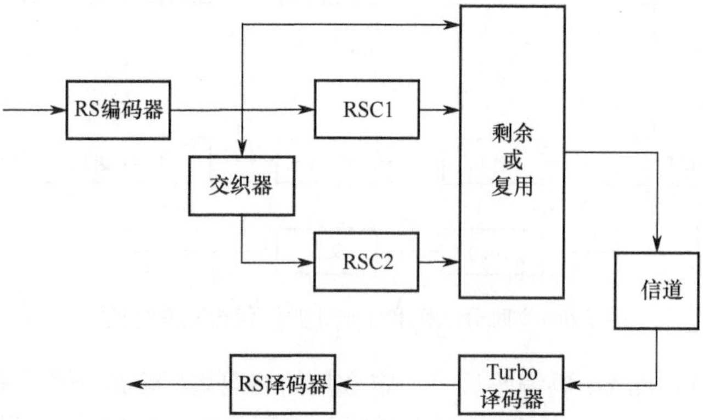

图 7-7　RS 码和 Turbo 码的级联结构图

如图 7-7 所示，假设 Turbo 码有两个分量编码器、一个交织器。输入信息经过 RS 编码器编码后进入 Turbo 码编码器。然后信息分三路进行：一路维持原状；另一路经过系统递归卷积编码器产生校验序列一；最后一路经过交织器后由第二个系统递归卷积编码器产生校验序列二，三路信息根据码率要求经过删除与复用，然后进入信道。

这种级联方式，从整体上看，外码 RS 码与内码 Turbo 码串行级联，但是 Turbo 码的内部是并行结构。也就是说，这是一种串联与并联、分组码与卷积码混合级联的多维 Turbo 码结构，又称为 RS-Turbo 级联码。在接收端：首先经 Turbo 码译码器译码；然后再经过 RS 译码器译码，这样经过两次译码纠错，整个级联系统的性能得到了很大提高。另外，RS 码通过检错能够及时停止 Turbo 码迭代，减少译码时延。

可以将 RS-Turbo 级联码看成三维 Turbo 码，也可以看成并行级联码 PCC 与串行级联码 SCC 的混合结构，还可以看成分量码是分组码与卷积码的混合。

所以 RS-Turbo 级联码在性能上是一个很好的折中方案。与单纯的 Turbo 码或 RS 码略有不同，RS-Turbo 码的编译码器可以在系统中发挥两种不同码字的优势，提高了系统的差错控制能力。

7.4 Turbo 码交织器设计

Turbo 码的性能直接与交织器相关联，交织器的设计是设计性能优于 Turbo 码的关键。常见交织器主要有分组交织器、随机交织器和卷积交织器。但是目前讨论的 Turbo 码大多是面向帧的，所以分组交织器和随机交织器使用较多。随机交织器主要有伪随机交织器、线性同余交织器和对称交织器等；分组交织器主要有行列交织器、Berrou-Glavieux 交织器和螺旋交织器等。

7.4.1 随机交织器

1. 伪随机交织器

举例，按顺序生成的 5 个随机数分别为 0.823、0.526、0.715、0.437 和 0.689；若规则是按从大到小的顺序排列，则交织后的输出为(0.823,0.715, 0.689, 0.526, 0.437) $\to (d_4,d_2,d_5,d_3,d_1)$，此即信息序列的读出顺序，如图 7-8 所示。

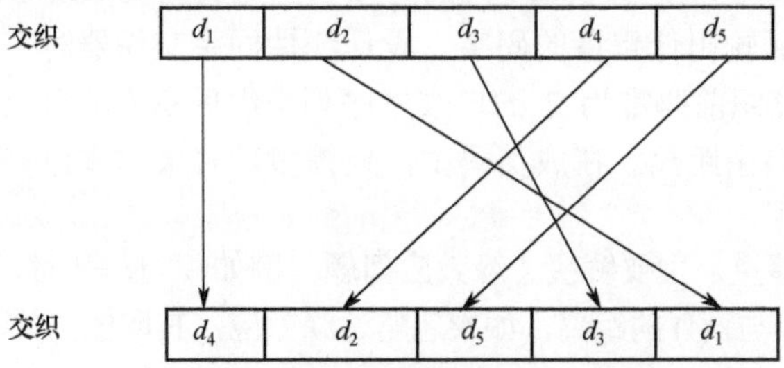

图 7-8 伪随机交织器交织示意图

上面反映的实际上是一种映射关系。对于长为 n 的信息序列；首先标记每比特的位置；然后生成相应 n 个 $[0,1]$ 之间的随机数，按生成顺序排列成序列 X，每个随机数对应于信息序列中相应位置的信息比特；最后把 X 中元素按一定规则重新排列得到新的序列 Y，并按 Y 中元素的顺序读出相应的信息比特，这样就完成了交织。

伪随机交织器的随机数产生方式主要有线性同模取余法的贝斯—德拉姆洗牌技术和伪随机 S-交织法，这些方式决定了伪随机交织器的随机性。

2. 线性同余交织器

线性同余交织器由于空间距离特性易于控制而倍受重视。其对于帧长为 N 的交织序列位 i 的映射函数为

$$a(i) = k \cdot i + v \pmod N, \quad (k, N) = 1, \quad v < N \tag{7-9}$$

运用以上 Turbo 码交织器的设计方法对于该函数的参数分析如下。

（1）参数 k 的取值直接关系着交织器的性能，主要体现在以下 4 个方面。

相邻两个信息位交织后，间距是 $L_1 = k$，虽然通过选择适当的系数 k，可以确保相邻的码元交织后相互分开，但并非 k 越大越好，系数 k 的最佳值在 $\sqrt{N}$ 附近，也就是说，它可以调节交织器的分散程度 $S = (2, k)$。

改变交织前后校验序列的相关性，交织序列的相关系数主要由值 $L_2 = |i - a(i)|$ 决定，k 的取值关系着不动点的个数，从而可以调节交织器的随机化程度。根据分析得出如下结论：序列交织后不动点的个数与 k 的取值成正比。如果用不动点来衡量交织器的随机性，那么，交织器的随机化程度将随着 k 的增大而减小。若用 N/k 表示随机化程度，用 k 表示交织器的分散度，当 $k \approx N/k$，即 k 在 $\sqrt{N}$ 附近时，交织器在分散度和随机化程度上取得较好折中。

k 的取值可以改变交织器的奇偶性。对于高码率的 Turbo 码来说，线性同余交织器应该是奇偶交织器，这样，把码率从 1/3 提高到 1/2、2/3 或 3/4 等高码率时，不会出现由于校验信息不均匀分布而损失性能的情况。

k 的取值可以提高 Turbo 码的有效自由距离。因为这样的序列不加收尾比特便可以使编码器归零，所以 Turbo 码的有效自由距离主要取决于输入码重为 2 的自收尾序列，从而输出低重量的码字。设计线性同余交织器时，通过选择适当的 k 值，可以确保交织前码重为 2 的自收尾序列交织后变为非自收尾序列，从而提高整体码的有效自由距离。在成员码中，反馈多项式采用本原多项式时，可以减少这样的序列出现。

（2）v 是偏移量，主要解决边缘效应问题。例如，当 $i = 1$ 时，$a(1) = k + v$，v 的取值可以调节 1 与 $a(1)$ 的距离，如果忽略边缘效应，其取值无关紧要，可为 0。

（3）对于 k、v 在高码率 Turbo 码交织器中的取值，有如下定理。

定理 7.1 当 k 是奇数，v 是偶数，而且 N 是偶数时，线性同余交织器是奇偶交织器。

证明： m 是任意整数，当 $k = 2m+1$，$v = 2m$ 时，若 $i = 2m+1$，代入式（7-9）得 $k \times i + v = k(2m+1) + v = 2km + k + v$。因为 $2km$ 和 v 是偶数，则 $2km + v$ 是偶数，又因 k 是奇数，所以 $2km + v + k$ 是奇数，从而 $k \times i + v$ 是奇数。

同理，当 $i = 2m$ 时，$k \times i + v$ 是偶数。

当 N 为偶数时，一个数 M 模 N，其奇偶性不变。因为 $M = k \times N + m_1$，$m_1 < N$，如果 M 是奇数，则 m_1 也是奇数，如果 M 是偶数，则 m_1 也是偶数。所以，当 k 是奇数，v 是偶数，而且 N 是偶数时，线性同余交织器是奇偶交织器。

3. 对称交织器

对称交织器的基本原理是将序列中的两个码元进行互换，故序列经过两次交织后可得到原序列。

具体实现步骤如下。

步骤 1：产生一个随机数 s（$1 \leqslant s \leqslant N$），如果交织器的位置 S 已经赋值，则重新产生一个随机数，直到交织器的位置 S 没被赋过值。如果没有数可以产生，则产生一个空的交织器，重新开始。

步骤 2：对于所有的 $1 \leqslant k \leqslant d_m$，如果 $I(i \pm k)$ 已经赋过值，则计算 $|s - I(i \pm k)|$，若小于 $d + I - k$ 则返回步骤 1，重新产生一个新的随机数 s。

步骤 3：对于所有的 $1 \leqslant k \leqslant d_m$，如果 $a(s \pm k)$ 已经赋过值，则计算 $|i - I(s \pm k)|$，若小于 $d + I - k$ 则返回步骤 1，重新产生一个新的随机数 s。

步骤 4：给交织器赋值 $I(i) = s$，$I(s) = i$。若 i 值为 N，则已经成功生成交织器；否则值加 1，返回步骤 1。

对称交织器的好处是可以通过相同的硬件或查找表实现。有一类是用代数交织器构造的对称交织器，其实现方便，但帧长有特殊的要求，必须是 2 的整数幂，从而大大限制了它的适用范围。还有一类对称交织器的构造是基于随机交织器，没有帧长的限制。

7.4.2 其他交织器设计

1. 传统的行列交织器

通过实验，我们不难发现：如果 R 和 C 都是奇数，那么这个行列交织器一定是奇偶交织器。

根据以上结论，可将传统的行列交织器用 R 行 C 列的矩阵表示，信息按行顺序写入、列顺序读出，如图 7-9 所示。R 和 C 满足以下关系，可以得到一个相对优化的交织器。

（1）R+1 与 C 互素；

（2）R+1< C，显然正方形矩阵不能满足这一条件。

1	2	3	4	5
6	7	8	9	10
11	12	13	14	15

→

1	6	11
2	7	12
3	8	13
4	9	14
5	10	15

图 7-9　传统的行列交织器

交织器的映射函数表示为

$$I(t) \equiv [t \bmod R] \cdot C + (t \operatorname{div} R) \tag{7-10}$$

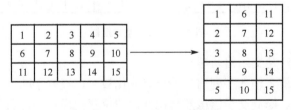

传统的行列交织器存在一个缺点，对于码重为 4 的输入序列，如果 4 个 1 分布在一个正方形的 4 个顶角，那么校验序列都是低重量的输出。

解决这个缺点的方法是利用传统交织器的一种变形，就是按行顺序写入、列倒序读出。虽然交织前后序列的相关性较小，但问题依然存在。

2. Berrou-Glavieux 交织器（Berrou-Glavieux Interleaver）

这种交织方法是 Berrou 等人提出 Turbo 码时所使用的，也可称为半随机交织器，它克服了传统交织器的缺点。对于 M 方阵（M 是 2 的幂次方）交织器，信息按行顺序写入、伪随机读出，映射函数表示如下：

$$I(i \cdot M + j) = i[r] \cdot M + j[r] \tag{7-11}$$

$$i[r] = (1 + M/2)(i + j) \pmod M \tag{7-12}$$

$$g = (i + j) \pmod 8 \tag{7-13}$$

$$j[r] = [p(g) \cdot (j+1)] - 1 \pmod M \tag{7-14}$$

式中：$i[r]$ 和 $j[r]$ 表示交织后信息的行列位置 $(i[r], j[r])$；i 和 j 表示交织前信息的位置 (i, j)；$p(g)$ 与 m 互素，从给定的表取值。

3. 螺旋型交织器（Helical Interleaver）

这种交织器是 1995 年由 Barbulescu 首次提出的。对于 R 行 C 列的交织器，数据按行顺序写入、读出时从左下角开始对角方式螺旋型读出，如图 7-10 所示。映射函数如下：

$$I(t) = (i[r] - 1) \cdot C + j[r] \tag{7-15}$$

$$i[r] = C \cdot R + 1 - t \pmod R \tag{7-16}$$

$$j[r] = t \pmod C \tag{7-17}$$

如果 C 是偶数，那么这种交织器就是奇偶交织器。

1	2	3	4	5
6	7	8	9	10
11	12	13	14	15
16	17	18	19	20

→

16	12	8	4	20
11	7	3	19	15
6	2	18	14	10
1	17	13	9	5

图 7-10　螺旋型交织器

下面比较斜对角交织器与螺旋交织器。

两者相比，前者输入序列前后的位置变化较大，没有不动点，但相邻信息位的相对距离较小。螺旋交织器虽然交织前后的位置距离较小，还有个别不动点，但是它将相邻信息位均匀分开距离 C，而且如果矩阵的列 C 为偶数，此螺旋交织器就是奇偶交织器。

另外，与此类似的还有一种斜对角交织器，输入序列按行列顺序排成矩阵，读取时按先入后出原则斜对角输出，如图 7-11 所示。

1	2	3	4
5	6	7	8
9	10	11	12
13	14	15	16

(a)

16	15	12	14
11	8	13	10
7	4	9	6
3	5	2	1

(b)

图 7-11 斜对角交织与螺旋交织器

（a）交织前；（b）斜对角交织后。

另外，分组交织与随机交织也可以相互结合使用，如按先后顺序写入、伪随机顺序读出，或者按伪随机顺序写入、按先后顺序读出。

从 Turbo 码的编译码结构可以看出，译码器中的交织器要与编码器中的交织器相对应。在传输信息帧较短的通信系统中应用 Turbo 码，采用伪随机交织器效果不佳的原因是数据帧较短时计算产生的随机数之间存在一定的相关性，随机效果不佳，采用分块交织器更有利一些。

另外，在信息帧较长且对译码精确度要求较高的通信系统中，最好采用伪随机交织器。因为当传输信息帧较长时，分组交织器的译码性能比伪随机交织器的性能要差。这是因为随着交织长度的增大，随机数的产生越均匀，交织前后序列的相关性越小。而随着交织长度的增大，分组交织器交织前后信息序列的比特位不动点增多，相关性加大。

分组交织器是以规则方式进行交织的，所以在收发两端，双方可以通过一定的协议来确定交织器的工作方式。采用伪随机交织器的 Turbo 码系统，由于对于每一组信息序列所用的交织器均不相同，并具有一定的随机性，而译码器要求对每帧数据有相应的交织器的交织顺序，所以在传输编码序列的同时，在信道上还需传输交织器信息，这加大了信道负载，而且若交织器信息出现错误，则会使译码错误增多。

参考文献

[1] Berrou C, Glavieux A, Thitimajshima P. Near Shannon limit erroe-correcting coding and decoding: turbo-codes[J]. IEEE Int. Conf. On Commun. Geneva, 1993: 1064-1070.

[2] 王新梅，肖国镇. 纠错码——原理与方法（修订版）[M]. 西安：西安电子科技大学出版社，2001.

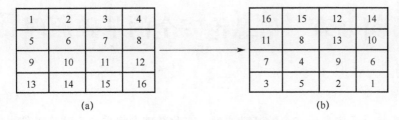

8 第 8 章　信息论安全的基础原理

本章将介绍信息论安全的基础原理，在此基础上将重点介绍窃听信道的相关知识。

8.1　基本定义

在本章中，标量都由正规的字母 x 表示，长度为 n 的矢量表示为 $\boldsymbol{x}^n=(x_1,x_2,\cdots,x_n)$，随机变量由大写字母 X 表示。离散随机变量及连续随机变量的熵分别由 $H(\cdot)$ 和 $h(\cdot)$ 表示，两个变量的互信息用 $I(\cdot)$ 表示。而 x 在 X 中的概率由 $p_X(x)$ 表示，在 $Y\in y$ 条件下 $X\in x$ 的概率用 $p_{X/Y}(x/y)$ 表示。为了简化符号，有些脚注将被省略，在这种情况下，随机变量应该从上下文中推导得到。

信息论安全定义：把信息 $\boldsymbol{M}$ 和码字 $\boldsymbol{C}$ 分别看作随机变量，当平均残余不可靠度 $H(\boldsymbol{M}/\boldsymbol{C})=H(\boldsymbol{M})$ 时，也就是当窃听者从码字 $\boldsymbol{C}$ 不能获得关于信息 $\boldsymbol{M}$ 的任何有用信息，则认为此时就是基于信息论原理的安全，可以简称为信息论安全，也可以称为无条件安全。

我们都知道，在现实中，绝对的不可破解的加密体制是不存在的。事实上，如果一个消息包含 k 比特的信息，通过随机猜测每比特（虽然不科学，但是有效的窃听战略是可行的）其成功的概率是 2^{-k}，这个结果不仅仅暗示了绝对的数据安全是不可能的，而且指出了评估一个系统的安全性应该使用一个概率来作为量化标准。然而无条件安全的标准却保证了信息和码字是统计独立的，这意味着只有之前提到的猜想策略是窃听者获得信息的最好方法。同时，由于信息和码字之间不存在相关性，无条件安全机制对密码分析技术是免疫的。所以，无条件安全作为一种严格意义上的安全已经被人们广泛地接受。

至于无条件安全机制为什么具有常规的密码学加密机制所不具备的优点和抗攻击性，我们在 8.3 节着重进行分析，接下来先介绍现代密码学的基本原理及局限性。

8.2　现代密码学的基本原理及局限性

现代的密码系统不仅仅局限在对加密机制的分析和设计上，而且包括对数字签名、消息认证和数据完整性等问题的解决，我们的讨论将集中在对称加密机制和非对称（公钥）加密机制的描述上。

为了保证合法发送者 Alice 传输信息的机密性，编码是建立在密钥的基础之上的，这些密钥就是合法通信双方 Alice 和 Bob 知道的秘密比特序列。窃听者 Eve 的目的就是破解 Alice 与 Bob 之间的加密通信内容，也就是在不知道密钥的情况下从码字中恢复出通信的有效信息。这种加密机制的安全性在传统上是按照计算安全性的标准来衡量的，其前提条件就是假定窃听者的计算资源是有限的。通常如果一个窃听者的译码算法在数学上被认为计算复杂度是一个不可解的数学问题（如 NP 问题），那么计算安全性准则认为这个加密是安全的。虽然这种安全性观念被目前的很多密码协议广泛地使用，尽管在很多情况下令人很满意，但是这种方案并不能在长时间内保证通信系统的安全。事实上，在今天拥有超强计算能力或内存容量的环境下，用计算有限的计算安全性假设来评估加密机制的安全性是非常不合理的。例如，很多加密方法可能在 20 年前被认为非常安全，但现在却很容易就能被普通的计算机在很短的时间内破解。因此在这个计算资源不断扩张的时代，加密算法也必须不断升级才能满足通信的加密需求。

图 8-1 所示给出了加密机制的原理（称为对称加密）。Alice 和 Bob 首先共享密钥 $\boldsymbol{k}$；然后用其来加密消息 $\boldsymbol{m}$ 和解密码字 $\boldsymbol{c}$。窃听者 Eve 知道编码和译码算法并截获了码字 $\boldsymbol{c}$，但是并不知道密钥 $\boldsymbol{k}$，因此 Eve 不能快速解密消息 $\boldsymbol{m}$。

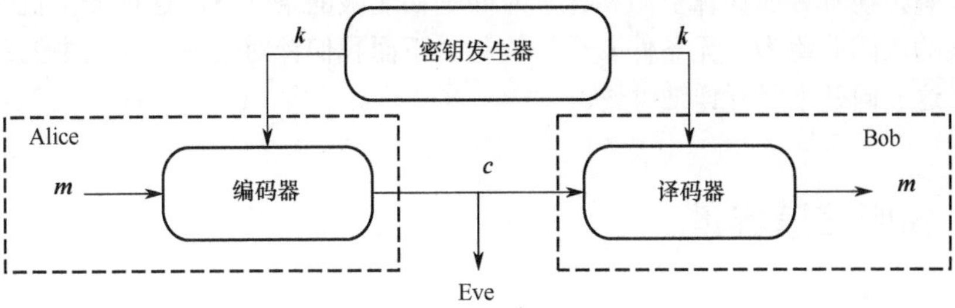

图 8-1　对称加密原理

对称加密方案使用短的密钥就可以实现加密，并且具有执行效率高的优点。例如目前有高安全性的 AES 就能以每秒千兆字节的加密速率的硬件执行率；然而安全性不仅仅依靠算法的破解难度，还要依赖 Alice 和 Bob 之间有效的密钥分发和密钥长度。

20 世纪 70 年代后期提出来的非对称加密体制（也称为公钥加密机制），是一种针对密钥分发问题的有效解决方案。如图 8-2 所示，在 Alice 和 Bob 两端分别拥有不同的密钥，公共密钥 $\boldsymbol{k}_{\text{pub}}$ 是被公开的，Alice 用其对信息进行加密，私钥 $\boldsymbol{k}_{\text{priv}}$ 则是秘密的，只有 Bob 可以利用私钥 $\boldsymbol{k}_{\text{priv}}$ 来对加密内容进行解密。换句话说，公开的公钥是被每个人所拥有的，这样一来，就有效地解决了对称加密机制中密钥分发的问题，但是加密信息只能被拥有私钥的 Bob 正确解密。

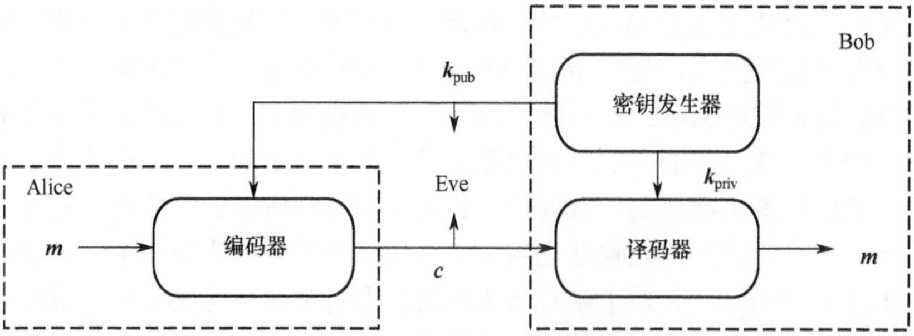

图 8-2　非对称加密原理

我们看到，无论是对称加密机制还是非对称加密机制都依赖于对窃听者 Eve 的计算能力的限制，但是如果假设窃听者 Eve 的计算能力是无限的，上面的对称加密机制和非对称加密机制都将变得不安全；随着计算机性能的不断提高，计算速度越来越快，128bit 长度的密钥在计算机的“蛮力”（Brute-force）攻击面前都是不安全的，密钥长度越来越长，使得密钥的保管和分配都是很大问题。随着云计算的飞速发展，基于计算限制的传统安全技术遭到了非常大的挑战和质疑。

于是，人们将目光转向了基于信息论的安全机制，这个机制可以突破计算限制，即假定窃听者的计算资源和计算时间是在无限的条件下，这种安全机制都是不可破的，因此称为“无条件安全”机制。下面我们针对信息论安全中的窃听信道容量这一问题来展开详细讨论。

8.3 窃听信道容量

8.3.1 窃听信道模型

Shannon 提出的“一次一密”是满足信息论安全秘密标准的[1,2]，即使窃听者的计算资源是无限的，他也无法窃取合法通信双方有效的通信内容。图 8-3 所示给出了“一次一密”原理示意图，Alice 和 Bob 共享一个长度至少与信息长度相同的密钥，他们加密或解密时都是将密钥比特流与信息比特流模 2 相加，并且

Shannon 指出这种“一次一密”的加密机制是满足无条件安全的加密方法。Shannon 的研究结果表明，在现代密码体制中，对于一个重复使用的小比特密钥来说，每个密钥流只能被使用一次的要求是无法满足的。在实际中，除非在 Alice 和 Bob 之间存在一个有效的密钥分发，否则“一次一密”将是很难实现的，甚至是根本无法实现的。

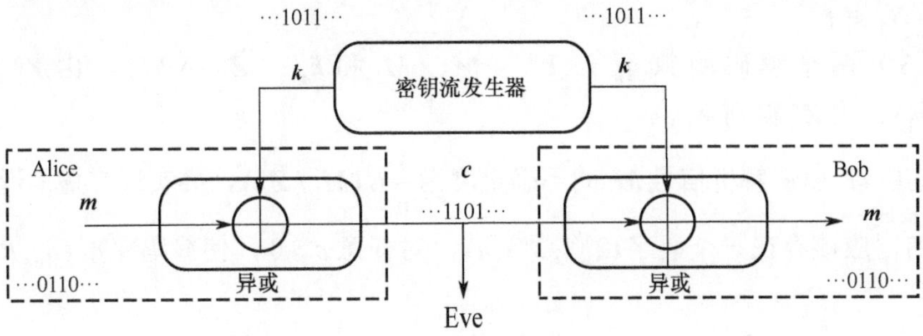

图 8-3　“一次一密”原理示意图

根据 Shannon 的结论，人们认为无条件安全在实际中是无法成功的。然而，事实上从图 8-1～图 8-3 中给出的安全通信框架都过度悲观了。因为它们并没有考虑通信信道的物理特性，特别是没有考虑由于噪声引起的信号退化。1975 年，Wyner 提出的窃听信道就是通过考虑通信信道的特性来实现无条件安全的模型[3]，其考虑主信道和窃听信道的信道差异，指出实现无条件安全通信是可行的。

窃听信道模型起初是由 Wyner 提出的，后来又被 Csiszar 和 Korner 重新定义[4]。图 8-4 所示描述了后者的模型，也称为秘密信息的广播信道模型。Alice 和 Bob 在一个离散的广播信道下通信，离散的输入用 $\boldsymbol{X}^n=\{x_1,x_2,\cdots,x_n\}$ 表示，两个离散输出用 $\boldsymbol{Y}^n=\{y_1,y_2,\cdots,y_n\}$ 和 $\boldsymbol{Z}^n=\{z_1,z_2,\cdots,z_n\}$ 表示，传输概率由 $p_{YZ/X}(y,z/x)$ 表示。假设信道是无记忆的，那么序列长度为 n 的传输概率为

$$p(\boldsymbol{Y}^n,\boldsymbol{Z}^n/\boldsymbol{X}^n)=\prod_{i=1}^{n}p_{\boldsymbol{YZ}/\boldsymbol{X}}(y_i,z_i/x_i) \tag{8-1}$$

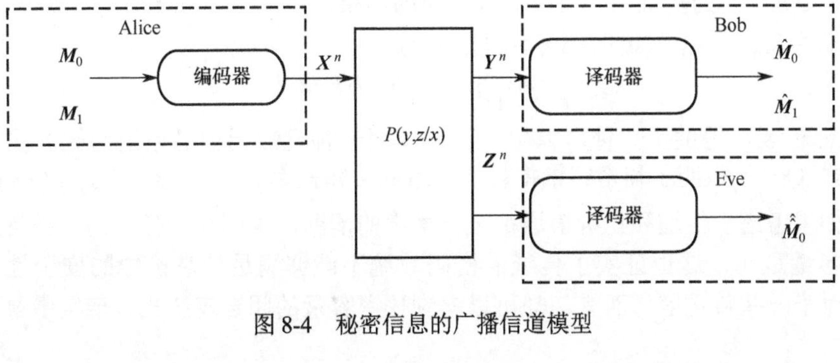

图 8-4　秘密信息的广播信道模型

假设 Alice 发送一个共同的信息 $\boldsymbol{M}_0$ 给 Bob，Eve 能窃听到信息 $\boldsymbol{M}_0$，Alice 同时发送一个私有的信息 $\boldsymbol{M}_1$ 给 Bob。

定义 8.1　$A(2^{nR_0},2^{nR_1},n)$ 的码字在广播信道下的秘密信息组成如下。

（1）两个信息：$\boldsymbol{M}_0=\{1,2,\cdots,2^{nR_0}\}$ 和 $\boldsymbol{M}_1=\{1,2,\cdots,2^{nR_1}\}$。

（2）一个编码函数（可能是随机的）f_n：$\boldsymbol{M}_0\times\boldsymbol{M}_1\to\chi^n$, $(m_0,m_1)\in\boldsymbol{M}_0\times\boldsymbol{M}_1$，$\boldsymbol{X}^n\in\chi^n$。

（3）两个解码函数 g_n：$\boldsymbol{Y}^n\to\boldsymbol{M}_0\times\boldsymbol{M}_1$ 和 h_n：$\boldsymbol{Z}^n\to\boldsymbol{M}_0$，由 $\boldsymbol{Y}^n$ 得到 $(\hat{m}_0,\hat{m}_1)$，由 $\boldsymbol{Z}^n$ 得到 $\hat{m}_0$。

窃听者 Eve 解析信号 $\boldsymbol{M}_1$ 的不确定度为 $\frac{1}{n}H(\boldsymbol{M}_1/\boldsymbol{Z}^n)$，要实现广播信道的保密通信，应该存在一个码字 $(2^{nR_0},2^{nR_1},n)$，对任意 $\varepsilon>0$，使得码率集 (R_0,R_1,R_e) 满足

$$P\left[g_n(\boldsymbol{Y}^n)\neq(\boldsymbol{M}_0,\boldsymbol{M}_1)\text{或者 }h_n(\boldsymbol{Z}^n)\neq\boldsymbol{M}_0\right]<\varepsilon\text{，可靠条件}\tag{8-2}$$

$$\frac{1}{n}H(\boldsymbol{M}_1/\boldsymbol{Z}^n)\geqslant R_e-\varepsilon\text{，保密条件}\tag{8-3}$$

事实上，可靠条件要求在编码过程中增加冗余度，而保密条件则试图限制这个冗余。但是可靠性和保密性的折中可以很好地由如下定理描述。

定理 8.1[4]　可实现秘密信息传输的码率集 (R_0,R_1,R_e) 应满足

$$c=\bigcup_{U\to V\to X\to YZ}\left\{\begin{array}{l}0\leqslant R_e\leqslant R_1\\ R_e\leqslant I(\boldsymbol{V};\boldsymbol{Y}/\boldsymbol{U})-I(\boldsymbol{V};\boldsymbol{Z}/\boldsymbol{U})\\ R_1+R_0\leqslant I(\boldsymbol{V};\boldsymbol{Y}/\boldsymbol{U})+\min\left[I(\boldsymbol{U};\boldsymbol{Y}),I(\boldsymbol{U};\boldsymbol{Z})\right]\\ 0\leqslant R_0\leqslant\min\left[I(\boldsymbol{U};\boldsymbol{Y}),I(\boldsymbol{U};\boldsymbol{Z})\right]\end{array}\right\}\tag{8-4}$$

为了能给出信道提供的安全一个明确的量化标准，Csiszar 和 Korner 提出了广播信道的秘密容量，这是一个非常合理的评价指标。

秘密容量定义为满足 $(0,R_1,R_1)$ 的 R_1 的上确界。秘密容量正好与只考虑信道传输可靠性的信道容量相对应。

在定理 8.1 的基础上，可以得到下面的结果。

推论 8.1　广播信道的秘密容量定义为

$$C_s=\max_{V\to X\to YZ}\left[I(\boldsymbol{V};\boldsymbol{Y})-I(\boldsymbol{V};\boldsymbol{Z})\right]\tag{8-5}$$

推论 8.1 提供了一种可以用来计算任何一种离散无记忆信道密码容量的公式。式（8-5）表明了秘密容量依赖于信道的传输概率 $p_{\boldsymbol{Y}/\boldsymbol{X}}(y/x)$ 和 $p_{\boldsymbol{Z}/\boldsymbol{X}}(z/x)$。

如果考虑主信道和窃听信道都没有噪声的情况，很明显无噪声的广播信道的秘密容量是 0，这也证实了传统的密码系统不能够满足信息论中的安全性。然而，对于一些特定信道而言，却可以得到秘密容量的闭合表达式。现实中最有用

的模型是如图 8-5 所示的高斯窃听信道。

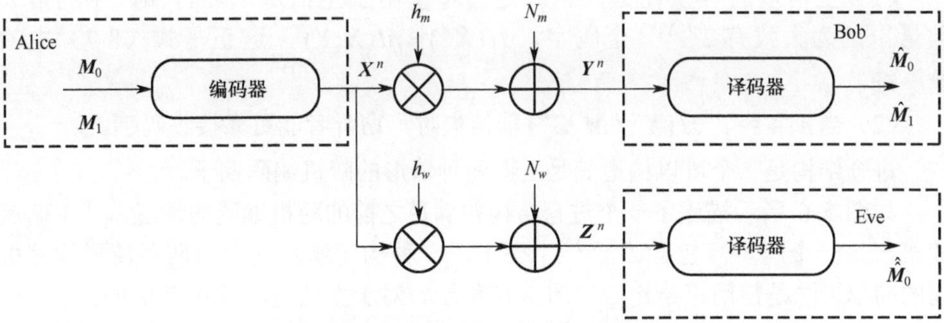

图 8-5　高斯信道模型（窃听信道）

在图 8-5 中，主信道和窃听信道都是衰落信道，信道增益分别是 h_m 和 h_w；高斯噪声的噪声功率分别是 σ_m^2 和 σ_w^2。假设信道中码字的平均功率为 $\frac{1}{n}\sum_{i=1}^{n}E(\boldsymbol{X}_i^2)\leqslant P$。

在这些假设条件下，可以得到以下的结论。

定理 8.2[5]：高斯窃听信道的秘密容量为

$$C_s=\begin{cases}\frac{1}{2}\ln\left(1+\frac{h_m^2P}{\sigma_m^2}\right)-\frac{1}{2}\ln\left(1+\frac{h_w^2P}{\sigma_w^2}\right), & \frac{h_m^2P}{\sigma_m^2}>\frac{h_w^2P}{\sigma_w^2}\\ 0，其他\end{cases} \tag{8-6}$$

式（8-6）证实了当合法接收者有一个比窃听者的信噪比较好时，就存在一种编码方法可以确保信息论安全的成立，安全通信的最大信息传输速率等于主信道容量减去窃听信道容量。

8.3.2　秘密容量

定理 8.2　可以通过使用最大编码结构的论证方法得到。为了能更直观地理解这些推理论证，我们现在讨论在定理 8.1 的特殊情况下窃听编码中随机编码的结构，其中 $R_0=0,R_e=R_1,U\neq 0,$ 和 $\boldsymbol{V}=\boldsymbol{X}$。首先与定理 8.1 相反：

$$\frac{1}{n}H(\boldsymbol{M}/\boldsymbol{Z}^n)\leqslant I(\boldsymbol{X};\boldsymbol{Y})-I(\boldsymbol{X};\boldsymbol{Z})+\delta \tag{8-7}$$

其中，当 $n\to\infty$ 时，$\delta\to 0$，通过使用基本的加密方法，可以如下限制窃听者的接收：

$$H(\boldsymbol{M}/\boldsymbol{Z}^n)\geqslant H(\boldsymbol{X}^n)-I(\boldsymbol{X}^n;\boldsymbol{Z}^n)-H(\boldsymbol{X}^n/\boldsymbol{M},\boldsymbol{Z}^n) \tag{8-8}$$

由渐近均分原理可见，当 n 足够大时，$I(\boldsymbol{X}^n;\boldsymbol{Z}^n)\leqslant nI(\boldsymbol{X};\boldsymbol{Z})+n\pi\leftrightarrow\pi\to 0$；

当$n \to \infty$时，式（8-8）的下限正好对应式（8-7），有下面两种特殊情形。

（1）主信道的容量耗尽，也就是码本使用了主信道可靠传输码字的最大数量。因为大致有$2^{nI(\boldsymbol{X};\boldsymbol{Y})}$个码字，$H(\boldsymbol{X}^n) \approx nI(\boldsymbol{X};\boldsymbol{Y})$，这正是式（8-7）中的第一项。

（2）当$n \to \infty$，$H(\boldsymbol{X}^n / \boldsymbol{M}, \boldsymbol{Z}^n)$项消失时，窃听者能可靠接收码字。

进仓结构是一个可以构造满足上面两种情形的随机编码例子。

如图 8-6 所示描述了一个进仓结构并满足之前的随机编码的情况。从主信道随机产生一个码本，包含$2^{nI(\boldsymbol{X};\boldsymbol{Y})}$个码字。一种构建满足先前的两种情形的随机码的简单方法是使用箱结构，如图 8-6 所示。对于主信道，发送者 Alice 从一个随机产生的码书（它包含$2^{nI(\boldsymbol{X};\boldsymbol{Y})}$个码字，码字划分为相等的长度，共$2^{nI(\boldsymbol{X};\boldsymbol{Y})-I(\boldsymbol{X};\boldsymbol{Z})}$个分组）中选择码字发送。因为每个箱近似包括$2^{nI(\boldsymbol{X};\boldsymbol{Y})}$个码字，假若窃听者知道码字属于哪个箱，那么他就可以识别一个信道发送的码字。因此，每个箱的码字可以用来表示 Alice 需要发送的信息。由于信源信息是随机的，Alice 的发送相当于在箱中简单一致地随机选择一个码字，这样不仅可以使编码方法易于实现，也可以尽可能增大窃听者 Eve 对 Alice 所选码字的不确定度。

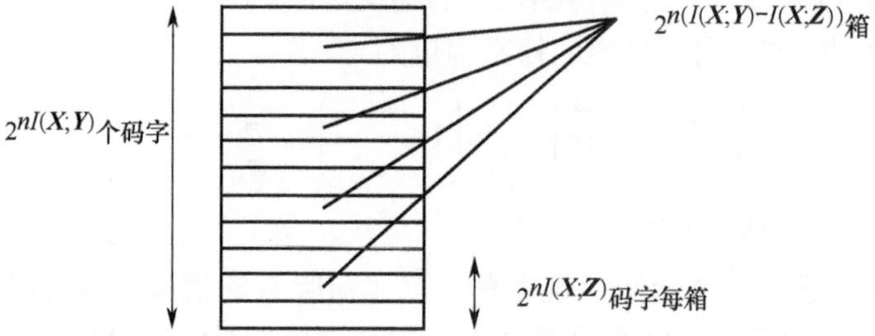

图 8-6　用于设计窃听信道的进仓方案

8.3.3　三终端密钥协议

三终端密钥协议是无条件安全通信的另一种模型。为了简便，我们这里只讨论信源类模型的三端密钥协议，所有的结果都是建立在离散的无记忆信源基础之上的。Alice 的发送信息、Bob 和 Eve 的接收信息依次使用$\boldsymbol{X}^n = (X_1, X_2, \cdots, X_n)$、$\boldsymbol{Y}^n = (Y_1, Y_2, \cdots, Y_n)$和$\boldsymbol{Z}^n = (Z_1, Z_2, \cdots, Z_n)$表示，$\boldsymbol{X}$、$\boldsymbol{Y}$和$\boldsymbol{Z}$都是随机变量。随机变量的相关性由已知的联合分布概率$p_{\boldsymbol{XYZ}}(x, y, z)$决定。

定义 8.2　信源类模型的一个许可的密钥共享方案就是包含t轮循环的相互协议。

例如在每一轮循环中，Alice 发送信息$\Phi_k(\boldsymbol{X}^n, \boldsymbol{\Psi}^{k-1})$给 Bob，$\Phi_k(\boldsymbol{X}^n, \boldsymbol{\Psi}^{k-1})$主要依赖于$\boldsymbol{X}^n$和前面 Bob 发送的信息$\boldsymbol{\Psi}^{k-1} = (\Psi_1, \cdots, \Psi_{k-1})$，而且 Bob 再将信息

$\Psi_k(\boldsymbol{Y}^n,\boldsymbol{\Phi}^{k-1})$ 发送给 Alice，$\Psi_k(\boldsymbol{Y}^n,\boldsymbol{\Phi}^{k-1})$ 则依赖于 $\boldsymbol{Y}^n$ 和 Alice 前面所发送的 $\boldsymbol{\Phi}^{k-1}=(\Phi_1,\cdots,\Phi_{k-1})$。在 t 轮循环之后，Alice 计算它的密钥 $K_A=f(\boldsymbol{X}^n,\boldsymbol{\Phi}^t,\boldsymbol{\Psi}^t)$，Bob 计算它的密钥 $K_B=g(\boldsymbol{Y}^n,\boldsymbol{\Phi}^t,\boldsymbol{\Psi}^t)$，使用大家都知道的函数 f 和 g。

在信源类模型中，R_k 是可以成功的密钥比率。当且仅当 $\varepsilon>0$ 时，存在一种许可的密钥共享策略：

$$\frac{1}{n}H(K_A)>R_k-\varepsilon$$

$$P(K_A\neq K_B)<\varepsilon\text{，可靠条件}$$

$$\frac{1}{n}I(K_A;\boldsymbol{Z}^n,\boldsymbol{\Phi}^t,\boldsymbol{\Psi}^t)<\varepsilon\text{，保密条件}$$

$$\frac{1}{n}H(K_A)>\frac{1}{n}H(K_A)-\varepsilon\text{，收敛条件}$$

作为一个可以和窃听信道保密容量相当的方案，密钥容量由 $S(X;Y/Z)$ 表示，定义为所有成功密钥比率的上界。一般很难得到密钥容量的闭合形式，但是接下来的结果可以得到论证。

定理 8.3　离散无记忆信源类模型带有 $p_{XYZ}(x,y,z)$ 的分布的密钥容量的界限如下：

$$\max\left[I(\boldsymbol{X};\boldsymbol{Y})-I(\boldsymbol{X};\boldsymbol{Z}),I(\boldsymbol{Y};\boldsymbol{X})-I(\boldsymbol{Y};\boldsymbol{Z})\right]\leqslant S(\boldsymbol{X};\boldsymbol{Y}/\boldsymbol{Z})\leqslant\min\left[I(\boldsymbol{X};\boldsymbol{Y}),I(\boldsymbol{X};\boldsymbol{Y}/\boldsymbol{Z})\right]$$

如果 Eve 的观察退化了，如 $p_{\boldsymbol{YZ}/\boldsymbol{X}}(y,z/x)=p_{\boldsymbol{Z}/\boldsymbol{Y}}(z/y)p_{\boldsymbol{Y}/\boldsymbol{X}}(y/x)$，或一个随机的退化，如 $p_{\boldsymbol{YZ}/\boldsymbol{X}}(y,z/x)=p_{\boldsymbol{Z}/\boldsymbol{X}}(zxy)p_{\boldsymbol{Y}/\boldsymbol{X}}(y/x)$，对 Bob 而言，这两个界限一致。

从协议的子集中可以得到一个确切的描述，在这个子集中，Alice 只能传一个唯一的信息给 Bob。在这种情况下，成功的密钥比率的上界就被叫作前向密钥容量。

定理 8.4　有 $p_{XYZ}(x,y,z)$ 分布的离散无记忆信源类模型的前向密钥容量被给定为 $\max\limits_{U\to T\to X\to YZ}\left[I(\boldsymbol{T};\boldsymbol{Y}/\boldsymbol{U})-I(\boldsymbol{T};\boldsymbol{Z}/\boldsymbol{U})\right]$。

当窃听者只能观察到公共讨论区而无法得到信息时，$\boldsymbol{Z}\neq 0$，此时密钥容量等于前向密钥容量，也就是互信息 $I(\boldsymbol{X};\boldsymbol{Y})$。

在很多密钥协议的重要性能中，有如下几点最令人感兴趣。

（1）密钥协议是与 Slepian-Wolf 压缩紧密相关的。

（2）反馈增加了密钥的成功率。特别是，有些特定信道在没有反馈时，保密容量为 0，但是安全通信在严格意义上都是有反馈的。

（3）相互合作的通信比单向通信更强大。相互合作的协议比单向通信的密钥成功率要大很多；但是仍然不知道一般情况下这种结论是否依然正确。

参考文献

[1] Shannon C E. A mathematical theory of communication[J]. Bell Systematic Technical Journal, 1948, 27(4): 379-423.

[2] Shannon C E. Communication theory of secrecy systems[J]. Bell Systematic Technical Journal, 1949, 28(4): 656-715.

[3] Wyner A D. The wire-tap channel[J]. Bell Systematic Technical Journal, 1975, 54(8): 1355-1387.

[4] Csiszar I, Korner J. Broadcast channels with confidential messages[J]. IEEE Transaction on Information Theory, 1978, 24(3): 339-348.

[5] Hero A O. Secure space-time communication [J]. IEEE Transaction on Information Theory, 2003, 49(12): 3235-3249.

第 9 章　无条件安全通信模型

本章将简介无条件安全通信系统模型，在此基础上，着重介绍第一类无条件安全通信系统模型 Wiretap Channel Ⅰ的构建方法。

9.1　无条件安全通信系统

由于广播和无线网络的开放性，来自外界的有意或无意的干扰和窃听不可避免，使得无线网络的安全性设计和实施受到严格关注。传统的安全性解决方案就是使用密钥进行加密和解密，然而这种传统的使用密钥的加密方案都要求有一个严格的密钥分发、管理和销毁的过程，第 8 章已经提到传统加密系统的局限和隐患。例如，在动态的无线网络环境中的 VANET（车用自组织网络），由于需要应对各种可能的攻击而要频繁改变密钥的环境在实际中很难实现。这样，大量的科学研究工作希望能打破传统加密系统的局限和隐患。

物理层安全在近几年才越来越引起学术界的重视。物理层安全技术，省去了复杂的加密解密算法，提高了效率，并且不需要共享密钥的绝对安全信道，完全依靠信道自身的条件，达到安全通信的目的。相对于传统加密系统必须要求安全的密钥分发、严格的密钥管理，以及窃听的资源限制等有条件的安全通信环境，我们把这种不对外界环境作限制，只是利用自身信道噪声等条件进行安全通信的系统称为无条件安全通信系统。下面将简单介绍一种典型的无条件通信系统，后面的章节还将继续介绍这一思路。

Wyner 提出的窃听信道模型指出：如果非法接收者的信道质量劣于合法信道，建立一条进行密钥交换的信道是完全可能的。然而，实际情况却恰恰相反，如在无线通信中，窃听者可以使用更大功率的接收天线，这样窃听者很容易就获得了比合法接收者更全面的数据。所以窃听信道模型的建立是无条件安全通信的第一个任务。

图 9-1 所示为可实现无条件安全通信的信道环境，即建立一个比窃听者的窃听信道好的合法通信信道。Alice 想发送一个 k 比特的信息 $\boldsymbol{M}^j=(m_1^j,m_2^j,\cdots,m_k^j)$ $(j\in\{1,2,\cdots,2^k\})$ 给 Bob。首先在 Alice 方对待发送的信息进行两步处理。

（1）Alice 将该信息进行编码：$\boldsymbol{V}=\chi_1(\boldsymbol{M}^j),\boldsymbol{V}\in\{0,1\}^{n_1}$，这里 $\chi_1(\cdot)$ 是秘密编码函数，秘密编码将在下面进行介绍。

（2）Alice 对秘密编码之后的 $\boldsymbol{V}$ 进行信道编码，即 $\boldsymbol{C}=\chi_2(\boldsymbol{V}),\boldsymbol{C}\in\{0,1\}^{n_2}$，

$\chi_2(\cdot)$表示信道编码函数，图中使用的信道编码为 LDPC 编码。

经过对信息的处理之后，就可以开始 Alice 和 Bob 之间的通信。利用将在下面两节中介绍的一次或者多次交替通信建立的窃听信道模型，来完成秘密通信的过程，其中一次或者多次交替通信的选择都要根据信道中噪声的好坏程度来具体进行相应的衡量。

假设用$\boldsymbol{Y}$表示 Bob 接收的码字$\boldsymbol{C}$的噪声版向量，用$\boldsymbol{Z}$表示窃听者 Eve 接收的码字$\boldsymbol{C}$的噪声版向量。在 Bob 和 Eve 两个接收端分别进行信道译码和秘密译码以获取信息，具体步骤如下。

（1）Bob 和 Eve 利用接收的码字向量$\boldsymbol{Y}$和$\boldsymbol{Z}$，进行信道译码，即

$$\begin{cases}\hat{\boldsymbol{V}}_{\boldsymbol{Y}}=\varphi_2(\boldsymbol{Y})\\ \hat{\boldsymbol{V}}_{\boldsymbol{Z}}=\varphi_2(\boldsymbol{Z})\end{cases} \tag{9-1}$$

式中：$\varphi_2(\cdot)$表示与信道编码函数χ_2相对应的译码函数。

用$P_{\mathrm{r}}(\hat{\boldsymbol{V}}_{\boldsymbol{Y}}\neq\boldsymbol{C})=p_1$表示合法接收者 Bob 译码后的误码率，用$P_{\mathrm{r}}(\hat{\boldsymbol{V}}_{\boldsymbol{Z}}\neq\boldsymbol{C})=p_2$表示窃听者 Eve 译码后的误码率，通过窃听信道的建模（将在 9.3 节和 9.4 节详细介绍）可得到$p_2>p_1$。

（2）Bob 和 Eve 经过信道译码后，利用译码之后的信息分别进行秘密译码，即

$$\begin{cases}\hat{\boldsymbol{M}}_{\boldsymbol{Y}}=\varphi_1(\hat{\boldsymbol{V}}_{\boldsymbol{Y}})\\ \hat{\boldsymbol{M}}_{z}=\varphi_1(\hat{\boldsymbol{V}}_{z})\end{cases} \tag{9-2}$$

式中：$\varphi_1(\cdot)$表示与秘密编码χ_1相对应的秘密译码函数。

通过上述过程，Bob 能够通过译码完全恢复正确的码字$\boldsymbol{C}$，而窃听者 Eve 只能从$\hat{\boldsymbol{V}}_z$中恢复带有错误的码字序列。通过秘密编译码之后，可以送达 Bob 端$P_{\mathrm{r}}(\hat{\boldsymbol{M}}_{\boldsymbol{Y}}\neq\boldsymbol{M})\to 0$。而窃听者 Eve 端$P_{\mathrm{r}}(\hat{\boldsymbol{M}}_z\neq\boldsymbol{M})\to 0.5$，这样完成了一个无条件安全通信（图 9-1）。

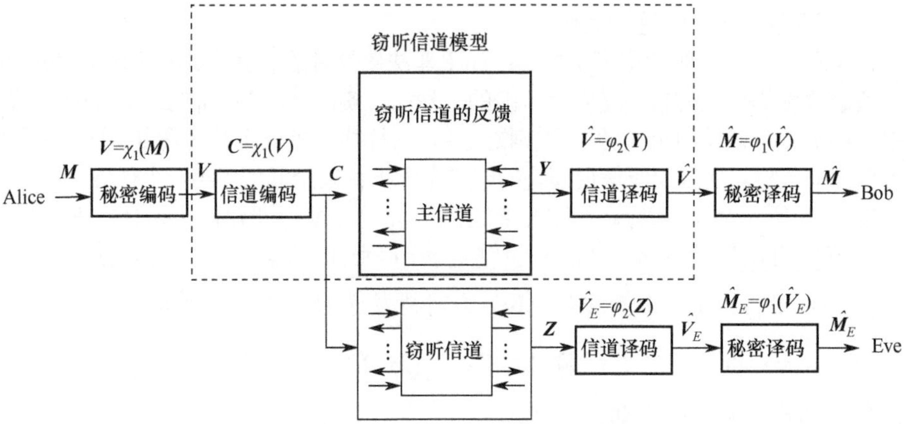

图 9-1　无条件秘密通信系统模型

9.2 Wiretap Channel Ⅰ

无条件安全通信由 Sahnnon 提出[2]，接着由 Wyner 等继承和发展，直至今日仍是研究的热门问题[1-3]。Wyner 提出的窃听信道模型就是其中最著名的一种[3]。这种窃听信道模型同时被 Wyner 证明即使在通信中不用事前共享密钥也能完成安全通信。随着研究的不断发展，对于窃听信道的研究及实际应用也受到了更多的关注。

Wiretap Channel I 是一种已经被证明能够实现无条件安全通信的窃听信道模型。这种模型有以下特性：①在合法通信双方之间存在着一个非法的窃听者；②窃听者的窃听信道可以用信道误码率为 p 的二进制对称信道（BSC）来表示，而主信道为无噪声信道或者近似于无噪声信道；③窃听者可以获取通信双方之间的任何传输数据，并且与合法通信方采用相同的信息处理方式，并且，Wyner 证明了当窃听者只能接收比合法接收者的接收信号更差的信号时，才可以达到安全通信的目的。图 9-2 所示为窃听信道模型。

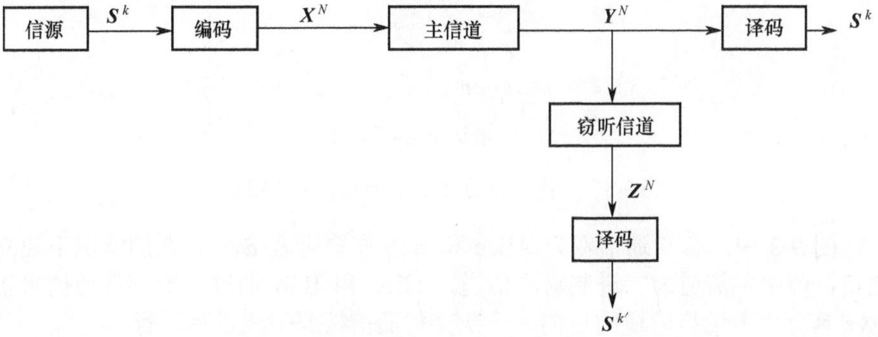

图 9-2　窃听信道模型

根据 Wyner 模型建立无条件安全通信系统主要需要两个步骤：第一步是建立一个让合法双方比窃听者更有利的实际窃听信道；第二步就是通过引入秘密编码来达到无条件安全通信。本章将给出一个通过使用 LDPC 码以及反馈信道构建第一类窃听信道的方案。在此方案中，将 LDPC 码的门限效应和交互反馈相结合，在恶化窃听信道的同时可以保障主通道秘密容量。

9.3 二进制对称信道下的第一类窃听信道建模

图 9-2 所示描述了一个简单的第一类窃听信道模型，从图中可知，窃听者作为第三方对主信道的信息进行窃取，重点就是如何在有窃听者的情况下，不使用传统的密钥加密方案，保证合法通信双方实现无条件安全通信。

9.3.1 一次交替的窃听信道模型

图 9-3 所示为一次交替的 BSC 窃听信道分析模型。该模型主要描述了在通过主信道传输一个秘密信息给合法接收者的同时，窃听者也通过窃听信道在试图窃取有用信息。Wyner 已经证明，在窃听信道质量比主信道差的情况下，无须共享密钥也能实现合法双方的无条件安全通信。然而这种建立在窃听信道比合法信道差的基础上的通信假设在实际中是很难保证的。

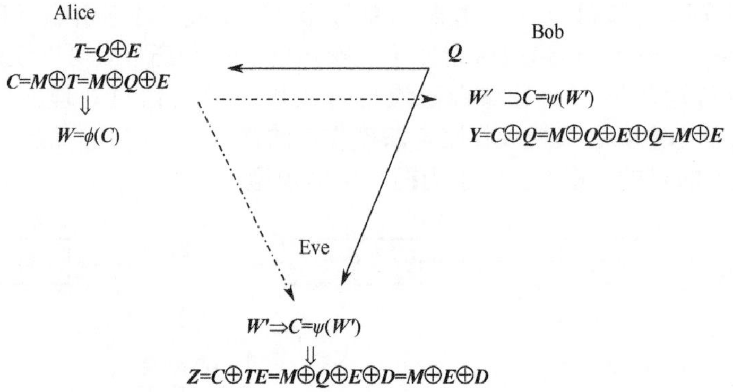

图 9-3　一次交替的 BSC 窃听信道分析模型

在图 9-3 中，合法通信双方 Alice 和 Bob 在窃听者 Eve 存在的情况下建立安全通信，图中主信道为二进制对称信道，Alice 和 Bob 通过一次交替通信来实现比 Eve 具有更多优势信道的目的，一次交替通信按照下述过程进行。

Alice 打算将序列 $\boldsymbol{M}=(m_0,m_1,\cdots,m_{n-1})$ 秘密传送给 Bob。为了完成 Alice 与 Bob 之间的秘密通信，首先 Bob 先发送一个随机序列 $\boldsymbol{Q}=(q_0,q_1,\cdots,q_{n-1})$ 给 Alice，分别用 $\boldsymbol{E}=(e_0,e_1,\cdots,e_{n-1})$ 和 $\boldsymbol{D}=(d_0,d_1,\cdots,d_{n-1})$ 表示主信道和窃听信道上的错误向量，那么在第一次通信过程后 Alice 得到的序列为 $\boldsymbol{T}=\boldsymbol{Q}\oplus\boldsymbol{E}$，而窃听者得到的序列为 $\boldsymbol{TE}=\boldsymbol{Q}\oplus\boldsymbol{D}$，这里 $\boldsymbol{T}=(t_0,t_1,\cdots,t_{n-1}),t_i=q_i\oplus e_i$，$\boldsymbol{TE}=(te_0,te_1,\cdots,te_{n-1}),\ te_i=q_i\oplus d_i$。Alice 要将信息 $\boldsymbol{M}$ 传给 Bob，这样 Alice 利用 $\boldsymbol{T}$ 来得到 $\boldsymbol{C}=\boldsymbol{T}+\boldsymbol{M}$，$\boldsymbol{C}=(c_0,c_1,\cdots,c_{n-1}),c_i=t_i\oplus m_i$，然后 Alice 对 C 编码得到 $\boldsymbol{W}=\phi(\boldsymbol{C})$，$\phi(\cdot)$ 表示编码函数，这样 Alice 就将 W 通过信道传送给 Bob，在窃听者的监听状态下，Bob 和窃听者分别获得 $\boldsymbol{W}'$ 和 $\boldsymbol{W}''$，然后通过译码分别得到 $\boldsymbol{C}'=\psi(\boldsymbol{W}')$ 和 $\boldsymbol{C}''=\psi(\boldsymbol{W}'')$，这里 $\psi(\cdot)$ 表示译码函数。假设译码错误概率趋近于 0，那么 Bob 和窃听者 Eve 在第二次通信过程中都是 Error Free，即都可以正确获得 $\boldsymbol{C}$，那么 Bob 就可以使用其本身已知的 $\boldsymbol{Q}$ 来进行处理，得到 $\boldsymbol{Y}=\boldsymbol{C}\oplus\boldsymbol{Q}=\boldsymbol{M}\oplus\boldsymbol{E}$，$\boldsymbol{Y}=(y_0,y_1,\cdots,y_{n-1})$，而窃听者仅仅知道 $\boldsymbol{TE}$，那么窃听者最后

可以得到 $\boldsymbol{Z}=\boldsymbol{C}\oplus \boldsymbol{TE}=\boldsymbol{M}\oplus \boldsymbol{E}\oplus \boldsymbol{D}$，$\boldsymbol{Z}=(z_0,z_1,\cdots,z_{n-1})$，通过对比 $\boldsymbol{Y}$ 和 $\boldsymbol{Z}$，可以看出，窃听者相对合法接收者增加了额外的噪声 $\boldsymbol{D}$，所以通过图 9-3，我们可以得出：即使在窃听信道质量较主信道条件好的情况下，通过一次交替通信实现了窃听信道条件更差的窃听信道模型，我们也能够通过这种方案达到安全通信的目的。

定理 9.1 分别用 $P_{\mathrm{r}}(e_i=1)=\alpha$ 和 $P_{\mathrm{r}}(d_i=1)=\beta$ 表示主信道和窃听信道上各自的误码率，那么通过两次通信之后，主信道的误码率为 α，窃听信道的误码率则变为 $\alpha+\beta-2\alpha\beta$。

证明：因为 $P_{\mathrm{r}}(y_i\neq m_i)=P_{\mathrm{r}}(e_i=1)$，有

$$P_{\mathrm{r}}(z_i\neq m_i)=P_{\mathrm{r}}(e_i=1)\cdot P_{\mathrm{r}}(d_i=1)+P_{\mathrm{r}}(e_i=0)\cdot P_{\mathrm{r}}(d_i=1) \tag{9-3}$$

所以，$P_{\mathrm{r}}(z_i\neq m_i)=\alpha+\beta-2\alpha\beta$，若 $\alpha<0.5$，$\beta<0.5$，则有 $\alpha<\alpha+\beta-2\alpha\beta$，只有 $\alpha=0.5$ 及 $\beta=0.5$ 时，$\alpha=\alpha+\beta-2\alpha\beta$，这样我们就可以通过该信道建立一个使主信道比窃听信道的信道条件好的通信模型。

根据上面的分析，我们建立了 BSC 信道条件下，引入一次交替通信及 LDPC 编译码的仿真框图，如图 9-4 所示。

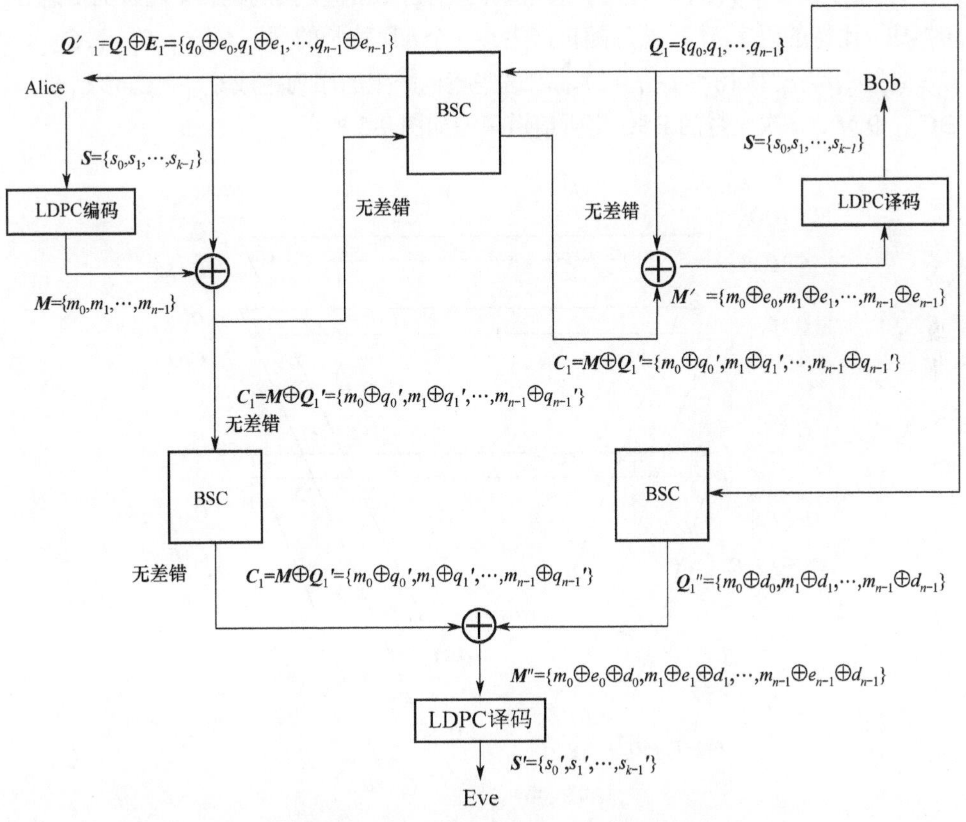

图 9-4　基于 BSC 窃听信道模型的一次交替模型

9.3.2 多次交替的窃听信道模型

秘密容量 C_s 的定义为，在传输者能有效地将信息传输给合法接收者情况下，窃听者只能获得任意小的可传输信息量。分别用 δ 和 ε 表示合法接收者和窃听者的信道误码率，那么秘密容量为

$$C_s = \begin{cases} h(\varepsilon) - h(\delta), & \varepsilon > \delta \\ 0, & \text{其他} \end{cases} \tag{9-4}$$

式中：h 代表二进制熵函数，$h(p) = -p\ln p - (1-p)\ln(1-p)$。

在秘密容量 C_s 很小的情况下，攻击者采用的一种直接攻击就是竭尽全力搜索，这样就会造成通信系统的保密性变得很弱。我们可以通过从两次或者多次交替通信来进一步提高主信道质量的同时，恶化窃听信道的通信质量，即通过多次循环交互的通信来不断拉大主信道与窃听信道的质量差距。

Alice 为了传输 k 比特的信息 $\boldsymbol{S}$，首先要选择线性编码 (n,k) 对信息 $\boldsymbol{S}$ 进行编码，得到码字 $\boldsymbol{M} = \chi(\boldsymbol{S})$，这里 χ 表示编码函数，这个变换过程将 k 比特的信息 $\boldsymbol{S}$ 转换成 n 比特的码字 $\boldsymbol{M}$。然后随机产生 $t-1$ 个 n 比特长的序列 $\boldsymbol{C}_0, \boldsymbol{C}_1, \boldsymbol{C}_2, \cdots, \boldsymbol{C}_{t-2}$，$\boldsymbol{C}_i = (c_i^0, c_i^1, \cdots, c_i^{n-1})$ $(0 \leqslant i < t-2)$，用这些随机产生的序列生成 $\boldsymbol{C}_{t-1} = \boldsymbol{C}_0 \oplus \boldsymbol{C}_1 \oplus \cdots \oplus \boldsymbol{C}_{t-2} \oplus \boldsymbol{M}$。$t$ 次交替的 BSC 窃听信道模型如图 9-5 所示。

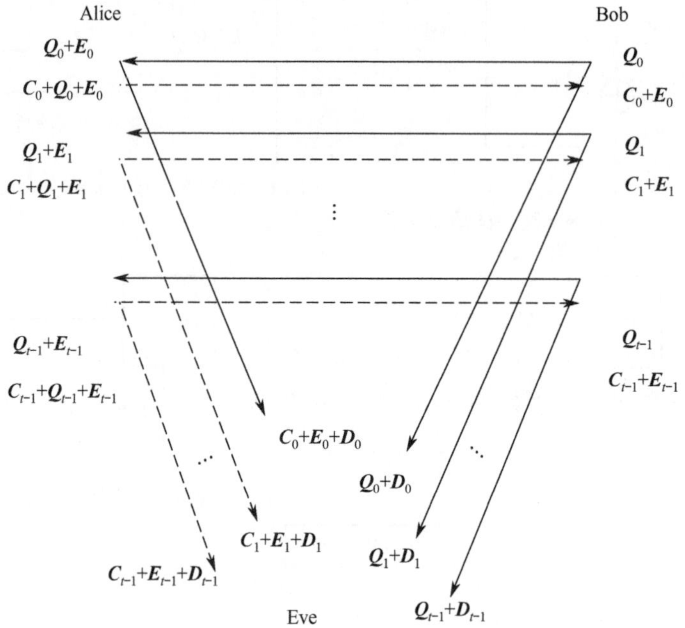

图 9-5 t 次交替的 BSC 窃听信道模型

假设 Alice 想发信息给 Bob。首先，Bob 要发送随机序列 $\boldsymbol{Q}_i=(q_i^0,q_i^1,\cdots,q_i^{n-1})$（$i=0,1,2,\cdots,t-1$）给 Alice，这 t 个序列要么通过 t 个独立的平行信道发给 Alice，要么通过一个信道分 t 个独立的时间段发给 Alice。用 $\boldsymbol{E}_i=(e_i^0,e_i^1,\cdots,e_i^{n-1})$ 和 $\boldsymbol{D}_i=(d_i^0,d_i^1,\cdots,d_i^{n-1})$ 分别代表合法信道和窃听信道上增加在向量 $\boldsymbol{Q}_i$ 的错误向量。用 $\boldsymbol{T}_i$ 和 $\boldsymbol{TE}_i$ 表示合法接收者和窃听者接收的向量。Alice 将接收的 T_i 与编码后的码字 $\boldsymbol{C}_i$ 进行异或，即 $\boldsymbol{U}_i=\boldsymbol{C}_i\oplus\boldsymbol{T}_i$。然后，将 $\boldsymbol{U}_i$ 进行编码得到 $\boldsymbol{W}_i=\phi(\boldsymbol{U}_i)$，再将编码得到的 $\boldsymbol{W}_i$ 通过信道传给 Bob；通过主信道传输后，Bob 接收 W_i'，窃听者接收 W_i''，Bob 和窃听者都通过译码得到 $\boldsymbol{U}_i$。由前面可知：$\boldsymbol{Y}_i=\boldsymbol{U}_i\oplus\boldsymbol{Q}_i=\boldsymbol{C}_i\oplus\boldsymbol{E}_i$，但是由于窃听者并不能正确地知道 Q_i 而只知道 $\boldsymbol{Q}_i\oplus\boldsymbol{D}_i$，所以窃听者此时只能得到 $\boldsymbol{Z}_i=\boldsymbol{U}_i\oplus\boldsymbol{Q}_i\oplus\boldsymbol{D}_i=\boldsymbol{C}_i\oplus\boldsymbol{E}_i\oplus\boldsymbol{D}_i$，相对合法接收者而言，窃听者要比合法接收者多出了一个错误向量，而且 t 个码字 $\boldsymbol{C}_0,\boldsymbol{C}_1,\boldsymbol{C}_2,\cdots,\boldsymbol{C}_{t-1}$ 和 t 个随机序列 $\boldsymbol{Q}_0,\boldsymbol{Q}_1,\boldsymbol{Q}_2,\cdots,\boldsymbol{Q}_{t-1}$ 都是通过 t 个独立信道或者同一信道不同的 t 个时间段传出的，那么这些信号之间是相互独立的。通过 $\boldsymbol{Y}_i(i=0,1,2,\cdots,t-1)$ 和 $\boldsymbol{Z}_i,(i=0,1,2,\cdots,t-1)$ 得到 $\boldsymbol{Y}=\sum_0^{t-1}\boldsymbol{Y}_i=\sum_0^{t-1}\boldsymbol{C}_i\oplus\sum_0^{t-1}\boldsymbol{E}_i$ 和 $\boldsymbol{Z}=\sum_0^{t-1}\boldsymbol{Z}_i=\sum_0^{t-1}\boldsymbol{C}_i\oplus\sum_0^{t-1}\boldsymbol{E}_i\oplus\sum_0^{t-1}\boldsymbol{D}_i$，根据 $\boldsymbol{M}=\sum_0^{t-1}\boldsymbol{C}_i$ 可以得到 $\boldsymbol{Y}=\boldsymbol{M}\oplus\sum_0^{t-1}\boldsymbol{E}_i$，$\boldsymbol{Z}=\boldsymbol{M}\oplus\sum_0^{t-1}\boldsymbol{E}_i\oplus\sum_0^{t-1}\boldsymbol{D}_i$，$\sum_0^{t-1}\boldsymbol{D}_i$ 则是窃听信道相对于主信道多出的噪声。所以通过译码从 $\boldsymbol{Y}$ 中恢复出 $\boldsymbol{S}$ 比从 $\boldsymbol{Z}$ 中恢复出 $\boldsymbol{S}$ 要更容易了。这样在引入了 LDPC 编码方案之后，通过 LDPC 码的门限效应，我们使主信道基本保持几乎无错而窃听信道仍然有较高误码率，主信道有高度优势的窃听信道得以实现。

引理 9-2　用 $P_{\mathrm{r}}(e_j^i=1)=\alpha_i$ 代表由 $\boldsymbol{E}_i$ 引入的误码率，用 $P_{\mathrm{r}}(d_j^i=1)=\beta_i$ 代表由 $\boldsymbol{D}_i$ 引入的误码率，$\boldsymbol{Y}$ 和 $\boldsymbol{Z}$ 的误码率分别可表示为

$$P(\boldsymbol{Y})=\sum_0^{t-1}\alpha_i-2\sum_{\substack{i_1,i_2=0\\ i_1>i_2}}^{t-1}\alpha_{i_1}\alpha_{i_2}+4\sum_{\substack{i_1,i_2,i_3=0\\ i_1>i_2>i_3}}^{t-1}\alpha_{i_1}\alpha_{i_2}\alpha_{i_3}+\cdots+(-1)^t2^t\sum_{\substack{i_1,i_2,\cdots,i_3=0\\ i_1>i_2>\cdots>i_3}}^{t-1}\alpha_{i_1}\alpha_{i_2}\cdots\alpha_{i_t} \tag{9-5}$$

$$P(\boldsymbol{Z})=P(\boldsymbol{Y})+P(\boldsymbol{ZD})-2P(\boldsymbol{Y})P(\boldsymbol{ZD}) \tag{9-6}$$

其中

$$P(\boldsymbol{ZD})=\sum_0^{t-1}\beta_i-2\sum_{\substack{i_1,i_2=0\\ i_1>i_2}}^{t-1}\beta_{i_1}\beta_{i_2}+4\sum_{\substack{i_1,i_2,i_3=0\\ i_1>i_2>i_3}}^{t-1}\beta_{i_1}\beta_{i_2}\beta_{i_3}+\cdots+(-1)^t2^t\sum_{\substack{i_1,i_2,\cdots,i_3=0\\ i_1>i_2>\cdots>i_3}}^{t-1}\beta_{i_1}\beta_{i_2}\cdots\beta_{i_t} \tag{9-7}$$

联合 LDPC 编译码和 t 次交替的 BSC 窃听信道仿真模型如图 9-6 所示。

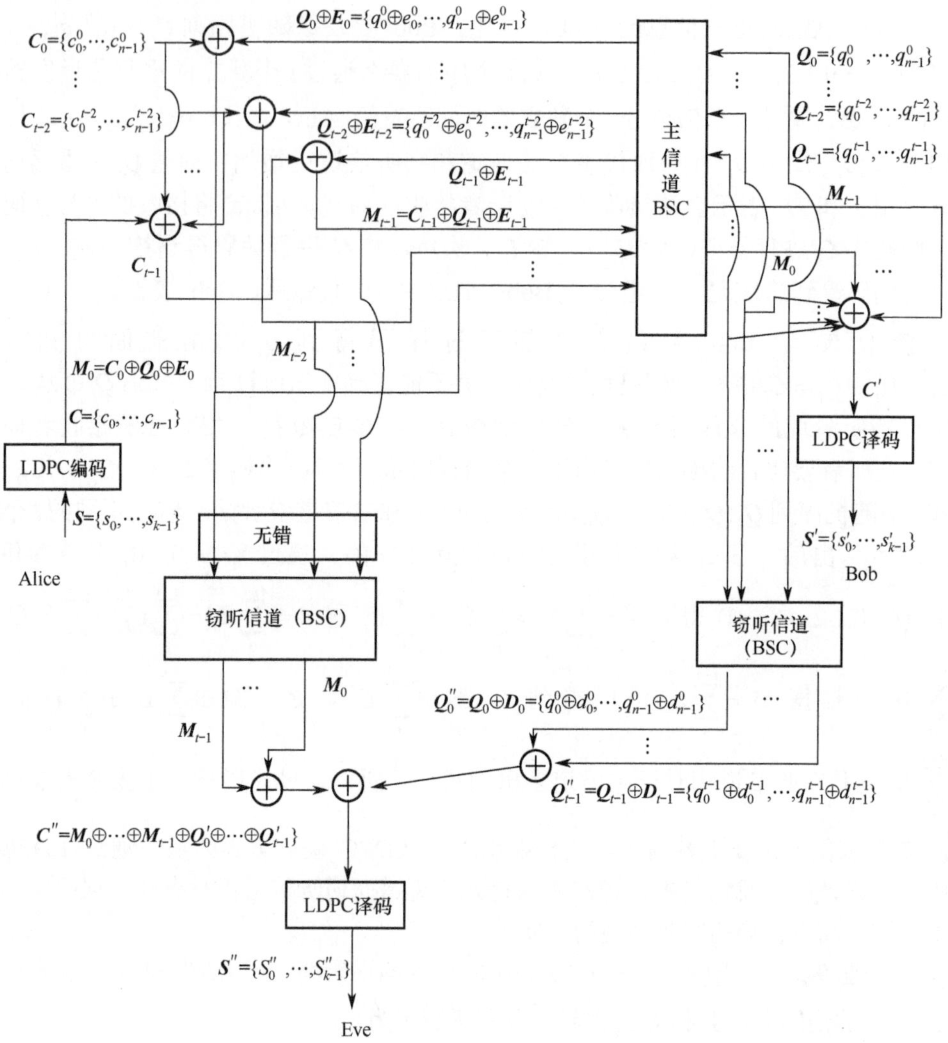

图 9-6　基于 t 次交替的 BSC 窃听信道传真模型的模型

9.3.3　利用软判决译码构建窃听信道

本节之前的信道建模过程具有两大显著特点：①通过合理的算法设计在交互过程中将主信道的噪声转移到窃听者信道上，从根本上建立主信道质量优势；②利用硬判决译码算法门限效应，实现主信道质量的改善优化和窃听者信道质量退化保持，从而“放大”已经建立的信道质量优势。但是该方案仍有一些不足之处：①合法发送者需要借助有噪的公共信道进行信息的发送，因此必须通过降低信息传输速率并结合强有力的纠错码等技术手段使得公共信道完全可靠，额外增加了系统实现的复杂程度；②硬判决译码算法较弱的纠错能力导致主信道可靠性不高，使对已经建立的信道质量优势的扩大效果并不明显，还会造成后续安全和可靠编码的最大安全传输速率上限不高。为解决其不足，考虑利用软判决译码来替代之前的硬判决译码。具体实现步骤总结如下。

（1）合法接收者随机产生 $t(t \geqslant 1)$ 个相互独立且各个比特等概的 N 长二进制序列 $\boldsymbol{q}_j^0\ (1 \leqslant j \leqslant t)$，并将其通过二进制对称广播信道发送，合法发送者和窃听者分别收到 t 个序列 $\boldsymbol{q}_j^1 = \boldsymbol{q}_j^0 \oplus \boldsymbol{e}_j$ 和 $\boldsymbol{q}_j^2 = \boldsymbol{q}_j^0 \oplus \boldsymbol{ea}_j$，其中 $\boldsymbol{e}_j = \left[e_{j,i}\right]$ 和 $\boldsymbol{ea}_j = \left[ea_{j,i}\right]$ 为二进制对称广播信道的错误向量，“$\oplus$”表示模 2 和，且 $1 \leqslant i \leqslant N$。

（2）合法发送者随机生成 $t-1$ 个相互独立且各个比特等概的 N 长二进制序列 $\boldsymbol{c}_j = \left[c_{j,i}\right]$ 备用，其中 $1 \leqslant j \leqslant t-1$，$1 \leqslant i \leqslant N$。

（3）合法发送者利用逼近香农限的二元 (N,K) 线性分组码对待发送的 K 长秘密信息 $\boldsymbol{x}$ 进行编码，得到 N 长信息序列 $\boldsymbol{c} = \left[c_i\right]\ (1 \leqslant i \leqslant N)$；由 $\boldsymbol{c}$ 和 $\left\{\boldsymbol{c}_j, 1 \leqslant j \leqslant t-1\right\}$ 生成第 t 个 N 长序列 $\boldsymbol{c}_t$：$\boldsymbol{c}_t = \boldsymbol{c} \oplus \sum_{j=1}^{t-1} \oplus \boldsymbol{c}_j$。

（4）将步骤（2）中的 $t-1$ 个序列和步骤（3）中的 $\boldsymbol{c}_t$ 共 t 个 N 长序列构成集合 $\left\{\boldsymbol{c}_j, 1 \leqslant j \leqslant t\right\}$，将 $\left\{\boldsymbol{c}_j\right\}$ 中元素与集合 $\left\{\boldsymbol{q}_j^1, 1 \leqslant j \leqslant t\right\}$ 中元素按照下标一一对应进行模 2 和，得到集合 $\left\{\boldsymbol{y}_j', 1 \leqslant j \leqslant t\right\}$，即 $\boldsymbol{y}_j' = \boldsymbol{c}_j \oplus \boldsymbol{q}_j^1$，合法发送者将 $\left\{\boldsymbol{y}_j'\right\}$ 由无差错的公共信道发送出去。

（5）假设窃听者对公共信道传输的信息也只是被动窃听，而不会对其进行篡改等其他操作，则合法接收者和窃听者都能无差错地接收 $\left\{\boldsymbol{y}_j'\right\}$，合法接收者将自己在步骤（1）中拥有的无差错序列集合 $\left\{\boldsymbol{q}_j^0, 1 \leqslant j \leqslant t\right\}$ 与 $\left\{\boldsymbol{y}_j'\right\}$ 中序列进行整体模 2 和，即将每个位置上对应的元素进行模 2 和，得到 N 长序列 $\hat{\boldsymbol{c}} = \left[\hat{c}_i\right]\ (1 \leqslant i \leqslant N)$，窃听者则将自己在步骤（1）中接收的受噪声干扰的序列集合 $\left\{\boldsymbol{q}_j^2, 1 \leqslant j \leqslant t\right\}$ 与 $\left\{\boldsymbol{y}_j'\right\}$ 中序列进行整体模 2 和，得到 N 长序列 $\tilde{\boldsymbol{c}} = \left[\tilde{c}_i\right]\ (1 \leqslant i \leqslant N)$，即

$$\hat{\boldsymbol{c}} = \left(\sum_{j=1}^{t} \oplus \boldsymbol{q}_j^0\right) \oplus \left(\sum_{j=1}^{t} \oplus \boldsymbol{y}_j'\right) = \left[\hat{c}_i\right] = \left[c_i \oplus \sum_{j=1}^{t} \oplus e_{j,i}\right]$$

$$\tilde{\boldsymbol{c}} = \left(\sum_{j=1}^{t} \oplus \boldsymbol{q}_j^2\right) \oplus \left(\sum_{j=1}^{t} \oplus \boldsymbol{y}_j'\right) = \left[\tilde{c}_i\right] = \left[c_i \oplus \sum_{j=1}^{t} \oplus e_{j,i} \oplus \sum_{j=1}^{t} \oplus ea_{j,i}\right]$$

（6）对于 $1 \leqslant i \leqslant N$、$1 \leqslant j \leqslant t$，合法接收者和窃听者分别表示为

$$\varepsilon_i^1 = P_{\mathrm{r}}(\hat{c}_i \neq c_i) = 1 - \frac{1}{2}\left(1 + \prod_{j=1}^{t}(1 - 2\alpha_{j,i})\right) \tag{9-8}$$

$$\varepsilon_i^2 = P_{\rm r}(\tilde{c}_i \neq c_i) = 1 - \frac{1}{2}\left(1 + \prod_{j=1}^{t}(1-2\alpha_{j,i})(1-2\beta_{j,i})\right) \tag{9-9}$$

计算 $\hat{\boldsymbol{c}}$ 和 $\tilde{\boldsymbol{c}}$ 的比特误码概率 ε_i^1 和 ε_i^2，其中 $\alpha_{j,i}$ 为信道错误向量 $\boldsymbol{e}_j$ 的第 i 比特 $e_{j,i}$ 为“1”的概率，$\beta_{j,i}$ 为信道错误向量 $\boldsymbol{ea}_j$ 的第 i 比特 $ea_{j,i}$ 为“1”的概率；其次，对于 $1 \leqslant i \leqslant N$，合法接收者和窃听者分别表示为

$$llr_i = (-1)^{\hat{c}_i} \ln\frac{1-\varepsilon_i^1}{\varepsilon_i^1} = (1-2\hat{c}_i)\ln\frac{1-\varepsilon_i^1}{\varepsilon_i^1} \tag{9-10}$$

$$llr_i' = (-1)^{\tilde{c}_i} \ln\frac{1-\varepsilon_i^2}{\varepsilon_i^2} = (1-2\tilde{c}_i)\ln\frac{1-\varepsilon_i^2}{\varepsilon_i^2} \tag{9-11}$$

计算关于 $\boldsymbol{c}$ 的比特对数似然比值。

（7）利用式（9-10）和式（9-11）求得的比特对数似然比值，合法接收者和窃听者分别采用软判决算法进行译码后分别恢复出 K 长秘密信息 $\hat{\boldsymbol{x}}$ 和 $\tilde{\boldsymbol{x}}$。

9.3.4 软信息提取方法

本节将详细介绍式（9-10）和式（9-11）的推导过程。

（1）由 $\hat{\boldsymbol{c}} = [\hat{c}_i] = \left[c_i \oplus \sum_{j=1}^{t} \oplus e_{j,i}\right]$ 和 $\tilde{\boldsymbol{c}} = [\tilde{c}_i] = \left[c_i \oplus \sum_{j=1}^{t} \oplus e_{j,i} \oplus \sum_{j=1}^{t} \oplus ea_{j,i}\right]$ 可知，ε_i^1 等于 $\boldsymbol{e}_j = [e_{j,i}]$ 中包含数字“1”的总量为奇数的概率，ε_i^2 等于 $\boldsymbol{e}_j = [e_{j,i}]$ 和 $\boldsymbol{ea}_j = [ea_{j,i}]$ 中包含“1”的总量为奇数的概率。

（2）已知定理：一个 n 长二进制序列，如果其第 j 位是“1”的概率为 p_j，那么整个序列中包含奇数个“1”的概率为 $1 - \frac{1}{2}\left(1 + \prod_{j=1}^{n}(1-2p_j)\right)$，依据该定理可知

$$\varepsilon_i^1 = P_{\rm r}(\hat{c}_i \neq c_i) = 1 - \frac{1}{2}\left(1 + \prod_{j=1}^{t}(1-2\alpha_{j,i})\right) \tag{9-12}$$

$$\varepsilon_i^2 = P_{\rm r}(\tilde{c}_i \neq c_i) = 1 - \frac{1}{2}\left(1 + \prod_{j=1}^{t}(1-2\alpha_{j,i})(1-2\beta_{j,i})\right) \tag{9-13}$$

式中：$\alpha_{j,i}$ 为信道错误向量 $\boldsymbol{e}_j$ 的第 i 比特 $e_{j,i}$ 为 1 的概率；$\beta_{j,i}$ 为信道错误向量 $\boldsymbol{ea}_j$ 的第 i 比特 $ea_{j,i}$ 为 1 的概率 $(1 \leqslant j \leqslant t, 1 \leqslant i \leqslant N)$。

式（9-12）和式（9-13）中的 $\alpha_{j,i}$ 和 $\beta_{j,i}$ 即 BSC 的错误转移概率。

（3）以 Bob 为例提取 LLR 值。由 $llr_i = \ln\frac{P_{\rm r}(c_i=1|\hat{c}_i)}{P_{\rm r}(c_i=0|\hat{c}_i)}$ 可知，当 $\hat{c}_i$=0 时，有

$$llr_i = \ln\frac{P_{\rm r}(c_i=1\,|\,\hat{c}_i)}{P_{\rm r}(c_i=0\,|\,\hat{c}_i)} = \ln\frac{P_{\rm r}(c_i=1\,|\,\hat{c}_i\text{=}0)}{P_{\rm r}(c_i=0\,|\,\hat{c}_i\text{=}0)} = \ln\frac{P_{\rm r}(\hat{c}_i \neq c_i)}{P_{\rm r}(\hat{c}_i = c_i)} = \ln\frac{\varepsilon_i^1}{1-\varepsilon_i^1} \tag{9-14}$$

当 $\hat{c}_i$=1 时，有

$$llr_i = \ln\frac{P_{\rm r}(c_i=1\,|\,\hat{c}_i)}{P_{\rm r}(c_i=0\,|\,\hat{c}_i)} = \ln\frac{P_{\rm r}(c_i=1\,|\,\hat{c}_i\text{=}1)}{P_{\rm r}(c_i=0\,|\,\hat{c}_i\text{=}1)} = \ln\frac{P_{\rm r}(\hat{c}_i = \hat{c}_i)}{P_{\rm r}(\hat{c}_i \neq \hat{c}_i)} = \ln\frac{1-\varepsilon_i^1}{\varepsilon_i^1} \tag{9-15}$$

故有 $llr_i = (-1)^{\hat{c}_i}\ln\frac{1-\varepsilon_i^1}{\varepsilon_i^1} = (1-2\hat{c}_i)\ln\frac{1-\varepsilon_i^1}{\varepsilon_i^1}$。通过类似方法，Eve 可得出关于 $\boldsymbol{c}$ 的 LLR 值。

9.3.5　仿真分析

图 9-7 所示为 BSC 环境不同码率的 LDPC 码的译码性能图，其中横坐标 $P_{\rm e}$ 表示 BSC 信道的误码率，BER 表示一定码率下 LDPC 码的译码误码率。LDPC 码具有门限效应，LDPC 码的门限效应指：只有当信道的误码率达到一定水平后，随着信道误码率的降低，LDPC 码译码后的比特误码率（BER）会急剧下降。采用 LDPC 码的门限效应，主信道的误码率在 LDPC 码的门限上，通过译码其输出比特误码率能极大改善，但窃听者的信道误码率在 LDPC 码的门限之下，通过译码，其输出比特错误率不能得到很好地改善，从而扩大主信道的优势。

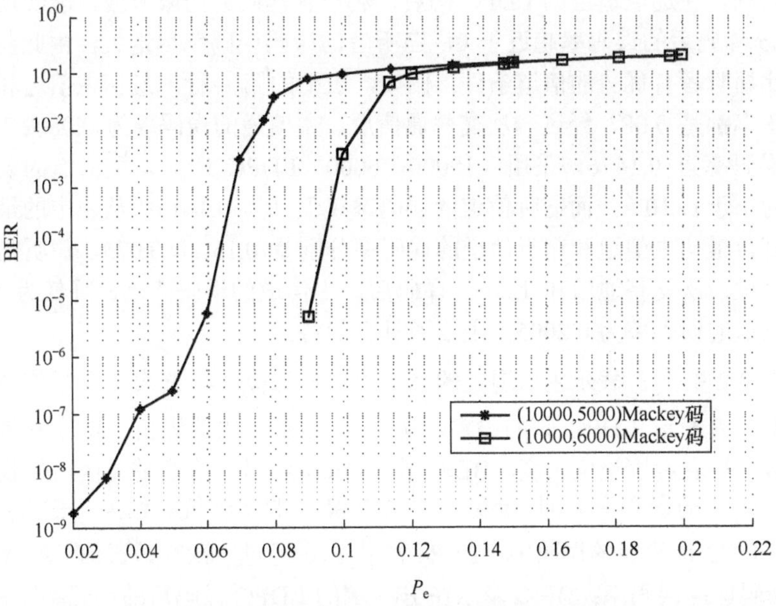

图 9-7　BSC 信道环境不同码率的 LDPC 码的性能图

基于图 9-6 的模型，得出的仿真结果如表 9-1 所列。

表 9-1 BSC 窃听信道的一次交替仿真结果

P_e	P_d	LDPC 码 $(N,N-K)$	码率 R	BER_1	BER_2 (Bob)	BER_3	BER_4 (Eve)
0.04	0.04	(10000,5000)	0.5	0.04	1.2×10^{-7}	0.0771	0.0147
0.08	0.04	(10000,5000)	0.5	0.0798	0.0378	0.1141	0.1154
0.08	0.04	(10000,6000)	0.4	0.0801	$<1\times10^{-8}$	0.114	0.0698
0.08	0.08	(10000,5000)	0.5	0.0799	0.0378	0.1476	0.1485
0.08	0.08	(10000,6000)	0.4	0.0802	$<1\times10^{-8}$	0.1476	0.1415
0.15	0.075	(10000,5000)	0.5	0.1504	0.1536	0.2032	0.2032
0.15	0.075	(10000,6000)	0.4	0.1503	0.1479	0.2032	0.2032
0.15	0.075	(10000,7000)	0.3	0.1499	0.098	0.2033	0.2005

在表 9-1 中，P_e 表示主信道上的信道错误转移概率，P_d 表示窃听信道的错误转移概率。R 表示 LDPC 码的码率，N 表示 LDPC 码的码长，K 表示信息位长度，即 $N-K$ 表示校验位长度。BER_1 表示 Bob 经过一次交替通信后接收序列在 LDPC 译码前的误码率，即 Bob 对 P_e 在仿真中的实际统计结果；BER_2 表示在 Bob 端 LDPC 译码后的误码率；BER_3 表示 Eve 经过一次交替通信后接收序列在 LDPC 译码前的误码率；BER_4 表示在 Eve 端的 LDPC 译码后的误码率。从表 9-1 中我们看到，在选取适当的 LDPC 码后，利用其译码的门限效应，能实现合法接收者 Bob 译码后的误码率趋近于 0，窃听者的译码误码率尽量大，由此获得合法接收者比窃听者有优势的信道条件。例如，表中的第 6 行，最初主信道和窃听信道的误码率都是 0.08，经过一次交替通信后，主信道的误码率为 0.0802，而窃听信道的误码率为 0.1476，采用（10000，6000）LDPC 码后，主信道的误码率迅速降低为小于1×10^{-8}，而窃听信道的误码率仅仅降为 0.1415；从表中的最后一行我们看到，最初主信道和窃听信道的误码率分别是 0.15 和 0.075，窃听信道有优势，但经过一次交替通信和 LDPC 译码后，主信道的误码率迅速降低为 0.098，而窃听信道的误码率为 0.2005，主信道具有优势。

在表 9-2 中，P_e 表示主信道上的信道错误转移概率，P_d 表示窃听信道的错误转移概率。R 表示 LDPC 码的码率，N 表示 LDPC 码的码长，K 表示信息位长度，即 $N-K$ 表示校验位长度。BER_1 表示 Bob 经过一次交替通信后接收序列在 LDPC 译码前的误码率，即 Bob 对 P_e 在仿真中的实际统计结果；BER_2 表示在 Bob 端 LDPC 译码后的误码率；BER_3 表示 Eve 经过一次交替通信后接收序列在 LDPC 译码前的误码率；BER_4 表示在 Eve 端的 LDPC 译码后的误码率。从表 9-2 中我们看到，在选取适当的 LDPC 码后，利用两次反馈通信，能够构造一个更好的合法接收者比窃听者有优势的信道条件。

表 9-2　BSC 窃听信道两次交替的仿真结果

P_e	P_d	LDPC 码 $(N,N-K)$	码率 R	BER_1	BER_2（Bob）	BER_3	BER_4（Eve）
0.02	0.02	(10000,50000	0.5	0.0391	$<1\times10^{-8}$	0.0758	0.01471
0.04	0.02	(10000,5000)	0.5	0.0767	0.0145	0.1106	0.1279
0.04	0.02	(10000,6000)	0.4	0.0764	$<1\times10^{-8}$	0.1096	0.0962
0.04	0.04	(10000,50000	0.5	0.0767	0.0145	0.1425	0.1431
0.04	0.04	(10000,6000)	0.4	0.0764	$<1\times10^{-8}$	0.1416	0.1575
0.08	0.04	(10000,5000)	0.5	0.1474	0.1483	0.2022	0.2191
0.08	0.04	(10000,6000)	0.4	0.147	0.1661	0.2013	0.2246
0.08	0.04	(10000,7000)	0.3	0.1469	0.0658	0.2016	0.2001

9.4　加性高斯白噪声信道下的第一类窃听信道建模

9.3 节重点讨论 BSC 下构建第一类窃听信道的方法，本节则考虑在加性高斯白噪声信道下的窃听信道构建方法。

9.4.1　第一类窃听信道的构建方法

（1）合法接收者随机产生 $t(t\geqslant1)$ 个相互独立且各比特等概的 N 长二进制序列 $\boldsymbol{q}_j^0$，其中 $1\leqslant j\leqslant t$，并对已产生的序列逐一进行二相相移键控调制，得到 $\left\{1-2\boldsymbol{q}_j^0,1\leqslant j\leqslant t\right\}$，然后通过 t 个并行独立二进制输入加性高斯白噪声广播信道或者一个二进制输入加性高斯白噪声广播信道的 t 个独立时隙将 $\left\{1-2\boldsymbol{q}_j^0\right\}$ 广播发送；合法发送者和窃听者分别收到 t 个 N 长实数序列 $\boldsymbol{q}_j^1=(1-2\boldsymbol{q}_j^0)+\boldsymbol{n}_j$ 和 $\boldsymbol{q}_j^2=(1-2\boldsymbol{q}_j^0)+\boldsymbol{n}'_j$，其中 $\boldsymbol{n}_j=\left[n_{j,i}\right]$ 和 $\boldsymbol{n}'_j=\left[n'_{j,i}\right]$ 分别是均值为 0、标准差为 σ_1 和 σ_2 的独立实高斯随机向量，即 $n_{j,i}\sim N(0,\sigma_1^2)$，$n'_{j,i}\sim N(0,\sigma_2^2)$，$1\leqslant j\leqslant t$，$1\leqslant i\leqslant N$。

（2）合法发送者随机生成 $t-1$ 个相互独立且各比特等概的 N 长序列 $\boldsymbol{c}_j=\left[c_{j,i}\right]$，其中 $1\leqslant j\leqslant t-1$，$1\leqslant i\leqslant N$，对已产生的序列逐一进行二相相移键控调制，得到 $\left\{1-2\boldsymbol{c}_j,1\leqslant j\leqslant t-1\right\}$ 备用。

（3）合法发送者利用逼近香农限的二元 (N,K) 的编码方式对待发送的 K 长秘密信息 $\boldsymbol{x}$ 进行编码，得到 N 长序列 $\boldsymbol{c}=\left[c_i\right]$，$1\leqslant i\leqslant N$，由 $\boldsymbol{c}$ 和 $\left\{\boldsymbol{c}_j\right\}$ 生成第 t 个

N长序列$\boldsymbol{c}_t$：$\boldsymbol{c}_t=\boldsymbol{c}\oplus\sum_{j=1}^{t-1}\oplus\boldsymbol{c}_j$，对$\boldsymbol{c}_t$进行二相相移键控调制得到$1-2\boldsymbol{c}_t$。

（4）合法发送者将步骤（2）中的$t-1$个已调序列和步骤（3）中的$1-2\boldsymbol{c}_t$构成集合$\left\{1-2\boldsymbol{c}_j,1\leqslant j\leqslant t\right\}$；对于$1\leqslant j\leqslant t$，将$1-2\boldsymbol{c}_j$和$\boldsymbol{q}_j^1$每个位置对应的元素进行加法运算，然后得到$\left\{\boldsymbol{y}_j',1\leqslant j\leqslant t\right\}$，其中$\boldsymbol{y}_j'=(1-2\boldsymbol{c}_j)+\boldsymbol{q}_j^1$；合法发送者将$N$长实数序列集合$\left\{\boldsymbol{y}_j'\right\}$处理后发送到公共信道。

（5）假设窃听者对公共信道传输的信息也只是被动窃听，而不会对其进行篡改等其他操作，则合法接收者和窃听者都能无差错地接收$\left\{\boldsymbol{y}_j'\right\}$；对于$1\leqslant j\leqslant t$，合法接收者用$\boldsymbol{y}_j'$减去自己在步骤（1）中拥有的无差错$1-2\boldsymbol{q}_j^0$得到$N$长实数序列$\hat{\boldsymbol{c}}_j=\left[\hat{c}_{j,i}\right]$，窃听者则用$\boldsymbol{y}_j'$减去自己在步骤（1）中接收的受噪声干扰后的$\boldsymbol{q}_j^2$得到$N$长实数序列$\tilde{\boldsymbol{c}}_j=\left[\tilde{c}_{j,i}\right]$，则有

$$\hat{\boldsymbol{c}}_j=(1-2\boldsymbol{c}_j)+\boldsymbol{q}_j^1-(1-2\boldsymbol{q}_j^0)=\left[\hat{c}_{j,i}\right]=\left[1-2c_{j,i}+n_{j,i}\right]$$

$$\tilde{\boldsymbol{c}}_j=(1-2\boldsymbol{c}_j)+\boldsymbol{q}_j^1-\boldsymbol{q}_j^2=\left[\tilde{c}_{j,i}\right]=\left[1-2c_{j,i}+n_{j,i}-n_{j,i}'\right]$$

（6）对于$1\leqslant i\leqslant N$，$1\leqslant j\leqslant t$，合法接收者和窃听者分别由式（9-16）和式（9-17）

$$llr_i=2\operatorname{arctanh}\left(\prod_{j=1}^{t}\tanh\left(\frac{\hat{c}_{j,i}}{\sigma_1^2}\right)\right)\tag{9-16}$$

$$llr_i'=2\operatorname{arctanh}\left(\prod_{j=1}^{t}\tanh\left(\frac{\tilde{c}_{j,i}}{\sigma_1^2+\sigma_2^2}\right)\right)\tag{9-17}$$

计算关于$\boldsymbol{c}$的比特对数似然比值；其中$\operatorname{arctanh}x$为双曲正切函数$\tanh x$的反函数，$\tanh x$的定义为$\tanh x=\dfrac{\mathrm{e}^x-\mathrm{e}^{-x}}{\mathrm{e}^x+\mathrm{e}^{-x}}$；然后，利用求得的比特对数似然比值，合法接收者和窃听者分别采用 BI-AWGN 信道下的软判决算法进行译码，分别得到K长秘密信息$\hat{\boldsymbol{x}}$和$\tilde{\boldsymbol{x}}$。

9.4.2 软信息提取方法

详细介绍式（9-16）和式（9-17）的推导过程。

由$\boldsymbol{c}_t=\boldsymbol{c}\oplus\sum_{j=1}^{t-1}\oplus\boldsymbol{c}_j$可知，$\boldsymbol{c}=\sum_{j=1}^{t}\oplus\boldsymbol{c}_j$。故对于$\boldsymbol{c}$的第$i$个比特$c_i$而言，$(c_{1,i},c_{2,i},\cdots,c_{t-1,i},c_{t,i},c_i)$构成偶校验，其中$c_i$为校验位。即$\boldsymbol{c}_j$，$1\leqslant j\leqslant t-1$的第$i$

个比特 $c_{j,i}$ 与 $\boldsymbol{c}$ 的第 i 个比特 c_i 构成偶校验。

其次，由 $\hat{\boldsymbol{c}}_j=\left[\hat{c}_{j,i}\right]=\left[1-2c_{j,i}+n_{j,i}\right]$ 可知，$(\hat{c}_{1,i},\hat{c}_{2,i},\cdots,\hat{c}_{t,i})$ 是 Bob 关于 $(c_{1,i},c_{2,i},\cdots,c_{t-1,i},c_{t,i})$ 的信道接收序列。类似地，由 $\tilde{\boldsymbol{c}}_j=\left[\tilde{c}_{j,i}\right]=\left[1-2c_{j,i}+n_{j,i}-n'_{j,i}\right]$ 可知，$(\tilde{c}_{1,i},\tilde{c}_{2,i},\cdots,\tilde{c}_{t,i})$ 是 Eve 的关于 $(c_{1,i},c_{2,i},\cdots,c_{t-1,i},c_{t,i})$ 的信道接收序列。

最后，多输入二进制符号的 Tanh 准则为

$$llr(b_1\oplus\cdots\oplus b_n)=\ln\left(\frac{b_1\oplus\cdots\oplus b_n=0}{b_1\oplus\cdots\oplus b_n=1}\right)=\ln\frac{1+\prod_{i=1}^{n}\tanh(\lambda_i/2)}{1-\prod_{i=1}^{n}\tanh(\lambda_i/2)}=2\operatorname{arctanh}\prod_{i=1}^{n}\tanh(\lambda_i/2)$$

式中：$\lambda_i=\ln\dfrac{P(b_i=0)}{P(b_i=1)}$ 为二进制符号 b_i 的 LLR 值；“$\oplus$”为模 2 和。

由于 $\hat{c}_{j,i}$ 和 $\tilde{c}_{j,i}$ 的比特 LLR 值分别为 $\dfrac{2\hat{c}_{j,i}}{\sigma_1^2}$ 和 $\dfrac{2\tilde{c}_{j,i}}{\sigma_1^2+\sigma_2^2}$，则由 Tanh 准则可知，Bob 和 Eve 关于发送比特 c_i 的 LLR 值分别为

$$llr_i=2\operatorname{arctanh}\left(\prod_{j=1}^{t}\tanh\left(\frac{\hat{c}_{j,i}}{\sigma_1^2}\right)\right)$$

$$llr'_i=2\operatorname{arctanh}\left(\prod_{j=1}^{t}\tanh\left(\frac{\tilde{c}_{j,i}}{\sigma_1^2+\sigma_2^2}\right)\right)$$

9.5 MIMO 窃听信道模型

近些年来，MIMO 技术逐渐成熟和完善，MIMO 技术已经成为无线通信领域的关键技术之一。通过近几年的持续发展，MIMO 技术将越来越多地应用于各种无线通信系统。在无线宽带移动通信系统方面，第 3 代移动通信合作计划（3GPP）已经在标准中加入了 MIMO 技术相关的内容，B3G 和 4G 的系统中也将应用 MIMO 技术。在无线宽带接入系统中，正在制订中的 802.16e、802.11n 和 802.20 等标准也采用了 MIMO 技术。在其他无线通信系统研究中，如超宽带（UWB）系统、感知无线电系统（CR），都在考虑应用 MIMO 技术。因此在接下来的一节中，我们会单独重点介绍 MIMO 窃听信道。

9.5.1 MIMO 信道模型

我们考虑一个点到点的 MIMO 通信系统，如图 9-8 所示，在该系统中，有

n_T 根发射天线、n_R 根接收天线。发送端在每一个符号时间周期中的发送信号 $\boldsymbol{x}$ 都可以用一个 $n_T \times 1$ 维的矩阵表示，x_i 代表矩阵中的第 i 个元素，即第 i 根发射天线上的发送信号。相应地，接收端的信号 r 可以用一个 $n_R \times 1$ 维的矩阵表示。信道矩阵 $\boldsymbol{H}$ 是一个 $n_R \times n_T$ 维的复矩阵，h_{ij} 表示其中的第 ij 个元素，即从第 j 根发射天线发送至第 i 根接收天线的信道衰落系数。接收端的噪声表示为 $n_R \times 1$ 维的矩阵 $\boldsymbol{n}$ 。在接收端可得

$$\boldsymbol{r} = \boldsymbol{H}x + \boldsymbol{n}$$

或者在时隙 T 内表示为

$$\boldsymbol{r}^{(i)} = \boldsymbol{H}^{(i)} x^{(i)} + \boldsymbol{n}^{(i)}, \quad i = 1, 2, \cdots, T$$

$$\boldsymbol{H}^i = \begin{bmatrix} h_{11}^i & \cdots & h_{1n}^i \\ \vdots & \ddots & \vdots \\ h_{n_T 1}^i & \cdots & h_{n_T n_R}^i \end{bmatrix}$$

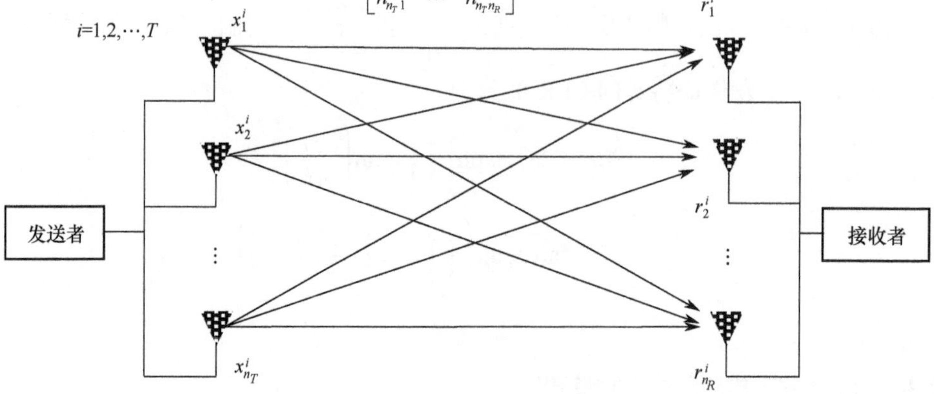

图 9-8　MIMO 信道模型示意图

9.5.2　Hero 的 MIMO 秘密通信思想

如果提到 MIMO 保密信道，就不得不首先介绍一下 Hero 的秘密 MIMO 思想[2]，因为这是关于 MIMO 的第一个秘密思想。Hero 在文献[2]中首次提出了保密空时通信模型，该模型如图 9-9 所示。其中的符号表示方法和 9.4.1 节中模型的类似，所以我们不再重复。这里我们将只对其思想做一个简要的介绍，有兴趣的读者可以仔细阅读文献[2]的相关内容。

Hero 主要关注的是利用低概率截获（LPI）策略来设计发送信号，使得窃听者可以获得的有用信息速率降低至 0，与此同时，还要保证合法接收者能够有一个高的可靠的信息传输速率，他是通过主要考虑中断速率来实现这一目标的。信道的中断速率 R_0 是一个比香农信道容量 C 低一些的界限。文献[5]给出中断速率的一般形式为

$$R_0 = \max_{Px} - \ln \int\int \mathrm{d}P_x(\boldsymbol{x}^1)\mathrm{d}P_x(\boldsymbol{x}^2)\mathrm{e}^{-n_R D(\boldsymbol{x}^1 \| \boldsymbol{x}^2)}$$

式中：$D(\boldsymbol{x}^1 \| \boldsymbol{x}^2)$是用来计算发送信号$\boldsymbol{x}^1$和$\boldsymbol{x}^2$之间的差别的。文献[2]中给出，当有$n_R$个接收者，发送者和接收者都不知道信道信息，并且接收信噪比为η时，$D(\boldsymbol{x}^1 \| \boldsymbol{x}^2)$可以表示为

$$D(\boldsymbol{x}^1 \| \boldsymbol{x}^2) = \ln \frac{\left| \boldsymbol{I}_T + \frac{\eta}{2}(\boldsymbol{x}^1 \boldsymbol{x}^{1^*} + \boldsymbol{x}^2 \boldsymbol{x}^{1^*}) \right|}{\sqrt{\left| \boldsymbol{I}_T + \eta \boldsymbol{x}^1 \boldsymbol{x}^{1^*} \right| \left| \boldsymbol{I}_T + \eta \boldsymbol{x}^2 \boldsymbol{x}^{2^*} \right|}}$$

当信源满足$\left\{\boldsymbol{x} : \boldsymbol{x}\boldsymbol{x}^* = \text{const}\right\}$时，我们可以得知，信道容量将会等于 0，并且最小的错误译码概率将会等于 1。这一结果启发了我们，当发送者采取适当的信号处理使得$\boldsymbol{x}\boldsymbol{x}^* = A$，并且窃听者不知道信道信息的情况下，他的信息传输速率将会减小至 0，这样一来，也就实现了无条件安全通信，即窃听者根本无法窃听到任何有效信息。

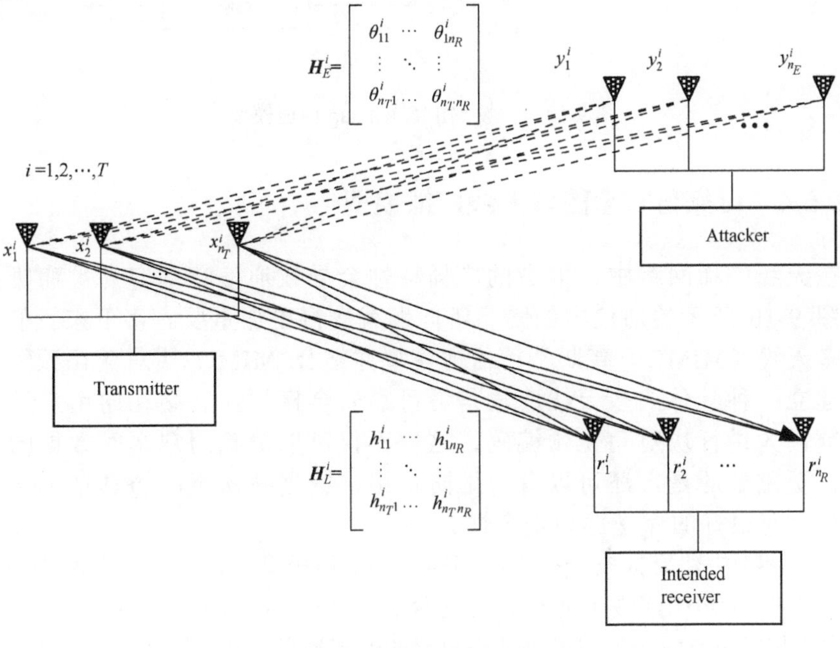

图 9-9　Hero 的秘密 MIMO 模型

9.5.3　一般的 MIMO 窃听信道模型

在 MIMO 保密通信中，理解和解决其存在的根本约束和限制因素是近年来物理层安全研究的一个重要方向。图 9-10 所示的一般信道模型由 1 个

发送者、2 个接收者构成，发送者有 t 根发射天线，每个接收者都有 r_k（k=1 或 2）根接收天线。在时隙 m 内，每个接收者的接收信号可以表示为

$$\boldsymbol{Y}_k[m]=\boldsymbol{H}_k\boldsymbol{X}[m]+\boldsymbol{Z}_k[m] \qquad k=1,2 \tag{9-18}$$

式中：$\boldsymbol{H}_k$ 为用户 k 的 $r_k \times t$ 维的实（复）矩阵；$\boldsymbol{Z}_k[m]$ 为零均值，单位方差的独立同分布的加性高斯白噪声；信道输入 $\boldsymbol{X}[m]$ 满足总功率限制条件式（9-19）。

$$\frac{1}{n}\sum_{m=1}^{n}\left\|\boldsymbol{X}[m]\right\|^2 \leqslant P \tag{9-19}$$

发送者的发送码集合由两个独立集合 W_0、W_1 组成，即 (W_0,W_1)，其中 W_0 是要发送给两个接收者的公共信息，而 W_1 是只发送给接收者 1 并且要防着接收者 2（窃听者）进行窃听的保密信息。

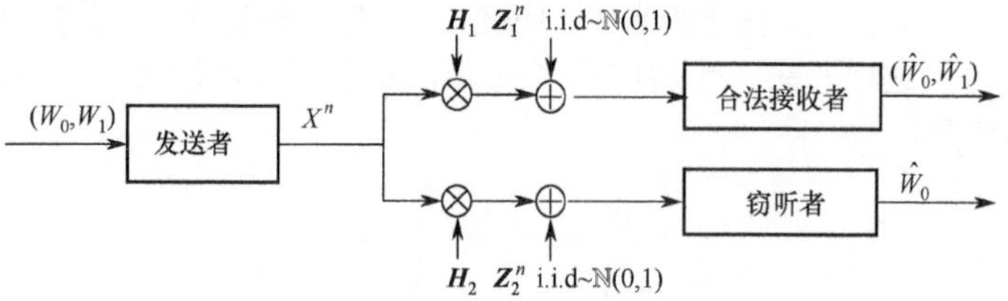

图 9-10　一般 MIMO wiretap 信道模型

9.5.4 可靠与安全的多天线广播模型

在无线广播网络中，信道的广播特性会导致通信特别容易被窃听，因此如图 9-10 所示的通信中的防窃听问题就变得更加重要。接下来我们将会根据多天线（MIMO）高斯广播信道模型并结合 MIMO 块对角化预编码思想，建立一种具体的多天线广播信道可靠安全模型。基站在向用户发送数据之前，先进行块对角化预编码，这样不仅可以消除用户之间数据的相互干扰，更重要的是，还可以有效地防止用户数据被窃听。仿真结果表明，该模型具有很好的保密性和安全性。

在文献[4]中建立的安全多天线高斯广播信道模型中，一个具有两根发射天线的发送者与两个用户进行通信，向这两个用户分别发送独立的保密消息。每一个用户都想以可靠安全的方式来获得自己的保密消息，并且同时希望防止对方窃听自己的消息。然而广播特性却与这一要求背道而驰。因此，广播信道应该考虑与有效的编码方式结合起来，进而实现安全通信。

块对角化预编码[5]是一种线性的多用户 MIMO 系统预编码技术。该技术的主要目的是在已知用户信道信息的情况下，通过寻找用户的干扰信道矩阵的零空间的方法，来抑制多用户之间的共道干扰。经过块对角化预编码之后，每个用户

的信号都处于所有其他用户信道的零空间内，这样处理之后，用户间干扰就可以被完全消除。正是这一优点，使得我们考虑从安全的角度出发，将块对角化预编码方法运用到多天线广播模型中来对用户的消息做类似于加密的处理。

接下来我们会描述一般的广播信道模型的基本结构，并指出由于广播特性所带来的不安全问题，进而引出所提出的结合块对角化预编码的多天线广播模型，最后会给出模型的仿真结果。

图 9-11 所示为一般的广播信道模型结构示意图。

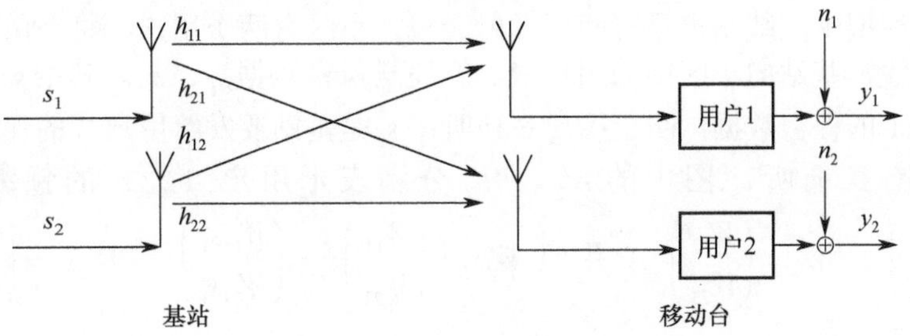

图 9-11　一般的广播信道模型结构

为简化及与文献[4]中的模型相对应，在接下来所考虑的模型中，基站只有两根发射天线，小区有两个用户，每个用户各有一根接收天线，在基站运用分层技术[6]来同时为两个用户发送数据，即第一层用来发送用户 1 的数据，第二层用来发送用户 2 的数据。用户 1、2 的信道矩阵分别为 $\boldsymbol{H}_1=(h_{11},h_{12})$，$\boldsymbol{H}_2=(h_{21},h_{22})$，$\boldsymbol{H}_1$、$\boldsymbol{H}_2$ 中所有元素均相互独立并且服从均值为 0、方差为 1 的复高斯分布，用户的发送数据分别为 s_1、s_2，接收数据分别为 y_1、y_2，则可得

$$y_1=h_{11}s_1+h_{12}s_2+n_1 \tag{9-20}$$

$$y_2=h_{21}s_1+h_{22}s_2+n_2 \tag{9-21}$$

$$\boldsymbol{y}=\begin{pmatrix}y_1\\y_2\end{pmatrix}=\begin{pmatrix}h_{11}s_1+h_{12}s_2+n_1\\h_{21}s_1+h_{22}s_2+n_2\end{pmatrix}=\begin{pmatrix}h_{11}&h_{12}\\h_{21}&h_{22}\end{pmatrix}\begin{pmatrix}s_1\\s_2\end{pmatrix}+\begin{pmatrix}n_1\\n_2\end{pmatrix}=\begin{pmatrix}\boldsymbol{H}_1\\\boldsymbol{H}_2\end{pmatrix}\begin{pmatrix}s_1\\s_2\end{pmatrix}+\begin{pmatrix}n_1\\n_2\end{pmatrix} \tag{9-22}$$

式中：n_1、n_2 分别为用户 1、2 独立同分布的复加性高斯白噪声（AWGN）。

通过观察分析该模型可知，用户 1、2 接收的数据中既包含各自的有用数据，也包含对方的数据，而且自己的有用数据和对方的数据混在一起，这样一来，不仅给用户的接收信号的检测和译码带来了困难，即用户 1 不容易从 y_1 中分离出自己的有用数据 s_1，用户 2 也不容易从 y_2 中分离出自己的有用数据 s_2，也造成了用户数据信息的泄露，即用户 1 收到了用户 2 的数据，用户 2 收到了用户 1 的数据，这正体现了广播信道的广播特性。

图 9-12 所示为结合块对角化预编码的多天线广播模型结构示意图。

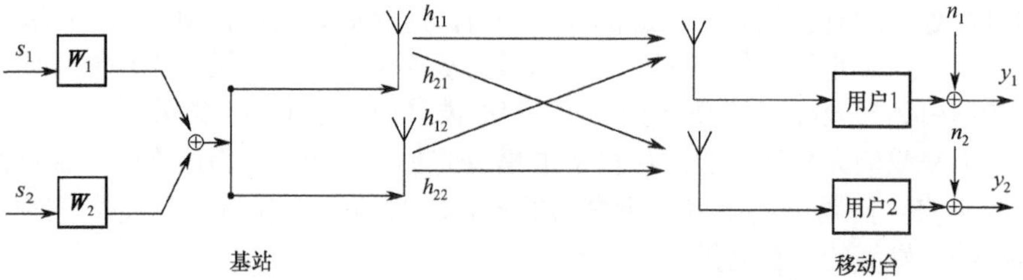

图 9-12　结合块对角化预编码的多天线广播模型

在该模型中，基站也是有两根发射天线，小区有两个用户，每个用户各有一根接收天线，基站向小区中的用户 1、2 发送保密数据 s_1、s_2。其中 s_1 是基站要发给用户 1 的保密数据，防止用户 2 窃听；s_2 是基站要发给用户 2 的保密数据，防止用户 1 窃听。图中的 $\boldsymbol{W}_1$、$\boldsymbol{W}_2$ 分别表示用户 1、2 的预编码矩阵 $\boldsymbol{W}_1=\begin{pmatrix}W_{11}\\W_{21}\end{pmatrix}$，$\boldsymbol{W}_2=\begin{pmatrix}W_{12}\\W_{22}\end{pmatrix}$。并且 $\boldsymbol{W}_1s_1=\begin{pmatrix}W_{11}\\W_{21}\end{pmatrix}s_1=\begin{pmatrix}W_{11}s_1\\W_{21}s_1\end{pmatrix}$，$\boldsymbol{W}_2s_2=\begin{pmatrix}W_{12}\\W_{22}\end{pmatrix}s_2=\begin{pmatrix}W_{12}s_2\\W_{22}s_2\end{pmatrix}$，此时用户 1、2 的接收数据 y_1、y_2 分别为

$$y_1=\boldsymbol{H}_1\boldsymbol{W}_1s_1+\boldsymbol{H}_1\boldsymbol{W}_2s_2+n_1 \tag{9-23}$$

$$y_2=\boldsymbol{H}_2\boldsymbol{W}_2s_2+\boldsymbol{H}_2\boldsymbol{W}_1s_1+n_2 \tag{9-24}$$

$$\boldsymbol{y}=\begin{pmatrix}y_1\\y_2\end{pmatrix}=\begin{pmatrix}\boldsymbol{H}_1\boldsymbol{W}_1s_1+\boldsymbol{H}_2\boldsymbol{W}_2s_2+n_1\\\boldsymbol{H}_2\boldsymbol{W}_2s_2+\boldsymbol{H}_2\boldsymbol{W}_1s_1+n_2\end{pmatrix}=\begin{pmatrix}\boldsymbol{H}_1\\\boldsymbol{H}_2\end{pmatrix}(\boldsymbol{W}_1\quad\boldsymbol{W}_2)\begin{pmatrix}s_1\\s_2\end{pmatrix}+\begin{pmatrix}n_1\\n_2\end{pmatrix} \tag{9-25}$$

利用块对角化预编码的思想，即 $\boldsymbol{H}_1\boldsymbol{W}_2=\boldsymbol{H}_2\boldsymbol{W}_1=0$，进行完预编码之后，就使得用户 1 的数据处于用户 2 信道的零空间内，同样地，用户 2 的数据也处于用户 1 信道的零空间内。在这个场景中可以实现保密通信的原因就在于，用户 1 只能接收自己的保密数据 s_1，而不能窃听到用户 2 的保密数据 s_2，同样地，用户 2 也只能接收自己的保密数据 s_2，却不能窃听到用户 1 的保密数据 s_1。即可得

$$y_1=\boldsymbol{H}_1\boldsymbol{W}_1s_1+n_1 \tag{9-26}$$

$$y_2=\boldsymbol{H}_2\boldsymbol{W}_2s_2+n_2 \tag{9-27}$$

通过仿真得知，这样建立模型所带来的好处除了可以防止用户之间的窃听，还可以简化用户的译码，不仅降低了用户的译码误码率，还带来了一定的编码增益。

首先根据图 9-11 所示的一般广播信道模型（未结合块对角化预编码方法），将每个用户分别作为合法用户（译出自己的数据）和非法用户（译出对方的数据）进行了仿真，采用 QPSK 调制，最大似然译码，仿真结果如图 9-13 所示。通过观察可知，四条 BER 曲线非常接近，这就说明此时每个用户不仅可以作为合法用户来译出自己的数据，而且同时可以作为非法用户来窃听到对方的数据。这也就导致了用户数据的泄露，是应该尽量避免发生的。

在结合了块对角化预编码方法的模型中，从用户 1 的角度出发，分别以合法

用户和非法用户的角度出发来考察其译码的 BER，仿真结果如图 9-14 所示。此时合法用户 1 的译码 BER 基本上与一般广播信道模型中的 BER 一致，但是因为非法用户 1 无法再收到用户 2 的数据，所以也就不能再正确译出用户 2 的数据，仿真结果表明，非法用户 1 的 BER 很高，一般在 0.5 左右，根本无法正确译码，用户 2 情况类似。这样就保障了用户数据不被泄露，实现了安全通信。两个用户的 BER 曲线如图 9-15 所示。

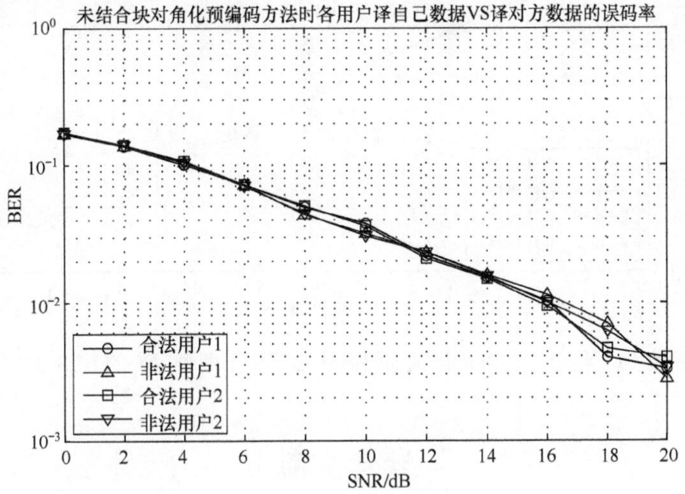

图 9-13　一般广播信道模型下的 BER 曲线

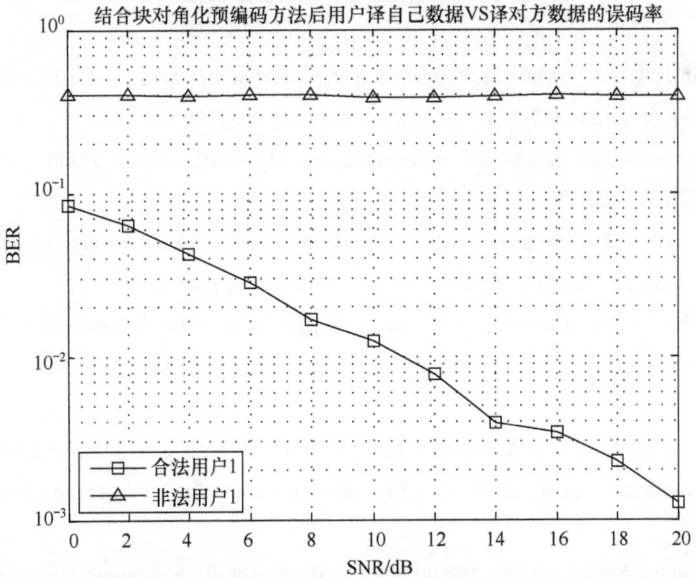

图 9-14　结合了块对角化预编码方法的模型下用户 1 的 BER 曲线

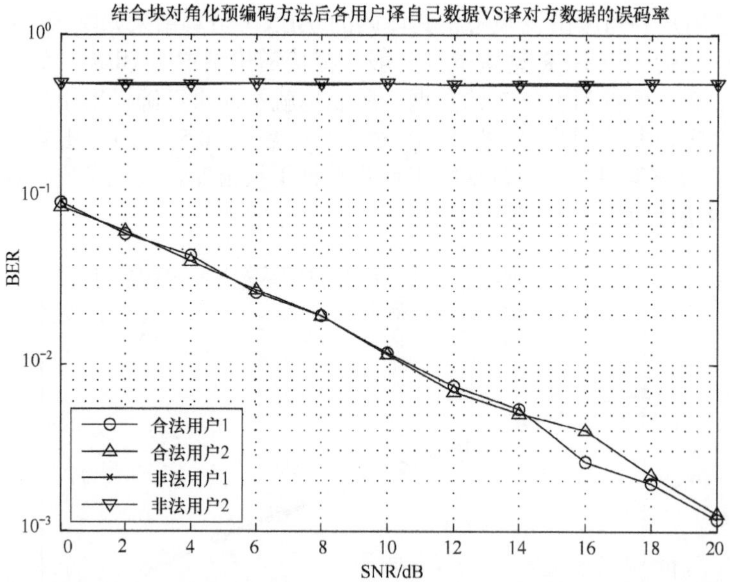

图 9-15　结合了块对角化预编码方法的模型下两个用户的 BER 曲线

参考文献

[1] A. D. Wyner. The Wire-tap Channel [J]. Bell Systematic Technical Journal, 1975,Vol.54: 1355-1387.

[2] I. Csiszar, J. Korner. Broadcast channels with confidential messages [J]. IEEE Trans. On Inform. Theory, 1978, Vol.24: 339-348.

[3] A.O. Hero. Secure space-time communication [J]. IEEE Trans. Inform. Theory, 2003, Vol.49(12): 3235-3249.

[4] X. Li, J. Hwu. Using antenna array redundancy and channel diversity for secure wireless transmissions [J]. Journal of Communication, 2007,Vol.2(3): 24-32.

[5] R. Liu, H. Vincent Poor. Secret Capacity Region of a Multi-Antenna Gaussian Broadcast Channel with Confidential Message [J]. IEEE Transactions on Information Theory, 2009. 55(3): 1235-1249.

[6] Lai-U Choi, Ross D. Murch. A transmit preprocessing technique for multi-user MIMO systems using a decomposition approach [J]. IEEE Transactions on Wireless communication, 2004, 3(1): 20-24.

[7] U. M. Maurer. Secret key agreement by public discussion from common information [J]. IEEE Transactions on Information Theory, 1993, Vol.39(13): 733-742.

10 第 10 章　秘密编码方案

第九章介绍了窃听信道的建立过程，给出主信道可以取得优势通信质量的模型。但是要实现无条件秘密通信的另一个要求就是，使窃听者完全无法获取任何信息，那么就要求窃听者误码率达到 0.5。

本章介绍通过采用秘密编码来使窃听信道的误码率达到或接近 0.5，即确保需要安全传送的消息在窃听信道中被噪声淹没，这样一来，窃听者也就无法从窃取的数据中破译主信道中传送的消息。

若发送方希望传送长度为 k 的消息序列 $\boldsymbol{M}=(m_1,m_2,\cdots,m_k)$，合法接收方所收到的数据为 $\boldsymbol{M}=(\hat{m}_1,\hat{m}_2,\cdots,\hat{m}_k)$，非法窃听者所收到的数据为 $\boldsymbol{M}=(\tilde{m}_1,\tilde{m}_2,\cdots,\tilde{m}_k)$，采用秘密编码的目的可以用数学公式表示为

$$\Pr(\widehat{m_i \neq m_i})=0$$
$$\Pr(\widetilde{m_i \neq m_i})=0.5$$

无条件安全通信系统的秘密编码实质就是利用信道的噪声特性来不断恶化窃听信道，最终达到错误一半的效果。接下来在具体讨论秘密编码之前，先简要回顾一下传统的信道编码及其相关的基础知识。

10.1　线性分组码相关

10.1.1　标准阵列译码

本小节将回顾二进制线性分组码的标准阵列译码。若 $\boldsymbol{v}_i=\left\{v_i^1,v_i^2,\cdots,v_i^n\right\}$ 是发送的码字，标准阵列译码是利用接收的向量 $\boldsymbol{r}_i=\boldsymbol{v}_i+\boldsymbol{e}_i$，在表中读出相应的发送码字 $\boldsymbol{v}_i$。$\boldsymbol{e}_i$ 由信道噪声引起，例如对于二进制对称信道 BSC，$\boldsymbol{e}_i=\left\{e_i^1,e_i^2,\cdots,e_i^n\right\}$，$e_i^j\in\{0,1\}$。表 10-1 所示为一个二进制线性码 C 的标准阵列，其包括 n 长向量的全部集合，所有可能收到的向量 $\boldsymbol{r}_i$（其是表中第二列与表中第一行向量的模 2 和）都可以在表中找到对应的向量。接收的向量 $\boldsymbol{r}_i$ 与校验矩阵 $\boldsymbol{H}$ 的乘积被称为伴随式，如下

$$\boldsymbol{s}_i=\boldsymbol{r}_i\cdot\boldsymbol{H}^{\mathrm{T}}=(\boldsymbol{v}_i+\boldsymbol{e}_i)\cdot\boldsymbol{H}^{\mathrm{T}}=\boldsymbol{e}_i\cdot\boldsymbol{H}^{\mathrm{T}} \tag{10-1}$$

从式（10-1）可以清晰地看到，伴随式与错误样本，也就是标准译码表的陪集首（表 10-1 的第一列）一一对应。

标准阵列译码的译码过程可分为三步[1]：

（1）计算接收序列 $\boldsymbol{r}_i$ 的伴随式 $\boldsymbol{s}_i = \boldsymbol{r}_i \cdot \boldsymbol{H}^{\mathrm{T}}$；

（2）根据伴随式 $\boldsymbol{s}_i$ 和错误向量 $\boldsymbol{e}_i$（表 10-1 的第二列）一一对应的关系，由 $\boldsymbol{s}_i$ 查表求出错误图样 $\boldsymbol{e}_i$；

（3）将接收向量 $\boldsymbol{r}_i$ 译为码字 $\boldsymbol{v}_i^* = \boldsymbol{e}_i + \boldsymbol{r}_i$。

这种查表译码可用于任意 (n,k) 线性码，但对于很大的 $n-k$，接收端需要保存庞大的译码表，因此在实际应用中，线性码有很多其他译码方法可以使用。但是在无条件秘密编码系统中，这种最基本的线性码编译码方法却为秘密编码提供了坚实的理论依据。

表 10-1　标准译码阵列

$\boldsymbol{s}_0 = 0$	$\boldsymbol{v}_0 = 0$	$\boldsymbol{v}_1$	…	$\boldsymbol{v}_{2^k-1}$
$\boldsymbol{s}_1$	$\boldsymbol{e}_1$	$\boldsymbol{v}_1 + \boldsymbol{e}_1$	…	$\boldsymbol{v}_{2^k-1} + \boldsymbol{e}_1$
$\boldsymbol{s}_2$	$\boldsymbol{e}_2$	$\boldsymbol{v}_1 + \boldsymbol{e}_2$	…	$\boldsymbol{v}_{2^k-1} + \boldsymbol{e}_2$
⋮	⋮	⋮	⋱	⋮
$\boldsymbol{s}_{2^{n-k}-1}$	$\boldsymbol{e}_{2^{n-k}-1}$	$\boldsymbol{v}_1 + \boldsymbol{e}_{2^{n-k}-1}$	…	$\boldsymbol{v}_{2^k-1} + \boldsymbol{e}_{2^{n-k}-1}$

10.1.2　线性码的码重分布与不可检错概率

令 $A_w(C)$ 为码 C 中码距为 ω 的码字个数，其中 $\omega = 0,1,\cdots,n$，$A_0(C),\cdots,A_n(C)$ 被称为重量分布。$A(x) = \sum_{\omega=0}^{n} A_\omega(C) \cdot x^\omega$ 成为码 C 的重量算子。这里需要回忆线性码重量的两个重要性质，一是码字 $\boldsymbol{v}_i$，$0 \leqslant i \leqslant 2^k - 1$ 的汉明重量 $w(\boldsymbol{v}_i)$ 等于该码字与全零码字间的汉明距离 $d(\boldsymbol{v}_i, 0)$，即 $w(\boldsymbol{v}_i) = d(\boldsymbol{v}_i, 0)$；另一个则是两个码字 $\boldsymbol{v}_1$、$\boldsymbol{v}_2$ 之间的汉明距离等于两个码字之差的重量，即 $w(\boldsymbol{v}_1 + \boldsymbol{v}_2) = d(\boldsymbol{v}_1, \boldsymbol{v}_2)$，令 $\boldsymbol{v}_1 + \boldsymbol{v}_2 = \boldsymbol{v}_3$，由于线性码的特性可知，$\boldsymbol{v}_3 \in C$。

由于信道中的噪声，码字通过信道转变成另一种合法码字，使得无法正确译码的概率称为不可检错概率 $P_u(C,p)$。在文献[2]中，用另一种形式对不可检错概率进行了解释，即接收的码字不同于发送码字，但是伴随式却等于 0 的概率。用公式表示如下

$$\boldsymbol{s}_i = (\boldsymbol{v}_i + \boldsymbol{e}_i)\boldsymbol{H}^{\mathrm{T}} = \boldsymbol{e}_i \boldsymbol{H}^{\mathrm{T}} = 0 \Leftrightarrow \boldsymbol{e}_i \in C \tag{10-2}$$

由于线性码的封闭性，一种编码的两个码字模 2 相加所得的和依然为一码字，所以两种解释其实为同一含义，由于不可检测错误仅发生在错误样本与码 C 的一个非零码字相同时，如果在 BSC 中 C 的每个码字都是等概率地被发送的，则不可

检错概率 $P_u(C,p)$ 有如下关系

$$P_u(C,p)=\Pr(\boldsymbol{e}\in C)=\sum_{\omega=1}^{n}A_\omega(C)p^\omega(1-p)^{n-\omega} \tag{10-3}$$

式中：p 为 BSC 的错误转移概率；n 为码长。通过计算式（10-3）可以得出 $P_u(C,p)$ 的确切取值。但在大多数实际应用中，码的重量分布无法得到。但可以求得所有 (n,k) 码组成空间的平均不可检错概率，文献[2–7]给出了不可检错概率的上限。平均不可检错概率的上限为

$$\overline{P_u}\leqslant 2^{-(n-k)} \tag{10-4}$$

这说明存在 (n,k) 线性码，其不可检错概率小于 $2^{-(n-k)}$，这种码被称为最佳检错码，文献[2]指出了利用式（10-3）判断最佳检错码的方法

$$\frac{\mathrm{d}P_u(C,p)}{\mathrm{d}p}\geqslant 0 \tag{10-5}$$

接下来给出本章即将用到的关于最优检错码的重要定理。

定理 10.1 如果 C 是最优检错码，那么 C 的对偶码 $C^\perp$ 也是最优检错码。

证明：这里，考虑二进制线性分组码，与 C 相同，令 $C^\perp$ 的重量分布为 $B_\omega(C^\perp)$，$\omega=0,1,\cdots,n$，重量算子为 $B(x)=\sum_{\omega=0}^{n}B_\omega(C)\cdot x^\omega$。已知 C 为最优检错码，有

$$P_u(C,p)=\sum_{\omega=1}^{n}A_\omega(C)p^\omega(1-p)^{n-\omega}\leqslant 2^{-(n-k)} \tag{10-6}$$

将式（10-6）改写为

$$(1-p)^n\left[A\left(\frac{p}{1-p}\right)-1\right]\leqslant 2^{-(n-k)} \tag{10-7}$$

根据 MacWillams 恒等式

$$A(x)=2^{-(n-k)}(1+x)^n B\left(\frac{1-x}{1+x}\right) \tag{10-8}$$

将式（10-7）改写为

$$2^{-(n-k)}B(1-2p)-(1-p)^n\leqslant 2^{-(n-k)} \tag{10-9}$$

$B_0(C)=1$，即有一全零码字，所以

$$2^{-(n-k)}\left[1+\sum_{\omega=1}^{n}B_\omega(C^\perp)(1-2p)^\omega\right]-(1-p)^n\leqslant 2^{-(n-k)} \tag{10-10}$$

$$\sum_{\omega=1}^{n}B_\omega(C^\perp)(1-2p)^{\omega}\leqslant 2^{(n-k)}(1-p)^n \tag{10-11}$$

$C^\perp$ 的不可检错概率根据式（10-3）得

$$P_u(C^{\perp},\varepsilon)=\sum_{\omega=1}^{n}B_{\omega}(C^{\perp})\varepsilon^{\omega}(1-\varepsilon)^{n-\omega}$$
$$=(1-\varepsilon)^n\sum_{\omega=1}^{n}B_{\omega}\left(\frac{\varepsilon}{1-\varepsilon}\right)^{\omega} \tag{10-12}$$

令

$$1-2p=\frac{\varepsilon}{1-\varepsilon} \tag{10-13}$$

此时当 $\varepsilon=0$ 时，$p=0.5$；$p=0$ 时，$\varepsilon=0.5$。将式（10-12）代入式（10-13）得到

$$P_u(C^{\perp},\varepsilon)=\left[2(1-p)\right]^{-n}\sum_{\omega=1}^{n}B_{\omega}(C^{\perp})(1-2p)^{\omega} \tag{10-14}$$

又因为式（10-11），得到

$$P_u(C^{\perp},\varepsilon)\leqslant 2^{n-k}(1-p)^n 2^{-n}(1-p)^{-n}=2^{-k} \tag{10-15}$$

$C^{\perp}$ 为 $(n,n-k)$ 码，所以 $C^{\perp}$ 也是最优检错码，得证。

定理 10.1 对最优检错码判定提供了良好的依据，从定理 10.1 可以知道，对偶码不是最优检错码的二进制线性分组码，必然不是最优检错码。另外，定理 10.1 还为选择最优检错码提供了理论依据，比如汉明码及扩展汉明码都是最佳检错码，那么扩展汉明码的对偶码也就是最佳检错码。

最优检错码在通信系统差错检测中有着非常重要的作用，在无条件安全通信系统中，不可检错概率也有着举足轻重的地位。在后续讨论中，还会研究不可检错概率，包括更小的上限，常用的线性检错码的不可检错概率等，这里将不再详述。

10.2 基于 BCH 码的秘密编码方案

10.2.1 秘密编码基础知识

在介绍秘密编码方法之前，先以一个简单的（6,3）码为例，先从该码的译码表中研究一下其译码过程，读者可以在阅读完后面的秘密编码之后，对照着思考一下该码与秘密编码之间的相同点和不同点，这样一定会更加加深对于秘密编码的认识和理解。

例 10.1 （6,3）码的生成矩阵和校验矩阵分别为

$$\boldsymbol{G}=\begin{bmatrix}1&0&0&1&1&0\\0&1&0&0&1&1\\0&0&1&1&1&1\end{bmatrix} \tag{10-16}$$

$$H=\begin{bmatrix}1&0&1&1&0&0\\1&1&1&0&1&0\\0&1&1&0&0&1\end{bmatrix} \tag{10-17}$$

由生成矩阵和校验矩阵可以得到其标准译码表如表 10-2 所列。

表 10-2 （6,3）码标准译码表

许用码字	000000	100110	010011	001111	110101	101001	011100	111010
	100000	000110	110011	101111	010101	001001	111100	011010
	010000	110110	000011	011111	100101	111001	001100	101010
	001000	101110	011011	000111	111101	100001	010100	110010
	000100	100010	010111	001011	110001	101101	011000	111110
	000010	100100	010001	001101	110111	101011	011110	111000
	000001	100111	010010	001110	110100	101000	011101	111011
	110000	010110	100011	111111	000101	011001	101100	001010

在表 10-2 中，第一列数据表示的即陪集首，也就是错误样本，第一行表示合法的码字。利用式（10-2）计算出（6,3）码伴随式 $\boldsymbol{s}$ 与错误样本 $\boldsymbol{e}$ 之间一一对应的关系，如表 10-3 所列。

表 10-3 （6,3）码的错误样本与伴随式的对应

$\boldsymbol{s}$	$\boldsymbol{e}$
000	000000
110	100000
011	010000
111	001000
100	000100
010	000010
001	000001
101	110000

在传统信道编码过程中，发送方从表 10-2 的第一行中选择一码字发送，由于信道中存在噪声，接收方利用式（10-2）计算出校验式，找到对应的错误样本，再利用接收的码字与错误样本进行模二运算，得到原始码字。例如，接收方收到码字 100001，计算出伴随式为 111，得知第三位发生错误，纠正得原始码字为 101001，完成译码，或者直接在标准译码表中查找 100001 对应列的首元素，得到相同的结果。当信道中的噪声向量等于任一合法码字时，发送码字与噪声向量叠加后利用式（10-2）计算得到校验式为 0，这种情况就是产生了不可检错

误。正如之前所述，在传统通信系统中，不可检错概率是一个非常重要的概念。

秘密编码思路是这样的：表 10-3 的第一列伴随式$\boldsymbol{s}$作为需要发送的信息，通过表 10-3 查到对应的向量$\boldsymbol{e}$，再从线性编码的码字（表 10-2 的第一行）中随机选取一个码字，将向量$\boldsymbol{e}$与随机选取的码字进行模二加，所得结果通过信道发送。若信道是无错的，在接收向量$\boldsymbol{r}_i$后，由式（10-2）可以计算出发送的信息$\boldsymbol{s}$，若信道有错，则由式（10-2）可能计算出错误发送的信息。第 9 章通过交互通信与 LPDC 码联合构造出主信道为无错信道，而窃听信道为有错信道，因此合法接收者可以成功解码，而窃听者确以高误码率解码。

秘密编码的数学符号描述如下。

发送方希望发送k比特序列$\boldsymbol{M}^j=(m_0^j,m_1^j,\cdots,m_{k-1}^j)$，$j=0,1,\cdots,2^k-1$，选择一种$(n,n-k)$码，$\boldsymbol{M}^j$与码字陪集首$\boldsymbol{W}^j=(w_0^j,w_1^j,\cdots,w_{n-1}^j)$一一对应（$\boldsymbol{M}^j$即$(n,n-k)$码的校验式），随机选择$(n,n-k)$码的一个码字$\boldsymbol{C}^i=(c_0^i,c_1^i,\cdots,c_{n-1}^i)$，$i=0,1,\cdots,2^{n-k}-1$，通过运算$\boldsymbol{V}_i^j=\boldsymbol{C}^i+\boldsymbol{W}^j$求发送的码字$\boldsymbol{V}_i^j$。$\boldsymbol{V}_i^j$在合法主信道中无错传输，而窃听信道中由于错误向量$\boldsymbol{E}^j=(e_0^j,e_1^j,\cdots,e_0^j)$的存在，窃听者接收向量$\boldsymbol{V}_i^{j\prime}=\boldsymbol{V}_i^j+\boldsymbol{E}^j$。二者都利用式（10-2）解码：

$$\boldsymbol{M}^{j\prime}=\boldsymbol{V}_i^j\cdot\boldsymbol{H}^{\mathrm{T}}=(\boldsymbol{C}^i+\boldsymbol{W}^j)\cdot\boldsymbol{H}^{\mathrm{T}}=\boldsymbol{W}^j\cdot\boldsymbol{H}^{\mathrm{T}}=\boldsymbol{M}^j \tag{10-18}$$

$$\boldsymbol{M}^{j\prime\prime}=\boldsymbol{V}_i^{j\prime}\cdot\boldsymbol{H}^{\mathrm{T}}=(\boldsymbol{C}^i+\boldsymbol{W}^j+\boldsymbol{E}^j)\cdot\boldsymbol{H}^{\mathrm{T}}=\boldsymbol{M}^j+\boldsymbol{E}^j\cdot\boldsymbol{H}^{\mathrm{T}} \tag{10-19}$$

式中：$\boldsymbol{M}^{j\prime}$与$\boldsymbol{M}^{j\prime\prime}$分别为合法接收者与窃听者接收的向量，$\boldsymbol{H}$为$(n,n-k)$码的校验矩阵，通过式（10-18），合法通信者正确译码，而窃听者利用式（10-19）译码得到的向量中叠加了$\boldsymbol{E}^j\cdot\boldsymbol{H}^{\mathrm{T}}$，当$\boldsymbol{E}^j\cdot\boldsymbol{H}^{\mathrm{T}}\neq\boldsymbol{0}$时，错误译码。利用例 10-1 中的（6,3）码更加直观地解释秘密编码的过程，具体过程参见例 10-2。

例 10-2，Alice 发送 3 比特信息$\boldsymbol{M}=(0,1,1)$给合法通信方 Bob，选择例 10-1 中的（6,3）码，根据表 10-3，得知与消息对应的$\boldsymbol{W}=(0,1,0,0,0,0)$，Alice 随机选择码字$\boldsymbol{C}=(0,1,0,0,1,1)$，运算得到$\boldsymbol{V}=(0,0,0,0,1,1)$，$\boldsymbol{V}$在主信道无错传输，Bob 利用式（10-18）译码得到$\boldsymbol{M}'=(0,1,1)=\boldsymbol{M}$；$\boldsymbol{V}$在窃听信道中叠加错误向量$\boldsymbol{E}=(0,0,0,1,0,0)$，得到$\boldsymbol{V}'=(0,0,0,1,1,1)$，窃听者 Eve 根据式（10-18）译码得到$\boldsymbol{M}''=(1,1,1)\neq\boldsymbol{M}$，Eve 错误译码。

在例 10-2 中，通过安全编码的方式，合法通信双方利用信道特性实现了安全通信。然而，需要注意到，当窃听信道中的错误向量分别为（0,1,0,0,1,1）、（1,1,0,1,0,1）、（0,1,1,1,0,0）、（1,0,0,1,1,0）、（1,1,1,0,1,0）、（0,0,1,1,1,1）、（1,0,1,0,0,1）时，$\boldsymbol{E}^j\cdot\boldsymbol{H}^{\mathrm{T}}=\boldsymbol{0}$，此时，窃听者可以正确译码，并且注意到，这一组错误向量正好就是（6,3）码的码字$\boldsymbol{C}$。得到以下重要结论，当窃听者接收的向量与合法码字落在同一陪集下时，也就是窃听信道的错误向量$E^j\in C$时，窃听者正确译码。

定理 10-2　当窃听信道中的错误向量$P_{\mathrm{r}}(\boldsymbol{E}^j\in\boldsymbol{C})=P_{\mathrm{r}}(\boldsymbol{E}^j\in\boldsymbol{V}^j)$，即$P_{\mathrm{r}}(\boldsymbol{E}^j\in$

$V^j)=2^{-k}, j=0,1,\cdots,2^k-1$时，$P_r(M^{j''} \neq M^j)=0.5$。

定理 10-2 给出了秘密编码选择的根本依据，寻找这种编码将成为今后工作的重点。然而条件$P_r(E^j \in V^0)=P_r(E^j \in C)=2^{-k}$，或者条件$P_r(E^j \in V^j)=2^{-k}$，$j=0,1,\cdots,2^k-1$，作为$P_r(E^j \in V^j)=2^{-k}, j=0,1,\cdots,2^k-1$的充分条件，在现有线性编码中已经实现，因此满足该条件的编码将作为本节研究的重点。

满足式（10-5）的码是最优检错(n,k)码，其不可检错概率不大于$2^{-(n-k)}$，因此利用最优检错$(n,n-k)$码进行秘密编码。现在已发现的最优检错码中包括汉明码，能够纠正两个错的本原 BCH 码、Golay 码等。接下来重点研究将这几种码应用于秘密编码的性能。

秘密编码的译码方法很简单，合法通信者与窃听者分别应用式（10-18）与式（10-19）就完成了译码过程，但是编码过程只提及M^j与码字陪集首W^j一一对应，具体为

$$M^j = W^j \cdot H^{\mathrm{T}} \tag{10-20}$$

从式（10-20）可以看出，已知W^j与校验矩阵H，可以很轻松地求得M^j。然而，系统中M^j为待编码序列，是已知条件，可根据式（10-20）求得

$$M^j (H^{\mathrm{T}})^{-1} = W^j \tag{10-21}$$

对于$(H^{\mathrm{T}})^{-1}$的计算很复杂，这样无形中增加了系统的复杂度。细心观察发现，其实已知M^j（等同于校验式）求W^j（等同于错误图案），其实质为线性纠错码的译码过程，这对于可以使用标准译码表进行译码的线性码是可行的。

然而对于长码而言，按照上述方式将无法实现秘密编码，因此需要引入更简便的一种编码方法。

定理 10-3 发送k比特序列$M^j=(m_0^j,m_1^j,\cdots,m_{k-1}^j)$，$j=0,1,\cdots,2^k-1$，选择一种$(n,n-k)$码，该码为系统码，校验矩阵具有$[I \mid P]_{k\times n}$形式，利用式（10-22）生成发送码字

$$V_i^j = C^i + M^j \cdot \left[I' + C^l\right]_{k\times n} \tag{10-22}$$

式中：$I'=[I \mid 0]_{k\times n}$，$I$为$k\times k$的单位矩阵；$C^i$与$C^l$为$(n,n-k)$码的非零码字，$i,l=0,1,\cdots,2^{n-k}-1, i\neq l$。

证明：合法接收者通过无错信道接收V_i^j，利用式（10-22）运算得

$$V_i^j \cdot H^{\mathrm{T}} = (C^i + M^j \cdot [I' + C^l]_{k\times n}) \cdot H^{\mathrm{T}} \tag{10-23}$$

简化得

$$V_i^j \cdot H^{\mathrm{T}} = M^j \cdot [I \mid 0]_{k\times n} \cdot H^{\mathrm{T}} \tag{10-24}$$

又因为$H=[I \mid P]_{k\times n}$，所以$V_i^j \cdot H^{\mathrm{T}} = M^j$，得证。

以上对秘密编码的编译码方法进行了介绍，对于特定的编码方式，将在接下

来的两节中详细介绍。

10.2.2 二进制本原 BCH 码[1]

BCH 码是汉明码的延伸，属于线性循环分组码，根据不同的码长与码率，这种码字可以纠正任意t个错误，因此作为信道编码，得到了广泛的应用。

对于任意正整数$m \geqslant 3$，$t < 2^{m-1}$，存在(n,k)BCH 码，码长$n = 2^m - 1$，每个码字纠正t个错误，校验位数$n-k \leqslant mt$，最小汉明距离$d_{\min} \geqslant 2t+1$。BCH 码的生成多项式以选自 $GF(2^m)$ 的多项式的根来描述，对于要纠正t个错误的n长 BCH 码，生成多项式$g(X)$为$GF(2)$域上根为$\alpha,\alpha^2,\cdots,\alpha^{2t}$的最小多项式，即

$$g(\alpha^i) = 0, i = 1,2,\cdots,2t \tag{10-25}$$

令$\phi_i(X)$是根为α^i的最小多项式，则$\phi_1(X),\phi_2(X),\cdots,\phi_{2t}(X)$的最小公倍多项式即码字的生成多项式

$$g(X) = \text{LCM}\{\phi_1(X),\phi_2(X),\cdots,\phi_{2t}(X)\} \tag{10-26}$$

由于共轭根的存在，式（10-26）可重新表述为

$$g(X) = \text{LCM}\{\phi_1(X),\phi_3(X),\cdots,\phi_{2t-1}(X)\} \tag{10-27}$$

汉明码其实是一类特殊的 BCH 码，它的生成多项式$g(X) = \phi_1(X)$，即能纠正$t=1$个错误的 BCH 码。

令$(n,k,d_{\min})$ BCH 码C中有一非零码字$c(x) = c_0 + c_1 x + \cdots + c_{n-1}x^{n-1}$，因此$c(\alpha^i) = 0, i = 0,1,\cdots,2t$，用矩阵运算表示为

$$\begin{pmatrix} 1 & \alpha & \alpha^2 & \cdots & \alpha^{n-1} \\ 1 & \alpha^3 & (\alpha^3)^2 & \cdots & (\alpha^3)^{n-1} \\ 1 & \alpha^5 & (\alpha^5)^2 & \cdots & (\alpha^5)^{n-1} \\ \vdots & \vdots & \vdots & \cdots & \vdots \\ 1 & \alpha^{2t-1} & (\alpha^{2t-1})^2 & \cdots & (\alpha^{2t-1})^{n-1} \end{pmatrix} \cdot \begin{pmatrix} c_0 \\ c_1 \\ c_2 \\ \vdots \\ c_{n-1} \end{pmatrix} = \begin{pmatrix} 0 \\ 0 \\ 0 \\ \vdots \\ 0 \end{pmatrix} \tag{10-28}$$

从式（10-28）就可以看出，BCH 码C的校验矩阵为

$$\boldsymbol{H} = \begin{pmatrix} 1 & \alpha & \alpha^2 & \cdots & \alpha^{n-1} \\ 1 & \alpha^3 & (\alpha^3)^2 & \cdots & (\alpha^3)^{n-1} \\ 1 & \alpha^5 & (\alpha^5)^2 & \cdots & (\alpha^5)^{n-1} \\ \vdots & \vdots & \vdots & \cdots & \vdots \\ 1 & \alpha^{2t-1} & (\alpha^{2t-1})^2 & \cdots & (\alpha^{2t-1})^{n-1} \end{pmatrix} \tag{10-29}$$

至于要想得到二进制线性(n,k)码C的码重分布，可以通过定义，即列举出所有2^k个码字计算出汉明距离的方法来计算。很明显，当k较大时，这种计算是不现实的。MacWillams 恒等式$A(x) = 2^{-(n-k)}(1+x)^n B\left(\dfrac{1-x}{1+x}\right)$提供了编码重量分布

的另一种方法，即计算 C 的对偶码 $(n,n-k)$ 码 $C^{\perp}$ 的重量算子来计算 C 的重量算子。该式可以用另一种形式表示，即

$$B(x)=2^{-k}(1+x)^{n}A\left(\frac{1-x}{1+x}\right) \tag{10-30}$$

因此，对于高码率码 C，可以通过公式 $A(x)=2^{-(n-k)}(1+x)^{n}B\left(\frac{1-x}{1+x}\right)$ 计算对偶码 $C^{\perp}$ 的重量算子 $B(x)$ 得到 $A(x)$；相对应地，对于低码率码 C，计算重量算子 $A(x)$ 容易得到，同样可以利用式（10-35）求得对偶码 $C^{\perp}$ 的重量分布 $B(x)$。文献[3]给出了码长 $n=2^{m}-1$，纠正两个错误及三个错误的二进制本原 BCH 码的对偶码的重量分布，分别如表 10-4～表 10-7 所列。

表 10-4　m 为奇数，$t=2$ 的二进制本原 BCH 码对偶码的重量分布

重量 ω	重量为 ω 的码字数 $A_{\omega}(C)$
0	1
$2^{m-1}-2^{(m+1)/-1}$	$\left[2^{m-2}+2^{(m-1)/2-1}\right](2^{m}-1)$
2^{m-1}	$(2^{m}-2^{m-1}+1)(2^{m}-1)$
$2^{m-1}+2^{(m+1)/2-1}$	$\left[2^{m-2}-2^{(m-1)/2-1}\right](2^{m}-1)$

表 10-5　m 为偶数，$t=2$ 的二进制本原 BCH 码对偶码的重量分布

重量 ω	重量为 ω 的码字数 $A_{\omega}(C)$
0	1
$2^{m-1}-2^{(m+2)/2-1}$	$2^{(m-2)/2-1}\left[2^{(m-2)/2}+1\right](2^{m}-1)/3$
$2^{m-1}-2^{m/2-1}$	$2^{(m+2)/2-1}\left[2^{m/2}+1\right](2^{m}-1)/3$
2^{m-1}	$(2^{m-2}+1)(2^{m}-1)$
$2^{m-1}+2^{m/2-1}$	$2^{(m+2)/2-1}(2^{m/2}-1)(2^{m}-1)/3$
$2^{m-1}+2^{(m+2)/2-1}$	$2^{(m-2)/2-1}\left[2^{(m-2)/2}-1\right](2^{m}-1)/3$

表 10-6　m 为奇数，$t=3$ 的二进制本原 BCH 码对偶码的重量分布

重量 ω	重量为 ω 的码字数 $A_{\omega}(C)$
0	1
$2^{m-1}-2^{(m+1)/2}$	$2^{(m-5)/2}\left[2^{(m-3)/2}+1\right](2^{m-1}-1)(2^{m}-1)/3$
$2^{m-1}-2^{(m-1)/2}$	$2^{(m-3)/2}\left[2^{(m-1)/2}+1\right](5\cdot 2^{m-1}+4)(2^{m}-1)/3$
2^{m-1}	$(9\cdot 2^{2m-4}+3\cdot 2^{m-3}+1)(2^{m}-1)$
$2^{m-1}+2^{(m-1)/2}$	$2^{(m-3)/2}\left[2^{(m-1)/2}-1\right](5\cdot 2^{m-1}+4)(2^{m}-1)/3$
$2^{m-1}+2^{(m+1)/2}$	$2^{(m-5)/2}\left[2^{(m-3)/2}-1\right](2^{m-1}-1)(2^{m}-1)/3$

表 10-7　m 为偶数，$t=3$ 的二进制本原 BCH 码对偶码的重量分布

重量 ω	重量为 ω 的码字数 $A_\omega(C)$
0	1
$2^{m-1}-2^{(m+4)/2-1}$	$\left[2^{m-1}+2^{(m+4)/2-1}\right](2^m-4)(2^m-1)/960$
$2^{m-1}-2^{(m+2)/2-1}$	$7\left[2^{m-1}+2^{(m+2)/2-1}\right]2^m(2^m-1)/48$
$2^{m-1}-2^{m/2-1}$	$2\left[2^{m-1}+2^{m/2-1}\right](3\cdot 2^m+8)(2^m-1)/15$
2^{m-1}	$(29\cdot 2^{2m}-4\cdot 2^m+64)(2^m-1)/64$
$2^{m-1}+2^{m/2-1}$	$2\left[2^{m-1}-2^{m/2-1}\right](3\cdot 2^m+8)(2^m-1)/15$
$2^{m-1}+2^{(m+2)/2-1}$	$7\left[2^{m-1}-2^{(m+2)/2-1}\right]2^m(2^m-1)/48$
$2^{m-1}+2^{(m+4)/2-1}$	$\left[2^{m-1}-2^{(m+4)/2-1}\right](2^m-4)(2^m-1)/960$

对于一般情况，文献[5]给出了码长 $n=2^m-1$，纠正 t 个错误的二进制本原 BCH 码的重量分布，如式（10-31）所示。

$$A_\omega(C)=\begin{cases}0 & 0<\omega\leqslant 2t\\ (1+\mu\cdot n^{1/10})\dbinom{n}{\omega}2^{-(n-k)} & \omega>2t\end{cases} \tag{10-31}$$

式中：μ 为一常数，$A_\omega(C)$ 为二进制本原 BCH 码 C 的分布函数。

10.2.3　基于最优检错码的二进制本原 BCH 码的秘密编码

10.2.1 节的分析为秘密编码提供了一个可选择的方案，利用最优检错码作为秘密编码，文献[5]提到 $t=2$ 的二进制本原 BCH 码是最优检错码。文献[6]和文献[7]证明了 $t=3$，m 为奇数的二进制本原 BCH 码是最优检错码。因此，选择这两种码字作为秘密编码方案，根据仿真结果进行研究。以 $t=2$ 的二进制本原 BCH 码为例，最小距离 $d=2t+1=5$，其编码过程如下。

（1）发送 k 比特消息 $\boldsymbol{M}=(m_0,m_1,\cdots,m_{k-1})$，选择 $(n,n-k,5)$ BCH 码 C。

（2）利用式（10-22），求得与 M 一一对应的 $W=(w_0,w_1,\cdots,w_{n-1})$，使满足关系 $M=W\cdot\boldsymbol{H}^{\mathrm{T}}$，$\boldsymbol{H}$ 为 C 的校验矩阵。

（3）从 $(n,n-k,5)$ BCH 码 C 中随机选择一码字 $\boldsymbol{C}^i=(c_0^i,c_1^i,\cdots,c_{n-1}^i)$，其中 $i=0,1,\cdots,2^{n-k}-1$。

（4）运算 $\boldsymbol{V}=\boldsymbol{W}\oplus\boldsymbol{C}^i$ 得到发送码字 $\boldsymbol{V}$，完成编码。

仿真过程选取码长 $n=2^l$，l 自 1 取到 10，设置窃听者误码率阈值为 0.495，即窃听者接收序列误码率达到 0.495 时，记录秘密编码前窃听信道误码率。表 10-8 列出了不同码长秘密编码达到阈值值的初始误码率。表中第一列为选取的不同码长的 $(n,n-k,5)$ BCH 码，第二列为秘密编码的码率 $R_S=k/n$，第三列

为应用不同码长的 BCH 码作为秘密编码能够达到的窃听者接收序列误码率 $P_e \geqslant 0.495$ 的窃听信道误码率。例如在第二行中，发送 10 比特消息，选择（31,21）BCH 码用作秘密编码，秘密编码码率 $R_S = 10/31 = 0.3226$，当窃听信道误码率 $0.1501 \leqslant \delta \leqslant 0.5$ 时，可以利用秘密编码使窃听者的误码率 $0.495 \leqslant P_e \leqslant 0.5$，而主信道为无错信道，正确传输信息，这样就达到了安全通信的目的。

表 10-8 $t=2$ BCH 码用作秘密编码达到安全通信的窃听信道误码率

BCH（$t=2$）	R_S	δ
（15,7）	0.5333	0.3302
（31,21）	0.3226	0.1501
（63,51）	0.1905	0.0761
（127,113）	0.1102	0.0399
（255,239）	0.0627	0.0187
（511,493）	0.0352	0.0094
（1023,1003）	0.0196	0.0061

这里还有一个重要参数需要注意，即秘密容量。秘密容量表示发送方能够安全传送数据到合法接听者的最大速率。秘密容量越大，通信越安全。秘密容量由式（10-4）给出，根据式（10-4）得到表 10-9，即为了达到安全通信的目的需要的最小信道秘密容量。

表 10-9 不同码率下窃听信道误码率与秘密容量之间的关系

BCH（$t=2$）	δ	C_S
（15,7）	0.3302	0.9151
（31,21）	0.1501	0.6101
（63,51）	0.0761	0.3883
（127,113）	0.0389	0.2418
（255,239）	0.0187	0.1341
（511,493）	0.0094	0.0768
（1023,1003）	0.0061	0.0537

从表 10-8 中可以看出，根据窃听信道不同的误码率可以选择适当码长的 BCH 码作为秘密编码，如果窃听信道误码率偏小，那么就需要选择码长较长的 BCH 码，代价是低码率，例如窃听信道的误码率为 0.05，那能够选择用于秘密编码的二进制 BCH 码为（127,113）码、（255,239）码、（511,493）码、（1023,1003）码及码长更长的码，然而注意到，码长越长，秘密编码的码率越低，冗余所在的比例就越大，这就增大了编码的开销，因此最佳选择为

（127,113）码作为秘密编码。

从表 10-9 中可以看出，窃听信道误码率、秘密容量的大小与码长成反比关系，窃听信道误码率较低时，秘密容量较小，通信较不安全。为了达到安全通信的目的，需要选取码长较长、码率较小的码字作为秘密编码，例如，信道误码率 $\delta = 0.008$ ，秘密容量 $C_S > 0.0537$ ，此时秘密容量很小，窃听信道的质量很好，为了达到安全通信的目的，选择（1023,1003）码作为安全编码，此时付出的代价是发送方每传送 20 比特信息，需要增加 1003 比特作为冗余，保证窃听者无法译码。

图 10-1 所示为各个码长的 $t = 2$ 本原二进制 BCH 码用作秘密编码方案时的性能曲线。从图中可以看出，随着秘密编码码长的增长，为了达到 $P_e \to 0.5$ 目标，需要的信道误码率逐渐减小。换言之，随着秘密编码的码长增长，码率减小，窃听接收误码率会更快地收敛于 $P_e \to 0.5$ 限。很明显地，从图 10-1 及表 10-9 中可以看到，当弱化窃听信道后，如果模型的秘密容量较大，可以选择码率稍高的秘密编码；但是如果窃听信道误码率较低，只有以牺牲码率为代价，通过加大冗余的方式实现安全通信。在后续部分中可以看到，将 $t = 2$ 的本原二进制 BCH 码作为秘密编码方案取得的性能是最优的。

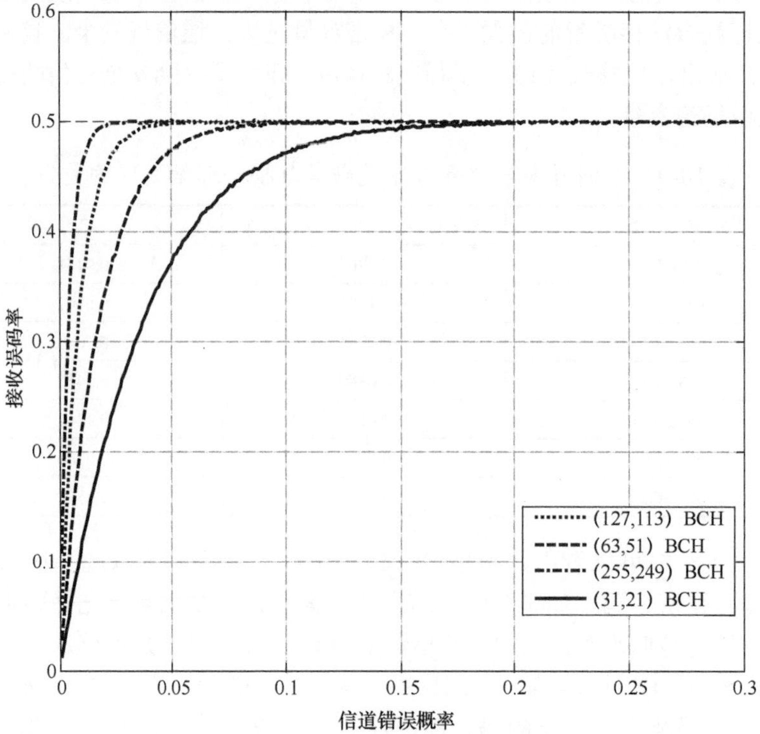

图 10-1　$t = 2$ 本原二进制 BCH 码用作秘密编码方案的性能曲线

至此采用$t=2$本原二进制 BCH 码作为秘密编码方案，实现了窃听者接收序列误码率$P_e \geqslant 0.495$，即安全通信的目的。通过这种编码的选取，可以试图验证采用最优检错码作为秘密编码的可行性。式（10-9）给出了利用线性码C的对偶码$C^{\perp}$的重量算子表示码C的不可检错概率，由此可以得到线性码C的不可检错概率用对偶码$C^{\perp}$的重量分布表示如下

$$P_u(C,\delta)=2^{-k}+2^{-k}\sum_{\omega=1}^{n}B_{\omega}(C)(1-2\delta)^{\omega}-(1-\delta)^n \tag{10-32}$$

式中：$B_{\omega}(C)$表示C的对偶码$C^{\perp}$中重量为ω的码字数，即$C^{\perp}$的重量分布。$t=2$本原二进制 BCH 码C的对偶码$C^{\perp}$的重量分布如表 10-4 和表 10-5 所示。以（63,51）码作为考察对象，验证当窃听信道中的误码率如表 10-9 所示时，码字的不可检错概率$P_u(C,\delta)$是否达到上限2^{-k}。对于（63,51）BCH 码用作秘密编码时，信息位数$k=12$，$n=2^6-1$，所以$m=6$，将表 10-5 中的重量分布代入式（10-32），得

$$P_u\left(C_{(63,51)},\delta\right)=2^{-12}+2^{-12}(210(1-2\delta)^{24}+1512(1-2\delta)^{28}+1071(1-2\delta)^{32}+1176(1-2\delta)^{36}+1126(1-2\delta)^{40})-(1-\delta)^{63} \tag{10-33}$$

根据线性纠错码不可检错概率的上限知道$P_u\left(C_{(63,51)},\delta\right)\leqslant 2^{-12}$，因此令

$$y=2^{-12}(210(1-2\delta)^{24}+1512(1-2\delta)^{28}+1071(1-2\delta)^{32}+1176(1-2\delta)^{36}+1126(1-2\delta)^{40})-(1-\delta)^{63} \tag{10-34}$$

由纠错码不可检错概率上限可以得出，$y\leqslant 0$，当$y=0$时，达到上限值2^{-12}。图 10-2 所示为用（63,51）BCH 码作秘密编码时信道误码率δ与窃听者接收误码率P_e之间的关系图，图中央的分界线为仿真中所设的阈值值，即$P_e=0.495$。

图 10-3 所示为δ与y的关系，可以看出，随着δ的增大，y也同步增大，即使当δ增大至 0.5 时，$y=0.5^{63}$，$P_u\left(C_{(63,51)},\delta\right)=2^{-12}-2^{-63}$这已经达到了不可检错概率的上限。从安全编码的角度出发，目的是将码字送至信道，在信道发生的随机错误正好等于码字中的一个，当随机错误正好是选择线性码码字中的一个时，窃听者无法解码，但从以上分析可以看出，要不可检错概率完全等于2^{-k}是比较困难的，但从图 10-1 中可以看出，通过概率的逼近实现了安全通信。另外，从图 10-2 和图 10-3 中可以看出，图 10-2 中的接收误码率$P_e\to 50\%$的区域δ的取值范围（约为$0.1\leqslant\delta\leqslant 0.13$）与图 10-3 中$y\to 0$的区域（$-0.5\times 10^{-4}\leqslant y\leqslant 0$）中$\delta$的取值范围（约为$0.1\leqslant\delta\leqslant 0.13$）基本相吻合，这就说明采用最优检错码作为秘密编码的猜想是可行的。

同样，$t=3$，m为奇数的二进制本原 BCH 码是最优检错码，一样可以用作秘密编码。表 10-10 所列为（127,106）BCH 码、（511,484）BCH 码用作秘密编码的性能参数，根据不同的需求，有了更多的秘密编码方案。注意到，在相同码

长的情况下，为了达到窃听者接收误码率的阈值值，所必需的最小信道转移概率略大于同码长的 $t=2$ BCH 码，但码率却有所提高，因此，应尽可能选取高码率编码作为秘密编码。

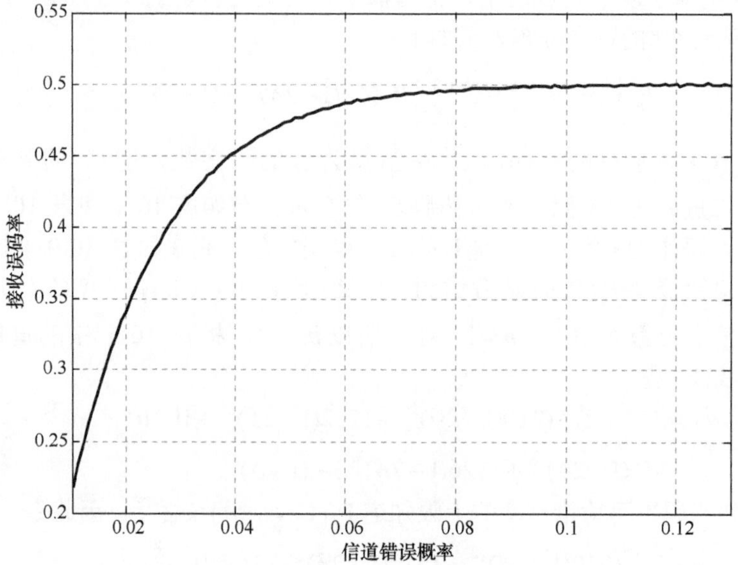

图 10-2 （63,51）BCH 码作秘密编码时信道误码率与接收误码率的关系

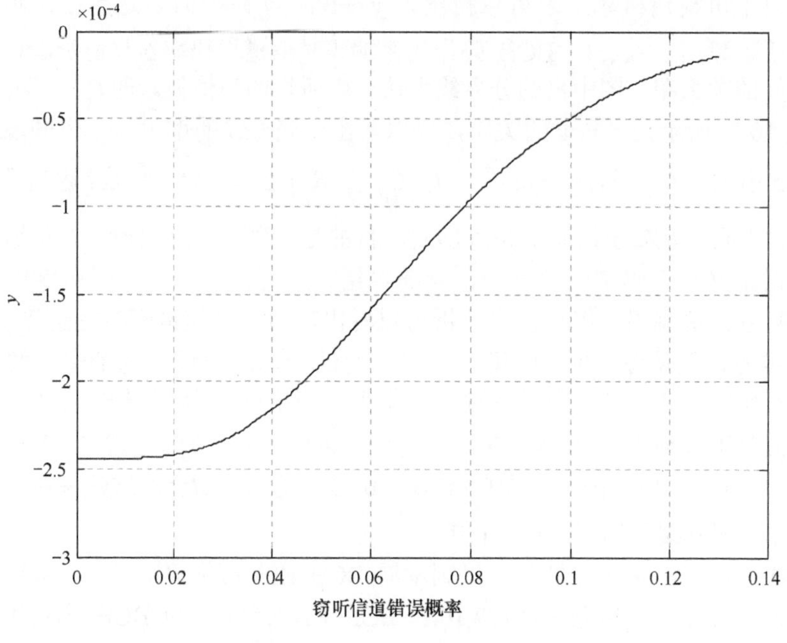

图 10-3 式（10-28）的图示

表 10-10　$t=3$ 最优检错 BCH 码用作秘密编码的相关参数

BCH $t=3$	δ	R_S	C_S
(127,106)	0.042	0.1654	0.2514
(511,484)	0.0096	0.0528	0.0506

通过以上分析，得出结论，$t=2$ 及 $t=3$，m 为奇数的二进制本原 BCH 码作为最优检错码，用作无条件安全通信系统的秘密编码，根据窃听信道转移概率的不同，选择相应码长的 BCH 码，并且尽可能地选择码率高的编码，实现窃听者接收误码率 $P_e \to 50\%$ 的目标，完成了安全通信。

10.2.4　基于非最优检错码的二进制本原 BCH 码的秘密编码

10.2.3 节得出了最优检错码的二进制本原 BCH 码可以用作秘密编码方案，并且表现出优异的性能。然而随着码长的增长，码率却不断减小，这无形中增大了安全通信系统的开销。以此为出发点，接下来考察一般的二进制本原 BCH 码是否可以用作秘密编码方案。

式（10-30）给出了 $(n,k,2t+1)$ 本原 BCH 码 C 的码重分布，因此得到本原 BCH 码的不可检错概率

$$P_u(C_{(n,k,2t+1)},p)=(1+\lambda_0\cdot n^{-1/10})2^{-(n-k)}\sum_{\omega=2t+1}^{n}\binom{n}{\omega}p^{\omega}(1-p)^{n-\omega} \tag{10-35}$$

式中：λ_0 为常数。从式（10-35）中可以看出，当信道转移概率 p 为某一特定值时，不可检错概率 $P_u(C_{(n,k,2t+1)},p)$ 可以等于 $2^{-(n-k)}$。非最优检错码的不可检错概率并不是信道误码率 p 的单调函数，但根据式（10-42），当窃听信道误码率落在某一区间时，依然可以实现安全通信。仿真中，设定接收误码率阈值值 $P_e=0.495$，当窃听者接收误码率达到阈值值时，记录窃听信道转移概率，即采用码 $C_{(n,k,2t+1)}$ 作为秘密编码时，最小需要的信道转移概率 ε。图 10-4 所示为不同码率，$n=63$ 的 BCH 码作秘密编码时窃听者接收误码率与窃听信道误码率之间的关系图。

从图中可以看到，如果采用（63,51）BCH 码作为秘密编码方案，窃听者的接收误码率能够最快收敛于 0.5 的上界，而采用其他码率的 63BCH 码作为秘密编码方案，虽然达到窃听者接收误码率 0.5 上限所要求的窃听信道最小信道转移概率大于（63,51）BCH 码，但依然可以实现秘密编码的目的。并且注意，虽然系统要求提高了，但编码码率也在升高，系统开销也就降低了，在保密要求不高的情况下，适当牺牲性能来节约成本是绝对可行的。

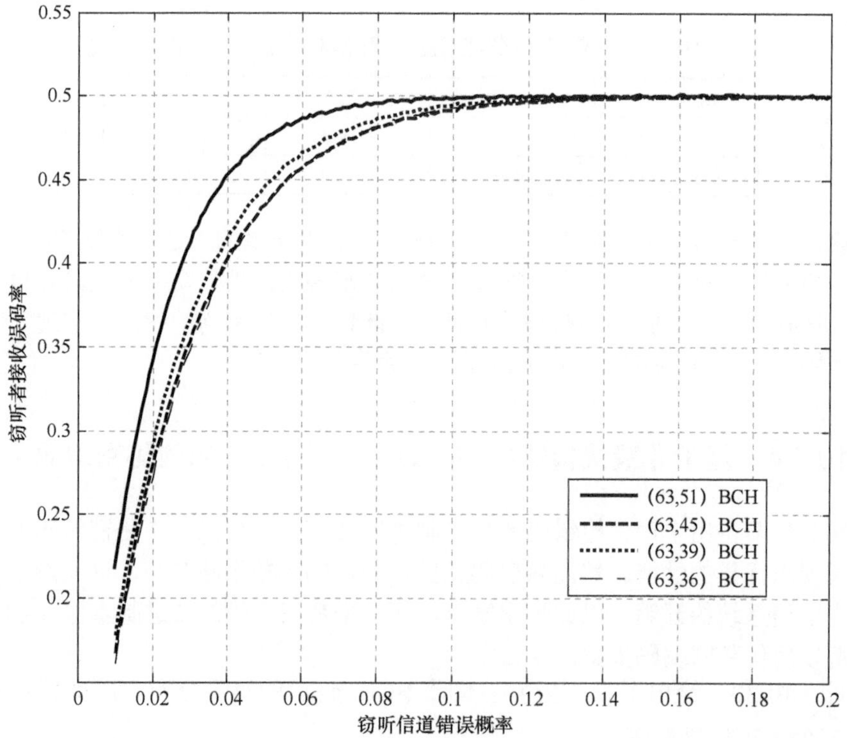

图 10-4　码长为 63 的各个码率 BCH 码用作秘密编码的性能曲线

从图 10-4 还注意到，不论选用最优检错码还是非最优检错码的 BCH 码作为秘密编码方案，窃听接收误码率对于窃听信道误码率是近似的单调函数，即在很小的范围内存在浮动，这种浮动在可接受的范围内。图中还有一个有趣的现象，采用最优检错码的（63,51）BCH 码作为秘密编码方案时性能最优，而非最优检错码中，（63,39）BCH 码的性能曲线优于（63,45）BCH 码。这说明（63,45）BCH 码的不可检错概率在相同信道误码率条件下大于（63,39）BCH 码。换言之，虽然（63,39）BCH 码用作秘密编码方案时，性能与码率都优于（63,45）BCH 码，是一种不错的选择。

表 10-11 所列为部分码率 BCH 用作秘密编码方案时的性能参数，其中信道误码率 δ 是达到接收误码率 $P_e = 0.495$ 时窃听信道的误码率，码长 $n = 2^m - 1$，通过表中列出的参数，根据不同的系统需求，选择相应的编码作为秘密编码方案。需要申明的是，每一组的第一个都是最优检错码，可以从表中看出最优检错码与非最优检错码用作秘密编码时的性能差别。

从表中整体来看，各个码长的 BCH 码用作秘密编码方案，最优检错码需要的信道误码率都最小，但同时码率也最低，随着码率的增长，所需要的信道误码率也都逐渐增大。从表 10-11 中可以看到，用本原 BCH 码作秘密编码时有以下几个特点。

表 10-11　BCH 码作秘密编码方案性能参数

m	BCH	R_S	δ	C_S
4	(15,7)	0.5333	0.3302	0.9151
5	(31,21)	0.3226	0.1531	0.6175
	(31,16)	0.4938	0.2796	0.8549
6	(63,51)	0.1905	0.076	0.3879
	(63,45)	0.2857	0.112	0.5059
	(63,39)	0.3801	0.103	0.4784
	(63,36)	0.4762	0.107	0.4939
	(63,30)	0.5238	0.131	0.5602
	(63,7)	0.8889	0.327	0.9118
8	(255,239)	0.0627	0.0189	0.1352
	(255,231)	0.0941	0.0195	0.1386
	(255,223)	0.1255	0.0197	0.1398
	(255,215)	0.1569	0.0218	0.1514
	(255,207)	0.1882	0.022	0.1525
	(255,199)	0.2196	0.0222	0.1536
9	(511,493)	0.0352	0.0094	0.0768
	(511,475)	0.0705	0.0097	0.0788
	(511,457)	0.1057	0.0100	0.0808
	(511,448)	0.1233	0.0103	0.0828
	(511,439)	0.1409	0.0106	0.0847
	(511,421)	0.1761	0.0109	0.0867
	(511,403)	0.2114	0.0112	0.0886
	(511,385)	0.2466	0.0120	0.0938
	(511,367)	0.2818	0.0124	0.0963
	(511,358)	0.2994	0.0130	0.1001
	(511,340)	0.3346	0.0138	0.1050

（1）窃听信道误码率在 0～0.5 的所有区间内，总可以选择一种编码实现安全通信，在第一类窃听信道模型中，根据窃听信道的秘密容量或者窃听信道差错概率的大小，选择能够实现安全通信并且码率最大的编码方案，是选择秘密编码的准则。

（2）注意，随着码长的增长，最优检错码与非最优检错码作为安全编码方案的性能差距在逐渐减小，图 10-5 所示为码长 $n=511$ 的三种 BCH 码用作秘密编码方案的性能曲线。图 10-5 与图 10-4 形成了鲜明的对比，图 10-5 中三条曲线基本重合，但是表 10-11 中给出的码率却有着很大的区别，这说明当第一类窃听信道模型中秘密容量偏小时，应该尽量选取高码率的长码 BCH 作为秘密编码方案。

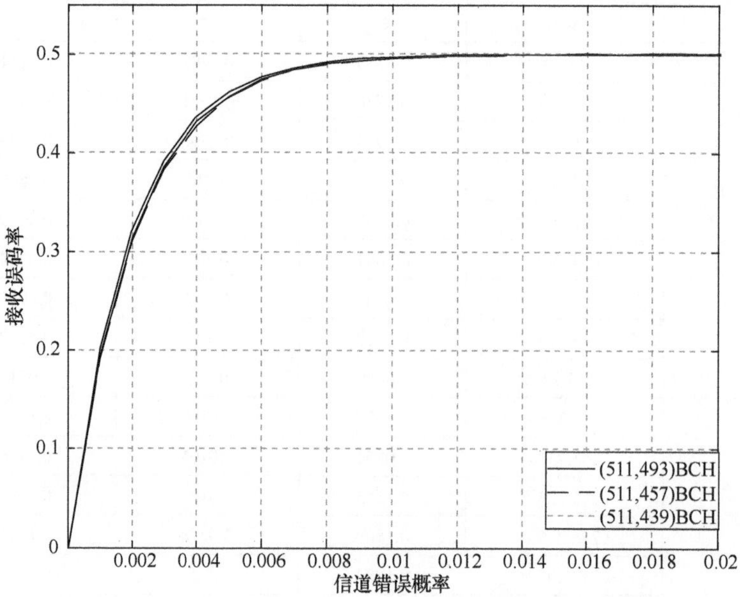

图 10-5　码长为 511 的 BCH 码用作秘密编码的三条性能曲线

（3）在码率相近的情况下，码长越长，达到安全通信所需要的窃听信道误码率就越小，比如表 10-10 中，选用（15,7）BCH 码作为秘密编码方案时，秘密编码码率为 0.5333，所需要的窃听信道误码率为 0.3302，而（63,30）BCH 码作为非最优检错码用作秘密编码方案时，秘密编码容量为 0.5238，所需要的窃听信道误码率只有 0.131。

（4）在给出窃听信道误码率的情况下，尽可能选择码长长的编码。例如，当窃听信道误码率为 0.331 时，可以选择（15,7）BCH 或者（63,7）BCH 码作为秘密编码方案，但（63,7）BCH 用作秘密编码时的码率高达 0.8889。但非最优检错码作为秘密编码方案时，不会像最优检错码那样稳定，因为非最优检错码的不可检错概率对信道误码率并非单调递增函数，因此非最优检错码作秘密编码表现出不稳定性，图 10-6 所示为将（127,99）BCH 码用于秘密编码方案时的详细性能曲线图，不同于图 10-2 中光滑的曲线，图 10-6 中性能曲线呈锯齿状上升。当对安全的要求没有特别高的时候，可以采用非最优检错码作为安全编码。

可以从以上分析得到秘密编码方案的选择方法，对于安全级别较高的通信系统，首先根据窃听信道的误码率考虑最优检错 BCH 码作为秘密编码方案，在同等条件下尽可能选择码长长的码字；对于安全级别较低的通信系统，首先应该考虑码率、开销，尽可能选择低码率、码字长的 BCH 码（低码率的 BCH 码用作秘密编码方案时就成为高码率的秘密编码）作为秘密编码方案。当第一类窃听信道秘密容量非常小的时候，只有选择长码字最优 BCH 码作为秘密编码方案，此时牺牲开销才实现安全通信。

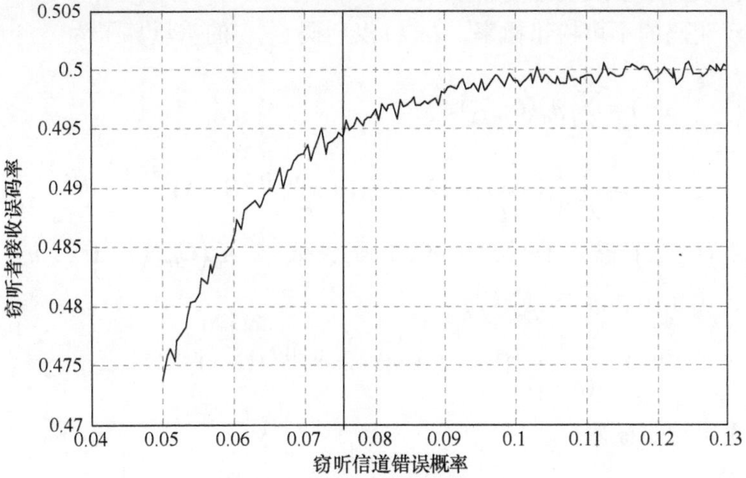

图 10-6 （127,99）BCH 作秘密编码的性能曲线

本节将本原二进制 BCH 码用作无条件安全通信系统的秘密编码方案，通过对 BCH 码不可检错概率的分析，将本原二进制 BCH 码分为最优检错码与非最优检错码两种。首先通过对最优检错码用作秘密编码性能的分析验证了假设的可能性，之后将秘密编码方案延伸至非最优检错码，从仿真结果可以看出，相同码长的最优检错码与非最优检错码用作秘密编码方案时，最优检错码体现出了同码长码字中最优的性能，相近码率的最优检错码与非最优检错码作秘密编码方案时，非最优检错码性能相较最优检错码反而更突出。这为根据不同的通信系统提供了更多秘密编码方案的选择。

10.3 基于其他编码的秘密编码方案

10.2 节中利用本原 BCH 码作为秘密编码方案，得到了理想的结果，在这一节中，结合最优检错码可以作为秘密编码方案的结论，分析了常用的几种最优检错码用作秘密编码的情况，本节只涉及了汉明码、Golay 码。

10.3.1 基于汉明码的秘密编码方案

汉明码是 1950 年由汉明首先构造，用以纠正单个错误的线性分组码。由于它的编译码非常简单，很容易实现，因此用得很普遍，特别是在计算机的存储和运算系统中更常用到。汉明码其实就是纠正一个错误的本原 BCH 码。对于任意$m\geqslant 3$，汉明码码长$n=2^m-1$，信息位数$k=n-m-1$，校验位数$n-k=m$，纠正$t=1$个错误，最小汉明距离$d_{\min}=3$。

考察汉明码的不可检错概率，(n,k)汉明码$C_{(n,k)}$的重量算子为

$$\begin{aligned}A(x)&=\sum_{\omega=0}^{n}A_\omega(C_{(n,k)})x^\omega\\&=\frac{1}{2^m}\left\{(1+x)^n+(2^m-1)(1+x)^{(n-1)/2}(1-x)^{2^{m-1}}\right\}\end{aligned}\tag{10-36}$$

式中：$A_\omega\left(C_{(n,k)}\right)$表示码长为$\omega$的码字数，$A_0\left(C_{(n,k)}\right)=1$，$n=2^m-1$，$k=n-m$。式（10-36）可改写为

$$A(x)=\frac{1}{(n+1)}\left\{(1+x)^n+n(1+x)^{(n-1)/2}(1-x)^{(n+1)/2}\right\}\tag{10-37}$$

则可得到不可检错概率

$$\begin{aligned}P_u\left(C_{(n,k)},p\right)&=\sum_{\omega=1}^{n}A_\omega\left(C_{(n,k)}\right)p^\omega(1-p)^{n-\omega}\\&=(1-p)^n\left[A\left(\frac{p}{1-p}\right)-1\right]\end{aligned}\tag{10-38}$$

$$\begin{aligned}P_u\left(C_{(n,k)},p\right)&=\frac{(1-p)^n}{(n+1)}\left[\left(\frac{1}{1-p}\right)^n+n\left(\frac{1}{1-p}\right)^{(n-1)/2}\cdot\left(\frac{1-2p}{1-p}\right)^{(n+1)/2}-(n+1)\right]\\&=\frac{1}{(n+1)}\left[1+n(1-2p)^{(n+1)/2}-(n+1)(1-p)^n\right]\end{aligned}\tag{10-39}$$

编码是最优检错码的一种条件是不可检错概率$P_u(C,p)$是信道误码率的单调递增函数

$$\begin{aligned}\frac{\mathrm{d}P_u\left(C_{(n,k)},p\right)}{\mathrm{d}p}&=\frac{1}{(n+1)}\left[n\left(\frac{n+1}{2}\right)(1-2p)^{(n-1)/2}(-2)+n(n+1)(1-p)^{n-1}\right]\\&=n\left[(1-p)^{n-1}-(1-2p)^{(n-1)/2}\right]\end{aligned}\tag{10-40}$$

令$h=(n-1)/2$，则有

$$\frac{\mathrm{d}P_u\left(C_{(n,k)},p\right)}{\mathrm{d}p}=(2h+1)\left[(1-p)^{2h}-(1-2p)^h\right]\tag{10-41}$$

现在用数学归纳法证明当$0<p<0.5$时，$g_h(p)=(1-p)^{2h}-(1-2p)^h>0$。当$h=1$，且$p\neq 0$时，有

$$g_1(p)=(1-p)^2-(1-2p)=p^2>0\tag{10-42}$$

即 $h=1$，且 $p\neq 0$ 时，不等式成立。假设 $h=i$ 且 $p\neq 0$ 时，不等式成立，即有

$$g_i(p)=(1-p)^{2i}-(1-2p)^i>0 \tag{10-43}$$

现在考虑 $h=i+1$ 时，有

$$\begin{aligned}g_{i+1}(p)&=(1-p)^{2i+2}-(1-2p)^{i+1}\\&=(1-p)^{2i}(1-2p+p^2)-(1-2p)^i(1-2p)\\&=(1-2p)\left[(1-p)^{2i}-(1-2p)^i\right]+(1-p)^{2i}\cdot p^2\end{aligned} \tag{10-44}$$

当 $0<p<0.5$ 时，有 $(1-2p)\left[(1-p)^{2i}-(1-2p)^i\right]>0$，$i>0$，所以 $(1-p)^{2i}\cdot p^2>0$，因此 $g_{i+1}(p)>0$。在式（10-30）中，$2h+1=n>0$，即不可检错概率 $P_u\left(C_{(n,k)},p\right)$，在 $0<p<0.5$ 时，是信道误码率 p 的单调递增函数，即汉明码 $C_{(n,k)}$ 是最优检错码，不可检错概率满足上限 $P_u\left(C_{(n,k)},p\right)\leqslant 2^{-(n-k)}$。因此，汉明码除了可以作为最优检错码应用于无线通信系统中，还可以用作无条件安全通信系统的秘密编码方案之一，从理论分析，可以得到理想的结果。接下来分析汉明码的秘密编码方案。

作为最优码的汉明码可以成为秘密编码的备选方案，传输 k 比特信息，选择 $(n,n-k)$ 汉明码作为秘密编码。仿真中以窃听者接收误码率 $P(e)\geqslant 0.495$ 作为记录点，记录此时窃听信道的误码率。图 10-7 所示为采用各个码长的汉明码作秘密编码时，窃听者接收误码率 $P(e)$ 与信道误码率 p 之间的关系。

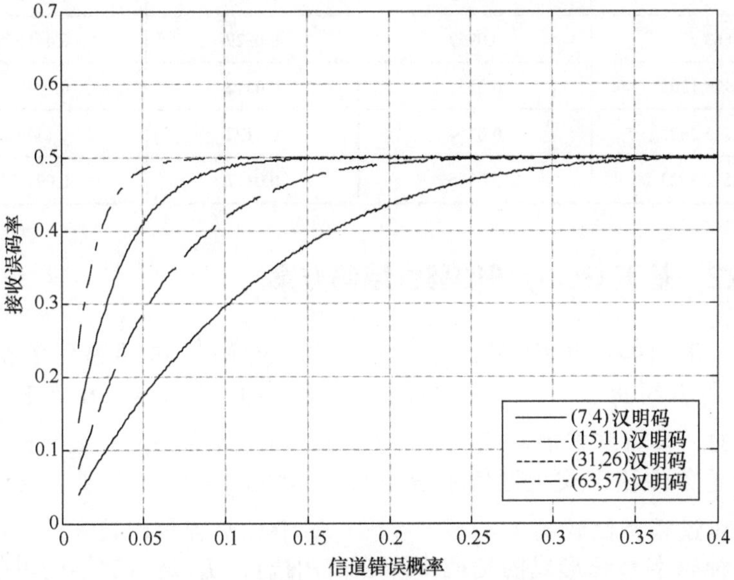

图 10-7　汉明码作秘密编码的性能曲线

从图 10-7 中可以看到，随着码长的增长，秘密编码码率下降，窃听者接收误码率更快地收敛于 0.5，即码长越长的码字用作秘密编码实现安全通信，对信道最小转移概率的要求越低。但是同时也要记住，良好性能的代价是不断下降的码率，因此，在不同的系统需求下，选择不同码长的编码方式。

表 10-12 所列为各个码长的汉明码用作秘密编码时，窃听者接收误码率达到阈值时的最小窃听信道误码率，以及应对应的秘密容量、各码长码字的码率。对照表 10-8 和表 10-9 可以看到，在码率相近的情况下，采用纠正两个错误的本原二进制 BCH 码作为秘密编码会有更好的效果。

例如，（127,120）汉明码用作秘密编码时的码率 $R_S = 0.0551$，（127,113）BCH 码用作秘密编码时，$R_S = 0.1102$，码率高了一倍，而（127,113）码要求的最小信道误码率反而比（127,120）汉明码要求的更低，这就说明了纠两个错误的 BCH 码作为秘密编码优于汉明码。但由于汉明码编译码方法简单，因此在特定的条件下，可以以牺牲码率为代价，采用汉明码作为秘密编码。

表 10-12　各码长的汉明码用作秘密编码的相关参数

汉明码 t=1	R_S	p	C_S
（7,4）	0.4286	0.3499	0.9340
（15,11）	0.2667	0.3096	0.8927
（31,26）	0.1613	0.1299	0.5572
（63,57）	0.0952	0.0929	0.4416
（127,120）	0.0551	0.0512	0.2915
（255,247）	0.0314	0.0192	0.1349
（511,502）	0.0176	0.0117	0.0919

10.3.2　基于 Golay 码的秘密编码方案

Golay 于 1949 年构造了（23,12）Golay 码，这种编码的最小距离 $d_{\min} = 7$，可以纠正 23 位中 3 位或者少于 3 位的错误。在本书中，考虑 Golay 码的一类特殊扩展码（24,12）Golay 码，因为将这种编码作为秘密编码应用于无条件秘密安全通信系统中时，码率 $R_S = 0.5$。另外，这种编码方式的编译码过程都比较简单，易于实现，对于私密容量比较大的系统，非常实用。这种码字系统形式的生成矩阵 $\boldsymbol{G} = [\boldsymbol{P}|\boldsymbol{I}_{12}]$，$\boldsymbol{I}_{12}$ 是 12 维的单位矩阵，矩阵 $\boldsymbol{P}$ 如式（10-32）所描述

$$
\boldsymbol{P}=\begin{bmatrix}
1&0&0&0&1&1&1&0&1&1&0&1\\
0&0&0&1&1&1&0&1&1&0&1&1\\
0&0&1&1&1&0&1&1&0&1&0&1\\
0&1&1&1&0&1&1&0&1&0&0&1\\
1&1&1&0&1&1&0&1&0&0&0&1\\
1&1&0&1&1&0&1&0&0&0&1&1\\
1&0&1&1&0&1&0&0&0&1&1&1\\
0&1&1&0&1&0&0&0&1&1&1&1\\
1&1&0&1&0&0&0&1&1&1&0&1\\
1&0&1&0&0&0&1&1&1&0&1&1\\
0&1&0&0&0&1&1&1&0&1&1&1\\
1&1&1&1&1&1&1&1&1&1&1&0
\end{bmatrix} \tag{10-45}
$$

由上可以清晰地看到，矩阵 $\boldsymbol{P}$ 有如下特征。

（1）$\boldsymbol{P}\cdot\boldsymbol{P}^{\mathrm{T}}=\boldsymbol{I}_{12}$。

（2）关于主对角线对称。

（3）除去最后一行与最后一列即普通 Golay 码的 $\boldsymbol{P}$ 矩阵，该矩阵的第 i 行为第一行循环左移 i 位得到。

正是因为这种码字结构的特殊性，才引起人们的广泛关注与应用。

（24,12）扩展 Golay 码的码重分布如表 10-13 所列。根据式（10-8）得到不可检错概率

$$
P_u\left(C_{(24,12)},p\right)=759p^{8}(1-p)^{16}+2576p^{12}(1-p)^{12}+759p^{16}(1-p)^{8}+p^{24} \tag{10-46}
$$

图 10-8 所示为不可检错概率 $P_u\left(C_{(24,12)},p\right)$ 与信道误码率 p 的关系。

表 10-13 （24,12）扩展 Golay 码的码重分布

码重 ω	0	8	12	16	24
$A_\omega(C_{(24,12)})$	1	759	2576	759	1

从图 10-8 中可以看到，当信道误码率 $0<p<0.5$ 时，不可检错概率 $P_u\left(C_{(24,12)},p\right)$ 单调递增，因此这种扩展 Golay 码也是最优检错码，满足 $P_u\left(C_{(24,12)},p\right)\leqslant 2^{-12}$ 关系。

在采用 Golay 码作秘密编码分析时，采用与之前的仿真同样的记录方式，即以窃听者接收误码率 $P(e)\geqslant 0.495$ 作为记录点，记录此时窃听信道的误码率。表 10-14 所列为记录的结果。

从表中可以看出，用这种编码作秘密编码时，需要私密容量较大，窃听信道误码率较高，但 $1/2$ 的秘密编码码率及易于实现的编译码方式使得（24,12）扩展 Golay 码成为安全通信系统秘密编码的一个备选方案。图 10-9 所示为窃听者接收误码率 $P(e)$ 与窃听信道误码率之间的关系。

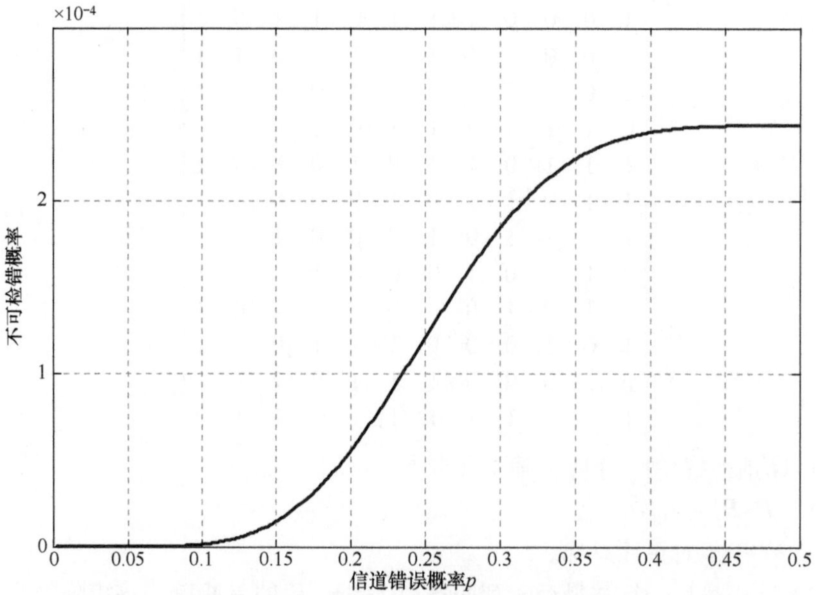

图 10-8　不可检错概率与信道误码率的关系

表 10-14 （24,12）扩展 Golay 码作秘密编码的相关参数

Golay	R_S	p	C_S
（24,12）	0.5	0.3074	0.8901

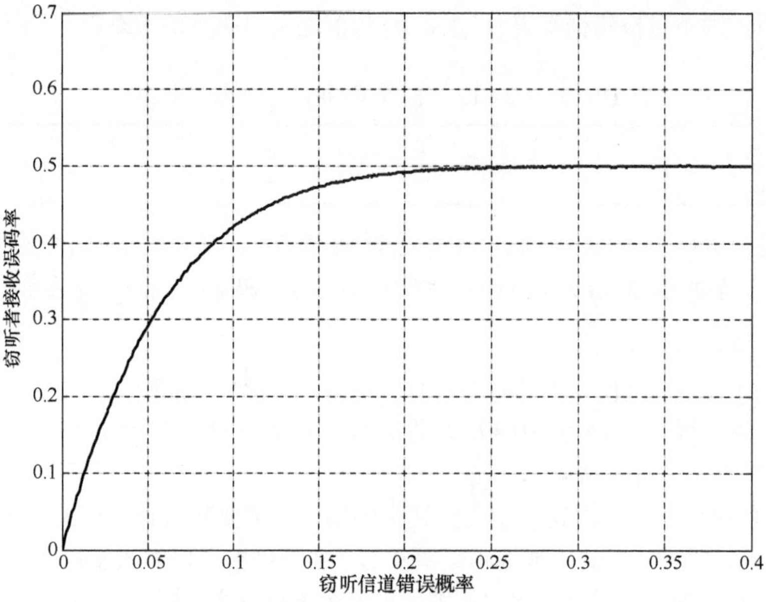

图 10-9 （24,12）扩展 Golay 码的性能曲线

从图 10-9 中可以看到，窃听者接收误码率收敛于 0.5，但达到这一目标所需要的窃听信道误码率较大。

本节从最优检错码出发研究秘密编码方案，通过对 BCH 码、汉明码、扩展 Golay 码作为秘密编码方案进行仿真研究，发现将这三种编码用作秘密编码都是完全可行的。

当窃听信道误码率较小时，例如窃听信道误码率 $p \leqslant 0.01$ 时，为了实现安全通信，可供选择的编码方式有长码长 BCH 码与长码长汉明码（$n \geqslant 511$），从表 10-10 和表 10-12 中可以看到，采用 BCH 码的性能优于汉明码，但是汉明码易于实现，根据系统开销要求，可以在二者中选择。

当窃听信道误码率较大时，为了实现安全通信，可供选择的编码方式有很多，长码长低码率 BCH 码（作秘密编码时为高码率）是可选方案，但码长过长会增大系统编解码的复杂度，因此短码如（15,7）BCH 码、（7,4）汉明码、（15,11）汉明码都成为秘密编码的备选方案。同时，注意到一种特殊的编码——扩展 Golay（24,12）码，这种码字有 0.5 的码率，在窃听信道误码率较大时，也可以考虑使用这种编码方式来实现安全通信，而且这种编码易于实现。表 10-15 所列为窃听信道误码率 $p \approx 0.3$ 可供选择的几种编码的性能参数。

表 10-15　$p \approx 0.3$ 时可供选择的几种编码的性能参数

编码选择	R_S	p	C_S
（24,12）Golay 码	0.5	0.3074	0.8901
（15,11）汉明码	0.2667	0.3096	0.8927
（15,7）BCH 码	0.5333	0.3302	0.9151
（63,7）BCH 码	0.8889	0.327	0.9118

从表 10-15 中可以看到以上分析的结果，最优选择应该是（63,7）BCH 码（或者有更多长码长 BCH 码可供选择），扩展 Golay 码与短 BCH 码紧随，性能最差的是汉明码。

最后注意一个问题，那就是秘密编码的选择应该与信道编码的选择联合设计，如若选择了低码率的秘密编码，那么系统的私密容量就很小，此时可以选择高码率的 LDPC 码作为信道编码。相反，如果选择高码率的秘密编码，系统秘密容量就很大，此时必须选择低码率的 LDPC 码作为信道编码。

参考文献

[1] 王新梅，肖国镇. 纠错码——原理与方法（修订版）. 西安：西安电子科技大学出版社，2001.

[2] R. Dodunekova, S. Dodunekov. Sufficient conditions for good and proper error-detecting codes[J]. IEEE Trans. Inform. Theory, 1997, Vol. 43(6): 2023-2026.

[3] V. I. Korzhik. Bounds on undetected error probability and optimum group codes in a channel with feedback[J]. Radiotehnika. 1965, Vol. 20: 27-33.

[4] V. I. Levenshtein. Bounds on the probability of undetected error[J]. Probl. Pered. Inform., 1977, Vol. 13: 3-18.

[5] J. K. Wolf, A. M. Michelson, A. H. Levesque. On the probability of undetected error for linear block codes[J]. IEEE Trans. Commun., 1982, Vol. Com-30: 317-324.

[6] S. K. Leung-Yan-Cheong, M. E. Hellman. Concerning a bound on undetected error probability[J]. IEEE Trans. Inform. Theory, 1976, Vol. IT-22: 235-237.

[7] T. Kasami, S. Lin. On the probability of undetected error for the maximum distance seperable codes[J]. IEEE Trans. Commun, 1984, Vol. COM-32: 998-1006.

第 11 章　基于 MIMO-OFDM 系统的跨层增强安全技术

为满足 2020 年以后急速增长的通信业务需求而发展起来的 5G 通信，在数据传输速率、资源利用率、无线覆盖性能、用户体验等方面较 4G 系统得到显著提高。然而无线信道的开放性、广播性、终端的移动性、网络拓扑结构的多样性及无线传输的不稳定性使得 5G 智能移动通信网络面临着更多的安全威胁。

随着并行计算、高速计算机等技术的飞速发展，依赖于计算受限的传统通信系统安全机制需要共享越来越长的密钥，使得无线接入阶段的密钥分发需要很长的时延，上层计算复杂度也越来越大，如果密钥一旦泄露或被破解，整个系统的安全体系将会彻底崩溃。5G 通信系统轻重量、快速接入、异构网络的要求使得仅依靠上层基于计算安全的措施已经不能满足实际安全需求，物理层安全新技术为 5G 通信系统所关注，物理层安全是基于统计的安全，虽然随机特性使其不可能被破解，但其系统复杂度高，以牺牲系统传输效率为代价，严重依赖噪声环境的特性，使物理层安全技术不能保证概率为 1 的安全性能。

本章从上述研究背景出发，针对 LTE 系统中 MIMO-OFDM 关键技术，提出将物理层安全技术与传统密码技术相结合实现通信系统跨层安全传输的方案，既考虑了通信系统的可靠性，又保证了新的安全机制具有更高的安全性能。MIMO 跨层安全传输系统中，变形码集的设计是研究的关键。本章所提方案可以用于 4G，便于 5G 与 4G 系统的兼容，在不大幅增加系统额外开销的同时，新的安全机制有更高的安全性能，兼顾了通信系统的可靠性与安全性。

11.1　跨层安全增强技术

2012 年 8 月，在中国国际通信大会上，我国首次提出 5G 概念。5G 作为满足 2020 年以后飞速增长的通信业务需求而发展起来的具有超高频谱利用率、能效、传输速率及用户体验等特点的新一代无线通信技术，成为国内外通信领域研究的热点。5G 在数据传输速率、资源利用率、无线覆盖性能等方面较 4G 移动通信得到了显著提高。为应对未来 11 年移动互联网增加 1000 倍流量的发展需求和信息社会的快速变化，5G 通信系统将融合其他通信技术，将具备网络自感知、自调整，构成无所不在的新一代信息网络。

与有线通信相比，无线信道的开放性、广播特性、网络拓扑结构的多样性、终端的移动性及无线传输的不稳定性等因素容易造成非法窃听者窃听通信内容（如信令信息、用户数据、用户身份信息等）实施不法行为，使得 5G 智能移动通信网络面临着更多的安全威胁，因此保证下一代通信系统信息安全传输至关重要。

1949 年，香农在《保密系统的通信理论》[1]中指出：密码学的基础是计算安全。计算安全指当破译系统所需资源（如资金、时间、空间等）超过窃听者实际能够承受的范围时，认为该系统在现有条件下是计算安全的。计算安全理论上都是可破的。香农同时指出：只有“一次一密”是最强的安全系统。其基本思想是：合法通信双方进行秘密通信时，预先共享一个绝对安全的密钥，窃听者无法获取该密钥，利用这个密钥对合法通信双方间传输的数据进行加解密处理。若密钥长度等于或大于数据长度，则该系统实现了“一次一密”，但是如此的“一次一密”系统是不可能实现的，虽然量子密码在理论上可以实现“一次一密”，但是量子计算机的问世遥遥无期，量子密码应用的可能性也变得遥遥无期。

依赖于计算受限的上层加密技术的传统通信系统安全机制，秘密强度依赖于攻击方计算资源和时间的有限性假设，随着软硬件计算能力的飞速提高，需要共享越来越长的密钥，这使得无线接入阶段的密钥分发需要很长的时延，如果密钥一旦泄露或被攻击者通过计算破解，整个安全体系将彻底崩溃。未来的无线通信将应用大量的分布式系统（Ad-hoc 网络、无线传感网络等），在这类分布式系统结构上实施和延续传统的加密机制成本很高，而且实现非常困难。5G 通信高强度安全、轻重量、快速接入、异构网络的要求使得仅依靠上层基于计算安全的措施已经不能满足未来通信的实际安全需求。

无线通信系统丰富的信道环境为合法通信双方提供了秘密通信的重要信息。物理层安全传输技术[2]是基于 Shannon 提出的无条件秘密理论，其核心思想是：合法通信双方进行秘密通信时，窃听者截获通信信息，若窃听者接收序列与发送序列的互信息量为 0，则称该系统实现了完美秘密（也称为无条件安全传输通信）。

随着 MIMO 技术的发展，人们发现其实早期提出的 Beamforming（波束成形）技术就是一种建立窃听信道的技术，信道信息对 MIMO 接收性能的重要影响，使得人们开始考虑信道的随机性，将是实现无条件秘密通信的一个重要资源，利用无线信道随机特性的物理层安全技术成为解决无线通信系统安全传输问题的新途径。目前，大多是在 MIMO 系统下开展物理层安全传输技术研究。2003 年，Hero[3]提出了基于 MIMO 的物理层加密技术。Oggier[4]针对 MIMO 窃听信道，推导出了该场景下的安全容量上界。Xiaohua.L[5]提出阵列冗余的随机加权传输方法，核心思想是将各天线端口发射的信号在期望用户接收点实现同相叠加，合法用户可以直接进行最大似然译码解调。为了提高保密通信中断概率，Satashu.G[6]提出添加人工噪声辅助波束成形技术，发送端人为产生特定的噪声协助需要传递的信息，实现窃听信道衰落，而不影响合法用户接收性能。M. L. Jorgensen[7]与 O. Simeone[8]较早提出了利用多用户通信系统中的其他用户协助发射干扰信号来干扰潜在窃听者的中继协作安全通信思路。

物理层安全与基于现代密码学的传统保密手段不同，在进行秘密通信前不共享任何秘密，旨在利用无线信道的物理特性，如噪声、衰落等，以信道噪声为密钥，通过一定的通信协议、编码和调制方法，实现我方的可靠接收和敌方的信号完全淹没在噪声中，达到 Shannon“一次一密”的无条件安全传输为最终目标，是目前强度最高的安全技术，因此无论计算机性能如何发展，物理层信息安全策略都不存在被破解的可能性。物理层安全的局限在于其依赖信道噪声的随机性，物理层安全是基于统计的安全，虽然随机特性使其不可能破解，但其依赖噪声环境的特性使其不能保证概率为 1 的安全性能，且系统复杂度高，不适合在信道变化非常快的场景中使用，且以牺牲系统传输效率为代价，目前的研究表明，其传输效率将下降 1/2～4/5，因而不能满足下一代通信系统的安全需求。

MIMO 技术是无线通信领域智能天线技术的重大突破，其充分利用无线通信信道多径传播的特性，在收发两端配置多根天线，利用先进的信号处理及无线传输技术，在不增加系统带宽的情况下，成倍地提高系统的传输速率和通信质量。MIMO 系统可以分为三大类：空间复用系统、波束赋形系统、空间分集系统。OFDM 技术借助于离散时间傅里叶反变换数字调制技术，将频率选择性衰落的宽带无线信道转换成若干并行平坦衰落的窄带子信道，将原来高速传输的数据流变为在各个子信道上传输的低速数据流，消除多径传输干扰，使得 OFDM 系统无须均衡设备或者极大降低均衡设备复杂度。

文献[9]研究了中继协同系统中的一种跨层安全策略，其提出在中继协同系统中一部分中继采用物理层无条件安全策略，而另外一部分中继依靠上层密码系统保证信息安全，从而实现整个系统概率为 1 的安全性能，其可以在译码前传系统和放大前传中继系统中实现。

文献[10]研究了通过上层 MAC 协议的设计来保证概率为 1 的物理层无条件安全传输。过去 MAC 协议设计主要考虑链路质量、传输率和传输时延等，而该文通过设计 MAC 协议实现当系统的“秘密率”或“秘密容量”达到概率为 1 的物理层无条件安全传输时，才进行信息包的传送，否则放弃传送，从而实现了概率为 1 的安全传输通信。

文献[11]研究 WSNs（无线传感网络）能量和安全性的跨层优化方法。文献[12]指出传统通信网络协议设计是严格分层且各层之间没有适当的联系，导致了目前网络的一些服务质量 QoS 和安全的问题，新的设计在网络体系各层的跨层优化设计。其核心思想是通过各层的联合优化，使得安全、QoS 等需求得以立体化优化，例如，在安全上通过跨层安全设计，针对入侵检测的成功率有明显的提高。文中主要探讨网络协议设计中各层次如何跨层沟通问题，并未涉及具体的物理层的信号设计等内容。

文献[13]和文献[14]中研究了一种基于 Alamouti 空时码的跨层安全策略。在发送端合法通信双方共享密码集作为控制序列$\boldsymbol{Q}_{\mathrm{control}}$，并通过控制序列$\boldsymbol{Q}_{\mathrm{control}}$实现对原空时码集和扭曲信号进行选择。在接收端，合法通信者知道什么时候发的原空时码集、什么时候发的扭曲信号，从而实现正确接收。窃听者没有这个密码集，不能知道什么时候发的原空时码集、什么时候发的扭曲信号，从而不能实现有效地恢复，其解码被扰乱了。受噪声干扰，窃听者获取密钥$\boldsymbol{Q}_{\mathrm{control}}$比传统的流加密信号更加困难。

文献[15]中研究在 OFDM 系统下，通过合法通信双方共享的流密码来控制时域信号的实部和虚部的符号生成，从而有效地破坏 OFDM 符号的正交性，因而引入人工 ICI。合法通信双方知道流密码，因此可以有效消除引入的人工 ICI；敌人不知道流密码的信息，就无法通过逆变换来去除干扰。ICI 会使得敌人 SER 和 BER 非常高，该 OFDM 跨层加密系统能提供比传统加密系统更强的安全性能，尤其在高阶调制下能提供更高的安全性。

跨层安全传输技术可以实现概率为 1 的安全传输，信号设计简单，从目前的研究成果看，其可以在 MIMO 系统下实现，也可以在 OFDM 系统下实现，MIMO-OFDM 技术是 4G 的核心技术，也将是 5G 的核心技术。本节所提方案通过 MIMO/OFDM 系统结合传统密码与物理层安全技术实现跨层安全传输，可以达到在相同安全强度下，其需要的密钥长度比传统加密系统短数倍，实现通信系统更高的安全传输能力。

11.2 基于 OSTBC 变形码跨层安全通信方案

11.2.1 OSTBC 空时码

发射分集技术由于其实现的相对简单性及在基站安置多根天线的灵活性已经成为一种有效抵抗多径信道衰落的方案，并得到了广泛应用。1998 年，Alamouti[16]首次提出了一种适用于两根发射天线的简单发射分集方案，即 Alamouti 码，它是专门应用于两根发射天线的复正交空时码。随后，Tarokh[17]等人将其进一步推广到多根天线的情况，并提出 STBC 的概念。正交空时分组码的核心思想是：利用正交设计的方法来分配各类发射天线信号形式，在不同发射天线所传送的信号间引入空域与时域的相关性，保证接收端译码时仅仅采用简单的线性合并处理方式，大大降低译码复杂度，使得译码后系统能够获得满分集增益。空时分组码是一种非常有吸引力的技术方案。

研究表明，任意复调制均存在任意给定天线数 1/2 码率的正交空时分组码[17,18]，不失一般性，本节接下来主要以 1/2 码率的四发天线系统正交空时分组码为例，详细讨论 OSTBC 编译码原理。基于 OSTBC 四发一收天线系统模型如图 11-1 所示，输入二进制信源信息经过调制器，每组 m $(m=\log_2 M)$ 信息比特映射为 1 个调制符号。OSTBC 编码器在每一次编码操作中均取出一个分组调制信号 (x_1,x_2,x_3,x_4)，取出的四个调制符号 (x_1,x_2,x_3,x_4) 为一个分组，按照式（11-1）给出的编码矩阵将信号通过发射天线发射出去。

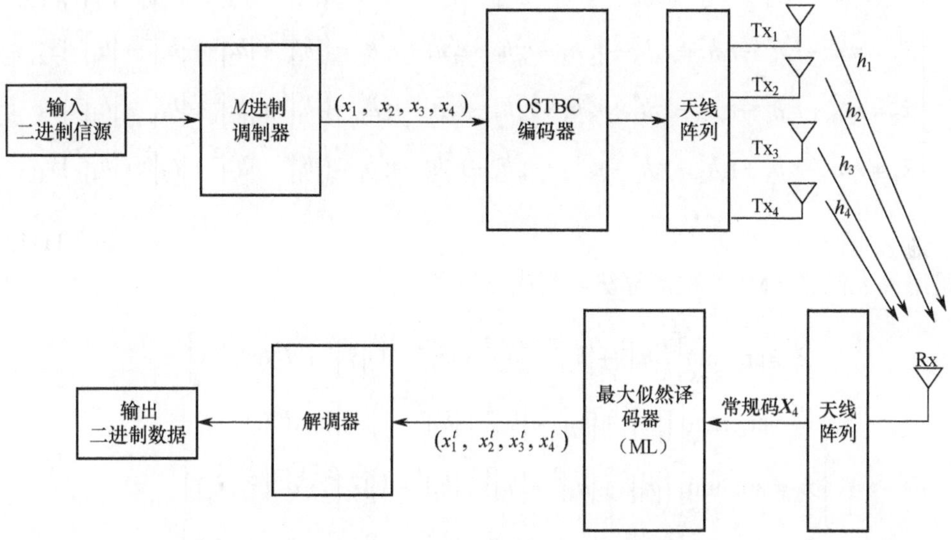

图 11-1　四发一收天线配置 OSTBC 系统模型图

$$\boldsymbol{X}_4=\begin{bmatrix} x_1 & -x_2 & -x_3 & -x_4 & x_1^* & -x_2^* & -x_3^* & -x_4^* \\ x_2 & x_1 & x_4 & -x_3 & x_2^* & x_1^* & x_4^* & -x_3^* \\ x_3 & -x_4 & x_1 & x_2 & x_3^* & -x_4^* & x_1^* & x_2^* \\ x_4 & x_3 & -x_2 & x_1 & x_4^* & x_3^* & -x_2^* & x_1^* \end{bmatrix} \tag{11-1}$$

$N_t \times P$ 维编码矩阵 $\boldsymbol{X}_4$，N_t 为发射天线数，P 代表一个编码矩阵的发射周期数。x_1^*、x_2^*、x_3^*、x_4^* 分别是信号 x_1、x_2、x_3、x_4 的复共轭。在八个连续发射周期中，信号依次从四根天线发射出去。显然，OSTBC 编码器联合空域与时域共同编码。四发一收天线系统的信道信息可以表示为

$$\boldsymbol{H}=\boldsymbol{H}_{N_r\times N_t}=\left[\boldsymbol{h}_1\ \boldsymbol{h}_2\ \boldsymbol{h}_3\ \boldsymbol{h}_4\right] \tag{11-2}$$

信道矩阵 $\boldsymbol{H}$ 为 $N_r \times N_t$ 维矩阵，N_r 代表接收天线数。

经过衰落信道后，接收信号为

$$\boldsymbol{R}=\boldsymbol{H}\boldsymbol{X}_4+\boldsymbol{n}=\left[r_1\ r_2\ r_3\ r_4\ r_5\ r_6\ r_7\ r_8\right] \tag{11-3}$$

第 k 个时隙接收信号 $r_k\ (k=1,2,\cdots,8)$，加性高斯噪声矩阵 $\boldsymbol{n}$ 的取样值每一维均值为 0 且功率谱密度为 $N_0/2$。

接收端恢复信道衰落系数，忽略噪声影响，接收信号和信道状态信息合并构造出判决统计：

$$\begin{cases}\tilde{x}_1=r_1h_1^*+r_2h_2^*+r_3h_3^*+r_4h_4^*+r_5^*h_1+r_6^*h_2+r_7^*h_3+r_8^*h_4=\left(|h_1|^2+|h_2|^2+|h_3|^2+|h_4|^2\right)x_1\\ \tilde{x}_2=r_1h_2^*-r_2h_1^*-r_3h_4^*+r_4h_3^*+r_5^*h_2-r_6^*h_1-r_7^*h_4+r_8^*h_3=\left(|h_1|^2+|h_2|^2+|h_3|^2+|h_4|^2\right)x_2\\ \tilde{x}_3=r_1h_3^*+r_2h_4^*-r_3h_1^*-r_4h_2^*+r_5^*h_3+r_6^*h_4-r_7^*h_1-r_8^*h_2=\left(|h_1|^2+|h_2|^2+|h_3|^2+|h_4|^2\right)x_3\\ \tilde{x}_4=r_1h_4^*-r_2h_3^*+r_3h_2^*-r_4h_1^*+r_5^*h_4-r_6^*h_3+r_7^*h_2-r_8^*h_1=\left(|h_1|^2+|h_2|^2+|h_3|^2+|h_4|^2\right)x_4\end{cases} \tag{11-4}$$

采用最大似然（ML）检测算法，判决出信号

$$\begin{cases}\hat{x}_1=\arg\min\limits_{\hat{x}_1\in\boldsymbol{S}}\left[\left(|h_1|^2+|h_2|^2+|h_3|^2+|h_4|^2-1\right)|\hat{x}_1|^2+d^2(\tilde{x}_1,\hat{x}_1)\right]\\ \hat{x}_2=\arg\min\limits_{\hat{x}_2\in\boldsymbol{S}}\left[\left(|h_1|^2+|h_2|^2+|h_3|^2+|h_4|^2-1\right)|\hat{x}_2|^2+d^2(\tilde{x}_2,\hat{x}_2)\right]\\ \hat{x}_3=\arg\min\limits_{\hat{x}_3\in\boldsymbol{S}}\left[\left(|h_1|^2+|h_2|^2+|h_3|^2+|h_4|^2-1\right)|\hat{x}_3|^2+d^2(\tilde{x}_3,\hat{x}_3)\right]\\ \hat{x}_4=\arg\min\limits_{\hat{x}_4\in\boldsymbol{S}}\left[\left(|h_1|^2+|h_2|^2+|h_3|^2+|h_4|^2-1\right)|\hat{x}_4|^2+d^2(\tilde{x}_4,\hat{x}_4)\right]\end{cases} \tag{11-5}$$

式中：$\boldsymbol{S}$ 为多进制调制星座图上所有调制信号的集合；$d^2(\tilde{x}_i,\hat{x}_i)$ 表示信号 $\tilde{x}_i$ 和 $\hat{x}_i$ 间的平方欧式距离。信号 $(\hat{x}_1,\hat{x}_2,\hat{x}_3,\hat{x}_4)$ 即发射信号 (x_1,x_2,x_3,x_4) 在接收端的判决结果。

配置四发一收天线的 OSTBC 系统性能仿真如图 11-2 所示，在平坦瑞利衰落信道条件下，系统采用理想信道估计，发射功率为 1，信道衰落系数一帧内不变，帧与帧之间随机变化，发射机共发射 1000 帧信息，每帧含有 240 个调制符号。由仿真结果可以得出：

（1）随着信噪比增大，用户 BER 曲线下降很快，能够以 10^{-6} 以下的误码率译出信号；

（2）随着调制阶数的增加，用户译码性能曲线逐渐升高，性能变差，主要是因为系统以牺牲可靠性换取传输速率的提升。BPSK 调制方式下性能最好，在信噪比达到 13 分贝时，用户能够正确检测出发射信号。

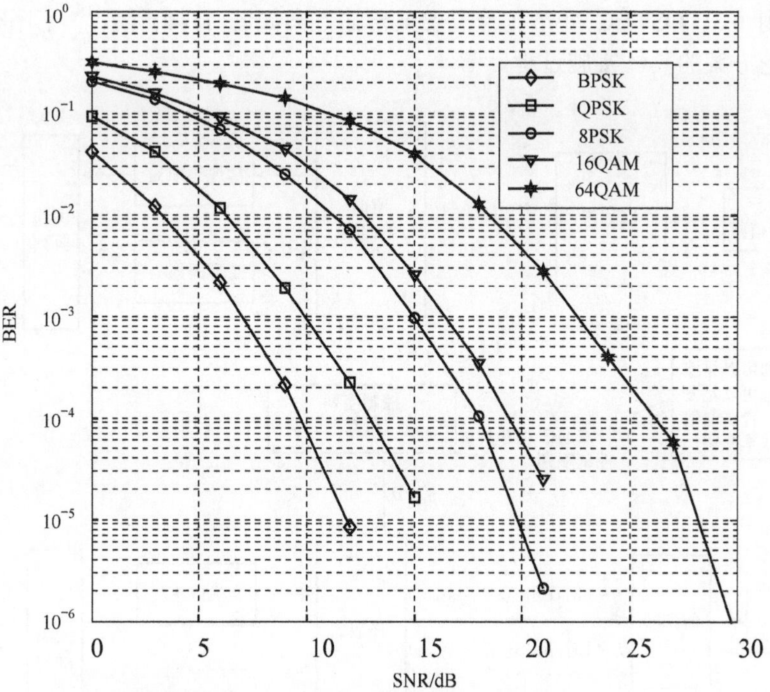

图 11-2　四发一收天线配置 OSTBC 系统性能仿真图

11.2.2　OSTBC 变形码跨层安全方案

无线通信系统天然的广播特性，使得非法窃听者很容易截获信息，如果不采取任何安全措施，窃听者就能轻易地破解出有用信息，Wyner 信道模型如图 11-3 所示。

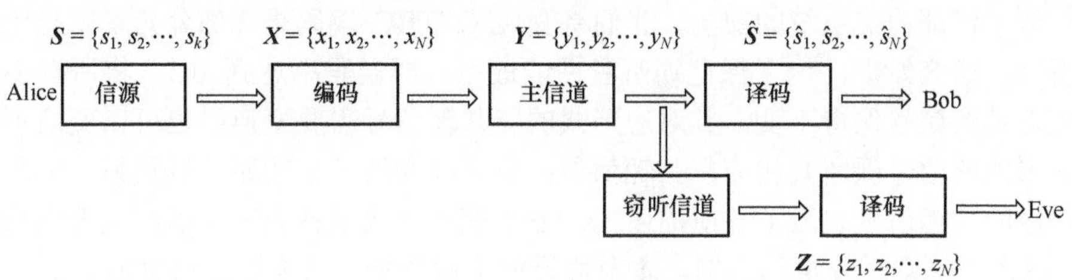

图 11-3　Wyner 信道模型

本章设计 OSTBC 变形码集的思想是：在发射机产生变形码集的情况下，窃听者若按照传统正交空时分组码进行接收译码，误码率最大。我们希望使用该变形码集可以使通信系统达到 Shannon 提出的无条件安全传输的目的，窃听者截获信号后，译出的信息序列与发送序列的互信息量为 0，即表现为窃听者的接收误码率达到 0.5。OSTBC 变形码跨层安全传输方案如图 11-4 所示[18]，下面我们将详细讨论方案的具体实施过程。

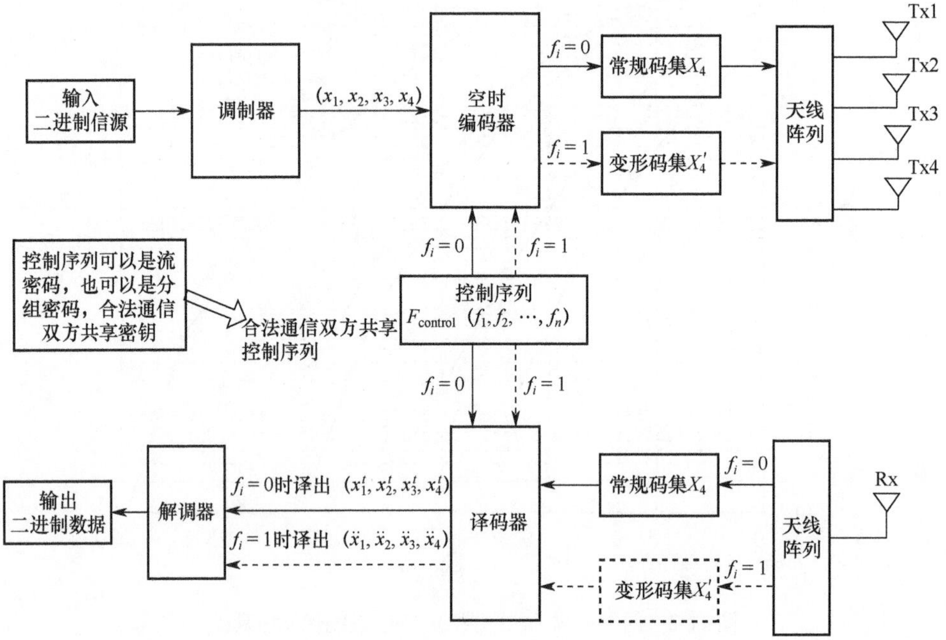

图 11-4　基于 OSTBC 变形码集跨层安全传输原理图

1．M-PSK 调制方式下 OSTBC 变形码跨层安全方案

M-PSK 调制是现代通信系统中最常用的一种数字调制方式，根据其等能量调制的特点，本节将设计一种适用于 M-PSK 调制特点的 OSTBC 变形码集。

1）OSTBC 变形码集设计。

为了保证通信系统的安全，我们将变换 OSTBC 编码矩阵部分元素以此迷惑窃听者。研究发现，为了保证窃听者性能最差，即误码率达到 0.5，将所有不是共轭形式的信号保持不变，其对应形式的复共轭信号需要变换；也可以变换不是共轭形式的信号保留其相应复共轭信号；也可以变换一半的原信号及另一半原信号对应的共轭信号。为了方便描述 OSTBC 变形码集设计方案，以四发天线系统 1/2 码率正交空时分组码为例，本节假设前半段周期天线发射正确信号，后半段周期发射变形信号，OSTBC 变形码表示为

$$\boldsymbol{X}_4' = \begin{bmatrix} x_1 & -x_2 & -x_3 & -x_4 & s_1^* & -s_2^* & -s_3^* & -s_4^* \\ x_2 & x_1 & x_4 & -x_3 & s_2^* & s_1^* & s_4^* & -s_3^* \\ x_3 & -x_4 & x_1 & x_2 & s_3^* & -s_4^* & s_1^* & s_2^* \\ x_4 & x_3 & -x_2 & x_1 & s_4^* & s_3^* & -s_2^* & s_1^* \end{bmatrix} \tag{11-6}$$

由此容易看出，若 $s_1 = x_1$，$s_2 = x_2$，$s_3 = x_3$，$s_4 = x_4$，变形码编码矩阵形式同式（11-1）。下面我们的任务是从接收端（按照接收方译码结果往发射端发射信号推导）讨论 OSTBC 变形集应该满足的安全条件，发射机发射该变形码时，窃听者按照传统 OSTBC 译码误码率最大。发射空时变形码后接收端接收信号

$$\boldsymbol{R}_1 = \boldsymbol{H}\boldsymbol{X}_4' + \boldsymbol{n}_1 = \begin{bmatrix} r_1 & r_2 & r_3 & r_4 & r_5 & r_6 & r_7 & r_8 \end{bmatrix} \tag{11-7}$$

式中

$$\begin{cases} r_1 = \sum_{i=1}^{4} x_i h_i + n_1 \\ r_2 = -x_2 h_1 + x_1 h_2 - x_4 h_3 + x_3 h_4 + n_2 \\ r_3 = -x_3 h_1 + x_4 h_2 + x_1 h_3 - x_2 h_4 + n_3 \\ r_4 = -x_4 h_1 - x_3 h_2 + x_2 h_3 + x_1 h_4 + n_4 \\ r_5 = \sum_{i=1}^{4} s_i^* h_i + n_5 \\ r_6 = -s_2^* h_1 + s_1^* h_2 - s_4^* h_3 + s_3^* h_4 + n_6 \\ r_7 = -s_3^* h_1 + s_4^* h_2 + s_1^* h_3 - s_2^* h_4 + n_7 \\ r_8 = -s_4^* h_1 - s_3^* h_2 + s_2^* h_3 + s_1^* h_4 + n_8 \end{cases} \tag{11-8}$$

忽略噪声影响，判决统计公式为

$$\begin{cases} \tilde{x}_1 = r_1 h_1^* + r_2 h_2^* + r_3 h_3^* + r_4 h_4^* + r_5^* h_1 + r_6^* h_2 + r_7^* h_3 + r_8^* h_4 \\ \quad = (|h_1|^2 + |h_2|^2 + |h_3|^2 + |h_4|^2) x_1' \\ \tilde{x}_2 = r_1 h_2^* - r_2 h_1^* - r_3 h_4^* + r_4 h_3^* + r_5^* h_2 - r_6^* h_1 - r_7^* h_4 + r_8^* h_3 \\ \quad = (|h_1|^2 + |h_2|^2 + |h_3|^2 + |h_4|^2) x_2' \\ \tilde{x}_3 = r_1 h_3^* + r_2 h_4^* - r_3 h_1^* - r_4 h_2^* + r_5^* h_3 + r_6^* h_4 - r_7^* h_1 - r_8^* h_2 \\ \quad = (|h_1|^2 + |h_2|^2 + |h_3|^2 + |h_4|^2) x_3' \\ \tilde{x}_4 = r_1 h_4^* - r_2 h_3^* + r_3 h_2^* - r_4 h_1^* + r_5^* h_4 - r_6^* h_3 + r_7^* h_2 - r_8^* h_1 \\ \quad = (|h_1|^2 + |h_2|^2 + |h_3|^2 + |h_4|^2) x_4' \end{cases} \tag{11-9}$$

从接收方角度考虑，为了使窃听者译码性能最差，根据 M-PSK 等能量调制的特点，检测信号 (x_1', x_2', x_3', x_4') 应与发射信号 (x_1, x_2, x_3, x_4) 的欧式距离最大。在 8-PSK 调制方式下其一一对应关系如图 11-5 所示，图中相同颜色的一组信号为一对，即 $(x_i, x_i'), i = 1,2,3,4$，对应信号的欧式距离最大。变形检测信号 (x_1', x_2', x_3', x_4') 为

$$\begin{cases} x_1' = \arg\max_{x_1' \in \boldsymbol{S}} \left\{ d^2(x_1, x_1') \right\} \\ x_2' = \arg\max_{x_2' \in \boldsymbol{S}} \left\{ d^2(x_2, x_2') \right\} \\ x_3' = \arg\max_{x_3' \in \boldsymbol{S}} \left\{ d^2(x_3, x_3') \right\} \\ x_4' = \arg\max_{x_4' \in \boldsymbol{S}} \left\{ d^2(x_4, x_4') \right\} \end{cases} \tag{11-10}$$

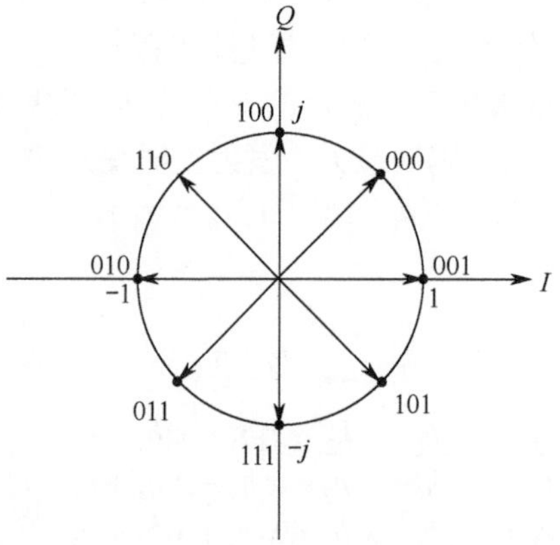

图 11-5　8-PSK 调制星座图和变形检测信号选择

基于以上变形码设计分析，发射端将按照下述过程设计 OSTBC 变形码 $\boldsymbol{X}_4'$：

（1）发射机 4 个调制信号为一组：(x_1,x_2,x_3,x_4)；

（2）发射机知道变形码形式为

$$\boldsymbol{X}_4' = \begin{bmatrix} x_1 & -x_2 & -x_3 & -x_4 & s_1^* & -s_2^* & -s_3^* & -s_4^* \\ x_2 & x_1 & x_4 & -x_3 & s_2^* & s_1^* & s_4^* & -s_3^* \\ x_3 & -x_4 & x_1 & x_2 & s_3^* & -s_4^* & s_1^* & s_2^* \\ x_4 & x_3 & -x_2 & x_1 & s_4^* & s_3^* & -s_2^* & s_1^* \end{bmatrix} \tag{11-11}$$

（3）发送方进行信道估计或接收方进行信道估计反馈给发送方：

$$\boldsymbol{H} = \begin{bmatrix} h_1 & h_2 & h_3 & h_4 \end{bmatrix} \tag{11-12}$$

（4）发送方预估接收信号为

$$\boldsymbol{R}_2 = \boldsymbol{H}\boldsymbol{X}_4' + \boldsymbol{n}_2 = \begin{bmatrix} r_1 & r_2 & r_3 & r_4 & r_5 & r_6 & r_7 & r_8 \end{bmatrix} \tag{11-13}$$

（5）忽略噪声影响，判决统计公式为

$$\begin{cases} \tilde{x}_1 = r_1h_1^* + r_2h_2^* + r_3h_3^* + r_4h_4^* + r_5^*h_1 + r_6^*h_2 + r_7^*h_3 + r_8^*h_4 \\ \quad = (|h_1|^2 + |h_2|^2 + |h_3|^2 + |h_4|^2)x_1' \\ \tilde{x}_2 = r_1h_2^* - r_2h_1^* - r_3h_4^* + r_4h_3^* + r_5^*h_2 - r_6^*h_1 - r_7^*h_4 + r_8^*h_3 \\ \quad = (|h_1|^2 + |h_2|^2 + |h_3|^2 + |h_4|^2)x_2' \\ \tilde{x}_3 = r_1h_3^* + r_2h_4^* - r_3h_1^* - r_4h_2^* + r_5^*h_3 + r_6^*h_4 - r_7^*h_1 - r_8^*h_2 \\ \quad = (|h_1|^2 + |h_2|^2 + |h_3|^2 + |h_4|^2)x_3' \\ \tilde{x}_4 = r_1h_4^* - r_2h_3^* + r_3h_2^* - r_4h_1^* + r_5^*h_4 - r_6^*h_3 + r_7^*h_2 - r_8^*h_1 \\ \quad = (|h_1|^2 + |h_2|^2 + |h_3|^2 + |h_4|^2)x_4' \end{cases} \tag{11-14}$$

（6）变换检测信号为

$$\begin{cases} x_1' = \arg\max\limits_{x_1' \in S} \left\{ d^2(x_1, x_1') \right\} \\ x_2' = \arg\max\limits_{x_2' \in S} \left\{ d^2(x_2, x_2') \right\} \\ x_3' = \arg\max\limits_{x_3' \in S} \left\{ d^2(x_3, x_3') \right\} \\ x_4' = \arg\max\limits_{x_4' \in S} \left\{ d^2(x_4, x_4') \right\} \end{cases} \tag{11-15}$$

（7）将所有分析式带入式（11-14），解出变形信号：(s_1, s_2, s_3, s_4)；

（8）将信号(s_1, s_2, s_3, s_4)带入式（11-11），得到 OSTBC 变形码$\boldsymbol{X}_4'$，此时，$\boldsymbol{X}_4'$将不再满足正交性。我们关注的重点是安全问题，利用变形码的非正交性特点，非法用户判决信号与发射信号的欧几里得距离最远，合法用户最后能够恢复发射信号，实现通信系统安全传输目的。

OSTBC 变形码的简略设计步骤如图 11-6 所示。

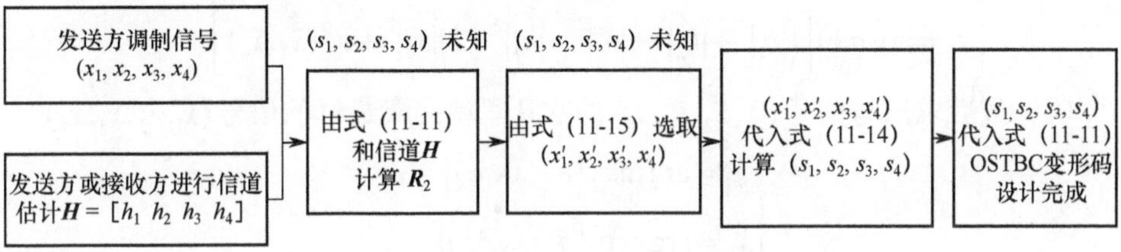

图 11-6　基于 M-PSK 调制发射机进行 OSTBC 变形码集设计步骤简图

2）OSTBC 变形码发射。

采用实现速度非常快、软硬件实现相对简单的流密码作为控制序列，以适应 5G 系统高速接入的需求。具备极大的周期、良好的统计特性、分布平衡、抗线性分析、抗统计分析的密码序列，如 *m* 序列[19]、Geffe 序列[20]、Gordon-Mills-Welch（GMW）序列[21]、Dillon-Dobbertin（DD）序列[22]等，都可以作为控制序列。合法通信双方预先共享的密钥流作为控制序列，控制发射机发射常规 OSTBC 码集或者 OSTBC 变形码集。为了方便讨论，本节采用有限域 *GF*（2）上的二元 *m* 序列作为控制序列，定义控制序列

$$\boldsymbol{F}_{\text{control}} = (f_1, f_2, \cdots, f_i, \cdots),\quad f_i \in GF(2) \tag{11-16}$$

$f_i = 0$时，第i时隙发射$\boldsymbol{X}_4$；$f_i = 1$时，第i时隙发射变形码$\boldsymbol{X}_4'$。

3）OSTBC 变形码译码。

合法通信双方预先共享控制序列$\boldsymbol{F}_{\text{control}}$，若第$i$时隙$f_i = 0$，用户知道此时发射机发射 OSTBC 码集即$\boldsymbol{X}_4$，接下来将按照 OSTBC 码集接收检测过程即式（11-1）到式（11-5）译码；$f_i = 1$时，用户知道发射机发射变形码$\boldsymbol{X}_4'$，此时用户接收译码过程如下：

（1）接收信号为

$$\boldsymbol{R}=\boldsymbol{H}\boldsymbol{X}_4'+\boldsymbol{n}=\begin{bmatrix}r_1 & r_2 & r_3 & r_4 & r_5 & r_6 & r_7 & r_8\end{bmatrix} \tag{11-17}$$

（2）最大似然译码算法判决统计公式为

$$\begin{cases}\tilde{x}_1=r_1h_1^*+r_2h_2^*+r_3h_3^*+r_4h_4^*+r_5^*h_1+r_6^*h_2+r_7^*h_3+r_8^*h_4\\ \tilde{x}_2=r_1h_2^*-r_2h_1^*-r_3h_4^*+r_4h_3^*+r_5^*h_2-r_6^*h_1-r_7^*h_4+r_8^*h_3\\ \tilde{x}_3=r_1h_3^*+r_2h_4^*-r_3h_1^*-r_4h_2^*+r_5^*h_3+r_6^*h_4-r_7^*h_1-r_8^*h_2\\ \tilde{x}_4=r_1h_4^*-r_2h_3^*+r_3h_2^*-r_4h_1^*+r_5^*h_4-r_6^*h_3+r_7^*h_2-r_8^*h_1\end{cases} \tag{11-18}$$

（3）在星座图中找到离判决统计$(\tilde{x}_1,\tilde{x}_2,\tilde{x}_3,\tilde{x}_4)$距离最近的信号$(\hat{x}_1,\hat{x}_2,\hat{x}_3,\hat{x}_4)$

$$\begin{cases}\hat{x}_1=\arg\min\limits_{\hat{x}_1\in \boldsymbol{S}}\left[\left(|h_1|^2+|h_2|^2+|h_3|^2+|h_4|^2-1\right)|\hat{x}_1|^2+d^2(\tilde{x}_1,\hat{x}_1)\right]\\ \hat{x}_2=\arg\min\limits_{\hat{x}_2\in \boldsymbol{S}}\left[\left(|h_1|^2+|h_2|^2+|h_3|^2+|h_4|^2-1\right)|\hat{x}_2|^2+d^2(\tilde{x}_2,\hat{x}_2)\right]\\ \hat{x}_3=\arg\min\limits_{\hat{x}_3\in \boldsymbol{S}}\left[\left(|h_1|^2+|h_2|^2+|h_3|^2+|h_4|^2-1\right)|\hat{x}_3|^2+d^2(\tilde{x}_3,\hat{x}_3)\right]\\ \hat{x}_4=\arg\min\limits_{\hat{x}_4\in \boldsymbol{S}}\left[\left(|h_1|^2+|h_2|^2+|h_3|^2+|h_4|^2-1\right)|\hat{x}_4|^2+d^2(\tilde{x}_4,\hat{x}_4)\right]\end{cases} \tag{11-19}$$

（4）最后求出与信号$(\hat{x}_1,\hat{x}_2,\hat{x}_3,\hat{x}_4)$的欧几里得距离最远的信号$(\ddot{x}_1,\ddot{x}_2,\ddot{x}_3,\ddot{x}_4)$

$$\begin{cases}\ddot{x}_1=\arg\max\limits_{\ddot{x}_1\in \boldsymbol{S}}\left\{d^2(\hat{x}_1,\ddot{x}_1)\right\}\\ \ddot{x}_2=\arg\max\limits_{\ddot{x}_2\in \boldsymbol{S}}\left\{d^2(\hat{x}_2,\ddot{x}_2)\right\}\\ \ddot{x}_3=\arg\max\limits_{\ddot{x}_3\in \boldsymbol{S}}\left\{d^2(\hat{x}_3,\ddot{x}_3)\right\}\\ \ddot{x}_4=\arg\max\limits_{\ddot{x}_4\in \boldsymbol{S}}\left\{d^2(\hat{x}_4,\ddot{x}_4)\right\}\end{cases} \tag{11-20}$$

$(\ddot{x}_1,\ddot{x}_2,\ddot{x}_3,\ddot{x}_4)$即发射符号$(x_1,x_2,x_3,x_4)$的判决估计值。

窃听者不知道控制序列$\boldsymbol{F}_{\text{control}}$，无论发射机发射何种编码矩阵，其将通过猜测控制序列$\boldsymbol{F}^g=(f_1^g,f_2^g,\cdots,f_i^g,\cdots)$进行类似合法用户接收检测过程译码。若第$i$时隙，$f_i=f_i^g$，窃听者猜对控制序列，则将正确译码；如果$f_i\neq f_i^g$，窃听者译出信号与原发射信号恰好欧几里得距离相距最远，则码字距离d_E可以看作窃听者译码时额外的噪声干扰

$$\begin{aligned}d_E&=\sqrt{|\ddot{x}_1-\hat{x}_1|^2+|\ddot{x}_2-\hat{x}_2|^2+|\ddot{x}_3-\hat{x}_3|^2+|\ddot{x}_4-\hat{x}_4|^2}\\ &=2\sqrt{|x_1|^2+|x_2|^2+|x_3|^2+|x_4|^2}\end{aligned} \tag{11-21}$$

4）仿真结果及分析。

本节主要通过比较合法用户与窃听者接收错误比特数来验证基于 OSTBC 变形码集跨层安全传输方案的性能。在平坦衰落信道下，系统采用理想信道估计，信道衰落系数一帧内不变，帧与帧之间随机变化。发射机共发射 1000 帧信息，每帧含有 240 个调制符号。在未知伪随机控制密码序列的情形下，窃听方在仿真

中分别考虑：窃听方完全猜测控制序列、窃听方采用全“1”序列、窃听方采用全“0”序列三种情形。在四发一收天线系统下，基于 1/2 码率 OSTBC 变形码跨层安全传输方案性能如图 11-7 所示，仿真图中的窃听者性能是上述三种控制序列情况的平均仿真结果，其中实线代表合法用户接收性能，虚线代表窃听者接收性能。

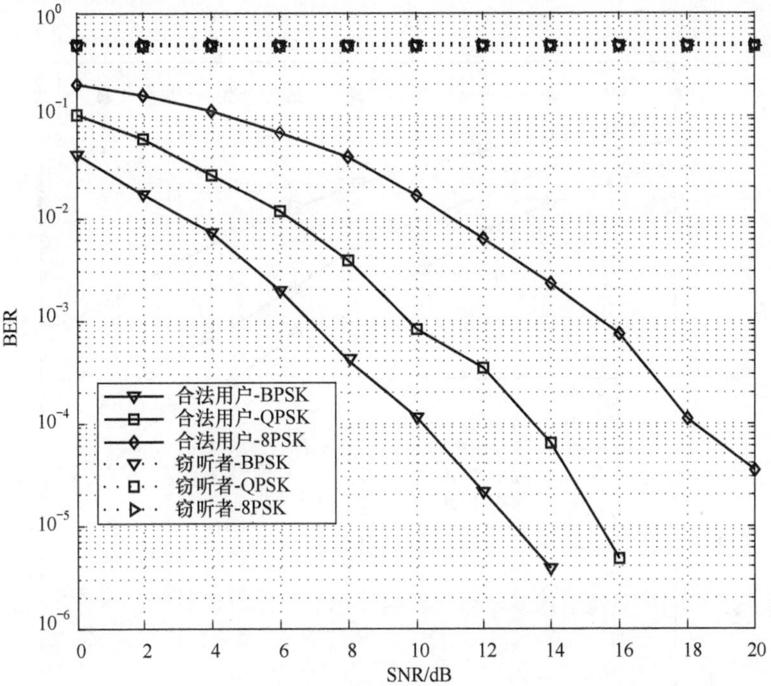

图 11-7　M-PSK 调制四发一收天线配置 OSTBC 变形码性能仿真图

由仿真结果可得出以下结论。

（1）固定 M-PSK 调制方式，随着信噪比增加，窃听者误码率一直维持在 0.5 左右，实现了最佳抗窃听性能；合法用户误码率随信噪比增加明显下降，译码性能逐渐提高。

（2）随着调制阶数的升高，合法用户接收性能相应下降，而窃听者误码率一直保持在 0.5 左右，不受调制方式的影响。

（3）无论窃听者采用哪种控制序列进行译码，其系统平均误码率总体维持在 0.5 左右，这是因为伪随机密钥流出现 0、1 值的概率为 0.5，窃听者猜错控制序列的概率为 0.5。

（4）合法用户接收性能与传统 OSTBC 系统性能几乎一致，不受跨层安全传输方案的影响，保证了通信系统可靠传输。

本设计方案对于任意多天线系统均适用，四发一收 OSTBC 变形码跨层安全传输方案可以简单推广到任意多发多收天线系统，两发一收与两发两收 Alamouti 变形码跨层方案性能分别如图 11-8 和图 11-9 所示。仿真结果显示，随着信噪比增加，在 M-PSK 调制方式下，窃听者误码率均维持在 0.5 左右；合法用户的 BER 曲线随信噪比增加逐渐下降，能够以 10^{-5} 误码率译码，接收性能与传统 OSTBC 系统基本一致。

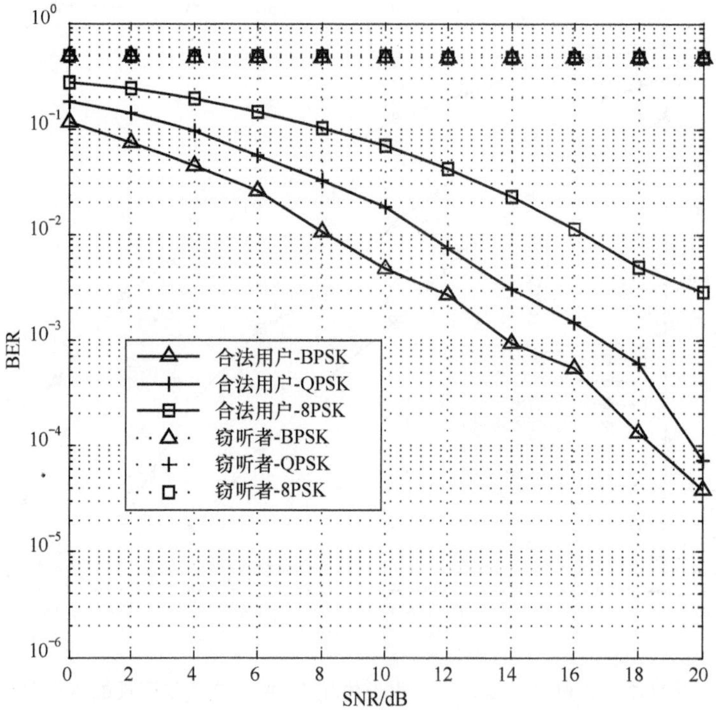

图 11-8　M-PSK 调制两发一收天线配置 Alamouti 变形码性能

在 M-PSK 调制下，OSTBC 变形码设计方案同样适用于其他码率的空时码，三发一收天线配置 3/4 码率 OSTBC 变形码跨层安全传输方案性能仿真如图 11-10 所示，验证了所提方案的通用性、安全性及可靠性。

2. M-QAM 调制方式下 OSTBC 变形码跨层安全方案

目前，M-QAM 调制中的 4-QAM、16-QAM 和 64-QAM 已经成为 LTE 等标准的调制方式。变形码集的设计是跨层安全传输方案的关键，与 M-PSK 调制方式不同，由于 QAM 非等能量调制特点，M-QAM 调制方式下 OSTBC 变形码集的设计方案与 M-PSK 调制方式下 OSTBC 变形码集不同。下面将详细讨论 M-QAM 调制方式下 OSTBC 变形码集的设计方案[23,24]。

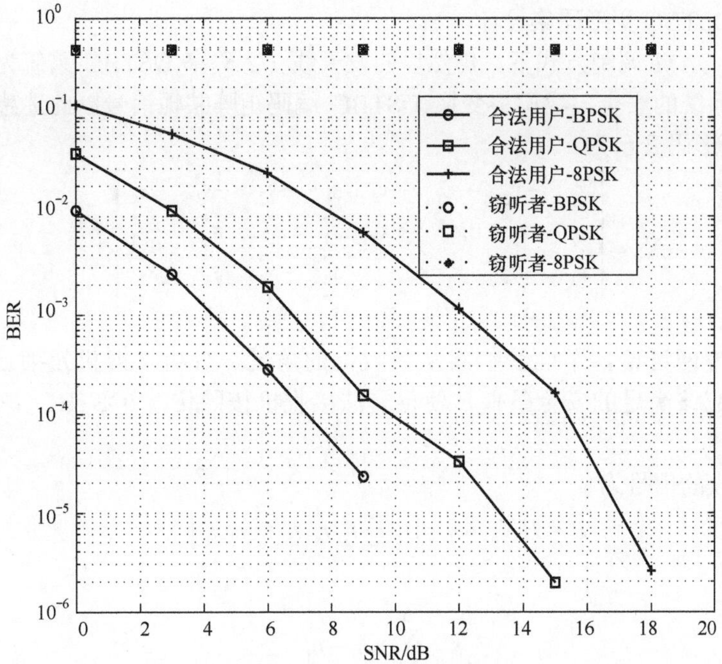

图 11-9　M-PSK 调制两发两收天线配置 Alamouti 变形码性能

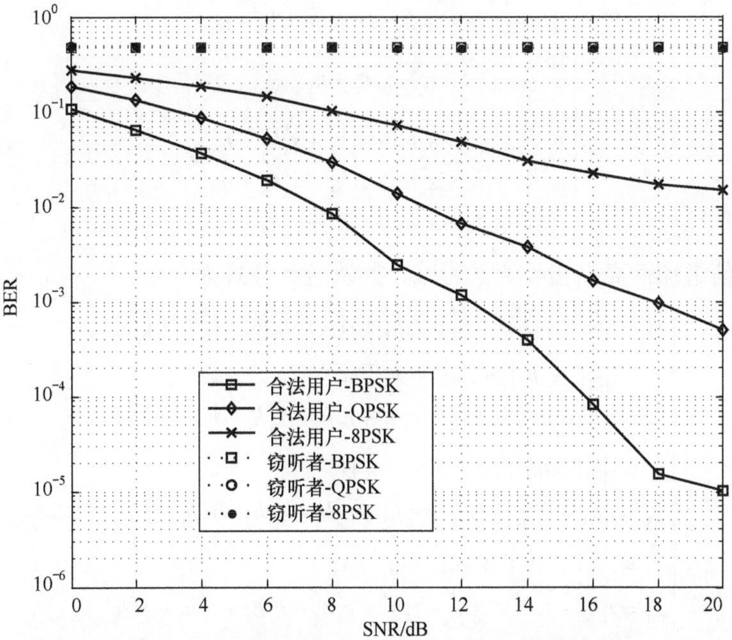

图 11-10　M-PSK 调制基于 3/4 码率 OSTBC 变形码性能

（1）OSTBC 变形码集设计。

在 M-QAM 调制方式下，仍然以四发天线 1/2 码率 OSTBC 系统为例，为了保证通信系统的安全，我们将变换 OSTBC 编码矩阵共轭信号以此迷惑窃听者。OSTBC 变形码表示为

$$\breve{\boldsymbol{X}}_4=\begin{bmatrix} x_1 & -x_2 & -x_3 & -x_4 & s_1^* & -s_2^* & -s_3^* & -s_4^* \\ x_2 & x_1 & x_4 & -x_3 & s_2^* & s_1^* & s_4^* & -s_3^* \\ x_3 & -x_4 & x_1 & x_2 & s_3^* & -s_4^* & s_1^* & s_2^* \\ x_4 & x_3 & -x_2 & x_1 & s_4^* & s_3^* & -s_2^* & s_1^* \end{bmatrix} \tag{11-22}$$

为了方便讨论，下面我们将从接收机的角度，分析发射机发射出 OSTBC 变形码集应该满足的安全条件，使得非法接收机按照传统 OSTBC 译码时误码率最大。

接收机接收的信号为

$$\breve{\boldsymbol{R}}=\boldsymbol{H}\breve{\boldsymbol{X}}_4+\breve{\boldsymbol{n}}=\begin{bmatrix} r_1 & r_2 & r_3 & r_4 & r_5 & r_6 & r_7 & r_8 \end{bmatrix} \tag{11-23}$$

式中

$$\begin{cases} r_1=\sum_{i=1}^{4} x_i h_i+n_1 \\ r_2=-x_2h_1+x_1h_2-x_4h_3+x_3h_4+n_2 \\ r_3=-x_3h_1+x_4h_2+x_1h_3-x_2h_4+n_3 \\ r_4=-x_4h_1-x_3h_2+x_2h_3+x_1h_4+n_4 \\ r_5=\sum_{i=1}^{4} s_i^* h_i+n_5 \\ r_6=-s_2^*h_1+s_1^*h_2-s_4^*h_3+s_3^*h_4+n_6 \\ r_7=-s_3^*h_1+s_4^*h_2+s_1^*h_3-s_2^*h_4+n_7 \\ r_8=-s_4^*h_1-s_3^*h_2+s_2^*h_3+s_1^*h_4+n_8 \end{cases} \tag{11-24}$$

忽略衰落信道加性高斯白噪声的影响，判决统计公式为

$$\begin{cases} \tilde{x}_1=r_1h_1^*+r_2h_2^*+r_3h_3^*+r_4h_4^*+r_5^*h_1+r_6^*h_2+r_7^*h_3+r_8^*h_4 \\ \quad=(|h_1|^2+|h_2|^2+|h_3|^2+|h_4|^2)x_1^{\tau} \\ \tilde{x}_2=r_1h_2^*-r_2h_1^*-r_3h_4^*+r_4h_3^*+r_5^*h_2-r_6^*h_1-r_7^*h_4+r_8^*h_3 \\ \quad=(|h_1|^2+|h_2|^2+|h_3|^2+|h_4|^2)x_2^{\tau} \\ \tilde{x}_3=r_1h_3^*+r_2h_4^*-r_3h_1^*-r_4h_2^*+r_5^*h_3+r_6^*h_4-r_7^*h_1-r_8^*h_2 \\ \quad=(|h_1|^2+|h_2|^2+|h_3|^2+|h_4|^2)x_3^{\tau} \\ \tilde{x}_4=r_1h_4^*-r_2h_3^*+r_3h_2^*-r_4h_1^*+r_5^*h_4-r_6^*h_3+r_7^*h_2-r_8^*h_1 \\ \quad=(|h_1|^2+|h_2|^2+|h_3|^2+|h_4|^2)x_4^{\tau} \end{cases} \tag{11-25}$$

在 M-QAM 调制中，为了使窃听者误码率最大应满足：

（1）检测信号 $(x_1^\tau, x_2^\tau, x_3^\tau, x_4^\tau)$ 应分别与发射信号 (x_1, x_2, x_3, x_4) 映射比特位完全相反，即信号的汉明距离最大。16-QAM 调制如图 11-11 所示，图中相同颜色的一组星座点为一对，即 $(x_i, x_i^\tau), i=1,2,3,4$ 对应星座点的汉明距离最大（$\log_2 M$）：

$$\begin{cases} x_1^\tau = \arg\max\limits_{x_1^\tau \in S}\left\{d_H(x_1^\tau, x_1)\right\} \\ x_2^\tau = \arg\max\limits_{x_2^\tau \in S}\left\{d_H(x_2^\tau, x_2)\right\} \\ x_3^\tau = \arg\max\limits_{x_3^\tau \in S}\left\{d_H(x_3^\tau, x_3)\right\} \\ x_4^\tau = \arg\max\limits_{x_4^\tau \in S}\left\{d_H(x_4^\tau, x_4)\right\} \end{cases} \tag{11-26}$$

式中：$d_H(x_i^\tau, x_i)$ 代表信号 x_i^τ 和 x_i 间的汉明距离。

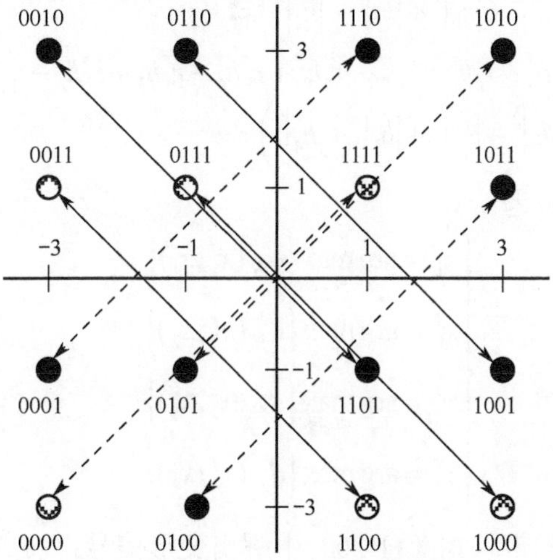

图 11-11　16QAM 调制映射星座图和变形检测信号选择

（2）各星座点的选取同样应满足 Gray 调制映射规则，即相邻星座的汉明距离为 1，以保证合法接收者的性能最优。

基于以上变形码设计分析，发射机将按照下述过程设计 OSTBC 变形码 $\breve{\boldsymbol{X}}_4$：

① 发射机 4 个调制信号为一组：(x_1, x_2, x_3, x_4)；

② 发射机知道 OSTBC 变形码矩阵形式为

$$\breve{\boldsymbol{X}}_4 = \begin{bmatrix} x_1 & -x_2 & -x_3 & -x_4 & s_1^* & -s_2^* & -s_3^* & -s_4^* \\ x_2 & x_1 & x_4 & -x_3 & s_2^* & s_1^* & s_4^* & -s_3^* \\ x_3 & -x_4 & x_1 & x_2 & s_3^* & -s_4^* & s_1^* & s_2^* \\ x_4 & x_3 & -x_2 & x_1 & s_4^* & s_3^* & -s_2^* & s_1^* \end{bmatrix} \tag{11-27}$$

③ 发送方进行信道估计或接收方进行信道估计反馈给发送方：

$$\boldsymbol{H}=\boldsymbol{H}_{N_r \times N_t}=\begin{bmatrix} h_1 & h_2 & h_3 & h_4 \end{bmatrix} \tag{11-28}$$

④ 发送方预估接收信号为

$$\breve{\boldsymbol{R}}=\boldsymbol{H}\breve{\boldsymbol{X}}_4+\breve{\boldsymbol{n}}=\begin{bmatrix} r_1 & r_2 & r_3 & r_4 & r_5 & r_6 & r_7 & r_8 \end{bmatrix} \tag{11-29}$$

⑤ 忽略噪声影响，判决统计公式为

$$\begin{cases} \tilde{x}_1=r_1h_1^*+r_2h_2^*+r_3h_3^*+r_4h_4^*+r_5^*h_1+r_6^*h_2+r_7^*h_3+r_8^*h_4 \\ \quad =\left(|h_1|^2+|h_2|^2+|h_3|^2+|h_4|^2\right)x_1^{\tau} \\ \tilde{x}_2=r_1h_2^*-r_2h_1^*-r_3h_4^*+r_4h_3^*+r_5^*h_2-r_6^*h_1-r_7^*h_4+r_8^*h_3 \\ \quad =\left(|h_1|^2+|h_2|^2+|h_3|^2+|h_4|^2\right)x_2^{\tau} \\ \tilde{x}_3=r_1h_3^*+r_2h_4^*-r_3h_1^*-r_4h_2^*+r_5^*h_3+r_6^*h_4-r_7^*h_1-r_8^*h_2 \\ \quad =\left(|h_1|^2+|h_2|^2+|h_3|^2+|h_4|^2\right)x_3^{\tau} \\ \tilde{x}_4=r_1h_4^*-r_2h_3^*+r_3h_2^*-r_4h_1^*+r_5^*h_4-r_6^*h_3+r_7^*h_2-r_8^*h_1 \\ \quad =\left(|h_1|^2+|h_2|^2+|h_3|^2+|h_4|^2\right)x_4^{\tau} \end{cases} \tag{11-30}$$

⑥ 变换检测信号为

$$\begin{cases} x_1^{\tau}=\arg\max\limits_{x_1^{\tau}\in \boldsymbol{S}}\left\{d_H(x_1^{\tau},x_1)\right\} \\ x_2^{\tau}=\arg\max\limits_{x_2^{\tau}\in \boldsymbol{S}}\left\{d_H(x_2^{\tau},x_2)\right\} \\ x_3^{\tau}=\arg\max\limits_{x_3^{\tau}\in \boldsymbol{S}}\left\{d_H(x_3^{\tau},x_3)\right\} \\ x_4^{\tau}=\arg\max\limits_{x_4^{\tau}\in \boldsymbol{S}}\left\{d_H(x_4^{\tau},x_4)\right\} \end{cases} \tag{11-31}$$

⑦ 将所有分析式带入式（11-30）中解出变形信号：(s_1,s_2,s_3,s_4)；

⑧ 将信号(s_1,s_2,s_3,s_4)带入式（11-27）得到 OSTBC 变形码 $\breve{\boldsymbol{X}}_4$，此时 $\breve{\boldsymbol{X}}_4$ 将不再满足正交性。

根据上述分析过程，发射机将进行 OSTBC 变形码集设计步骤，如图 11-12 所示。

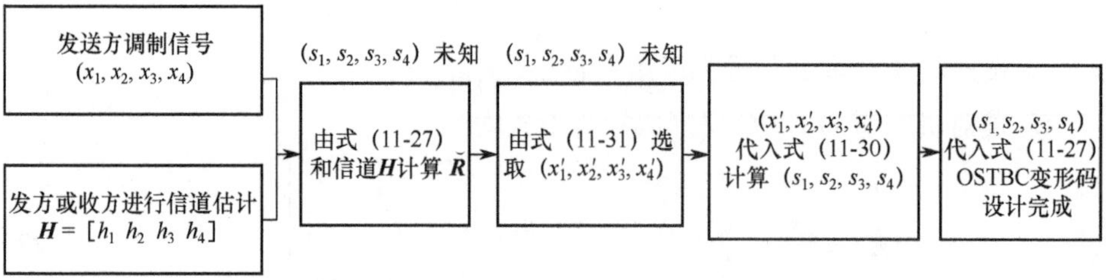

图 11-12　基于 M-QAM 调制发射机进行 OSTBC 变形码集设计步骤

（2）OSTBC 变形码发射。

采用有限域 GF（2）上的二元 m 序列作为合法通信双方预先共享的控制序列，控制发射机发射常规编码矩阵或变形编码矩阵，定义控制序列为

$$\boldsymbol{F}_{\text{control}}=(f_1,f_2,\cdots,f_i,\cdots),\ f_i\in GF(2) \tag{11-32}$$

$f_i=0$ 时，第 i 时隙发射机发射空时分组码 $\boldsymbol{X}_4$；$f_i=1$ 时，第 i 时隙发射机发射空时变形码 $\breve{\boldsymbol{X}}_4$。

（3）OSTBC 变形码译码。

合法用户预先共享控制序列。第 i 时隙 $f_i=0$，用户将按照正交空时分组码 $\boldsymbol{X}_4$ 的译码过程接收检测。第 i 时隙 $f_i=1$，用户知道此时发射机发射变形码 $\breve{\boldsymbol{X}}_4$，其接收判决过程如下：

① 接收信号为

$$\breve{\boldsymbol{R}}=\boldsymbol{H}\breve{\boldsymbol{X}}_4+\breve{\boldsymbol{n}}=\left[r_1\ r_2\ r_3\ r_4\ r_5\ r_6\ r_7\ r_8\right] \tag{11-33}$$

② 采用最大似然译码算法，忽略噪声影响，判决统计公式为

$$\begin{cases}\tilde{x}_1=r_1h_1^*+r_2h_2^*+r_3h_3^*+r_4h_4^*+r_5^*h_1+r_6^*h_2+r_7^*h_3+r_8^*h_4\\ \quad=(|h_1|^2+|h_2|^2+|h_3|^2+|h_4|^2)x_1^\tau\\ \tilde{x}_2=r_1h_2^*-r_2h_1^*-r_3h_4^*+r_4h_3^*+r_5^*h_2-r_6^*h_1-r_7^*h_4+r_8^*h_3\\ \quad=(|h_1|^2+|h_2|^2+|h_3|^2+|h_4|^2)x_2^\tau\\ \tilde{x}_3=r_1h_3^*+r_2h_4^*-r_3h_1^*-r_4h_2^*+r_5^*h_3+r_6^*h_4-r_7^*h_1-r_8^*h_2\\ \quad=(|h_1|^2+|h_2|^2+|h_3|^2+|h_4|^2)x_3^\tau\\ \tilde{x}_4=r_1h_4^*-r_2h_3^*+r_3h_2^*-r_4h_1^*+r_5^*h_4-r_6^*h_3+r_7^*h_2-r_8^*h_1\\ \quad=(|h_1|^2+|h_2|^2+|h_3|^2+|h_4|^2)x_4^\tau\end{cases} \tag{11-34}$$

③ 找到离判决统计距离最近的信号

$$\begin{cases}\hat{x}_1=\arg\min\limits_{\hat{x}_1\in\boldsymbol{S}}\left\{\left(|h_1|^2+|h_2|^2+|h_3|^2+|h_4|^2-1\right)|\hat{x}_1|^2+d^2(\tilde{x}_1,\hat{x}_1)\right\}\\ \hat{x}_2=\arg\min\limits_{\hat{x}_2\in\boldsymbol{S}}\left\{\left(|h_1|^2+|h_2|^2+|h_3|^2+|h_4|^2-1\right)|\hat{x}_2|^2+d^2(\tilde{x}_2,\hat{x}_2)\right\}\\ \hat{x}_3=\arg\min\limits_{\hat{x}_3\in\boldsymbol{S}}\left\{\left(|h_1|^2+|h_2|^2+|h_3|^2+|h_4|^2-1\right)|\hat{x}_3|^2+d^2(\tilde{x}_3,\hat{x}_3)\right\}\\ \hat{x}_4=\arg\min\limits_{\hat{x}_4\in\boldsymbol{S}}\left\{\left(|h_1|^2+|h_2|^2+|h_3|^2+|h_4|^2-1\right)|\hat{x}_4|^2+d^2(\tilde{x}_4,\hat{x}_4)\right\}\end{cases} \tag{11-35}$$

④ 求出与信号 $(\hat{x}_1,\hat{x}_2,\hat{x}_3,\hat{x}_4)$ 的汉明距离最近的信号

$$\begin{cases} \ddot{x}_1 = \arg\max\limits_{\ddot{x}_1 \in \boldsymbol{S}} \{ d_H(\ddot{x}_1, \hat{x}_1) \} \\ \ddot{x}_2 = \arg\max\limits_{\ddot{x}_2 \in \boldsymbol{S}} \{ d_H(\ddot{x}_2, \hat{x}_2) \} \\ \ddot{x}_3 = \arg\max\limits_{\ddot{x}_3 \in \boldsymbol{S}} \{ d_H(\ddot{x}_3, \hat{x}_3) \} \\ \ddot{x}_4 = \arg\max\limits_{\ddot{x}_4 \in \boldsymbol{S}} \{ d_H(\ddot{x}_4, \hat{x}_4) \} \end{cases} \tag{11-36}$$

$(\ddot{x}_1,\ddot{x}_2,\ddot{x}_3,\ddot{x}_4)$即发射信号$(x_1,x_2,x_3,x_4)$的估计值。

窃听者通过猜测控制序列$\boldsymbol{F}^g=(f_1^g,f_2^g,\cdots,f_i^g,\cdots)$进行类似合法用户译码过程。若第$i$时隙，$f_i=f_i^g$，窃听者猜对控制序列，则将正确译码；如果$f_i \neq f_i^g$，则窃听者译出的信号恰好与原发射信号的汉明距离最远。由于控制序列很长且出现 0、1 值的概率为 0.5，故窃听者接收误码率接近 0.5。下面通过仿真验证了变形码$\breve{\boldsymbol{X}}_4$高强度安全性能。

（4）仿真结果及分析。

平坦衰落信道接收端已知信道信息，发射机发射功率为 1，共发射 1000 个数据帧，每帧含有 240 个符号。四发天线配置采用 OSTBC 变形码仿真性能如图 11-13 所示，实线代表合法用户接收性能，虚线代表窃听者接收性能。仿真中分别考虑窃听方完全猜测控制序列、窃听方采用全“1”序列、窃听方采用全“0”序列三种情形，仿真图中的窃听者性能是上述三种控制序列情况的平均仿真结果，可以得出以下结论：

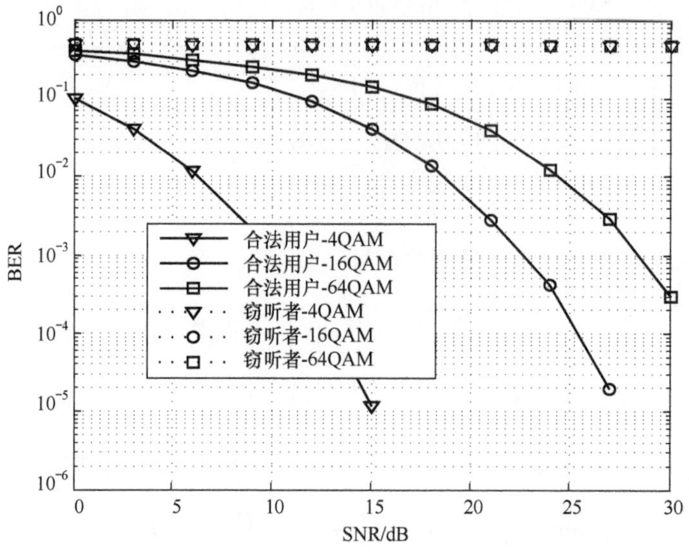

图 11-13　M-QAM 调制四发一收天线配置 OSTBC 变形码性能仿真图

（1）固定 M-QAM 调制方式，随着信噪比增加，窃听者接收误码率一直维持在 0.5 左右，实现了最佳抗窃听性能；合法接收者的误码率曲线随信噪比增加而逐渐下降，能够达到 10^{-5} 以下的接收误码率，并且在高信噪比下能够 100%正确译码。

（2）随着调制阶数的增大，合法用户接收性能相应下降；窃听者接收误码率一直维持在 0.5 左右，不受调制阶数的影响。

（3）窃听者在三种控制序列情形下，误码率均为 0.5，保证了信息安全传输。

（4）合法用户接收性能不受跨层安全传输方案的影响，与传统 OSTBC 系统性能几乎一致，保证了信息可靠传输。

在 M-QAM 调制方式下，OSTBC 变形码集的设计方案同样适用于其他码率 OSTBC 多发天线系统。两发一收天线配置码率为 1 的 Alamouti 变形码和三发一收天线配置 3/4 码率的 OSTBC 变形码性能分别如图 11-14 和图 11-15 所示，可以看出基于 OSTBC 变形码集的跨层安全传输系统能够实现最佳安全通信。

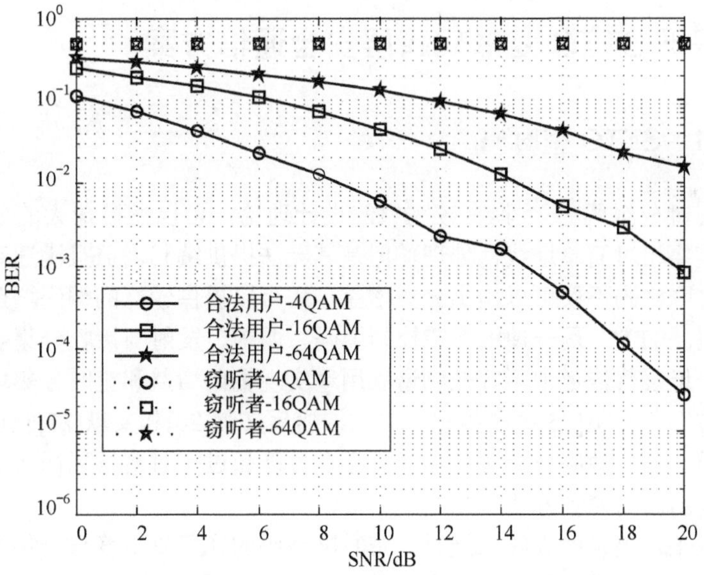

图 11-14　M-QAM 调制两发一收天线配置 Alamouti 变形码性能仿真图

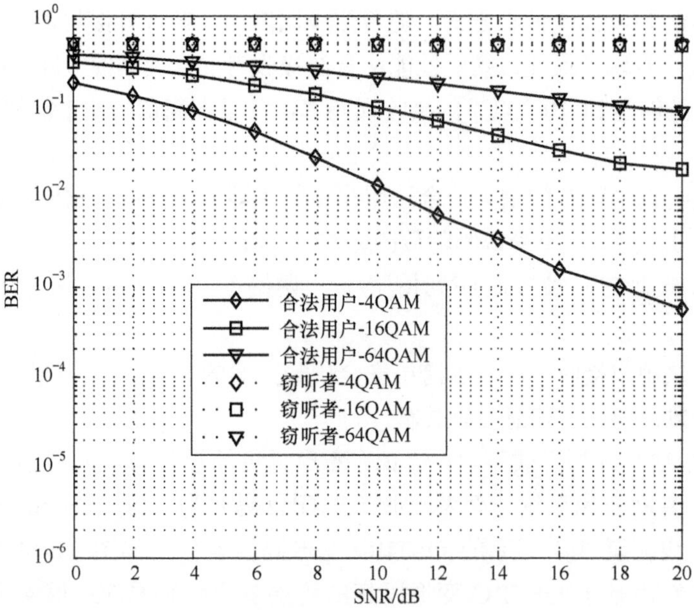

图 11-15　M-QAM 调制 3/4 码率 OSTBC 变形码性能仿真图

11.3　基于 STTC 变形码跨层安全通信方案

11.3.1　STTC 空时码

正交空时分组码[25−35]具有较完整的设计理论，可以获得最大的分集增益，接收机只需要相对简单地线性处理，但是其无法提供编码增益且满速率设计严格受限。空时网格码不仅可以提供分集增益，还可以提供较好的编码增益，是一种最佳空时码。STTC 是一种由差错控制编码、调制、发射与接收分集等联合考虑的一种在平坦衰落信道中不降低频谱利用率实现编码增益和空时分集增益的空时信号发送方案。文献[25]最早提出 STTC，随后文献[26]和文献[27]验证了 STTC 的编码增益、频谱效率及分集增益，不存在性能超过空时网格码而实现速度低于空时网格码的编码调制方法。

一直以来，当发射天线固定时，空时网格码的译码复杂度与分集增益和数据传输速率成指数关系，限制了其在无线通信系统中的实际应用。5G 系统中也考虑设计简单空间复用 MIMO 信号，STTC 是未来 5G 中的一项关键技术，本节将讨论低复杂度的空时网格码跨层安全传输方案。

空时网格码系统[33,34]如图 11-16 所示，通信系统配置 N_t 个发射天线、N_r 个接收天线，帧长为 P ($P > N_t$)。在 M-PSK 调制方式下，输入的二进制比特流每

m ($m=\log_2 M$) 个为一组，送入 STTC 编码器中进行编码，输出 N_t 路符号流，各路符号流分别通过脉冲成形及上变频模块从 N_t 根发射天线发射出去。接收端按照逆过程处理，最后采用维特比译码算法译码。为了方便讨论且直观地得出结论，下面的讨论将忽略星座图映射/解映射、上/下变频、A/D、脉冲成形等模块。

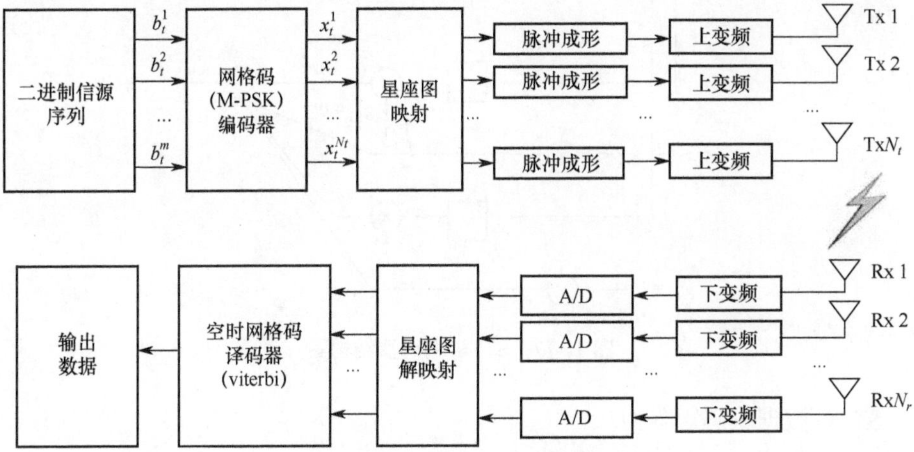

图 11-16　STTC 系统模型图

不失一般性，以两根发射天线 ($N_t=2$) QPSK 编码 4 态系统为例，详细讨论 STTC 编译码原理。利用计算机穷搜索方法可以得到性能较好的编码器结构，编码器生成序列为

$$\begin{cases} \boldsymbol{g}^1=\left[(g_{0,1}^1,g_{0,2}^1),(g_{1,1}^1,g_{1,2}^1)\right]=\left[(0,2),(2,0)\right] \\ \boldsymbol{g}^2=\left[(g_{0,1}^2,g_{0,2}^2),(g_{1,1}^2,g_{1,2}^2)\right]=\left[(0,1),(1,0)\right] \end{cases} \tag{11-37}$$

两发系统编码器结构如图 11-17 所示。$\boldsymbol{b}_1=(b_0^1,b_1^1,b_2^1,\cdots,b_t^1)$ 和 $\boldsymbol{b}_2=(b_0^2,b_1^2,b_2^2,\cdots,b_t^2)$ 分别送入 STTC 编码器的两个前馈移位寄存器中与编码器系数集相乘。将所有乘法器输出模 $M(M=4)$ 相加，编码器编码输出

$$\begin{cases} \boldsymbol{x}=\left[(x_0^1,x_0^2)^{\mathrm{T}},(x_1^1,x_1^2)^{\mathrm{T}},(x_2^1,x_2^2)^{\mathrm{T}},\cdots,(x_t^1,x_t^2)^{\mathrm{T}}\right] \\ x_t^i=\sum_{k=1}^{m}\sum_{j=0}^{v_k}g_{j,i}^k b_{t-j}^k \mod M \quad (i=1,2,\cdots,N_t) \end{cases} \tag{11-38}$$

t 时刻通过发射天线 i 输出信号 x_t^i，$(x_t^1,x_t^2)^{\mathrm{T}}$ 构成了 t 时刻的空时符号。

空时网格码编码器具有卷积码的特征，考虑了前后输入信息之间的关联性，可以看作有限状态机，当前一组数据值可以确定当前状态及下一个状态之间的转换关系。

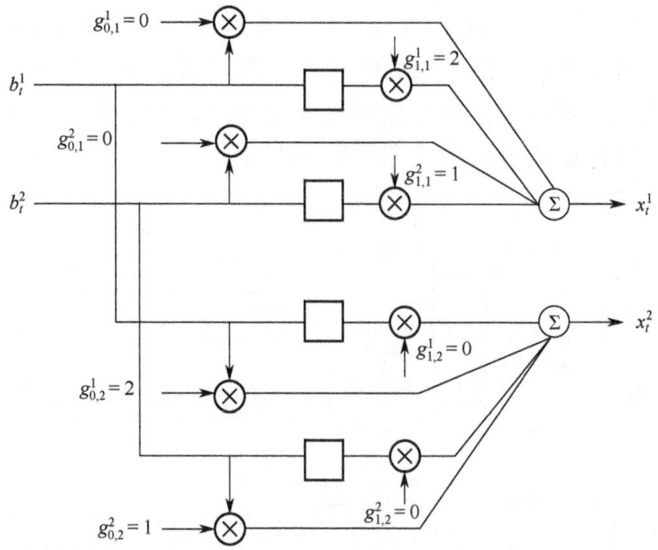

图 11-17　STTC 编码器结构图

STTC 数据编码矩阵为

$$\boldsymbol{EN}=\begin{bmatrix}(0,0) & (0,1) & (0,2) & (0,3)\\(1,0) & (1,1) & (1,2) & (1,3)\\(2,0) & (2,1) & (2,2) & (2,3)\\(3,0) & (3,1) & (3,2) & (3,3)\end{bmatrix}\tag{11-39}$$

数据编码矩阵 $\boldsymbol{EN}$ 遍历了所有可能的输入输出关系。$\boldsymbol{EN}$ 的第 $i(i=1,2,3,4)$ 行代表 QPSK 编码器当前状态为$i-1$，第 j $(j=1,2,3,4)$ 列表示编码器当前输入数据值为$j-1$。定义 (*,*) 为编码矩阵 $\boldsymbol{EN}$ 的元素，第一个值代表第一根天线下一时刻发射的信号，第二个值代表第二根天线下一时刻发射的 QPSK 调制信号。

STTC 编码器状态矩阵为

$$\boldsymbol{S}_t=\begin{bmatrix}1 & 2 & 3 & 4\\1 & 2 & 3 & 4\\1 & 2 & 3 & 4\\1 & 2 & 3 & 4\end{bmatrix}\tag{11-40}$$

编码器状态矩阵 $\boldsymbol{S}_t$ 遍历了所有可能的输入与状态间的关系。矩阵 $\boldsymbol{S}_t$ 的第 $i(i=1,2,3,4)$ 行代表当前编码器状态为$i-1$，第 j $(j=1,2,3,4)$ 列表示当前输入数据值为 $j-1$，元素 $\boldsymbol{S}_t(i,j)$ 代表下一时刻编码器状态为 $\boldsymbol{S}_t(i,j)-1$。

接收端完全恢复信道信息后，利用 viterbi 译码算法通过加-比-选的方法选择累计度量最小的一条路径作为译码输出信号，这样可保证在较小的误码率下恢复发射信号且硬件相对容易实现。对于一个以 $(x_t^1,x_t^2,\cdots,x_t^{Nt})$ 为标识的分支

$$\sum_{t=1}^{P}\sum_{j=1}^{N_r}\left|y_t^j-\sum_{i=1}^{N_t}h_{j,i}x_t^i\right|^2 \tag{11-41}$$

t 时刻天线 j 接收信号 y_t^j，发射天线 i 和接收天线 j 之间的信道衰落系数为 $h_{j,i}$。

在准静态平坦衰落信道下，发射机共传输 1000 帧信息，每帧 200 个符号，编码器起始状态为零状态，每帧信息末尾都加入 6 个多余符号 0，从而保证每一帧开始及结尾 STTC 编码器均处于零状态。QPSK 编码两发一收天线配置多个状态通信系统其 FER、BER 分别如图 11-18 和图 11-19 所示，可以看出：

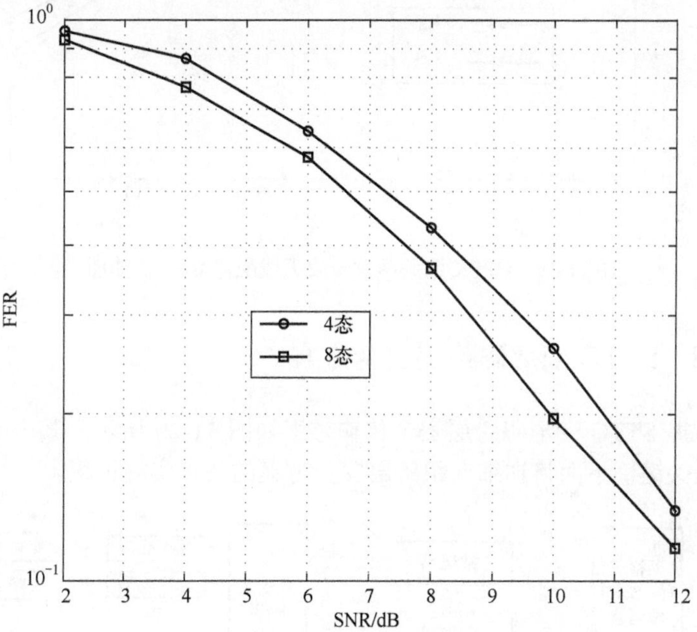

图 11-18　QPSK 编码两发一收天线配置 FER 性能图

（1）在 QPSK 编码方式下，随着信噪比增加，合法用户的 FER、BER 曲线明显下降且不同状态下 FER 曲线斜率相同，所有 QPSK 编码实现了相同的分集数。随着信噪比增加，通信系统性能越来越好。

（2）在 QPSK 编码方式下，随着状态数的增加，相应的 FER、BER 减小。STTC 编码性能与状态数有关，一般情况下，状态越多，性能越好，但是随着状态数增加，译码复杂度相应呈指数倍提高。

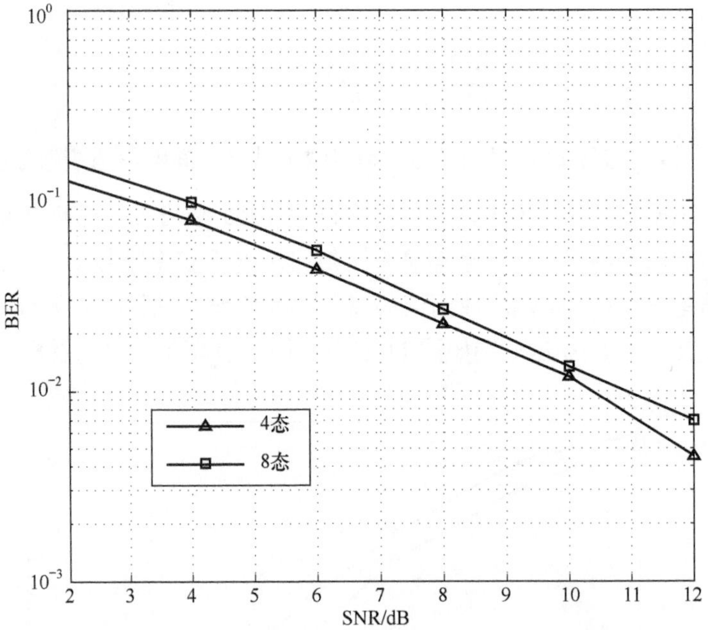

图 11-19　QPSK 编码两发一收天线配置 BER 性能图

11.3.2　STTC 变形码跨层安全方案

本节所提 STTC 变形码跨层安全传输方案如图 11-20 所示，其中 STTC 变形码的设计是关键，下面将详细介绍跨层安全方案的具体实施过程。

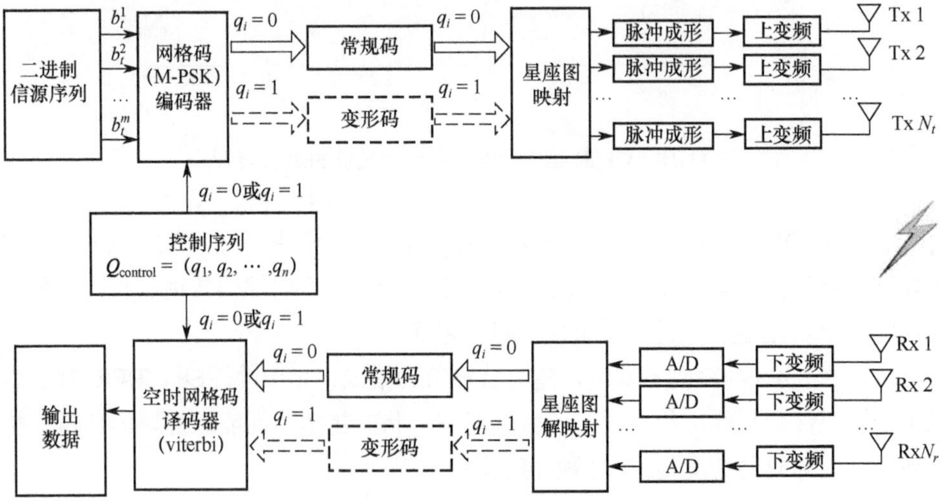

图 11-20　基于 STTC 变形码跨层安全传输系统原理图

1．STTC 变形码集设计

编码器将输入的二进制信源序列映射为一个 M-PSK 调制信号序列。设计 STTC 变形码的核心思想是：根据 M-PSK 等能量调制的特点，将编码器的真实输出信号转换为欧式距离最大的调制信号作为变形信号，系统发射该变形信号以此来迷惑窃听者。QPSK 编码器发射信号与接收端检测到的变形信号的一一对应关系如图 11-21 所示，图中相同颜色的一组信号为一对，即 $(\ddot{x}_t^i, x_t^i), i=1,2$：

$$\begin{cases} \ddot{x}_t^1 = \arg\max\limits_{\ddot{x}_t^1 \in \boldsymbol{S}} \left\{ d^2(\ddot{x}_t^1, x_t^1) \right\} \\ \ddot{x}_t^2 = \arg\max\limits_{\ddot{x}_t^2 \in \boldsymbol{S}} \left\{ d^2(\ddot{x}_t^2, x_t^2) \right\} \end{cases} \tag{11-42}$$

QPSK 调制星座信号集合 $\boldsymbol{S}=\{0,1,2,3\}$，$t$ 时刻天线 i 发射的真实信号为 x_t^i，相应的变形信号为 $\ddot{x}_t^i$。

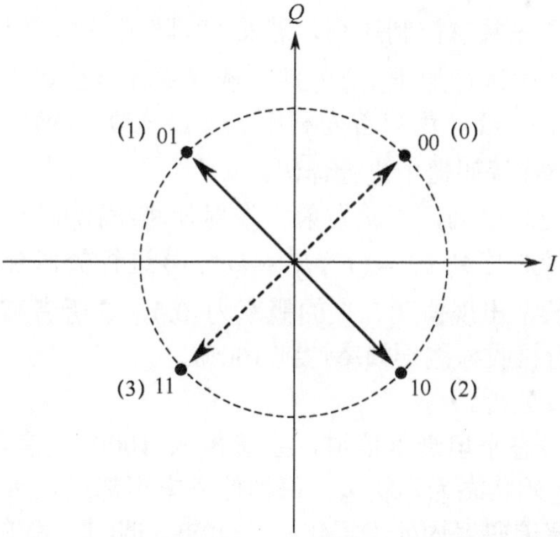

图 11-21　QPSK 调制 Gray 码映射及变形发射信号选择

STTC 数据编码矩阵变为

$$\boldsymbol{EN}' = \begin{bmatrix} (3,3) & (3,2) & (3,1) & (3,0) \\ (2,3) & (2,2) & (2,1) & (2,0) \\ (1,3) & (1,2) & (1,1) & (1,0) \\ (0,3) & (0,2) & (0,1) & (0,0) \end{bmatrix} \tag{11-43}$$

对照式（11-39）容易看出，STTC 变形码数据编码矩阵 $\boldsymbol{EN}'$ 与传统编码矩阵 $\boldsymbol{EN}$ 相比前一时刻状态及输入数据保持不变的情况下，仅仅下一时刻发射出去的数据发生了变化。

状态矩阵保持不变：

$$S_{t'} = S_t = \begin{bmatrix} 1\,2\,3\,4 \\ 1\,2\,3\,4 \\ 1\,2\,3\,4 \\ 1\,2\,3\,4 \end{bmatrix} \tag{11-44}$$

在当前输入数据及状态不发生改变的情况下，系统仅仅变化下一时刻发射出去的数据，而编码器状态不发生改变，所以 STTC 变形码设计简单，方便译码，后面通过仿真验证 STTC 变形码集具有通用性。

2. STTC 变形码发射

利用发射机和用户之间预先共享的密钥流作为控制序列：

$$F_{\text{control}} = (f_1, f_2, \cdots, f_i, \cdots),\quad f_i \in GF(2) \tag{11-45}$$

$f_i = 0$ 时，第 i 时隙发射机按照数据编码矩阵 $\boldsymbol{EN}$ 发射信号；$f_i = 1$ 时，第 i 时隙发射机按照变形数据编码矩阵 $\boldsymbol{EN}$ 发射信号。

（1）STTC 变形码译码。

用户与发射机预先共享控制序列，若第 i 时隙 $f_i = 0$，用户把接收的信号直接送入维特比译码器中进行加-比-选处理，选择累计度量最小的信号序列作为发射信号。若第 i 时隙 $f_i = 1$，用户首先利用式（11-42）变换接收信号，然后将变换后的信号送入维特比译码器中进行译码。

窃听者不知道控制序列，无论发射机发射何种编码矩阵，均按照 STTC 译码，或者通过猜测控制序列 $\boldsymbol{F}^g = (f_1^g, f_2^g, \cdots, f_i^g, \cdots)$ 进行类似合法用户检测过程译码。由于密钥流很长，出现值 0、1 的概率为 0.5，窃听者破解密钥流的概率很低，仿真验证窃听者接收检测误帧率达到 100%。

（2）仿真结果及分析。

假设信道为准静态平坦衰落信道，系统传输 1000 帧信息，每帧 200 个符号，STTC 编码器起始状态为零状态，每帧信息末尾都加入 6 个多余符号 0，保证每一帧开始及结尾编码器均处于零状态。QPSK 调制方式下，两发一收天线配置多状态基于 STTC 变形码跨层安全通信系统的 FER、BER 分别如图 11-22 和图 11-23 所示，窃听者接收性能是三种密钥序列情况的平均结果，实线代表合法用户接收性能，虚线代表窃听者接收性能。可以得出以下结论：

① 在 QPSK 编码方式下，随着信噪比增加，窃听者误帧率一直维持在 1；合法用户 FER 曲线逐渐下降，但是斜率大致相同，所有 QPSK 编码实现了相同的分集数，随信噪比增加其通信性能越来越好。

② 在 QPSK 编码方式下，随着状态数增加，窃听者误帧率一直维持在 1；合法用户误帧率随状态数增加而减小，通过增加状态数可以提高合法用户编码性能。

③ 在 QPSK 编码方式下，随着信噪比增加，窃听者误码率越来越小，但是维持在 0.5～0.3，仍然具有很强的抗窃听性能；合法用户的误码率随信噪比增加有明显的下降趋势。

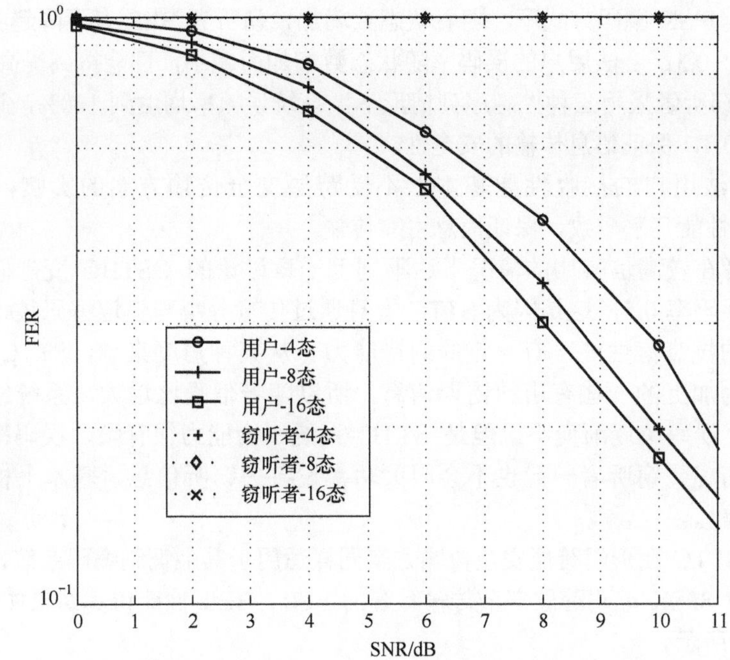

图 11-22　QPSK 调制两发一收天线配置跨层安全系统的 FER 性能图

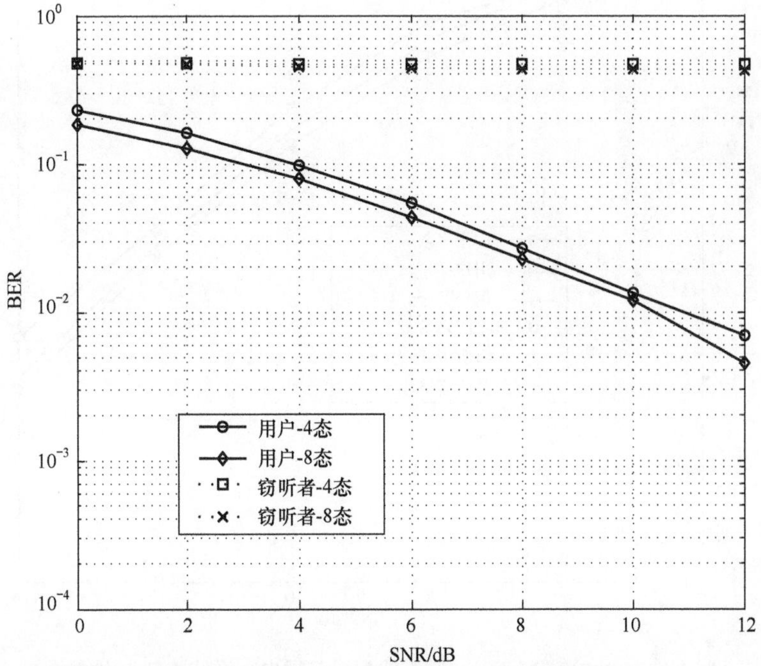

图 11-23　QPSK 调制两发一收天线配置跨层安全系统的 BER 性能图

④ 在 QPSK 编码方式下，随着状态数增加，窃听者 BER 有下降趋势，但是维持在 0.5～0.3；合法用户的误码率随状态数增加而减小，性能得到提高。

⑤ 在窃听者采用三种控制序列情形下，系统误帧率均达到 100%，误码率维持在 0.5～0.3，保证信息传输的安全性。

⑥ 合法用户的接收性能基本上不受跨层安全传输方案的影响，与传统 STTC 系统性能几乎一致，保证信息可靠传输。

窃听者在较高信噪比的情况下达不到上一章讨论的 OSTBC 变形码跨层安全方案的误码率 0.5，这是因为 STTC 本身通过传输分集与信道编码技术结合来提高系统的抗衰落性能，有一定的纠错能力。从某种角度来说，STTC 变形码是我们人为加上的一些有用的错误信息，所以随着信噪比增大，系统纠错能力慢慢提高，误码率逐渐变小。但是 STTC 系统纠错能力很有限，误码率很大，考虑实际情况，窃听者一般也不会用大功率设备去窃听信息，基本上检测不出有用的源信息。

基于 STTC 变形码跨层安全传输方案同样适用于其他调制编码系统，两发一收天线配置 8PSK 编码跨层安全传输系统的 FER、BER 性能仿真结果如图 11-24 和图 11-25 所示。

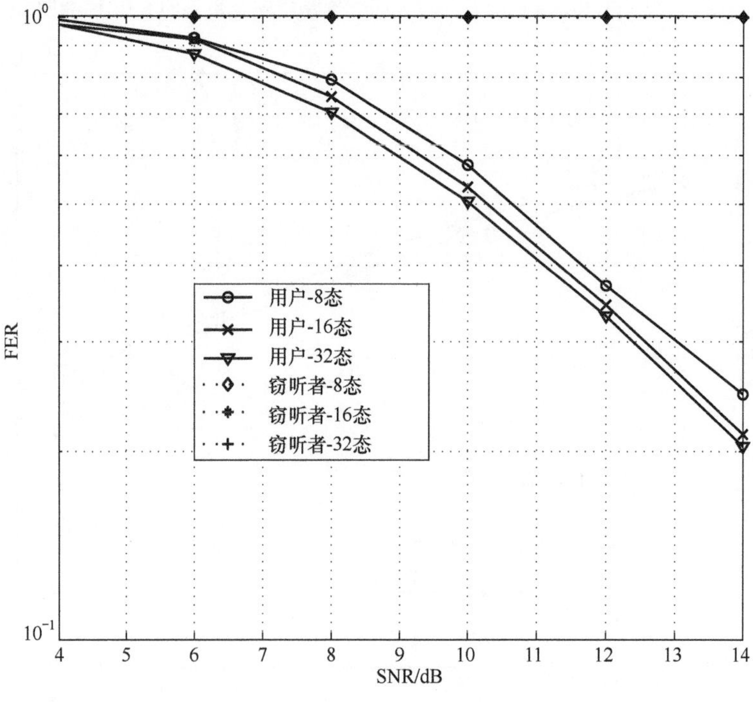

图 11-24　8PSK 调制两发一收天线配置跨层安全系统的 FER 性能图

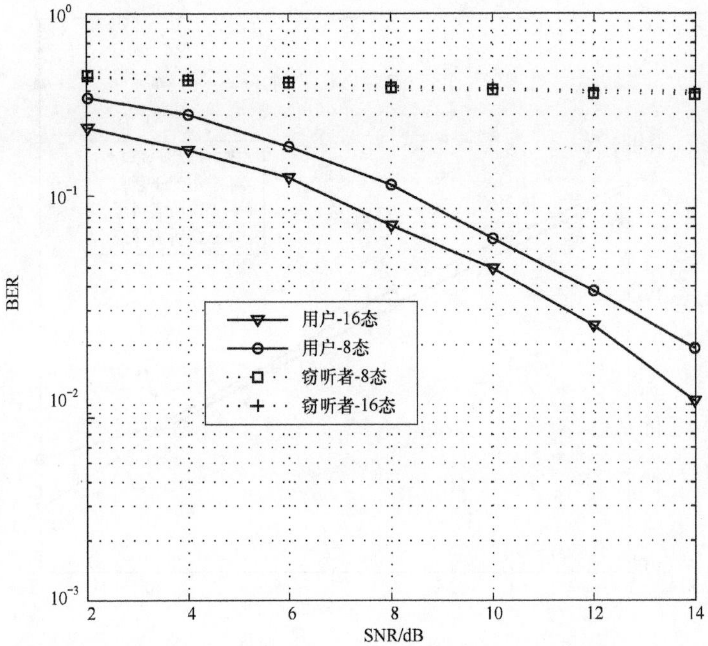

图 11-25　8PSK 调制两发一收天线配置跨层安全系统的 BER 性能图

进一步，将 STTC 变形码用于其他多天线系统。基于 STTC 变形码跨层安全方案同样适用于四发一收天线系统，该系统的 FER、BER 如图 11-26 和图 11-27 所示。

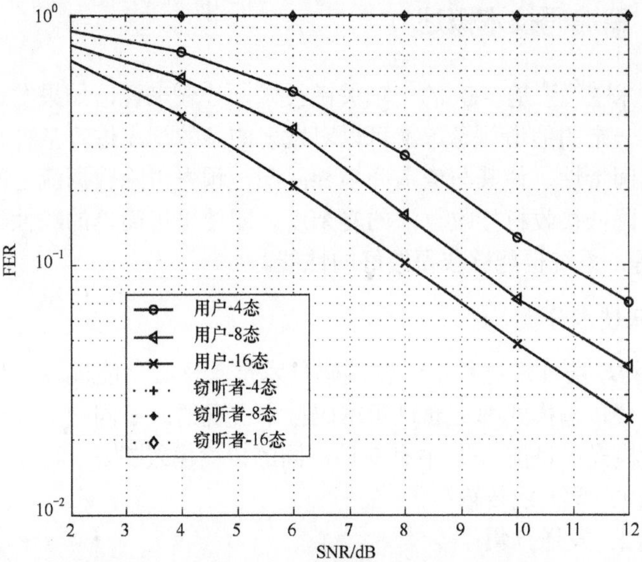

图 11-26　QPSK 调制四发一收天线配置跨层安全系统的 FER 性能图

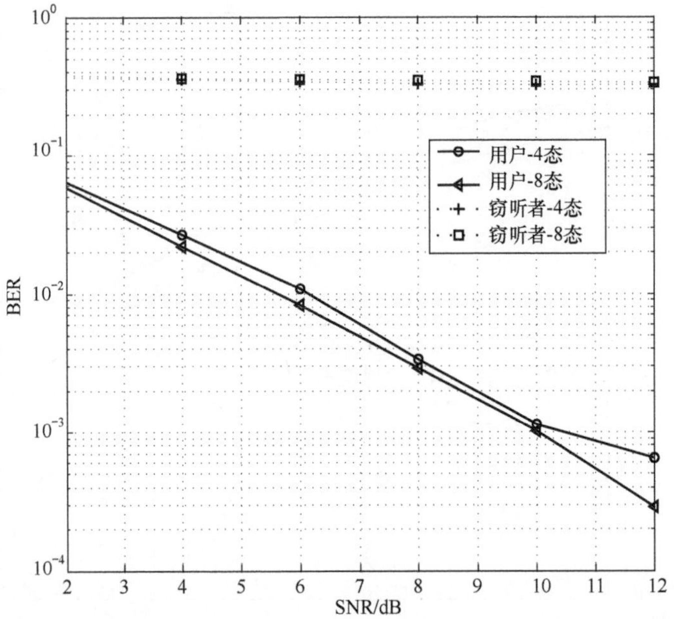

图 11-27　QPSK 调制四发一收天线配置跨层安全系统的 BER 性能图

11.4　基于变形预编码跨层安全通信方案

11.4.1　预编码技术概述

预编码技术[36-50,54]是 4G 的一项关键技术，一般来说，如果发送端能够通过某种方式获得一定的信道信息，就可以对发射的各数据流进行某种预处理，优化发射信号的空间特性，使其与信道环境相匹配，预先消除数据流之间部分或者全部干扰，有效降低接收机接收算法的复杂度，即使采用简单的线性处理算法，如 ZF、MMSE 等，系统也能够获得较好的性能。

1. 预编码技术分类

在 LTE 物理层处理过程中，预编码技术是其核心功能模块，物理下行共享信道的几种主要传输模式都是通过预编码技术实现的。不同的多天线传输方案对应不同的传输模式，目前 LTE 中有 9 种不同的传输模式[46]。

传输模式 1：单天线传输；

传输模式 2：发送分集；

传输模式 3：在多于一层的时候，使用基于码本的开环预编码，在秩为 1 时，传输使用发射分集；

传输模式 4：基于码本的闭环预编码；

传输模式 5：传输模式 4 的多用户 MIMO；

传输模式 6：限制为一层传输的基于码本的闭环预编码的特殊情况；

传输模式 7：仅支持一层传输的版本 8 的非码本预编码；

传输模式 8：支持多达两层的版本 9 的非码本预编码；

传输模式 9：支持多达 8 层的版本 10 的非码本预编码。

预编码技术可以划分成两大类，即线性预编码和非线性预编码。由于非线性预编码复杂度高，终端译码算法非常复杂，所以目前无线通信系统通常只考虑采用线性预编码技术。线性预编码在接收端只需要通过一些简单的线性检测手段即可译码，如 BD 算法、ZF 算法、MMSE 算法等。若按照获得预编码矩阵的位置划分，线性预编码分为两大类，即基于码本的预编码技术和基于非码本的预编码技术。

2. 基于码本的预编码技术

在实际系统中，反馈信道只支持有限速率的数据，为了减小反馈开销，有限反馈预编码应运而生。LTE 系统基于码本预编码的原理如图 11-28 所示，下面将详细介绍具体处理过程。

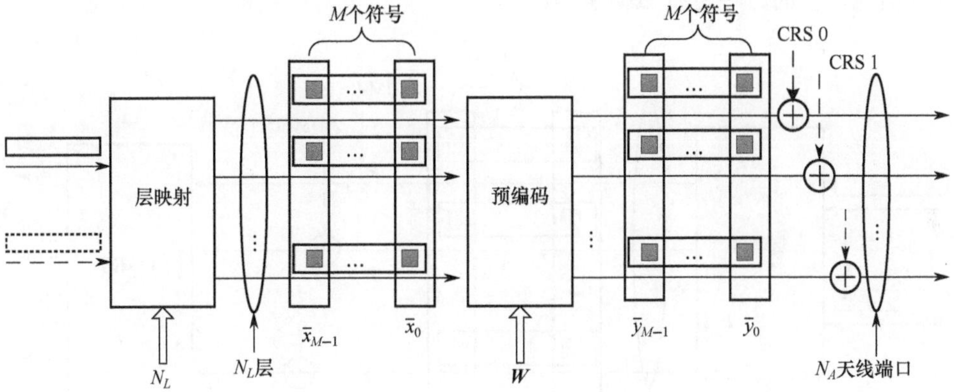

图 11-28　LTE 基于码本预编码的原理

（1）基于码本的闭环空间复用预编码。

基于码本的闭环空间复用预编码方式中，预编码矩阵在接收端获得。UE 根据公共导频 CRS 测量下行信道，得到信道矩阵 $\boldsymbol{H}$，按照某种优化准则从码本中选出最匹配当前信道条件的预编码矩阵，并通过反馈链路将选定的预编码矩阵的标号（PMI）反馈给基站，其操作流程如图 11-31 所示。根据推荐的 PMI 预编码，UE 还需要计算出使用该预编码矩阵后的信道质量，并上报信道质量指示（CQI）。用户计算 PMI 和 CQI 的同时，还需要考虑自身的接收处理算法。码本的构建方式有多种，如基于发射自适应阵列（TxAA）模式的码本、基于天线选择的码本、随机码本、基于离散傅里叶变换（DFT）的码本等。

基于码本的预编码方式不需要使用专用导频，但需要通过某种通信方式告知接收机当前使用的预编码矩阵。预编码矩阵接收机选择并告知给发射端的，在反馈过程中可能会发生错误，发射机有权根据实际情况更改预编码矩阵。基于码本的预编码最多允许 4 层，层数不超过发射天线数。

（2）基于码本的开环空间复用预编码。

高速移动场景由于 PMI 汇报延迟很难得到准确的反馈，开环空分复用不依赖任何来自终端有关预编码的推荐，也不需要任何来自网络用于告知终端预编码的信息。相反，预编码矩阵以终端提前告知的预先定义和决定的方式进行选择。常用预编码为大循环延迟分集预编码。

3．基于非码本的预编码技术

类似基于码本的预编码，非码本预编码利用了信道的互易性，与基于码本预编码的主要区别在于预编码之前的解调参考信号，LTE 基于非码本预编码的原理如图 11-29 所示。非码本的预编码方式要求使用专用导频，即数据符号和导频符号一起进行预编码操作，这样接收端只需要通过信道估计就可以获得预编码后的等效信道，从而方便进行数据解调。

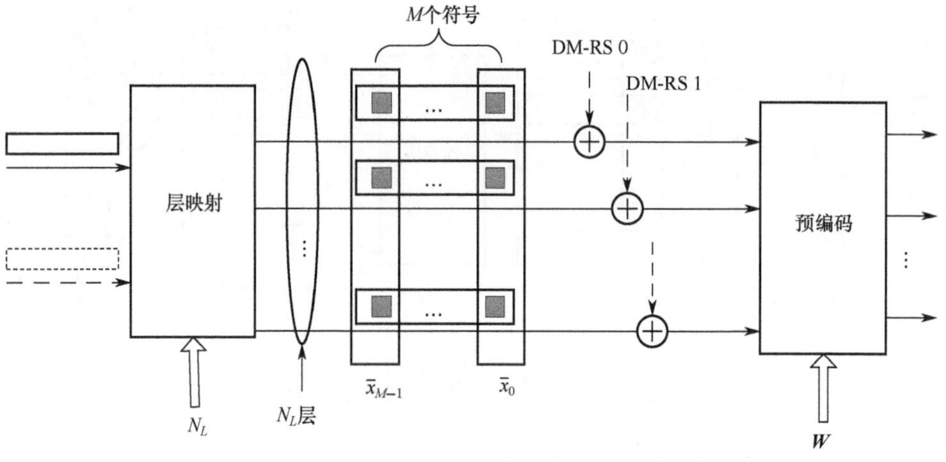

图 11-29　LTE 基于非码本预编码的结构

在非码本预编码方式中，在发射机获取预编码权值。在 TDD 系统中，利用信道互惠性，发射机利用 BS 在上行链路获取的 CSI，进行信道信息分解获得所需的预编码矩阵，非码本操作流程如图 11-30 所示。常见的预编码计算方法有 SVD、GMD、UCD 等，非码本预编码在 TDD 系统中有非常突出的优势，减少了上行反馈的开销，有利于基站灵活选取预编码矩阵。

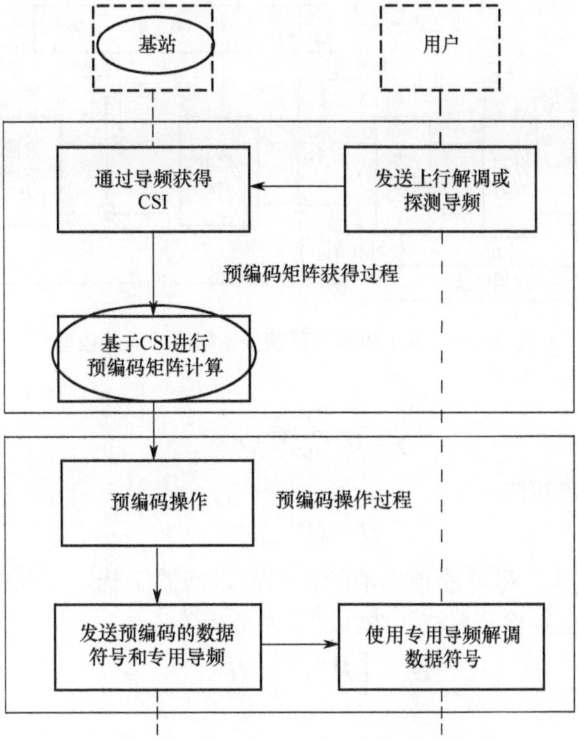

图 11-30　非码本预编码操作流程

11.4.2　基于码本的闭环空间复用预编码跨层安全传输方案

1. 基于码本的有限反馈预编码

基于码本的反馈预编码闭环系统模型[48-50]如图 11-31 所示。空分复用码字分层映射成 $M\times T$ 维空时编码矩阵 $\boldsymbol{X}$，数据流分成 M 路，T 代表发射周期。基站与终端存储器中预先存放码本：

$$\boldsymbol{E}=\{\boldsymbol{W}_1,\boldsymbol{W}_2,\cdots,\boldsymbol{W}_L\} \tag{11-46}$$

L 个预编码矩阵构成码本，$L=2^r$，其中 r 为预编码矩阵标号映射的比特数。码本的预编码矩阵应尽量均匀分布在整个酉空间中。

终端根据 CRS 测量下行信道，按照某种优化准则，如干扰最小、容量最大等，从码本中选取与信道条件最为匹配的预编码矩阵 $\boldsymbol{W}_{\text{opt}}\in\boldsymbol{E}$，并通过反馈链路将标号反馈给基站。$\boldsymbol{X}$ 经过预编码器模块后得到信号为

$$\tilde{\boldsymbol{X}}=\boldsymbol{W}_{\text{opt}}\boldsymbol{X} \tag{11-47}$$

经过 $N_t\times M$ 维预编码矩阵 $\boldsymbol{W}_{\text{opt}}$ 处理后，信号 $\tilde{\boldsymbol{X}}$ 从 $N_t(N_t\geqslant M)$ 根天线发射出去。

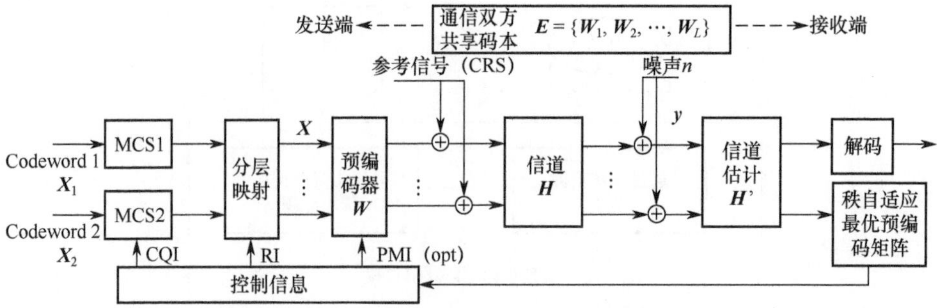

图 11-31　基于码本的反馈预编码闭环系统模型

接收信号为

$$y = HW_{\text{opt}}X + n \tag{11-48}$$

等效空间信道矩阵为

$$\bar{H} = HW_{\text{opt}} \tag{11-49}$$

发射机通过预处理，尽可能预先消除数据流之间的干扰，以获得更好的通信性能。接收端采用迫零检测算法，线性联合系数矩阵：

$$\bar{H}^{+} = \left[\bar{H}^{H}\bar{H}\right]^{-1}\bar{H}^{H} \tag{11-50}$$

译码结果为

$$\dot{X} = \bar{H}^{+}y = \bar{H}^{+}\bar{H}X + \bar{H}^{+}n = X + \bar{H}^{+}n \tag{11-51}$$

忽略噪声影响，接收端正确接收信号 X 。

2．基于码本的有限反馈预编码跨层安全传输方案

为了保证信息安全传输，接下来将介绍一种在物理层旋转预编码矩阵与上层加密技术结合的抗窃听方案，该方案的基本原理如图 11-32 所示。

通信双方预先共享的密钥作为控制信号：

$$F_{\text{control}} = (f_1, f_2, \cdots, f_i, \cdots)，\ f_i \in GF(2) \tag{11-52}$$

时隙 i ，发射机产生预编码矩阵：

$$W_{\text{opt}}^{i} = \mathrm{e}^{\mathrm{j}\pi f_i}W_{\text{opt}} \tag{11-53}$$

变形预编码矩阵设计如下：根据 M-PSK 调制特点，为了使窃听者接收性能最差，预编码器将最佳预编码矩阵 W_{opt} 星座旋转 180°来误导窃听者：

$$W_{\text{opt}}^{R} = \mathrm{e}^{\mathrm{j}\pi}W_{\text{opt}} \tag{11-54}$$

$f_i = 0$ 时，时隙 i 产生最佳预编码 W_{opt} ； $f_i = 1$ 时，时隙 i 产生预编码矩阵 W_{opt}^{R} 。

$f_i = 1$ 时，预编码器产生最优预编码矩阵翻转 180°后的矩阵，接收信号为

$$y_1 = HW_{\text{opt}}^{R}X + n \tag{11-55}$$

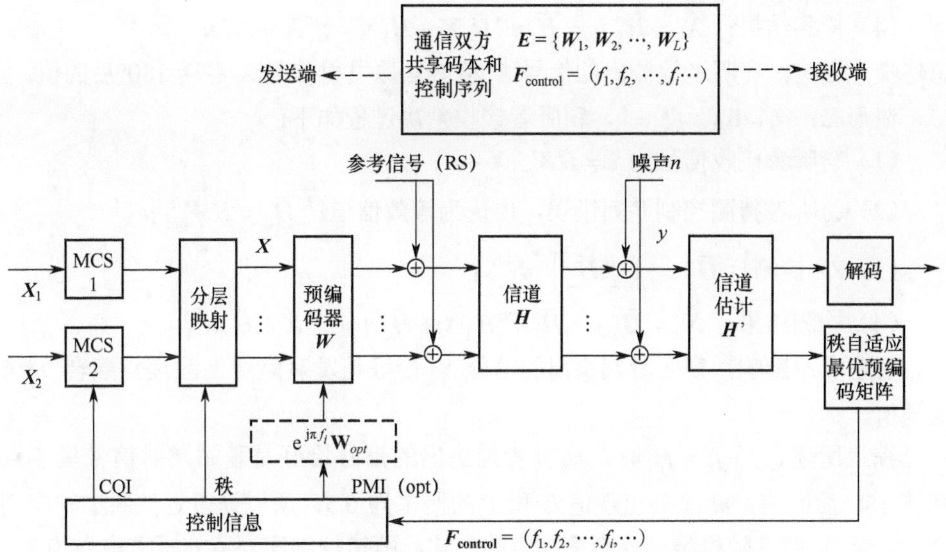

图 11-32 有限反馈预编码旋转码本跨层安全传输原理图

用户知道控制序列 $F_{control}$，若 $f_i=0$，用户知道此时获得经过最佳预编码矩阵处理过的信号，其将按照式（11-47）～式（11-51）接收判决，获得基站发射的信号。若 $f_i=1$，用户知道预编码器产生最佳预编码矩阵翻转 180°后的矩阵，此时用户接收判决过程如下：

（1）接收信号：$y_1=HW_{opt}^{R}X+n$；

（2）用户知道预编码矩阵翻转了 180°，等效信道矩阵为 $\bar{H}=HW_{opt}^{R}$；

（3）ZF 检测：$\bar{H}^{+}=\left[\bar{H}^{H}\bar{H}\right]^{-1}\bar{H}^{H}$；

（4）判决结果：$\hat{X}=\bar{H}^{+}y_1=\bar{H}^{+}\bar{H}X+\bar{H}^{+}n=X+\bar{H}^{+}n$。

忽略噪声影响，合法接收方正确译码。

窃听者不知道控制序列 $F_{control}$，其或者按照传统预编码系统判决，或者通过猜测控制序列进行判决。假设窃听者猜测伪随机序列为

$$F^{g}=(f_1^{g}, f_2^{g}, \cdots, f_i^{g}, \cdots) \tag{11-56}$$

时隙 i，$f_i=f_i^{g}$，窃听者将能窃听到通信内容；若 $f_i \neq f_i^{g}$，则有下列两种情形。

情形一：$f_i=1$，$f_i^{g}=0$，此时窃听者接收判决过程如下：

（1）接收信号：$y_1=HW_{opt}^{R}X+n$；

（2）窃听者猜测控制序列错误，误将预编码矩阵 W_{opt}^{R} 当作 W_{opt}，等效信道矩阵：$\bar{H}_1=HW_{opt}$；

（3）ZF 检测：$\bar{H}_1^{+}=\left[\bar{H}_1^{H}\bar{H}_1\right]^{-1}\bar{H}_1^{H}$；

（4）检测结果：$\hat{\boldsymbol{X}}_1 = \bar{\boldsymbol{H}}_1^{+}\boldsymbol{y}_1 = \bar{\boldsymbol{H}}_1^{+}\mathrm{e}^{\mathrm{j}\pi}\bar{\boldsymbol{H}}_1\boldsymbol{X} + \bar{\boldsymbol{H}}_1^{+}\boldsymbol{n} = \mathrm{e}^{\mathrm{j}\pi}\boldsymbol{X} + \bar{\boldsymbol{H}}_1^{+}\boldsymbol{n}$。
忽略噪声影响，窃听者检测出的信号 $\hat{\boldsymbol{X}}_1$ 恰好是原发射信号 $\boldsymbol{X}$ 翻转 180°后的值。

情形二：$f_i = 0$，$f_i^g = 1$，窃听者接收判决过程如下：

（1）窃听者接收信号为 $\boldsymbol{y} = \boldsymbol{H}\boldsymbol{W}_{\mathrm{opt}}\boldsymbol{X} + \boldsymbol{n}$；

（2）窃听者猜测控制序列错误，误认为等效信道：$\bar{\boldsymbol{H}}_2 = \boldsymbol{H}\boldsymbol{W}_{\mathrm{opt}}^R$；

（3）ZF 检测：$\bar{\boldsymbol{H}}_2^{+} = \left[\bar{\boldsymbol{H}}_2^H \bar{\boldsymbol{H}}_2\right]^{-1} \bar{\boldsymbol{H}}_2^H$；

（4）检测结果：$\hat{\boldsymbol{X}}_2 = \bar{\boldsymbol{H}}_2^{+}\boldsymbol{y} = \bar{\boldsymbol{H}}_2^{+}\mathrm{e}^{\mathrm{j}\pi}\bar{\boldsymbol{H}}_2\boldsymbol{X} + \bar{\boldsymbol{H}}_2^{+}\boldsymbol{n} = \mathrm{e}^{\mathrm{j}\pi}\boldsymbol{X} + \bar{\boldsymbol{H}}_2^{+}\boldsymbol{n}$。

忽略噪声影响，窃听者判决出的信号 $\hat{\boldsymbol{X}}_2$ 恰好是发射信号 $\boldsymbol{X}$ 星座点翻转 180°后的值。

综上所述，当 $f_i \neq f_i^g$ 时，窃听者判决出的信号恰好是基站发射信号星座点翻转 180°后的值。m 序列出现值 0 和 1 的概率为 0.5，所以窃听者按照控制序列全 0、全 1 或者随机猜测控制序列值的方式，猜错控制序列值的概率均为 0.5。猜错控制序列将导致窃听者判决出的信号是原来发射信号星座点翻转 180°后的值，系统采用 M-PSK 调制方式时，使用该跨层安全传输方案性能最差。

3. 仿真结果及分析

空分复用系统[51-53]主要是为了提高数据传输速率，假设二进制信源序列分层映射为 2 路数据，系统采用 DFT 码本且该码本中共有 64 个预编码矩阵，预编码器采用最大化最小奇异值准则选择适应此时信道条件的最佳预编码矩阵。数据经过预编码处理后，通过四根发射天线发射出去，接收端采用 MMSE 检测算法。平坦瑞利衰落信道下，发射 2000 帧，每帧 260 个调制符号。不采用跨层安全传输方案的系统与采用跨层安全传输方案的系统性能仿真结果分别如图 11-33 和图 11-34 所示，实线为合法用户接收性能，虚线为窃听者接收性能，窃听者性能取三种控制序列（全“0”、全“1”、随机猜测）情况的平均仿真结果，从图中可以看出：

（1）固定信噪比，M-PSK 调制方式下，窃听者误码率均维持在 0.5，不受调制阶数的影响。

（2）固定 M-PSK 调制方式，随着信噪比增加，窃听者误码率一直维持在 0.5 左右，不受接收机功率的影响。

（3）用户接收性能不受跨层安全传输方案的影响，与传统预编码系统性能一致，跨层安全传输方案保证系统可靠传输。

窃听者性能很差接收不到有用的信息，合法接收方通过合理译码方法，性能不受码本旋转的影响，可以正确接收发射信息，由此验证了本章所提跨层安全传输方案具有最佳的抗窃听性能及较高的可靠性。

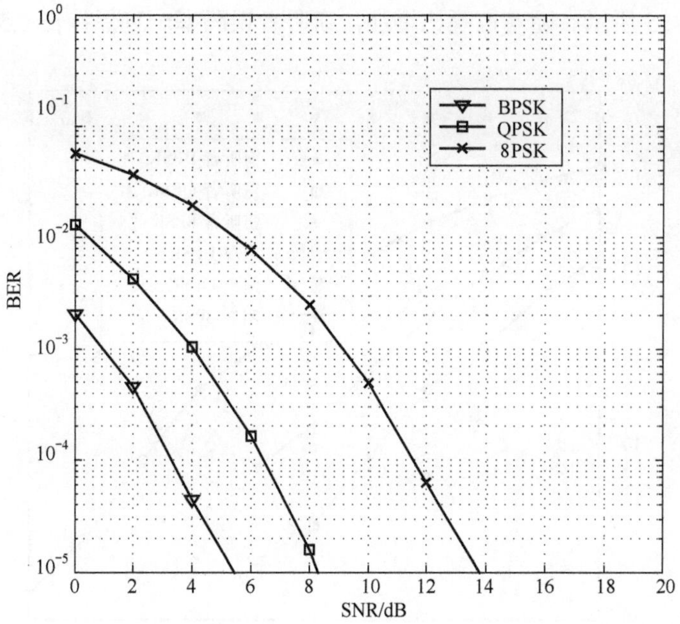

图 11-33　空分复用系统基于常规 DFT 码本用户性能仿真图

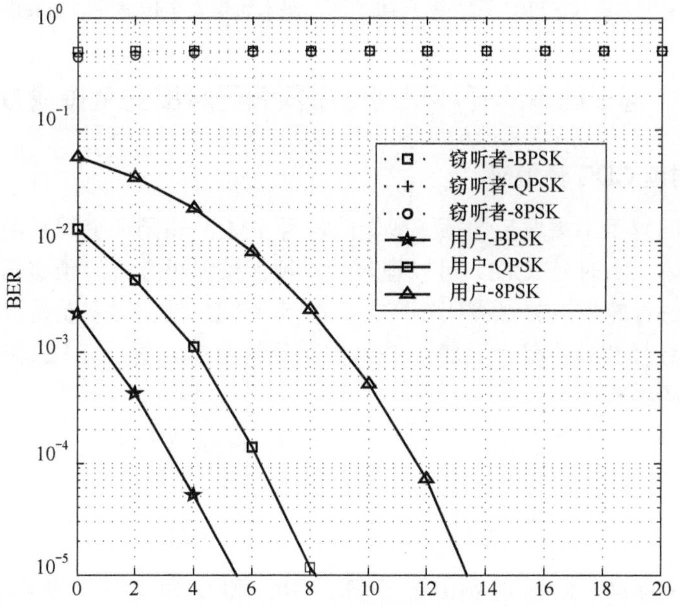

图 11-34　空分复用系统基于 DFT 变形码本跨层安全方案性能仿真图

预编码变形矩阵与上层加密技术结合同样可以提高空间分集系统[54]的安全性能，四发一收天线配置 OSTBC 系统采用旋转 DFT 码本跨层安全传输方案的性能仿真如图 11-35 所示。随着信噪比增加，窃听者误码率一直保持在 0.5 左右。

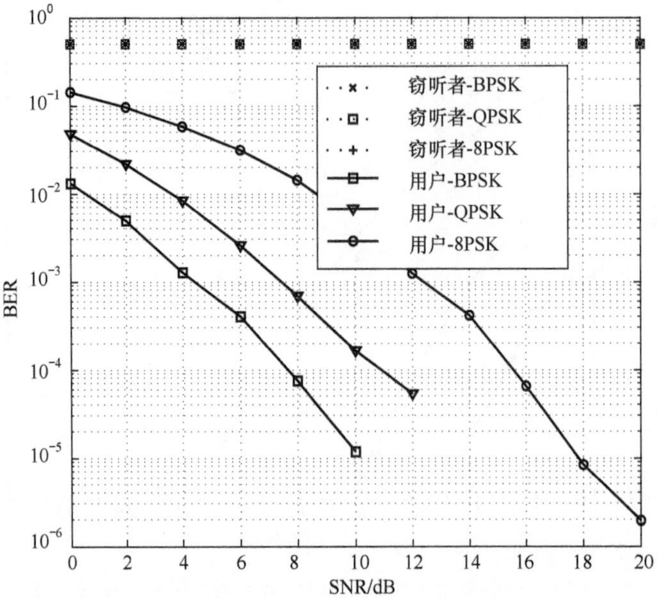

图 11-35 OSTBC 系统基于 DFT 变形码本跨层安全传输性能仿真图

11.4.3 基于码本的开环空间复用预编码跨层安全传输方案

1. 大时延 CDD 预编码

开环空间复用不需要反馈预编码矩阵标号 PMI，和闭环空间复用的唯一区别是预编码矩阵。大时延 CDD 可以理解为一种盲预编码方式，预编码器按照预先设定的顺序进行轮询选择预编码矩阵。大时延 CDD 预编码主要是为了增强预编码性能的健壮性和减小信令开销，获得频率分集增益。基于 LTE 协议定义，空间复用预编码结构为

$$\begin{bmatrix} y^{(0)}(i) \\ \vdots \\ y^{(P-1)}(i) \end{bmatrix} = \left[\boldsymbol{W}(i)\boldsymbol{D}(i)\boldsymbol{U}\right] \begin{bmatrix} x^{(0)}(i) \\ \vdots \\ x^{(M-1)}(i) \end{bmatrix} \tag{11-57}$$

式中：$\boldsymbol{W}(i)$ 为 $N_t \times M$ 阶的预编码矩阵；$\boldsymbol{D}(i)$ 和 $\boldsymbol{U}$ 为支持大循环时延分集的 $M \times M$ 阶矩阵；i 为载波的索引。

码本 $\boldsymbol{W}(i)$ 由高层在用户和基站中以半静态方式配置，高层选择 $\boldsymbol{W}(i)$ 的方法有两种：(a) 当基站可以获得 PMI 时，根据 PMI 选择 $\boldsymbol{W}(i)$；(b) 当 PMI 无法获得时，$\boldsymbol{W}(i) = C_k$，k 通过以下算法获得

$$k=\left(\left\lfloor \frac{i}{v}\right\rfloor \bmod N\right)+1,\ i=1,2,\cdots,N \tag{11-58}$$

式中：i 为载波索引；v 为信道秩大小；N 为码本或者码本子集 $\{C_1,C_2,\cdots,C_N\}$ 的大小。在调度频带内，基站循环分配某一固定码本作为权值 $\boldsymbol{W}(i)$。

基站侧四天线端口配置（$N_t=4$），四发天线系统大时延 CDD 预编码码本如表 11-1 所列。预编码矩阵 $\boldsymbol{W}(i)$ 由母矩阵 $\boldsymbol{W}_n$ 得到，$\boldsymbol{W}_n$ 则按照下式得到

$$\boldsymbol{W}_n=\boldsymbol{I}_4-\frac{2\boldsymbol{u}_n\boldsymbol{u}_n^{\mathrm{H}}}{\boldsymbol{u}_n^{\mathrm{H}}\boldsymbol{u}_n} \tag{11-59}$$

将母矩阵列索引有序组合，得到所需的预编码矩阵 $\boldsymbol{W}(i)$。

$\boldsymbol{D}(i)$ 为支持循环时延分集对角矩阵：

$$\boldsymbol{D}(i)=\begin{bmatrix}1 & 0 & 0 & 0\\ 0 & \mathrm{e}^{-\mathrm{j}2\pi i/4} & 0 & 0\\ 0 & 0 & \mathrm{e}^{-\mathrm{j}4\pi i/4} & 0\\ 0 & 0 & 0 & \mathrm{e}^{-\mathrm{j}6\pi i/4}\end{bmatrix} \tag{11-60}$$

$\boldsymbol{U}$ 是支持大循环时延分集的 4×4 阶矩阵：

$$\boldsymbol{U}=\frac{1}{2}\begin{bmatrix}1 & 1 & 1 & 1\\ 1 & \mathrm{e}^{-\mathrm{j}2\pi/4} & \mathrm{e}^{-\mathrm{j}4\pi/4} & \mathrm{e}^{-\mathrm{j}6\pi/4}\\ 1 & \mathrm{e}^{-\mathrm{j}4\pi/4} & \mathrm{e}^{-\mathrm{j}8\pi/4} & \mathrm{e}^{-\mathrm{j}12\pi/4}\\ 1 & \mathrm{e}^{-\mathrm{j}6\pi/4} & \mathrm{e}^{-\mathrm{j}12\pi/4} & \mathrm{e}^{-\mathrm{j}18\pi/4}\end{bmatrix} \tag{11-61}$$

表 11-1　大时延 CDD 预编码码本

码本	四发天线预编码指示	$\boldsymbol{u}_n$	秩-2	秩-3	秩-4
C_1	12	$\boldsymbol{u}_{12}=[1\ -1\ -1\ 1]^{\mathrm{T}}$	$\boldsymbol{W}_{12}^{\{12\}}/\sqrt{2}$	$\boldsymbol{W}_{12}^{\{123\}}/\sqrt{3}$	$\boldsymbol{W}_{12}^{\{1234\}}/2$
C_2	13	$\boldsymbol{u}_{13}=[1\ -1\ 1\ -1]^{\mathrm{T}}$	$\boldsymbol{W}_{13}^{\{13\}}/\sqrt{2}$	$\boldsymbol{W}_{13}^{\{123\}}/\sqrt{3}$	$\boldsymbol{W}_{13}^{\{1324\}}/2$
C_3	14	$\boldsymbol{u}_{14}=[1\ 1\ -1\ -1]^{\mathrm{T}}$	$\boldsymbol{W}_{14}^{\{13\}}/\sqrt{2}$	$\boldsymbol{W}_{14}^{\{123\}}/\sqrt{3}$	$\boldsymbol{W}_{14}^{\{3214\}}/2$
C_4	15	$\boldsymbol{u}_{15}=[1\ 1\ 1\ 1]^{\mathrm{T}}$	$\boldsymbol{W}_{15}^{\{12\}}/\sqrt{2}$	$\boldsymbol{W}_{15}^{\{123\}}/\sqrt{3}$	$\boldsymbol{W}_{15}^{\{1234\}}/2$

接收信号为

$$\boldsymbol{y}(i)=\boldsymbol{H}\cdot[\boldsymbol{W}(i)\boldsymbol{D}(i)\boldsymbol{U}]\cdot\boldsymbol{x}(i)+\boldsymbol{n} \tag{11-62}$$

预编码矩阵为

$$\boldsymbol{W}=\boldsymbol{C}_k\boldsymbol{D}(i)\boldsymbol{U} \tag{11-63}$$

等效信道矩阵为

$$\boldsymbol{H}_e=\boldsymbol{H}\cdot[\boldsymbol{C}_k\boldsymbol{D}(i)\boldsymbol{U}] \tag{11-64}$$

迫零算法子载波i处信号联合系数为

$$\boldsymbol{H}_e^{+}=\left[\boldsymbol{H}_e^{\mathrm{H}}\boldsymbol{H}_e\right]^{-1}\boldsymbol{H}_e^{\mathrm{H}} \tag{11-65}$$

检测结果为

$$\begin{aligned}\tilde{\boldsymbol{x}}(i)&=\boldsymbol{H}_e^{+}\boldsymbol{H}\boldsymbol{C}_k\boldsymbol{D}(i)\boldsymbol{U}\boldsymbol{x}(i)+\boldsymbol{H}_e^{+}\boldsymbol{n}\\&=\boldsymbol{H}_e^{+}\boldsymbol{H}_e\boldsymbol{x}(i)+\boldsymbol{H}_e^{+}\boldsymbol{n}\\&=\boldsymbol{x}(i)+\boldsymbol{H}_e^{+}\boldsymbol{n}\end{aligned} \tag{11-66}$$

忽略噪声影响，译出子载波i处信号。

2. 基于大时延 CDD 预编码跨层安全传输方案

发射方和合法接收方预先共享伪随机密钥流作为控制序列：

$$\boldsymbol{F}_{\text{control}}=(f_1,f_2,\cdots,f_i,\cdots),\quad f_i\in\mathrm{GF}(2) \tag{11-67}$$

在 M-PSK 调制下，为了使窃听者接收性能最差，$f_i=1$时，将支持循环时延分集的对角矩阵$\boldsymbol{D}(i)$翻转 180°：

$$\boldsymbol{D}^R(i)=\mathrm{e}^{\mathrm{j}\pi}\boldsymbol{D}(i) \tag{11-68}$$

在伪随机序列控制下，第i时隙发射机产生预编码矩阵：

$$\boldsymbol{W}^i=\mathrm{e}^{\mathrm{j}\pi f_i}\boldsymbol{W} \tag{11-69}$$

$f_i=1$时，预编码矩阵为

$$\boldsymbol{W}^R=\boldsymbol{C}_k\boldsymbol{D}^R(i)\boldsymbol{U} \tag{11-70}$$

预编码矩阵翻转 180°时，接收端接收信号为

$$\boldsymbol{y}=\boldsymbol{H}\boldsymbol{W}^R\boldsymbol{x}(i)+\boldsymbol{n} \tag{11-71}$$

合法用户与窃听者按照类似于闭环预编码跨层安全方案译码过程进行接收检测。同样可以得出结论：合法用户预先知道控制序列，可以完全恢复发射信号。当$f_i=f_i^g$时，窃听者猜对控制序列，可以正确接收发射信号；当$f_i\neq f_i^g$时，窃听者译码错误，该判决结果恰好是发射信号星座旋转 180°。

3. 仿真结果及分析

以空分复用系统为例，四发四收天线配置，二进制数据流通过分层映射成 4 路数据流，理想信道估计，采用 MMSE 译码算法。发射机发射 2000 个数据帧，每帧含 500 个调制符号，信道为快衰落信道。常规大时延 CDD 预编码系统及基于 CDD 变形预编码跨层安全传输方案的性能仿真分别如图 11-36 和图 11-37 所示，仿真图中的窃听者性能取三种控制序列（全“0”、全“1”、随机猜测）的平均仿真结果，其中实线代表合法用户接收性能，虚线代表窃听者接收性能。可以看出：随着信噪比增加，窃听者误码率一直保持在 0.5 左右，窃听方不可能正确译码；合法接收方的性能完全不受预编码矩阵旋转的影响，通信系统的可靠性不受影响。

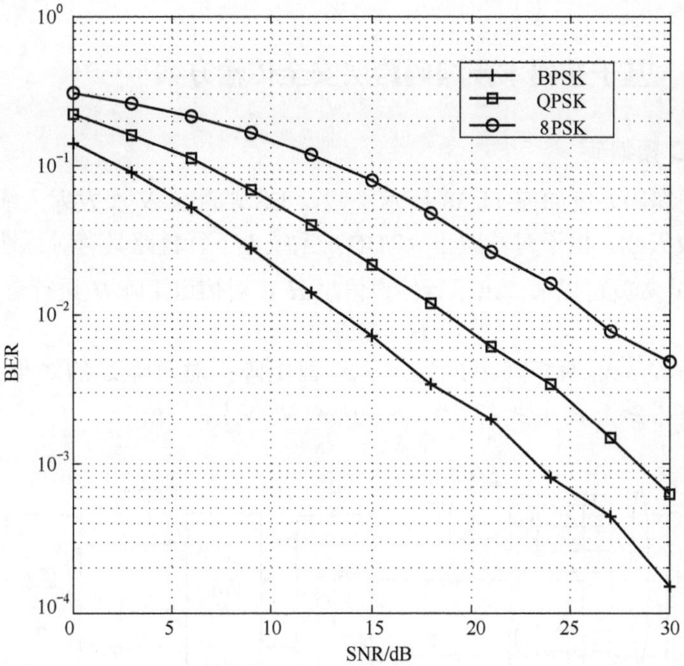

图 11-36　常规大时延 CDD 预编码系统用户的性能仿真图

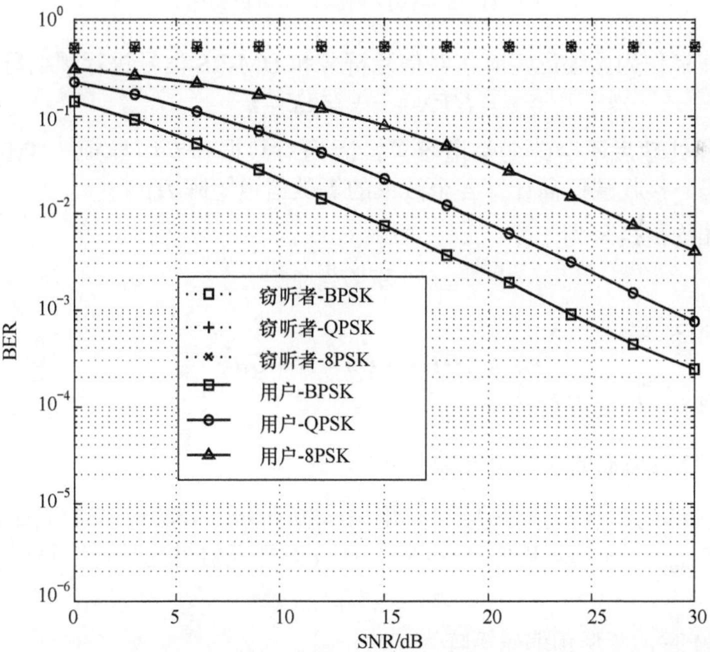

图 11-37　基于大时延 CDD 变形预编码跨层安全传输的性能仿真图

11.4.4 基于非码本预编码跨层安全传输方案

1. SVD 预编码

SVD 预编码系统如图 11-38 所示，假设 BS 端配置 N_t 个发射天线，UE 端配置 N_r 个接收天线。由于时分双工（TDD）系统上下行链路具有对称性，所以 BS 端通过上行导频就可以估计出下行信道信息 $\boldsymbol{H}$ ，对信道矩阵 $\boldsymbol{H}$ 进行奇异值分解：

$$\boldsymbol{H}=\boldsymbol{U\Sigma V}^{\mathrm{H}} \tag{11-72}$$

式中：$\boldsymbol{U}$ 为 $N_r \times N_r$ 酉矩阵；$\boldsymbol{V}$ 为 $N_t \times N_t$ 酉矩阵；对角阵 $\boldsymbol{\Sigma}$ 的对角元素分别为 $\boldsymbol{H}$ 的奇异值 $\lambda_1 \geqslant \lambda_2 \geqslant \cdots \geqslant \lambda_n > 0$ ， $n=\min\{N_t,N_r\}$ 。

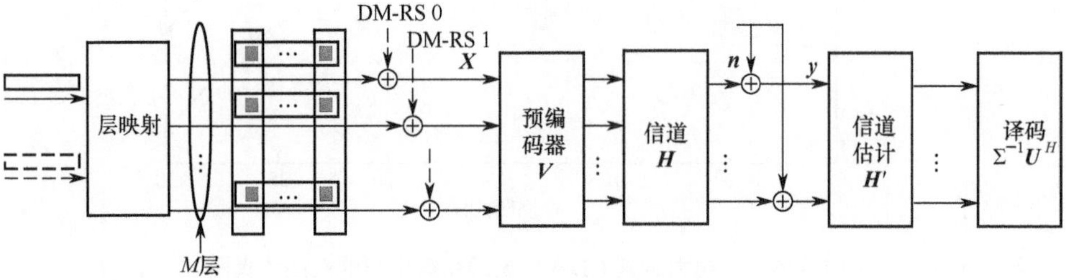

图 11-38 SVD 预编码系统模型图

酉矩阵 $\boldsymbol{V}$ 作为预编码矩阵，对信息符号和 DM-RS 信号进行预编码，得到：

$$\boldsymbol{Y}=\boldsymbol{HVX}+\boldsymbol{n}=\boldsymbol{H}_E\boldsymbol{X}+\boldsymbol{n} \tag{11-73}$$

酉矩阵 $\boldsymbol{V}$ 预处理后不会改变信道容量，因为对数据和专用导频（DM-RS）都进行了预编码，接收端仅需计算各个波束的等效信道矩阵 $\boldsymbol{H}_E$ 。

接收端均衡矩阵为

$$\boldsymbol{G}=\Sigma^{-1}\boldsymbol{U}^{\mathrm{H}} \tag{11-74}$$

还原信号为

$$\tilde{\boldsymbol{X}}=\boldsymbol{GHVX}+\boldsymbol{Gn}=\boldsymbol{X}+\boldsymbol{Gn} \tag{11-75}$$

忽略噪声影响，恢复发射信号。

2. SVD 预编码跨层安全传输方案

SVD 预编码跨层安全传输系统如图 11-39 所示，合法通信双方预先共享伪随机密钥流 $\boldsymbol{F}_{\mathrm{control}}$ ，在伪随机序列控制下，第 i 时隙发射机选择预编码矩阵为

$$\boldsymbol{V}^i=\mathrm{e}^{\mathrm{j}\pi f_i}\boldsymbol{V} \tag{11-76}$$

当 $f_i=1$ 时，变形预编码矩阵为

$$\boldsymbol{V}^R=\mathrm{e}^{\mathrm{j}\pi}\boldsymbol{V} \tag{11-77}$$

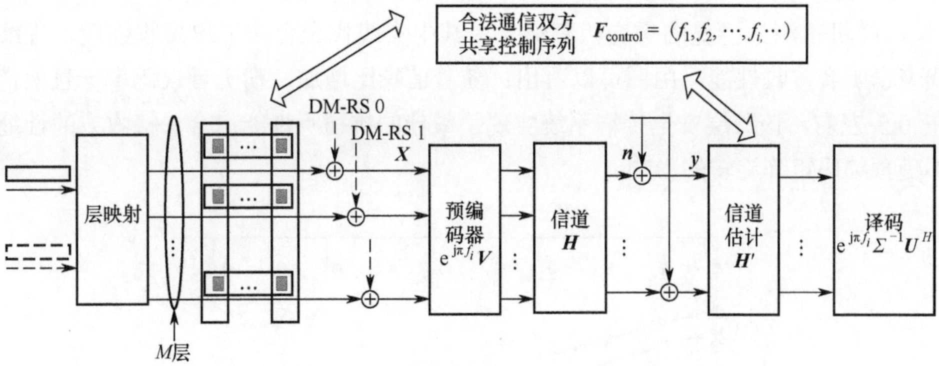

图 11-39　SVD 预编码跨层安全传输系统模型图

预编码矩阵翻转 180°时，接收端接收信号为

$$Y_1 = HV^R X + n \tag{11-78}$$

下面不再赘述接收端的具体译码过程。合法通信双方预先共享控制序列，用户能够正确译码；窃听者通过猜测控制序列译码，当 $f_i \neq f_i^g$ 时，判决出的发射信号是发射信号 X 星座翻转 180°后的值。

3. 仿真结果及分析

四发四收天线配置，信源分层映射成 4 层数据流，经过预编码器后，通过 4 根发射天线发射出去，SVD 预编码系统及其跨层安全传输系统性能仿真分别如图 11-40 和图 11-41 所示，仿真图中的窃听者性能取三种控制序列（全“0”、全

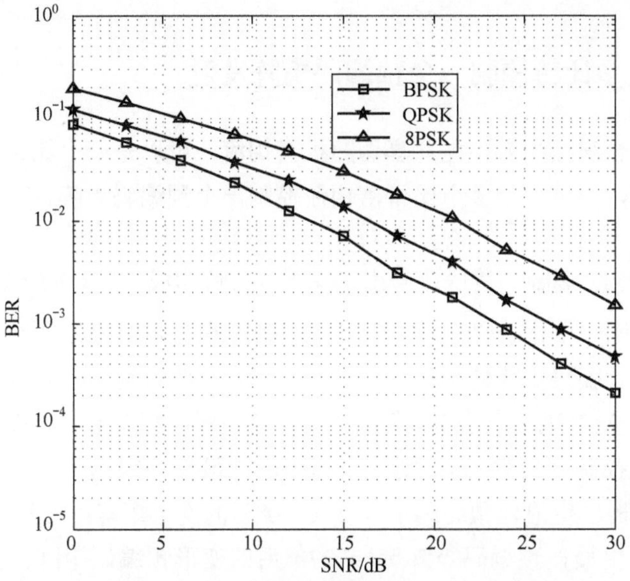

图 11-40　常规 SVD 预编码用户的性能仿真图

“1”、随机猜测）情况的平均仿真结果，其中实线代表合法用户接收性能，虚线代表窃听者接收性能，由图可以看出：随着信噪比增加，窃听者误码率一直保持在 0.5 左右，该跨层安全传输系统实现了最佳的抗窃听性能；合法接收方的性能不受预编码矩阵旋转的影响。

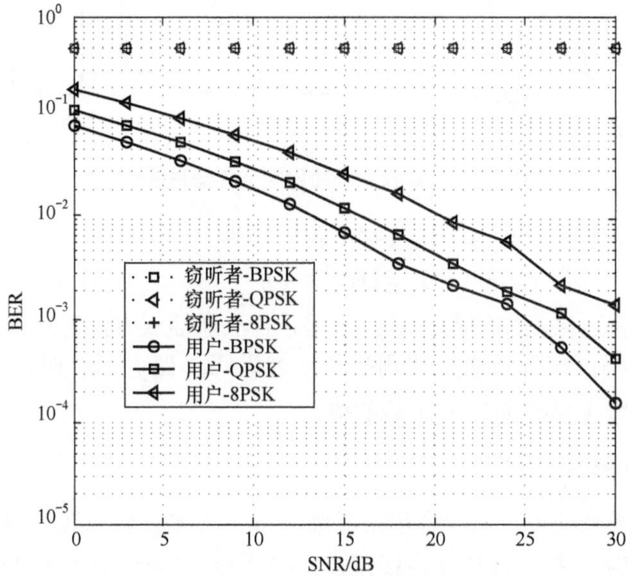

图 11-41　基于 SVD 变形预编码跨层安全传输的性能仿真图

11.4.5　多比特控制一个预编码矩阵发射

发射方和合法接收方预先共享伪随机密钥流，可以是一个比特密钥流控制一个预编码矩阵，也可以是多个比特密钥流控制一个预编码矩阵，实现更高强度的安全性能。

对于 M-PSK 调制，发送符号由 $t(t=2^M)$ 比特构成，用 t 个或多于 t 个比特伪随机密钥流控制一个预编码矩阵。QPSK 调制方式，假设通过 2 个比特伪随机密钥流控制一个预编码矩阵的选择。为了使窃听者接收性能最差，保证信息安全可靠传输，结合 M-PSK 调制的特点，利用控制序列控制发射机预编码矩阵旋转或者不旋转。当控制序列为 00，则预编码器产生最佳预编码矩阵；当控制序列为 01，则预编码器产生最佳预编码矩阵旋转 90°后的变形矩阵；当控制序列为 10，则预编码器产生最佳预编码矩阵旋转 270°后的变形预编码矩阵；当控制序列为 11，则预编码器产生最佳预编码矩阵旋转 180°后的变形矩阵：

$$\begin{cases} f_{2i}f_{2i+1}=00, x_i=0 \\ f_{2i}f_{2i+1}=01, x_i=1 \\ f_{2i}f_{2i+1}=10, x_i=3 \\ f_{2i}f_{2i+1}=11, x_i=2 \end{cases} \tag{11-79}$$

$$\boldsymbol{W}^i=\mathrm{e}^{\frac{\mathrm{j}2\pi x_i}{M}}\boldsymbol{W}_{\mathrm{opt}} \tag{11-80}$$

根据控制序列的不同值，原预编码矩阵旋转 $2\pi x_i/M$ 度。利用多比特控制一个预编码矩阵的发射，可以实现更高强度的安全性能。

11.5　OFDM 加密跨层安全通信方案

正交频分复用（OFDM）技术是多载波传输的一种，其系统频谱利用率高、抗干扰能力强、结构相对简单，正交频分复用技术已经成为 4G 及下一代无线通信的核心技术之一。传统的流密码加密[55,56]将每一个信息比特用一个密码流比特执行异或操作进行加密，虽然该方案容易实现且具有通用性，但是传输速率太大，受到通信设备的限制。本章将提出一种 OFDM 加密技术，与传统加密方法相比，利用更少的密钥流实现最佳的抗窃听性能。

11.5.1　OFDM 系统概述

OFDM 的思想追溯到 20 世纪 60 年代，最早是 R.W Chang[57]提出的，当时 OFDM 技术的发展主要受到早期设备的限制，直到 90 年代，随着数字信号处理和大规模集成电路技术的飞速发展，OFDM 技术在高速数据传输领域才受到人们的关注。OFDM 将可用的频谱资源划分为大量正交、重叠、窄带并行子信道进行传输。OFDM 技术将频率选择性衰减的宽带无线信道划分为若干并行的平坦衰落窄带子信道，将原来高速传输的数据流转换成在各个子信道传输的低速数据流，子信道数的多少应满足每个子信道带宽远小于信道的相干带宽。采用长度大于信道多径传输最大时延的循环前缀（CP），有效抵抗多径时延扩展消除符号间干扰（ISI）。OFDM 系统中通常不需要复杂的均衡设备，系统结构简单，频谱利用率高。2005 年 12 月，3GPP 选定 LTE 基本传输技术，即下行采用 OFDMA，上行采用 SC-FDMA。OFDM 由于技术的成熟性和优越性，被写进很多通信标准中，如 IEEE 802.16 WiMax[58]、3GPP LTE[59]、数字视频广播（DVB）[60]等。

OFDM 系统[61-65]发射机基本框图如图 11-42 所示，为了方便讨论，省略了信源编码、信道编码、加窗及加循环前缀等数据处理模块。输入的二进制数据流首先经过调制映射，每 N 个调制符号为一组，构成频域信号 $\boldsymbol{M}=(M_0,\cdots,M_{N-1})\in C^N$，信号星座由 2^r 个信号点组成，r 为调制阶数，$r=4$ 为 16-QAM 调制。频域信号经过串并变换后送入 N 点 IDFT 模块，调制产生相应 N 点时域信号 $\boldsymbol{m}=(m_0,m_1,\cdots,m_{N-1})$：

$$m_i=\frac{1}{\sqrt{N}}\sum_{k=0}^{N-1}M_k\mathrm{e}^{\frac{\mathrm{j}2\pi ik}{N}}\quad i,k=0,\cdots,N-1 \tag{11-81}$$

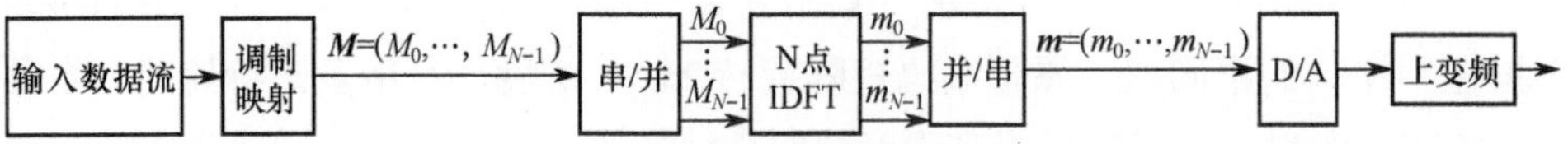

图 11-42　OFDM 系统发射机基本框图

N 点 IDFT 矩阵为

$$\boldsymbol{F}^{-1}=\frac{1}{\sqrt{N}}\begin{bmatrix}1 & 1 & \cdots & 1\\ 1 & \mathrm{e}^{\frac{\mathrm{j}2\pi}{N}} & \cdots & \mathrm{e}^{\frac{\mathrm{j}2\pi(N-1)}{N}}\\ 1 & \mathrm{e}^{\frac{\mathrm{j}2\pi\cdot 2}{N}} & \cdots & \mathrm{e}^{\frac{\mathrm{j}2\pi\cdot 2\cdot(N-1)}{N}}\\ \vdots & \vdots & & \vdots\\ 1 & \mathrm{e}^{\frac{\mathrm{j}2\pi\cdot i}{N}} & \cdots & \mathrm{e}^{\frac{\mathrm{j}2\pi\cdot i\cdot(N-1)}{N}}\\ \vdots & \vdots & & \vdots\\ 1 & \mathrm{e}^{\frac{\mathrm{j}2\pi\cdot(N-1)}{N}} & \cdots & \mathrm{e}^{\frac{\mathrm{j}2\pi\cdot(N-1)^2}{N}}\end{bmatrix} \tag{11-82}$$

时域信号矩阵形式为

$$\boldsymbol{m}^{\mathrm{T}}=\boldsymbol{F}^{-1}\boldsymbol{M}^{\mathrm{T}} \tag{11-83}$$

时域信号经过数模变换，上变频后从天线发射出去。

OFDM 接收端结构如图 11-43 所示，不考虑信道影响，经过模数变换，完全恢复出时域信号 $\boldsymbol{m}$，利用离散傅里叶变换（DFT）得到频域信号为

$$M_k=\frac{1}{\sqrt{N}}\sum_{i=0}^{N-1}m_i\mathrm{e}^{\frac{-\mathrm{j}2\pi ik}{N}}\quad i,k=0,\cdots,N-1 \tag{11-84}$$

离散傅里叶变换矩阵为

$$\boldsymbol{F}=\frac{1}{\sqrt{N}}\begin{bmatrix}1 & 1 & \cdots & 1\\ 1 & \mathrm{e}^{\frac{-\mathrm{j}2\pi}{N}} & \cdots & \mathrm{e}^{\frac{-\mathrm{j}2\pi(N-1)}{N}}\\ 1 & \mathrm{e}^{\frac{-\mathrm{j}2\pi\cdot 2}{N}} & \cdots & \mathrm{e}^{\frac{-\mathrm{j}2\pi\cdot 2\cdot(N-1)}{N}}\\ \vdots & \vdots & & \vdots\\ 1 & \mathrm{e}^{\frac{-\mathrm{j}2\pi\cdot k}{N}} & \cdots & \mathrm{e}^{\frac{-\mathrm{j}2\pi\cdot k\cdot(N-1)}{N}}\\ \vdots & \vdots & & \vdots\\ 1 & \mathrm{e}^{\frac{-\mathrm{j}2\pi\cdot(N-1)}{N}} & \cdots & \mathrm{e}^{\frac{-\mathrm{j}2\pi\cdot(N-1)^2}{N}}\end{bmatrix} \tag{11-85}$$

式（11-84）等价于

$$\boldsymbol{M}^{\mathrm{T}} = \boldsymbol{F}\boldsymbol{m}^{\mathrm{T}} \tag{11-86}$$

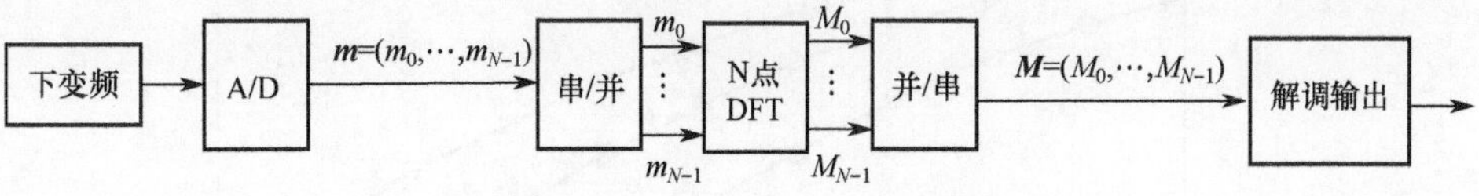

图 11-43　OFDM 系统接收端框图

假设发射机共发射 2000 帧，每帧 12 个 OFDM 符号，系统采用 256 点 IDFT/DFT，其中 192 个子载波承载信号，64 个虚拟子载波，64 个循环前缀。系统采用 4QAM、16QAM、64QAM 三种调制方式，高斯信道和多径信道（假设 5 条径，信道抽头功率[0dB −8dB −17dB −21dB −25dB]，信道时延[0 3 5 6 8]）信道信息一帧内保持不变，帧与帧之间随机变化，OFDM 系统的仿真结果分别如图 11-44 和图 11-45 所示，可以得出以下结论：

（1）随着调制阶数的增大，系统接收性能变差。高斯信道下，64QAM 调制系统 SNR 达到 21dB 时，用户能够以 10^{-6} 以下的误码率接收信号；多径信道下，4QAM 调制系统，在信噪比达到 30dB 时，用户接收误码率达到 10^{-3} 以下。

（2）高斯信道下，用户的接收性能远远好于多径衰落影响下的接收性能。4QAM 调制系统误码率达到 10^{-3} 时，多径信道 SNR 比高斯信道 SNR 多 20dB。

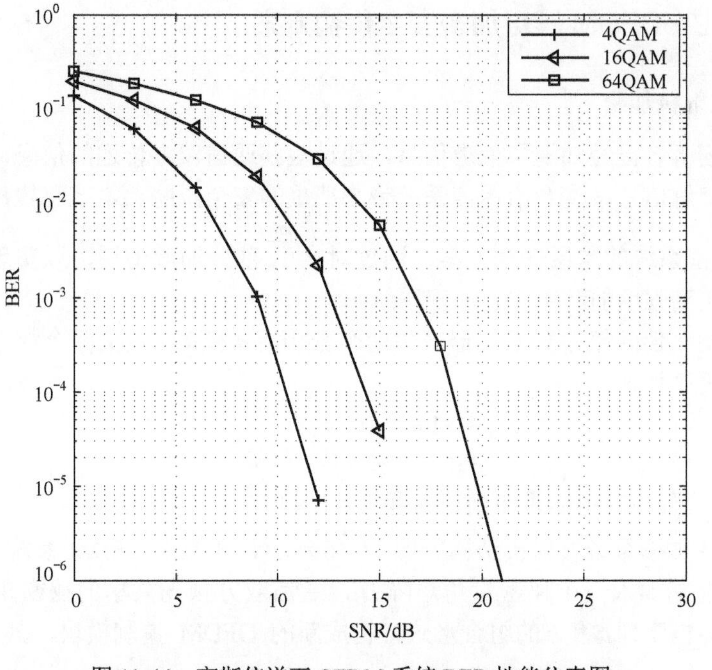

图 11-44　高斯信道下 OFDM 系统 BER 性能仿真图

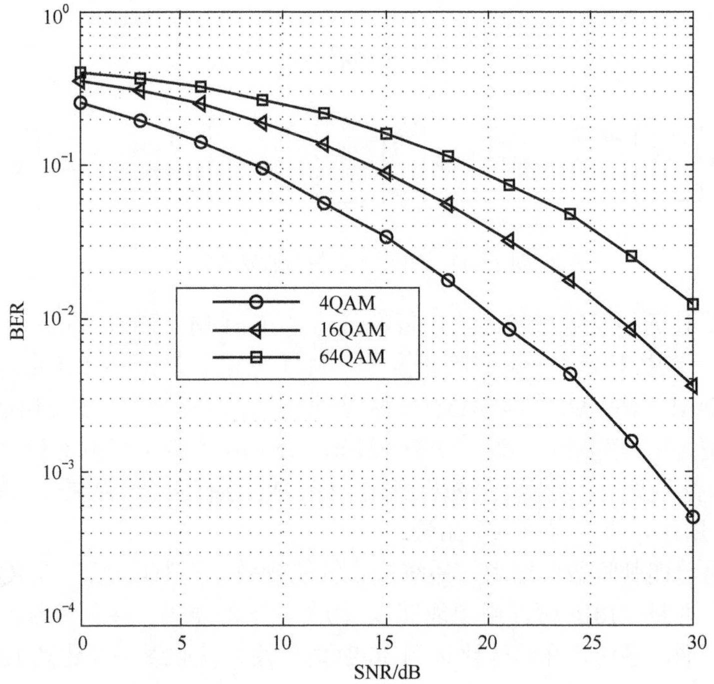

图 11-45　多径信道下 OFDM 系统 BER 性能仿真图

11.5.2　OFDM 跨层加密安全传输方案

1．发射机加密

如果窃听者已经知道了信道信息，通过截获通信双方传递的信息，利用各种检测方法破解信息，将会给通信系统带来严重的安全威胁。本节将提出一种基于 OFDM 加密系统的跨层安全方案，通过对 $e^{\frac{j2\pi ik}{N}}$ 部分加流密钥，以实现更多参数的选择和更高强度的跨层安全加密系统。

假设两个伪随机序列发生器产生两个密钥流 $\boldsymbol{a}$ 和 $\boldsymbol{b}$，定义两个相互独立同分布的伪随机序列为

$$\begin{cases}\boldsymbol{a}=(a_1,a_2,\cdots,a_i,\cdots)\\ \boldsymbol{b}=(b_1,b_2,\cdots,b_i,\cdots)\end{cases} \tag{11-87}$$

i 时刻独立同分布的伪随机序列值 a_i 和 $b_i\in\{1,-1\}$。

OFDM 加密系统发射机结构如图 11-46 所示，在原来 OFDM 系统 N 点 IDFT 调制模块前端加入一个秘密对角矩阵 $\boldsymbol{D}$，通信双方预先共享的秘密矩阵 $\boldsymbol{D}$ 为上述两个伪随机序列 $\boldsymbol{a}$ 和 $\boldsymbol{b}$ 的组合形式，构成新的 OFDM 调制模块，其等效 IDFT 矩阵为

$$\tilde{\boldsymbol{F}}^{-1}=\boldsymbol{F}^{-1}\boldsymbol{D} \tag{11-88}$$

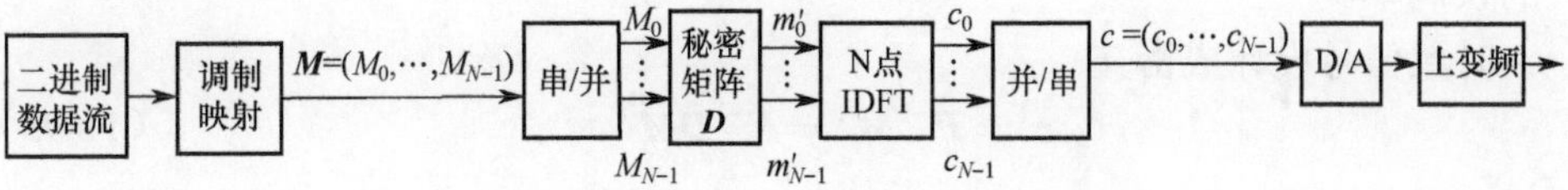

图 11-46　OFDM 加密系统发射机结构

为了保证矩阵 $\tilde{\boldsymbol{F}}^{-1}$ 满秩，故将矩阵 $\boldsymbol{D}$ 设计成对角矩阵形式：

$$\boldsymbol{D}=\begin{bmatrix} a_1+\mathrm{j}b_1 & 0 & \cdots & 0 \\ 0 & a_2+\mathrm{j}b_2 & \cdots & 0 \\ \vdots & \vdots & & \vdots \\ 0 & 0 & \cdots & a_N+\mathrm{j}b_N \end{bmatrix} \tag{11-89}$$

对于具有良好设计的密码来说，穷举搜索攻击依然可以攻破系统，安全性能的级别就是产生密钥流的密钥长度。因此，OFDM 跨层加密方案的安全级别与靠产生密钥流的密钥长度来确定安全级别的传统方式一样。

式（11-88）展开为

$$\tilde{\boldsymbol{F}}^{-1}=\frac{1}{\sqrt{N}}\begin{bmatrix} a_1+\mathrm{j}b_1 & a_2+\mathrm{j}b_2 & \cdots & a_N+\mathrm{j}b_N \\ a_1+\mathrm{j}b_1 & (a_2+\mathrm{j}b_2)\mathrm{e}^{\frac{\mathrm{j}2\pi}{N}} & \cdots & (a_N+\mathrm{j}b_N)\mathrm{e}^{\frac{\mathrm{j}2\pi(N-1)}{N}} \\ a_1+\mathrm{j}b_1 & (a_2+\mathrm{j}b_2)\mathrm{e}^{\frac{\mathrm{j}2\pi\cdot 2}{N}} & \cdots & (a_N+\mathrm{j}b_N)\mathrm{e}^{\frac{\mathrm{j}2\pi\cdot 2\cdot(N-1)}{N}} \\ \vdots & \vdots & & \vdots \\ a_1+\mathrm{j}b_1 & (a_2+\mathrm{j}b_2)\mathrm{e}^{\frac{\mathrm{j}2\pi\cdot i}{N}} & \cdots & (a_N+\mathrm{j}b_N)\mathrm{e}^{\frac{\mathrm{j}2\pi\cdot i\cdot(N-1)}{N}} \\ \vdots & \vdots & & \vdots \\ a_1+\mathrm{j}b_1 & (a_2+\mathrm{j}b_2)\mathrm{e}^{\frac{\mathrm{j}2\pi\cdot(N-1)}{N}} & \cdots & (a_N+\mathrm{j}b_N)\mathrm{e}^{\frac{\mathrm{j}2\pi\cdot(N-1)^2}{N}} \end{bmatrix} \tag{11-90}$$

独立同分布的伪随机序列值 a_i 和 $b_i\in\{1,-1\}$，将伪随机复数形式的序列转换成极坐标形式：

$$\boldsymbol{a}+\mathrm{j}\boldsymbol{b}=\left(\sqrt{2}\mathrm{e}^{\mathrm{j}\theta_1},\cdots,\sqrt{2}\mathrm{e}^{\mathrm{j}\theta_N}\right) \tag{11-91}$$

任意元素：

$$\begin{aligned}&(a_{i+1}+\mathrm{j}b_{i+1})\mathrm{e}^{\frac{\mathrm{j}2\pi\cdot i\cdot k}{N}}\\ &=\sqrt{2}\mathrm{e}^{\mathrm{j}\theta_{i+1}}\mathrm{e}^{\frac{\mathrm{j}2\pi\cdot i\cdot k}{N}}\\ &=\sqrt{2}\mathrm{e}^{\mathrm{j}\vartheta(i,k)}\end{aligned} \tag{11-92}$$

OFDM 加密系统等效于 IDFT 矩阵任意元素相位为 $\vartheta(i,k)$，幅度变为 $\sqrt{2}$，子载波间的正交性完全被破坏，因此引入人为载波间干扰。如果窃听者不知道两个密钥流，将不能通过逆变换消除载波间干扰，接收检测时将产生很大的误码率。

时域信号设计成密文：

$$\boldsymbol{c}^{\mathrm{T}}=\tilde{\boldsymbol{F}}^{-1}\boldsymbol{M}^{\mathrm{T}}=\boldsymbol{F}^{-1}\boldsymbol{D}\boldsymbol{M}^{\mathrm{T}} \tag{11-93}$$

2．接收端解密

合法接收端接收检测过程如图 11-47 所示，其将按照如下步骤解密恢复正确的发射信号：

（1）接收信号下变频处理后经过模数变换得到密文：$\boldsymbol{c}=(c_0,c_1,\cdots,c_{N-1})$

（2）恢复加密后的频域信号 $\boldsymbol{M}'$：

$$(\boldsymbol{M}')^{\mathrm{T}}=\boldsymbol{F}\boldsymbol{c}^{\mathrm{T}} \tag{11-94}$$

（3）合法用户与发射机共享秘密序列 $\boldsymbol{a}$ 和 $\boldsymbol{b}$，生成秘密对角矩阵的逆矩阵：

$$\boldsymbol{D}^{-1}=\begin{bmatrix}\dfrac{1}{a_1+\mathrm{j}b_1} & 0 & \cdots & 0\\ 0 & \dfrac{1}{a_2+\mathrm{j}b_2} & \cdots & 0\\ \vdots & \vdots & & \vdots\\ 0 & 0 & \cdots & \dfrac{1}{a_N+\mathrm{j}b_N}\end{bmatrix} \tag{11-95}$$

（4）恢复正确的频域信号 $\boldsymbol{M}$：

$$\boldsymbol{M}^{\mathrm{T}}=\boldsymbol{D}^{-1}\boldsymbol{M}' \tag{11-96}$$

（5）解调输出数据流。

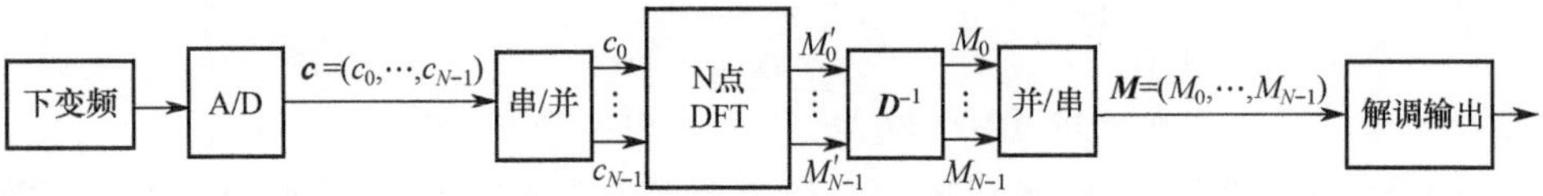

图 11-47　OFDM 加密系统接收端框图

窃听者不知道秘密序列，我们讨论下面两种接收检测方法：

（1）传统 OFDM 系统检测过程。

模数变换后，通过离散傅里叶变换恢复频域信号

$$\dot{\boldsymbol{M}}^{\mathrm{T}}=\boldsymbol{F}\boldsymbol{c}^{\mathrm{T}}=\boldsymbol{F}\boldsymbol{F}^{-1}\boldsymbol{D}\boldsymbol{M}^{\mathrm{T}}=\boldsymbol{D}\boldsymbol{M}^{\mathrm{T}} \tag{11-97}$$

因为 $\dot{\boldsymbol{M}}^{\mathrm{T}}\neq\boldsymbol{M}^{\mathrm{T}}$，所以窃听者不能恢复正确的频域信号 $\boldsymbol{M}^{\mathrm{T}}$，译码错误。

（2）通过猜测秘密序列。

① 恢复加密后的频域信号 $\boldsymbol{M}'$ 为

$$(\boldsymbol{M}')^{\mathrm{T}}=\boldsymbol{F}\boldsymbol{c}^{\mathrm{T}} \tag{11-98}$$

② 猜测秘密序列为

$$\begin{cases}\ddot{\boldsymbol{a}}=(\ddot{a}_1,\ddot{a}_2,\cdots,\ddot{a}_i,\cdots)\\ \ddot{\boldsymbol{b}}=(\ddot{b}_1,\ddot{b}_2,\cdots,\ddot{b}_i,\cdots)\end{cases} \tag{11-99}$$

③ 生成秘密矩阵为

$$\ddot{\boldsymbol{D}}^{-1}=\begin{bmatrix}\frac{1}{\ddot{a}_1+\mathrm{j}\ddot{b}_1} & 0 & \cdots & 0\\ 0 & \frac{1}{\ddot{a}_2+\mathrm{j}\ddot{b}_2} & \cdots & 0\\ \vdots & \vdots & & \vdots\\ 0 & 0 & \cdots & \frac{1}{\ddot{a}_N+\mathrm{j}\ddot{b}_N}\end{bmatrix} \tag{11-100}$$

④ 恢复出频域信号为

$$\ddot{\boldsymbol{M}}^{T}=\ddot{\boldsymbol{D}}^{-1}(\boldsymbol{M}')^{\mathrm{T}}=\ddot{\boldsymbol{D}}^{-1}\boldsymbol{F}\boldsymbol{F}^{-1}\boldsymbol{D}\boldsymbol{M}^{\mathrm{T}}=\ddot{\boldsymbol{D}}^{-1}\boldsymbol{D}\boldsymbol{M}^{\mathrm{T}} \tag{11-101}$$

秘密序列通常很长，在噪声环境下，窃听者不可能完全破解密钥，即 $\ddot{\boldsymbol{D}}^{-1}\boldsymbol{D}\neq\boldsymbol{I}_N$，故 $\ddot{\boldsymbol{M}}^{\mathrm{T}}\neq\boldsymbol{M}^{\mathrm{T}}$，恢复的频域信号错误，窃听者译码将产生很大的误码率。

敌人可以准确地恢复信息组块里一些 1 和−1，恢复 $2N$ 比特信息块的搜索复杂度为

$$C=\binom{N}{m}\times\binom{N}{n} \tag{11-102}$$

式中：m 和 n 分别代表秘密序列 $\boldsymbol{a}$ 和 $\boldsymbol{b}$ 中 1 的数量。在 $N=128$ 的系统中，只要 $\boldsymbol{a}$ 和 $\boldsymbol{b}$ 中 1 和−1 的数量超过 15，正确恢复 $\ddot{\boldsymbol{D}}^{-1}$ 的搜索复杂度远超过 2^{128}，而传统加密的搜索复杂度为 2^{64}。对于高阶调制，这种攻击变得更困难。

3．仿真结果及分析

高斯信道条件下，系统采用 4QAM、16QAM、64QAM 三种调制方式，将窃听者与合法用户的接收误码率进行对比。假设发射机共发射 2000 帧，每帧 12 个 OFDM 符号，系统采用 256 点 IDFT/DFT，其中 192 个子载波承载信号，64 个虚拟子载波，加入 64 个循环前缀。在未知伪随机控制密码序列的情形下，窃听方在仿真中分别考虑窃听方完全猜测控制序列、窃听方采用全“1”序列、窃听方采用全“0”序列三种情形。OFDM 加密系统 BER 及窃听者 SER 性能仿真分别如图 11-48 和图 11-49 所示，图中的窃听者性能是上述三种控制序列情况的平均仿真结果，其中实线代表合法用户接收性能，虚线代表窃听者接收性能，可以得出以下结论：

（1）合法用户共享密钥流，随着信噪比增加，接收误码率逐渐变小，高斯信道下能够达到误码率 10^{-5} 以下的接收性能。OFDM 加密系统中，合法用户 BER 与传统 OFDM 系统 BER 大致相同，说明合法用户几乎不受 OFDM 加密方案的影响，保证了信息可靠传输，这也是 OFDM 加密方案的一个优势；

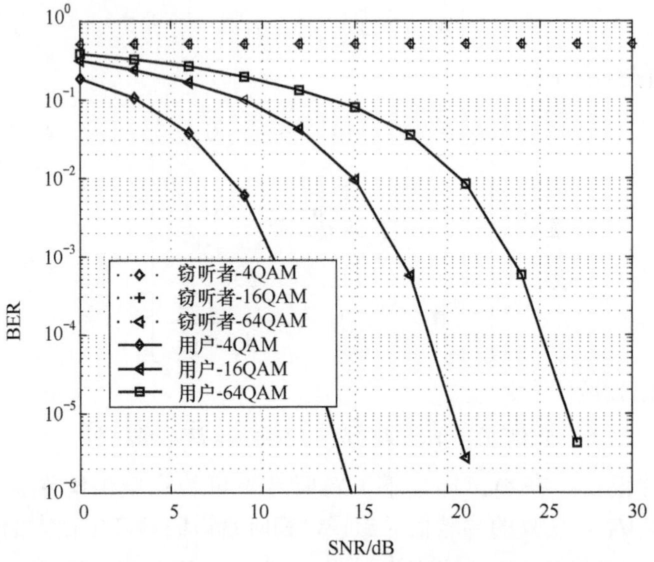

图 11-48　高斯信道下 OFDM 加密系统 BER 性能仿真图

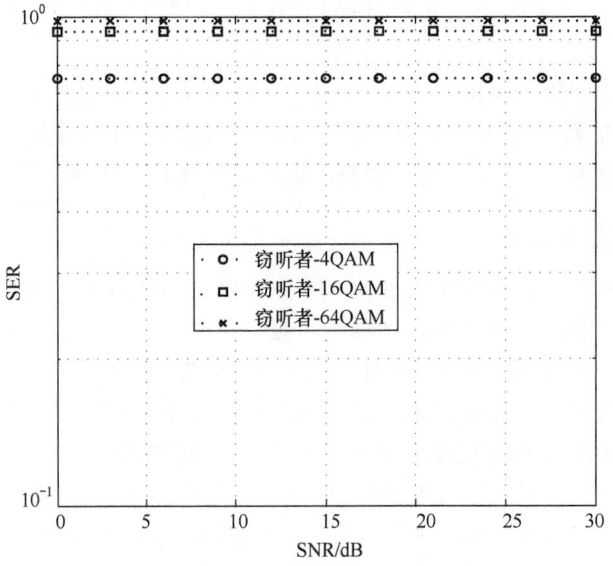

图 11-49　高斯信道下 OFDM 加密系统窃听者 SER 性能仿真图

（2）在 OFDM 加密系统中，窃听者误码率完全不受调制方式和信噪比的影响，一直维持在 0.5 左右，实现了通信系统无条件安全传输，保证了通信的安全性；

（3）随着调制阶数的增大，OFDM 加密系统抗窃听的能力增强。在 4QAM 调制方式下，窃听者误符号率一直维持在 0.75 左右；在 16QAM 调制方式下，窃听者误符号率一直维持在 0.94 左右；在 64QAM 调制方式下，窃听者误符号率一直维持在 0.98 左右。

OFDM 加密系统同样适用于多径衰落信道，如图 11-50 所示。由图可以看出，窃听者的误码率不受调制阶数和信噪比的影响，一直维持在 0.5 左右，实现了最佳的抗窃听效果。

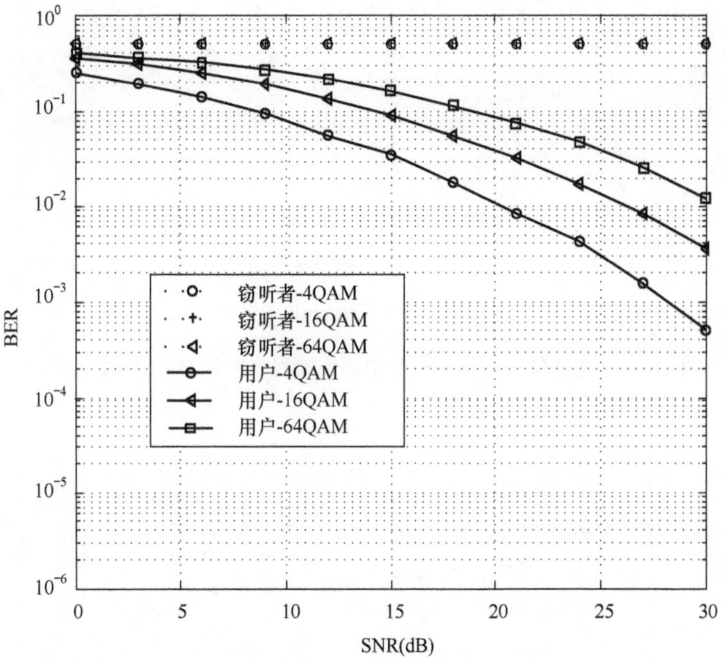

图 11-50　多径衰落信道下 OFDM 加密系统 BER 性能仿真图

如果其中一个密钥流泄露，窃听者通过猜测另外一个密钥流检测，两种信道条件下窃听者 BER 性能仿真分别如图 11-51 和图 11-52 所示。在一个密钥流泄露的情况下，系统采用 QPSK 调制，窃听者误码率维持在 0.4～0.25 范围内，16QAM 调制方式下，窃听者误码率维持在 0.45～0.35 范围内，在 64QAM 调制方式下，窃听者误码率维持在 0.47～0.4 范围内。在三种调制方式下，系统采用 64QAM 调制窃听者误码率最大，调制阶数越高，抗窃听能力越好。在多径信道条件下，窃听者的误码率大于高斯信道下的误码率。在泄露密钥流的情况下，窃听者性能虽然有所好转，但是仍然以很高的误码率译出信号，几乎接收不到有用信息。OFDM 加密方案具有良好的抗窃听性能。

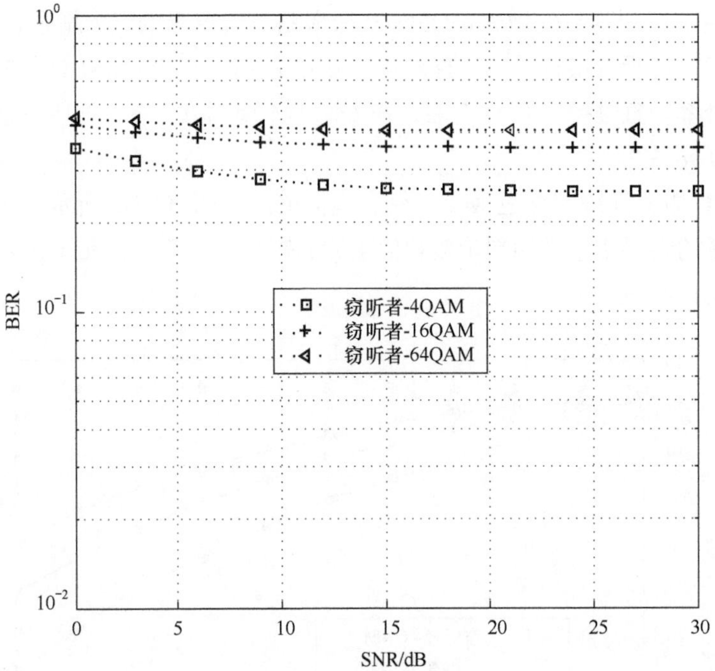

图 11-51 高斯信道下其中一个密钥流泄露窃听者 BER 性能仿真图

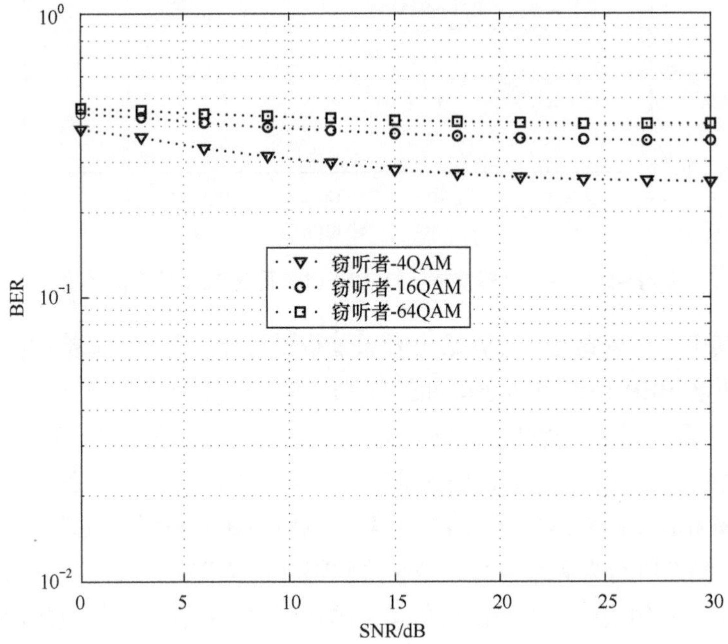

图 11-52 多径信道下其中一个密钥流泄露窃听者 BER 性能仿真图

参考文献

[1] Shannon C E. Communication Theory of Secrecy Systems[J]. Bell Systematic Technical Journal, 1949, 28(4): 656-715.

[2] Wen H. Physical Layer Approaches for Securing Wireless Communication Systems[M]. New York, Springer Publishing Ltd, 2013.

[3] Hero A O. Secure Space-time Communication[J]. IEEE Trans. on Information Theory, 2003, 49(12): 3235-3249.

[4] Oggier F, Hassibi B. The Secrecy Capacity of the MIMO Wiretap Channel[J]. IEEE Trans. on Information Theory, 2011, 57(8): 4961-4972.

[5] Li X, Wu J H. Using Antenna Array Redundancy and Channel Diversity for Secure Wireless Transmissions[J]. Journal of Communications, 2007, 2(3): 24-32.

[6] Goel S, Negi R. Guaranteeing Secrecy Using Artificial Noise[J]. IEEE Trans. Wire. Commun. , 2008, 7(6): 2180-2189.

[7] Jorgensen M L, Yanakiev B R, Kirkelund G E, et al. Shout to Secure: Physical-layer Wireless Security with Known Interference[C]. Proceedings of IEEE Global Telecommunications Conference, Washington, 2007, 33-38.

[8] Simeone O, Popovski P. Secure Communications via Cooperating Base Stations[J]. IEEE Communications Letters, 2008, 12(3): 188-190.

[9] Kaliszan M, Mohammadi J, Stanczak S. Cross-layer Security in Two-hop Wireless Gaussian Relay Network with Untrusted Relays[C]. Proceedings of IEEE International Conference on Communications 2013 (ICC2013) Budapest, 2013, 2199- 2204.

[10] Sun D L, Wang X D, Zhao Y M, et al. SecDCF: An Optimized Cross-Layer Scheduling Scheme Based on Physical Layer Security[C]. Proceedings of IEEE International Conference on Communications 2011 (ICC2011), 2011, 1- 5.

[11] Xu N, Sun Y M, Huang B, et al. An Energy-Efficient Cross-Layer Framework for Security in Wireless Sensor Networks[C]. 2011 Fourth International Symposium on Knowledge Acquisition and Modeling (KAM), 2011, 1-4.

[12] Fu B, Xiao Y, Deng H, et al. A Survey of Cross-Layer Designs in Wireless Networks[J]. IEEE Communications Surveys & Tutorials, 2014, 16(1): 110-126.

[13] Wen H, Gong G, Pin-Han Ho. MIMO Cross-Layer Secure Communication Architecture Based on STBC[C]. Proceedings of IEEE Global Telecommunications Conference (GLOBECOM 2010), 2010, 1-5.

[14] Wen H, Gong G. A Cross-layer Approach to Enhance the Security of Wireless Networks Based

on MIMO[C]. Proceedings of 43rd Annual Conference on Information Sciences and Systems (CISS 2009) USA, 2009, 935 - 939.

[15] Huo F, Gong G. A New Efficient Physical Layer OFDM Encryption Scheme[C]. Proceedings of INFOCOM, Toronto, 2014, 1024-1032.

[16] Alamouti S M. A Simple Transmitter Diversity Scheme for Wireless Communications[J]. IEEE Journal on Selected Areas in Communications, 1998, 16(8):1451-1458.

[17] Vahid T, Hamid J, Calderbank A R. Space-Time Block Codes From Orthogonal Designs[J]. IEEE Trans. Inform. Theory, 1999, 45(5):1456-1467.

[18] 宋欢欢，唐杰，文红，等. 一种提高四发天线系统安全性能的空时变形码[J]. 通信技术，2014, 47(12): 1366-1370.

[19] 林智慧, 陈绥阳, 王元一. m 序列及其在通信中的应用[J]. 现代电子技术, 2009, 9: 49-51.

[20] Salam N, Khalid M, Nazar K, et al. Correlation Properties of the Geffe Sequences[C]. Proceedings of Military Communications Conference Communications Computers: Teamed for the 90's, 1986, 1: 13.5.1 - 13.5.7.

[21] Jong-Seon No. Generalization of GMW Sequences and No Sequences[J]. IEEE Trans. on Information Theory, 1996, 42(1): 260-262.

[22] Chong J F, Zhuo Z P. Cross-correlation Properties of Some Perfect Binary Sequences[C]. Proceedings of IEEE International Conference on CSAE, 2011, 654 – 657.

[23] 宋欢欢, 唐杰, 文红, 等. 一种基于 OSTBC 空时码跨层安全通信方案[J]. 信息安全与通信保密, 2014, 10: 85-87.

[24] 宋欢欢, 文红, 唐杰. 编解码方法和设备[P]. 中国: 201410351207.3[P]. 2014-7-22.

[25] Tarokh V, Naguib A, Seshadri N, et al. Space-time Block Coding for Wireless Communication: Performance Results[J]. IEEE J. Trans. Inform. Theory, 1999, 17(3): 451-460.

[26] Tarokh V, Seshadri N, Calderbank A R. Space-time Codes for High Data Rate Wireless Communication: Performance Criterion and Code Construction[J]. IEEE Trans. on Information Theory, 1998, 44(2): 744-765.

[27] Tarokh V, Naguib A, Seshadri N, et al. Combined Array Processing and Space-time Coding[J]. IEEE Trans. Info. Theory ,1999, 45(4):1121-1128.

[28] Chen Z, Yuan J, Vucetic B. Improved Space-time Trellis Coded Modulation Scheme on Slow Rayleigh Fading Channels[J]. IEE Electron. Lett., 2001,37(7):440-442.

[29] Firmanto W, Vucetic B, Yuan J. Space-time TCM with Improved Performance on Fast Fading Channels[J]. IEEE Commun. Letters, 2001,5(4):154-156.

[30] Wu Y, Yang Y, Luo X M. Improving the Performance of V-VLAST with STTC[C]. , Proceedings of the 8th International Conference on Communication Systems ICCS 2002, 174-177.

[31] Ashraf K, Khan N M. Performance Comparison of Alamouti ST Codes with Different STTC over Rayleigh Fading channels[C]. Proceedings of IEEE 13th International Multitopic

Conference, 2009, 1-5.

[32] Ferre G, Cances J P, Meghdadi V. Building Space Time Block Codes with Set Partitioning for Three Transmit antennas: Application to STTC Codes[C]. Proceedings of the 14th European Signal Processing Conference, 2006, 1-5.

[33] 宋欢欢, 唐杰, 文红, 等. 一种基于 STTC 变形码的 MIMO 跨层安全研究方案[J]. 信息安全与通信保密, 2014, 11: 101-105.

[34] 宋欢欢, 蒋屹新, 文红, 等. 物理层 STTC 变形码与上层密钥流协作实现 MIMO 跨层安全通信的系统及方法: 中国, 201410317836.4[P]. 2014-7-4.

[35] Branka Vucetic, Jinhong Yuan. 空时编码技术[M]. 王晓海, 译. 北京: 机械工业出版社, 2004, 102-129.

[36] Joham M, Utschick W, Nossek J A. Linear Transmit Processing in MIMO Communications Systems[J]. IEEE Trans. Signal Processing, 2005, 53(8): 2700-2712.

[37] Scalione A, Stocia P, Barbarossa S, et al. Optimal Designs for Space-time Linear Precoders and Equalizers[J]. IEEE Transaction on Signal Processing, 2002, 50(5): 1051-1064.

[38] Love D J, Heath R W, Lau V N, et al. An Overview of Limited Feedback in Wireless Communication Systems[J]. IEEE J. Select. Area Commun., 2008, 26(8):1341-1365.

[39] Tang J, Song H H, Pan F, et al. A MIMO Cross-layer Precoding Security Communication System[C]. Proceedings of 2014 IEEE Conference on Communications and Network Security (CNS) , San Francisco, 500-501.

[40] Fischer R F H, Windpassinger C, Lampe A, et al. Space-time Transmission Using Tomlinson-Harashima Precoding[C]. Proceedings of 4th ITG Conference Source and Channel Coding, 2002, 139-147.

[41] Yu Fu, Tellambura C, Krzymien W A. Limited-Feedback Precoding for Closed-Loop Multiuser MIMO OFDM Systems with Frequency Offsets[J]. IEEE Transactions on Wireless Communications, 2008, 7(11): 4155-4165.

[42] Long H, Xiang W, Zhang Y Y, et al. Secrecy Capacity Enhancement with Distributed Precoding in Multirelay Wiretap Systems[J]. IEEE Transactions on Information Forensics and Security , 2013, 8(1): 229-238.

[43] Zou J, Wang M, Yang C L, et al. Limited Feedback MIMO Precoding via Alternating Multiple Differential Codebooks[C]. Proceedings of 2013 IEEE Malaysia International Conference on Communications (MICC), Kuala Lumpur, 2013, 202-206.

[44] Wang H Q, Li Y B, Xia X G, et al. Unitary and Non-Unitary Precoders for a LimitedFeedback Precoded OSTBC System[J]. IEEE Transactions on Vehicular Technology, 2013, 62(4): 1646-1654.

[45] Jiang C L, Wang M M, Yang C L, et al. MIMO Precoding Using Rotating Codebooks[J]. IEEE Transactions on Vehicular Technology, 2011, 60(3): 1222-1227.

[46] Stefan Parkvall. 4G 移动通信技术权威指南[M]. 堵久辉, 缪庆育, 译. 北京: 人民邮电出版社, 2012, 119-120.

[47] 沈嘉, 索士强, 全海洋, 等. 3GPP 长期演进技术原理与系统设计[M]. 北京: 人民邮电出版社, 2008, 158-172.

[48] 宋欢欢, 唐杰, 文红, 等. 一种提高部分反馈预编码 MIMO 系统安全性能方案[J]. 通信技术, 2015, 48(1): 14-18.

[49] 宋欢欢, 唐杰, 文红, 等. 一种提高多用户 MIMO 广播信道安全性能的方案[J]. 通信技术, 2015, 48(2): 135-139.

[50] 宋欢欢, 文红, 唐杰. 传输数据的方法、基站和用户设备: 中国, 201410691042.4[P]. 2014-11-25.

[51] Foschini G. Layered Space-time Architecture for Wireless Communication in a Fading Environment When Using Multi-element Antennas[J]. Bell Labs Technical Journal, 1996, 1(2): 41-59.

[52] Golden G D, Foschini C J, Valenzuela R, et al. Detection Algorithm and Initial Laboratory Results Using the V-BLAST Space-time Communication Architecture[J]. Electronics Letters, 1999, 35(1): 14-15.

[53] Shiu D, Kahn J M. Scalable Layered Space-time Codes for Wireless Communications: Performance Analysis and Design Criteria[C]. Proceedings of IEEE Wireless Communication and Networking Conference, New Orleans LA, 1999, 159-163.

[54] Love D J, Health R W. Limited Feedback Unitary Precoding for Orthogonal Space-time Block Codes[J]. IEEE Trans. Signal. Proc., 2005, 53(1): 64-73.

[55] Huo F, Gong G. XOR Encryption Versus Phase Encryption, an In-Depth Analysis[J]. IEEE Transactions on Electromagnetic Compatibility, 2015, PP(99): 1-9.

[56] Zhang B, Kahn M. Simulation of Optical XOR Encryption Using MATLAB[C]. Proceedings of 7th AFRICON Conference in Africa (Volume 2), 2004, 995-1000.

[57] Chang R W. Synthesis of Band-limited Orthogonal Signals for Multichannel Data Transmission[J]. Bell System Technical Journal, 1996, 45(10): 1775-1796.

[58] IEEE Standard 802.16, Part 16: Air Interface for Fixed Broadband Wireless Access Systems[S]. New York: IEEE, 2004.

[59] Morelli N, Kuo C C, Pun M O. Synchronization Techniques for Orthogonal Frequency Division Multiple Access (OFDMA): A Tutorial Review[J]. Proceedings of the IEEE, 2007, 96(7): 1394-1426.

[60] Mesleh R, Elgala H, Haas H. On the Performance of Different OFDM Based Optical Wireless Communication Systems[J]. IEEE/OSA Journal of Optical Communications and Networking , 2011, 3(8): 620-628.

[61] Dai L L, Wang Z C, Yang Z X. Time-Frequency Training OFDM with High Spectral Efficiency

and Reliable Performance in High Speed Environments[J]. IEEE Journal on Selected Areas in Communications, 2012, 30(4): 695-707.

[62] Mesleh R, Elgala H, Haas H. Performance Analysis of Indoor OFDM Optical Wireless Communication Systems[C]. Proceedings of Wireless Communications and Networking Conference (WCNC), Shanghai, 2012, 1005-1010.

[63] Li Y, Wang H. Channel Estimation for MIMO-OFDM Wireless Communications[C]. Proceedings of 14th IEEE Personal, Indoor and Mobile Radio Communications (PIMRC 2003), 2003, 2891-2895.

第 12 章　未来无线通信中基于物理信道特征的安全增强技术

未来的第五代移动通信网络将支持海量的移动用户和终端设备的接入，满足超高带宽、超密集站点、超高大容量传输、低时延的用户体验要求，需要更加丰富和多样化的服务，保障高安全的应用。与传统有线网络相比，无线移动信道的广播特性和移动特性，使网络中合法用户的通信很容易遭到非法用户的窃听和攻击。在传统无线通信网络中，通常在网络层及上层使用基于经典密码学的加密技术来保障系统通信安全，基于经典密码学的技术实现安全是建立在基于计算的安全之上，即假设攻击者在未知密钥的情况下无法通过计算在有限时间内解密。但是随着计算机技术，特别是量子计算技术的不断发展，将导致基于经典密码学的安全技术面临巨大挑战。同时，仅依靠基于经典密码学的安全技术无法满足未来无线移动网络多样化应用场景的安全需求。例如，在第五代移动通信网络的大规模物联网通信网络场景中，将接入海量的资源受限传感节点，其很难支持高复杂度的加密技术。在大规模物联网通信网络中，不仅基于经典密码系统的密钥分发的更新和管理过程的复杂度和开销极高，并且系统在密钥的分发和更新过程中也容易遭到攻击，导致信息泄露。一旦密钥信息泄露，整个无线网络将面临诸多攻击的威胁，如拒绝服务、会话劫持、中间人攻击、数据篡改等。

基于物理信道的安全技术充分利用无线信道的本质特征，将无线通信的可靠与安全深度结合。相比传统上层安全技术完全依靠密钥的保密性和计算复杂度，基于物理信道的安全技术旨在利用无线通信物理媒介的随机性和唯一性（如无线衰落信道、接收信号强度、硬件指纹等），为用户提供轻重量和高安全的通信保障。基于物理信道的安全技术不用假设攻击者的计算能力有限，在无线通信系统中，根据无线信道和不同业务应用环境的特征，结合收发信号处理、调制和编码等物理层技术，并与上层经典安全加密技术联合，将构筑一个全方位的、立体化的安全体系。

12.1　未来无线网络的安全问题

12.1.1　安全需求

直至 2015 年，中国已成为全球最大的第四代移动通信 4G 市场[1]，而未来的无线网络将更加深刻地影响着人们的日常生活、社会管理和工业生产。目前，第五代移动通信系统已经成为全球无线通信领域新一轮技术竞争的热点。5G 及未来的无线移动通信网络将支持更加海量的移动用户和终端设备的接入，以及更加丰富和多样化的应用场景与服务，并在此基础上满足超高带宽、超密集站点、超高容量和低时延等通信需求。5G 的关键技术包括毫米波通信[1-18]、异构网[19,20]、大规模天线等；目前学术界关于 5G 的研究正加紧进行着，工业界和政府正大力推进 5G 的标准化。

随着无线移动网络与社会日常生活、工业生产、行政管理及国防军事的紧密程度日益加深，大量新型的业务与应用不断涌现，包括诸如智能交通、自动驾驶汽车、智能城市、智能电网等各种和生活、工业、政府及军事紧密相关的应用等。无线网络中的各种保密和敏感数据（如金融信息、个人银行账户和信用卡信息、个人医疗信息等）呈海量式增长，随之而来的信息安全问题也越来越突出[21]，安全性正逐渐成为未来无线网络系统的关键问题，也是各种不同业务应用的前提条件。在未来的无线通信网络中，除了应对指数级别增长的数据业务和不断涌现的新型应用，更需要保证各种业务和应用的安全性，并提供多层次和高安全性的安全保障机制。不仅需要满足诸如互联网金融、军事通信、移动医疗、安全监控等安全需求较高的应用，也需要为各种全新的应用，如大规模物联网（Internet of Things，IoT）、端到端通信（Device-to-Device，D2D）网络等，提供安全可靠的通信解决方案。

与传统有线网络相比，无线移动信道的广播特性和移动特性[3,23,24]，使得网络中合法用户的通信很容易遭到非法用户的窃听和攻击。在传统无线通信网络中，通常在网络层及上层使用基于经典密码学的加密技术保障系统通信安全[25-30]。然而仅依靠基于经典密码学的安全技术已经不能完全满足 5G 及未来无线移动网络多样化的业务和应用场景的安全需求[3,23]，主要存在以下缺点和不足。

（1）在未来网络的大量新型应用场景中，如大规模 IoT 网络[30-33]，将接入海量的资源受限传感节点，使得基于经典密码学的密钥分发和管理的复杂度极高甚至难以实现[29-41]。同时，未来无线 IoT 网络中海量传感节点通常在无人监控下以较低功耗运行，其计算资源和电源效率十分有限，无法支持高复杂的加密及认证技术。并且网络系统在密钥的分发、管理和更新过程中容易面临注入攻击（Fault Injection Attacks）和信息泄露等多种攻击威胁[29,30]。一旦密钥信息泄露，整个无线网络的安全将面临严重威胁。

（2）传统的基于经典密码学的技术实现安全是建立在基于计算的安全之上，即假设攻击者在未知密钥的情况下，在有效时间内无法通过有限计算完成解密。但是随着计算机技术，特别是量子计算技术[37,38]的不断发展，计算能力将得到突破性进展，必将导致基于经典密码学的安全技术面临巨大挑战[39,40]。

（3）在无线网络的常见攻击中，攻击者不仅可以窃听合法用户，还可以冒充合法用户对无线网络进行基于身份认证的攻击，将严重威胁到无线网络的安全，并可以极大地降低整个网络的性能。例如攻击者通过伪造合法用户身份非法接入网络成功后，可以对网络发动多种形式的攻击，包括拒绝服务（Denial of service, DoS）[42]、会话劫持[43]、中间人攻击（Man-in-the-Middle Attack）[44]、数据篡改和复制节点攻击等[42,45-47]。而此时仅依靠传统的基于密码学的安全方法抵御这些攻击开销很大[42,45-47]，且十分困难。同时，在无线通信网络存在海量节点的情况下，基于密码学的传统安全系统的密钥分发和管理面临复杂度极高、时延大的问题。

在上述背景之下，基于物理信道的安全技术已经引发了学术界和产业界极大的关注[48]。相比传统上层安全技术完全依靠密钥的保密性和计算复杂度，基于物理信道的安全技术旨在利用无线通信物理媒介的随机性和唯一性（如无线衰落信道[56]、接收信号强度、硬件指纹等[57-62]），为网络和用户提供轻重量和高安全性的安全保障。物理层安全技术充分利用无线传输的信道资源，在不用假设攻击者计算能力有限的条件下，实现不需要密钥的高强度无条件安全传输。物理层安全技术进一步与上层经典密码学安全技术联合，实现更多场景下的高安全保障，将构筑一个全方位的、立体化的安全体系。同时，5G 中的大规模 MIMO 技术[1-18]又为物理层安全技术的实现提供了天然的丰富资源。目前，基于物理信道的安全技术已经被学术界公认为是未来无线网络安全的关键技术之一，具有十分广阔的应用前景[48]。

12.1.2 未来无线网络安全研究现状

自 1975 年 Wyner 提出窃听信道模型[63]，基于物理层的安全技术研究主要集中在以下几个方面。

（1）基于信息论和编码理论，从理论的角度出发研究不同系统和通信场景下的安全容量（Secrecy Capacity）和可达安全速率（Secrecy Rate）[63]，并通过设计合适的安全编码[63]取得一定速率下的安全与可靠通信。

（2）基于信号处理的角度，结合不同通信系统和应用场景进行信号收发设计与处理，并利用优化算法等理论工具最大化系统的安全速率[64-68]或最小化安全中断概率[69]等。

（3）结合收发信号处理、调制和编码等物理层技术[56]，与上层的经典安全加密技术[25,29]联合以达到跨层的通信安全性增强。

（4）借助无线信道的各种物理媒介特性，辅助无线网络中用户身份的接入与信息认证，以抵御网络的恶意节点攻击等。

（5）利用物理特征进行合法用户间的密钥生成与共享、分发与管理等。

下面各小节将分别具体介绍上述研究方向。

1．基于信息论的物理层安全与安全编码

物理层安全最早可以追溯至 Shannon 提出的“一次一密”无条件安全理论[62]，其基本思想是：在合法通信双方进行通信时，若窃听者截获的信息与合法双方传输的秘密信息的互信息量为 0，则该系统实现了无条件安全通信，也称信息以绝对安全进行传输[62]。1975 年，贝尔实验室的 Wyner 提出的窃听信道模型[63]指出：在合法信道优于窃听信道的条件下[63]，通过“秘密编码”可以在合法通信双方无须共享密钥的情况下，同时实现无条件安全和可靠通信，该“秘密编码”被称为窃听信道下的安全编码（以下简称“安全编码”）。根据 Wyner 的结论，物理层安全通信要通过两步实现，第一步是合法通信者的信道优于窃听者，也称为优势信道建立；第二步是通过安全编码扩大合法通信者的优势，恶化窃听者的接收。实现信息以绝对安全传输的速率通常称为安全速率（Secrecy Rate）[63]，安全速率描述了在第一步的优势信道建立中，合法通信与窃取者之间信道的差异极限程度；实现安全通信的编码称为安全编码，要实现绝对安全传输，安全编码的速率需要小于安全速率。

1978 年，Csiszar 和 Korner[64]将这个概念发展为无线广播的窃听信道。Ozarow 和 Wyner[65]在 1984 年进一步推广了窃听信道的概念。Maurer[66]提出了通过交替通信来实现无条件秘密通信和绝对安全（信息理论安全）的秘密信息共享，奠定了物理层密钥分发的理论基础。在此基础上，文献[67]研究了高斯窃听信道模型（Gaussian Degraded Wiretap Channel Model）的安全容量。更进一步考虑现实无线通信中的衰落效应，文献[68]和文献[69]研究了瑞利衰落下的遍历安全容量（Ergodic Secrecy Capacity）。针对仅知部分信道状态信息（Channel State Informatica，CSI）情况，文献[68]～文献[74]提出安全中断概率（Secrecy Outage Probability，SOP）约束来衡量衰落信道下的物理层安全性能。文献[70]和文献[71]分别在窃听者信道状态已知和未知情况下，研究了衰落信道下安全速率最大化时的功率优化问题。文献[72]研究了存在多个非协作窃听用户时衰落信道的安全中断概率和遍历安全容量表达式。文献[73]和文献[74]研究了广播衰落信道的安全容量可达区域。文献[75]研究了多址高斯接入信道的安全容量。这些研究成果讨论了物理层安全通信的第一步，也即优势信道建立的理论极限。

Wyner 在其论文提出一种随机嵌套安全编码，证明当该编码只有在码率趋近于 0，即码长趋近于无穷时能获得无条件安全传输与可靠通信，然而该编码并不能应用于实际通信系统中。Wyner 给出了利用信道编码的对偶码构造安全编码[63]

的性能理论分析，但没有给出安全编码的具体构造方法。随后大量学者研究构造具体的安全编码以实现无条件安全通信。文献[76]指出：在使用信道编码的对偶码构造安全编码时，最优检错性能的信道码是构造优良安全编码的条件。文献[77]和文献[78]提出了利用 LDPC 码构造安全编码，在二进制删除信道（Binary Erasure Channel, BEC）下达到理论安全容量。文献[79]和文献[80]研究了采用极化码（Polar Code）实现二进制对称信道（Binary Symmetric Channel，BSC）下趋近安全容量的安全，但只有码长到达 2^{20} 比特时，其性能才有突出表现，因此在很多低时延需求的应用中受到限制。为了更好地描述编码安全性和可靠性之间的关系，文献[81]和文献[82]首次提出了安全间隙的概念，表征了相应编码方法下所要求的合法信道相对于窃听信道的最小 SNR 优势要求，其安全间隙越小，安全编码越容易实现合法用户和窃听者区分化的译码效果。文献[83]和文献[84]将优化目标从最小化安全间隙扩展为最大化安全传输速率，并且提出了非规则与非系统 LDPC 码的度分布优化模型。文献[85]提出了利用回弹函数构造安全编码，该方案可在较短的码长和较低的编译码复杂度时达到较为优异的安全性能。文献[86]为国内第一本关于安全编码的专著，其重点研究了利用 LDPC 和 BCH 等编码的纠错能力和阈值效应构造安全编码，以同时实现合法信息的安全与可靠传输。

然而目前大多数基于信息理论的物理层安全研究并不注重如何从实际通信场景和信号处理角度出发，建立能够实现安全与可靠通信的信道优势。根据 Wyner 的结论[63]，安全与可靠通信仅在合法信道具有优势的情况下才可实现，并且优势越大，则系统可实现得安全速率越高。因而大量学者从实际通信场景出发，结合不同系统的具体信号处理以保证和提高系统的安全容量。

2. 基于信号处理的物理层安全

在信息论物理层安全研究的基础上，基于信号处理的物理层安全技术主要从实际通信系统、应用场景与传播环境出发，结合信号设计、调制和编码等技术，提高主信道的接收质量，同时恶化和扰乱攻击者信道和接收条件，建立合法用户的信道优势，从而提高系统的安全容量。随着多天线通信技术在通信系统中的地位越来越重要，5G 中将大量采用大规模阵列天线技术 Massive MIMO[10]。相对单天线系统而言，多天线系统在物理层安全领域更具优势，因为它可以充分利用多天线的分集、复用和阵列增益等特有属性，同时可以利用波束成形[56]、空时编码、天线选择等[58]多样化的信号处理方式，为合法用户创造更大的安全增益。文献[90]利用 MIMO 空时编码实现安全信息传输。根据窃听信道 CSI 已知和未知，文献[91]研究了多入单出多天线窃听节点（Multiple-input Single-output Muti-antenna Eavesdropper，MISOME）的场景，证明了利用波束成形可以实现最大的安全速率传输。文献[92]针对多入多出多天线窃听节点（Multiple-input Multiple-output Muti-antenna Eavesdropper，MIMOME）场景，通过优化发射信号的协方差矩阵研究了 MIMO 预编码安全速率最大化问题。文献[93]提出了 MIMO 窃听信道模型，并从信息论证明了 MIMO 可达安全容量。随后大量工作将研究推广至各种应用场景，如组播、中继协作和广播场景[94-106]等。

在未知窃听者的情况下，文献[107]和文献[108]提出了多天线阵列冗余（Array Random Redundant，AR）安全传输策略,使各天线发射信号最后在期望用户同相叠加，最终合法接收方可进行最大似然解调而窃听者不能通过盲均衡恢复合法用户的任何信息。文献[109]和文献[110]提出了多天线人工噪声（Artificial Noise，AN）技术，在合法信道的零空间发送人工制造的干扰噪声，可以降低窃听节点的信号接收质量，提高安全容量。随后大量研究在各种不同场景下运用 AN 提升系统的安全容量。文献[111]详细讨论了多天线阵列冗余安全方法的可达安全速率，并对比 AR 和 AN 方案的安全性能。由于发送方分配一定比例功率用于发送 AN，因此会降低合法方信号的功率，文献[112]研究了功限系统下合法信号和 AN 之间的最优功率分配以最优化安全容量。其后文献[113]和文献[114]提出了基于合法用户质量保障（Quality of Service，QoS）的功率分配策略，其基本思想是在保障合法发送者接收质量的条件下，用剩余功率发送人工噪声，并根据不同通信场景进行优化设计。随后大量文献[95-106]针对多天线中继、协作干扰和广播等不同应用场景，研究基于人工噪声的波束成形和预编码的安全传输策略。也有不少学者从天线选择[115-117]、空时编码[118,119]等方向出发，研究多天线物理层安全传输策略。

更进一步考虑现实通信网络中可以充分利用合法节点与窃听节点地理位置的随机性与差异性来提高无线网络的安全性能，文献[120]～文献[126]综合考虑随机网络中用户的大尺度路径损耗与小尺度信道衰落条件下的物理层安全。但现实中的一个难点是网络中窃听者的精确地理位置信息很难得到。文献[120]利用随机几何理论建立随机无线网络节点的位置与数目的数学模型，其后被广泛应用于随机网络的物理层安全分析与设计当中。文献[121]将合法节点和窃听节点建模为两个独立的空间泊松点过程（Poisson Point Process，PPP），并讨论网络的中断概率性能。文献[122]假设窃听者围绕合法发送节点呈环形均匀分布，在合法收发双发节点位置已知且固定的条件下，推导了 SOP 的闭合表达式。文献[124]在将合法节点和窃听节点建模为两个独立的空间泊松点分布下，利用围绕在合法节点周围的安全保护区域来阻止窃听者接近合法发送方，并推导了网络的遍历安全容量的表达式。文献[123]假设在独立 PPP 分布的合法节点和窃听者下，推导了基站到最近距离的合法用户的 SOP 性能。对于多天线系统，文献[126]讨论了多天线系统下存在 PPP 窃听节点时的 SOP 性能。文献[125]假设多个窃听者围绕基站呈环形均匀分布，且合法用户的位置已知且固定，讨论了分布式天线和集中式天线下的 SOP 性能。

3．跨层安全增强技术

目前基于信号处理的物理层安全技术的局限性在于其完全依赖物理信道的随机性和概率性。虽然物理信道的随机特性使得其不可破解，然而其安全性能对信道环境的依赖很大。由于实际应用环境中，用户通信的信道环境可能时刻变化，因此其安全性能在实际应用中并不能总是保证，尤其在高速移动场景，信道信息变化极快；同时物理层安全传输技术基于统计的安全，不能保证概率为 1 的安全性能。如第 11 章中的图 11-2 所示，通过将物理层安全与传统上层密码技术结合的跨层技术，可充分利用物理层信道、噪声和移动特性，使系统具有更高的安全性能，同时不大幅增加系统的额外开销。通过跨层安全设计实现的无线网络安全增强技术是本节的另外一个研究部分。

文献[118]研究了一种基于 Alamouti 空时码的跨层安全策略。合法发送者和接收者利用共享密钥作为控制序列，控制每一帧是否对空时编码的码字信号进行扭曲。最终，仅有合法接收者能正确解调和恢复发送信号，而窃听者因信道差异性无法正确解调信息，其误码率为 0.5。文献[127]通过上层 MAC 协议的设计来保证物理层安全传输。传统 MAC 协议设计主要考虑链路质量、传输率和传输时延等，而文献[128]通过设计 MAC 协议，仅当系统的物理层安全容量达到系统所需的阈值时，才进行信息包的传送，否则放弃传送，从而实现了跨层的安全传输通信。文献[129]提出了一种中继协同系统中的跨层安全策略，在中继协同系统中，让一部分中继采用物理层安全策略，而另外一部分中继依靠上层密码系统保证信息安全，从而保证整个系统的安全。文献[132]中综合利用循环冗余校验和混合自动重传请求，让发送节点只接收合法用户的重传请求而忽视非法用户，在物理层安全的基础上增强了上层系统的安全性。文献[128]研究了无线传感网络下能量和安全性的跨层优化方法。文献[130]～文献[133]研究了 MIMO 和 OFDM 系统的跨层安全传输方案。

4．物理层身份认证与密钥分发

由于无线信道的广播特性，使得合法用户的通信不仅容易遭到窃听和干扰，并且网络中的用户、设备，以及网络中传输的信息都很容易遭到攻击者的篡改或者伪造。在无线网络常见的攻击形式中，攻击者可以冒充合法节点对无线网络进行基于身份认证的攻击[46,47]，将严重威胁无线网络的安全。当攻击者非法接入网络时，他可以对网络发动多种形式的攻击，如拒绝服务[42]、会话劫持[43]、中间人攻击[44]和复制节点攻击等[42,45-47]。此时仅依靠传统的基于密码学的安全方法抵御这些类型的攻击开销会很大[42,45-47]，且十分困难。同时未来无线通信网络（5G）涉及海量设备间的互相通信，基于传统密码学的安全认证方式会造成网络的各种认证信令负荷极重。而传统的密钥交换协议需要高昂的指数运算，在密钥分发、更新和管理过程中的复杂度和开销极高，并且系统在密钥的分发和更新过程中容易遭到攻击，导致信息泄露，一旦密钥信息泄露，整个网络将面临诸多攻击的威胁。

针对以上需求，大量学者开展了利用无线信道的物理特性辅助无线通信中用户的接入认证和信息认证[134-137]、终端设备鉴定[138,139]、恶意节点和欺诈攻击检测[140-143]、密钥生成与分发[144-146]等方面的研究。文献[135]和文献[136]借助时变信道的 CSI，将用户认证转化为对合法用户信道响应和非法用户信道响应进行鉴别的过程。其基本原理是当非法节点与合法节点之间的距离大于 1～2 个物理信号波长时，合法节点和攻击节点将经历几乎独立的衰落[56]，并且攻击节点无法预测和伪造合法节点的信道响应。文献[137]借助物理层认证结合上层 EAP/AKA（Extensible Authentication Protocol Method /Authentication and Key Agreement）协议，实现对用户消息的连续认证。文献[138]和文献[139]借助基于 CSI 生成指纹信息，以鉴别用户和网络设备。文献[140]和文献[143]研究了利用接收信号强度（Received Signal Strength，RSS）对恶意欺诈攻击、恶意节点及 Sybil 攻击进行探测。

无线信道的唯一特征还可以用于密钥生成，本节不涉及密钥生成的研究，但为了形成概述的完整性，在此进行简单介绍。文献[144]～文献[146]研究了基于物理信道的密钥生成与分发技术，其基本原理是利用衰落信道的随机和互易性来生成和分发合法用户间的密钥，在多径散射丰富的环境下，若攻击者距离合法用户超过 1～2 个物理信号波长[144]时，将无法推测出合法双方的密钥信息。目前，关于物理层安全传输与认证、攻击探测和密钥生成已有一些初步的研究结果，但是在实际的应用场景中如何保障和提高认证检测的准确率和密钥生成速率的基本理论和方法还有待突破。另外，如何提高物理层安全方法抵御攻击的能力，并证明和保证物理层安全方法在不同攻击下所能取得的安全性能，这些都是基于物理信道的安全技术走向应用必须解决的瓶颈问题。

12.2 理论基础

为保证本章内容的完整性和独立性，本节将详细阐述窃听信道模型和随机移动模型，为后续相关内容提供前期理论依据和技术基础。

12.2.1 窃听信道与物理层安全基础

Wyner 窃听信道模型[63]如图 12-1 所示。其中主信道和窃听信道为离散无记忆信道。合法发送者 Alice 将 k 比特秘密消息 $\boldsymbol{M}=(M_1,M_2,\cdots,M_k)$ 编码为长度为 N 的码字，记为 $\boldsymbol{x}^N=[x_1,\cdots,x_N]$，其中 M_i 在 $[1,2,\cdots,2^{NR}]$ 中随机选择，然后通过信道发送给合法接收者 Bob。设 $\boldsymbol{y}^N=[y_1,\cdots,y_N]$ 为 Bob 接收的码字，$\boldsymbol{z}^N=[z_1,\cdots,z_N]$ 为窃听者 Eve 的接收码字。Bob 其后进行译码得到秘密消息 $\hat{\boldsymbol{M}}=(\hat{M}_1,\hat{M}_2,\cdots,\hat{M}_k)$。为保证可靠传输，Bob 的误码率 BER 应趋近于 0。同时，窃听者 Eve 接收 $\boldsymbol{z}^N=[z_1,\cdots,z_N]$ 后对秘密消息 $\boldsymbol{M}$ 的互信息为 0：

$$\begin{cases}\overline{P}_{\text{Bob}}=\dfrac{1}{k}\sum\limits_{i=1}^{k}\Pr(\hat{\boldsymbol{M}}\neq\boldsymbol{M})\to 0\\ I(\boldsymbol{M};\boldsymbol{z}^N)\to 0\end{cases}\tag{12-1}$$

当系统以码率 R 进行传输时，当满足上述等式成立时，则系统实现了在合法用户 Bob 可靠传输的条件下，窃听者 Eve 无法关于 $\boldsymbol{M}$ 的任何信息，式（12-1）也称为安全与可靠通信条件。Wyner[63]证明了如果主信道优于窃听信道，那么存在一种安全编码（Wiretap Code），当码长 N 趋于无穷时，可满足式（12-1）的条件，也可写为

$$\begin{cases}\overline{P}_{\text{Bob}}=\dfrac{1}{k}\sum\limits_{i=1}^{k}\Pr(\hat{\boldsymbol{M}}\neq\boldsymbol{M})\to 0\\ \Delta=\dfrac{H(\boldsymbol{M}\mid \boldsymbol{z}^N)}{H(\boldsymbol{M})}\end{cases}\tag{12-2}$$

式中：Δ 表示窃听者对秘密消息 $\boldsymbol{M}$ 的疑似度。则 (R,Δ) 的可达区域[63]满足：

$$\begin{cases}0\leqslant R\leqslant C_B\\ 0\leqslant \Delta\leqslant 1\\ 0\leqslant R\Delta\leqslant C_S\end{cases}\tag{12-3}$$

式中：C_B 表示主信道容量。在保证疑似度 Δ=1 下的最大可达传输速率又称为安全容量 C_S [63]。当 Δ=1 时，此时

$$C_s=\max\left[I(\boldsymbol{M};\boldsymbol{y}^N)-I(\boldsymbol{M};\boldsymbol{z}^N)\right]\tag{12-4}$$

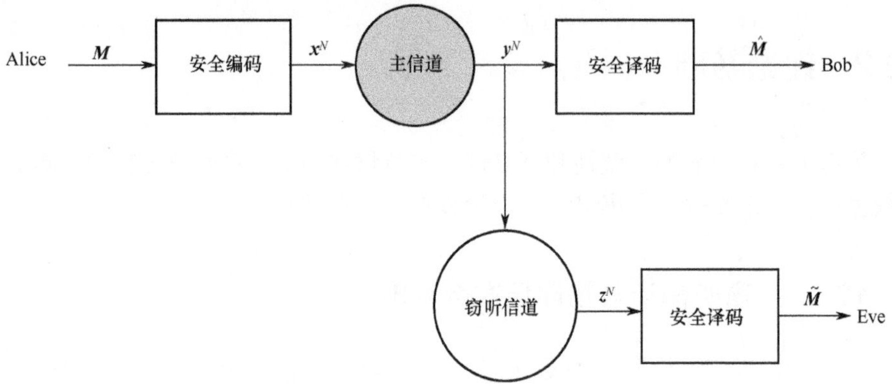

图 12-1　Wyner 窃听信道模型

随后，文献[67]研究了高斯窃听信道模型。设 C_B 和 C_E 分别表示主信道和窃听信道的信道容量，则高斯信道的安全容量 C_s 可以表示为[67]

$$C_S=\left[C_B-C_E\right]^+=\left[\ln\left(1+\frac{P}{\sigma_B^2}\right)-\ln\left(1+\frac{P}{\sigma_E^2}\right)\right]^+\tag{12-5}$$

式中：P 表示码字功率；$[\cdot]^+$ 表示取正运算；σ_B^2 和 σ_E^2 分别表示 Bob 和 Eve 的背景噪声功率。

随后 J.Barros 研究准静态衰落窃听信道[68]时指出：当窃听信道优于主信道时，仍然可以一定概率实现安全通信，据此提出了安全中断概率（Secrecy Outage Probability，SOP）[69]的概念，以衡量在给定目标安全速率约束下通信双方可实现无条件安全通信的概率。其中非负安全容量概率（Positive Secrecy Capacity Probability，PSCP）[68]表征了系统安全容量为正的概率，为

$$P(C_S > 0) = P\left(\frac{|h_{AB}|^2}{\sigma_B^2} > \frac{|h_{AE}|^2}{\sigma_E^2}\right) \tag{12-6}$$

式中：h_{AB} 为主信道的衰落系数；h_{AE} 为窃听信道的衰落系数。为表示简便，分别让 r 和 w 表示 Bob 和 Eve 的瞬时接收 SNR，则有

$$r = \frac{P\left|h_{AB}\right|^2}{\sigma_B^2},\quad w = \frac{P\left|h_{AE}\right|^2}{\sigma_E^2} \tag{12-7}$$

则 SOP 表示系统安全容量低于目标安全速率的概率为

$$P^{\text{out}}(R_S) = P(C_S < R_S) = P\left\{\left[\ln\left(\frac{1+r}{1+w}\right)\right]^+ < R_S\right\} \tag{12-8}$$

式中：R_S 为目标安全速率。

则遍历安全容量（Erogodic Secrecy Capacity，ESC）[69]可以表示为

$$C_S^E = \int_0^\infty \int_0^\infty \left[\ln(1+r) - \ln(1+w)\right]^+ f(r)f(w)\mathrm{d}r\mathrm{d}w \tag{12-9}$$

式中：$f(r)$ 为 r 的概率分布密度函数（Probability Desnsity Function，PDF）；$f(w)$ 为 w 的概率分布密度函数。

12.2.2 随机移动模型

无线网络的特点是网络中的节点可在自由移动的情况下相互通信。由于无线网络中不同的节点任务和地理环境因素的多样性，决定了节点的移动具有不同的特征。移动模型[147-159]是无线网络的研究热点之一，最早应用于 Ad-Hoc 的网络仿真研究中，用于描述网络中节点的移动特征，包括速度、位置、加速度等[147]。移动模型[147]可看作对节点移动方式的数学逻辑抽象，根据节点在移动中的状态与其他节点是否独立，通常可分为实体移动模型[147]、组移动模型[148]、综合移动模型等[149]。实体移动模型[147]主要处理独立节点移动的情况，即每个节点的移动方式完全独立于其他节点；其主要目的是模拟现实生活中用户的移动特性，并且充分考虑网络实体移动的关键因素，如运动速度、运动方向和停留周期等。常见的实体移动模型由随机游走模型[147]（Random Walk Mobility Model）、随机路点移动模型[151]（Random

Waypoint Mobility Model）、随机方向模型[150]（Random Direction Mobility Model）、高斯-马尔科夫移动模型[148]（Gauss-Markov Mobility Model）、平滑移动模型（Smooth Mobility Model）等。群组移动模型考虑用户的群组特性，将节点分为不同的群组，而一个群组内的各个节点移动是有一定关联的，通常以特定的参考点或方式进行移动。群组运动的表现形式多样化且相对较复杂，但具有较强的实际意义，常见的有队列移动模型、游牧群体移动模型、追逐模型[147-159]等。综合移动模型[149]则是针对具体应用场景产生的，如障碍物移动模型、热点区域模型等。现将本节主要涉及的相关随机移动模型概念介绍如下。

1．随机游走[147]

最早根据物理学中的布朗运动建立。在随机游走（Random Walk, RW）运动中，节点从当前位置随机均匀地选择一个方向和速度，并以固定的距离或时间进行运动，然后不断重复上述运动过程，直至运动结束。如果节点在运动过程中碰到边界，将会反弹回区域内部。

2．随机方向游走[150]

在随机方向（Random Direction，RD）运动中，节点首先随机均匀地在圆形区域内选择一个初始路点 D_0，然后随机选择一个方向 θ_1 $(0 \leqslant \theta_1 \leqslant 2\pi)$ 以速度 v_1 $(v_{\min} \leqslant v_1 \leqslant v_{\max})$ 匀速运动一段随机时间 t_1 $(t_{\min} \leqslant t_1 \leqslant t_{\max})$。运动完成后，可选择随机停留一段时间 t_p $(t_{p,\min} \leqslant t_p \leqslant t_{p,\max})$，然后继续选择一个新的方向 θ_2 和 v_2，并不断重复以上运动过程。当节点运动到区域的边缘地带，则反弹回区域内。

3．随机路点移动[151]

在随机路点（Random Waypoint, RWP）移动中，Bob 首先随机均匀地在圆形区域内选择一个初始路点 D_0。然后 Bob 随机均匀地选择一个目标路点 D_1，并以速度 v_1 向 D_1 运动。v_1 可在指定区间 $[v_{\min}, v_{\max}]$ 中随机均匀地选择。Bob 到达目标点 D_0 后可选择随机停留一段时间 t_p。同样，停留时间也可在区间 $[t_{p,\min}, t_{p,\max}]$ 中随机选择。然后 Bob 随机选择一个新目标路点 D_2，并以速度 v_2 向 D_2 运动，并不断重复以上运动过程。

4．边界随机路点[154]

边界路点模型（Borderpoint Model, BM）模型是基于随机路点移动的一种特殊情况。网络节点随机选择区域边界上的一路点，然后运动到该路点。在该路点随机停留一段时间后，在区域边界随机选择一个路点，然后运动到该路点，并不断重复上述运动过程。

由以上述描述看出，随机移动模型反映了实体节点运动的基本规律。其中随机路点运动模型可以看作随机游走模型的一种改进，它能够比较真实地反映实体的一种基本运动规律，同时直观又易于实现。针对随机路点运动模型的各方面性质已进行了大量研究，包括节点在两个目标之间移动的平均时间、平均距离等。其中最重要的是节点的空间节点分布[152]（Spatial Node Distribution），具体介绍如下。

空间节点分布表征了随机运动节点进入稳态之后，节点在区域内任一位置的分布概率密度函数。让 (X,Y) 表示在任意时刻 t 节点在区域 A 内所在的位置。根据文献[152]，节点的二维空间概率分布密度函数 $f_{xy}(x,y)$ 可以表示为

$$f_{xy}(x,y)=\lim_{\delta\to 0}\frac{P_{\mathrm{r}}\left(x-\frac{\delta}{2}\leqslant X\leqslant x+\frac{\delta}{2}\bigcap y-\frac{\delta}{2}\leqslant Y\leqslant y+\frac{\delta}{2}\right)}{\delta^2} \tag{12-10}$$

利用极坐标变换 $r=\sqrt{X^2+Y^2}$ 和 $\theta=\arctan(Y/X)$ 可将二维分布转化为极坐标联合分布密度函数 $f(r,\theta)=rf_{xy}(r\cos\theta,r\sin\theta)$。则节点在任一区域 A' 的概率可由空间分布的区域积分得到

$$P_{\mathrm{r}}\{(X,Y)\subset A'\}=\iint_{A'}f_{xy}(x,y)\mathrm{d}\sigma \tag{12-11}$$

由文献[152]可知，在矩形区域 $(-x_0\leqslant X\leqslant -x_0,-y_0\leqslant Y\leqslant -y_0)$ 内的近似二维空间分布可以表示为

$$f_{xy}(x,y)\approx\frac{9}{16x_0^3y_0^3}(x-x_0^2)(y-y_0^2) \tag{12-12}$$

而在半径为 R 的圆形区域内[152]，有

$$f(r,\theta)=f(r)\approx-\frac{2}{\pi R^4}r^2+\frac{2}{\pi R^2} \tag{12-13}$$

节点的空间距离分布（Spatial Distance Distribution）[158]：在式（12-13）中，圆形区域内，r 表示节点距离圆心的距离，因此在对称的运动区域内，可以得到节点到区域中心的距离分布密度函数 $f_d(d)$=$f(r)$，其中 d 表示节点距离区域中心的位置。文献[154]推导了正三角形、正四边形、正六边形等具有对称区域的 $f_d(d)$ 的近似表达式。在未来的无线通信网络中，针对不同的应用场景，如何根据网络节点的移动特征，运用贴近节点移动特征的移动模型，对网络的协议和算法进行优化分析以提升网络的安全性能，是未来研究的重点和难点。

12.3　无线通信中随机移动用户物理层安全

用户移动是无线网络的一大特点。而目前物理层安全研究很少考虑网络中用户移动特性对物理层安全性能的影响。为填补这一空白，本节提出了一种随机移

动用户物理层安全模型，研究了无线网络中用户随机移动对网络物理层安全性能的影响。本节研究了在三种不同的随机移动下用户的物理层安全特性：随机路点移动[151]、随机方向移动[150]及边界随机路点移动[155]。对稳态运动状态下随机移动用户的遍历安全容量进行了理论分析，推导了安全中断概率及非负安全概率的精确闭合表达式。经过充分的理论推导和仿真实验，证明了随机路点移动用户相对静态均匀分布用户和其他类型的随机移动用户，拥有更好的物理层安全性能。进一步分析了随机停留时间对移动用户的安全中断概率的影响，并提出两种针对随机移动用户提高安全容量的策略，通过充分的仿真实验验证其有效性。最后将模型推广至用户运动在其他形状的区域，并分析讨论了区域内存在多个独立窃听者及协作窃听者的情况。

12.3.1 系统模型与数学描述

1. 随机移动用户物理层安全模型

随机移动用户物理层安全模型如图 12-2 所示。考虑三个单天线用户在一个半径为 R 的圆形区域内，Alice 为基站（Base Station, BS）或者无线接入点（Acess Point，AP）坐落于圆心，和合法用户 Bob 进行通信。在区域内某个未知位置存在一个未知窃听用户 Eve，并且 Alice 和 Bob 都不知道 Eve 的具体位置。在通信中，Bob 和 Eve 均随机地在区域内移动。因此 Alice 与 Bob 之间的链路距离是随机变化的。Bob 的移动模拟为三种典型的随机移动模型[148]，具体描述如下。

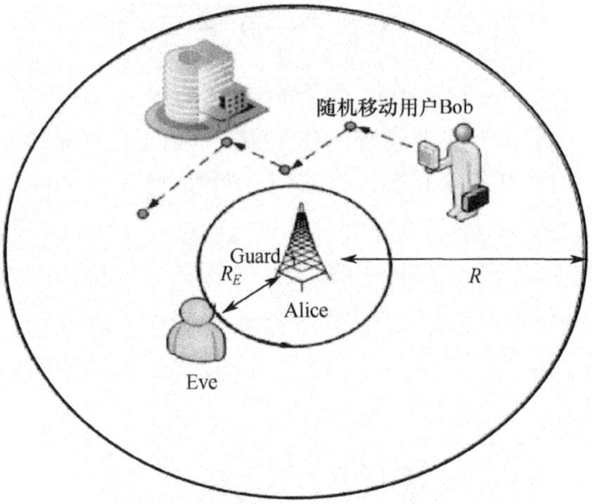

图 12-2　随机移动用户物理层安全模型

（1）随机路点移动 Bob：在随机路点移动运动中，Bob 首先随机均匀地出现在圆形区域内的一个初始路点 D_0。然后 Bob 随机均匀地选择一个目标路点 D_1，

并以速度 v_1 向 D_1 运动。v_1 可在指定区间 $[v_{\min}, v_{\max}]$ 随机均匀地选择。Bob 到达目标点 D_0 后可选择随机停留一段时间 t_p。同样，停留时间也可在区间 $t_{p,\min} \leqslant t_p \leqslant t_{p,\max}$ 中随机选择。然后 Bob 随机选择一个新目标路点 D_2，并以速度 v_2 向 D_2 运动，并不断重复以上运动过程。

（2）随机方向移动 Bob：在 RD 运动中，Bob 首先随机均匀地出现在圆形区域内的一个初始路点 D_0，然后随机选择一个方向 θ_1 $(0 \leqslant \theta_1 \leqslant 2\pi)$ 以速度 v_1 $(v_{\min} \leqslant v_1 \leqslant v_{\max})$ 匀速运动一段随机时间 t_1 $(t_{\min} \leqslant t_1 \leqslant t_{\max})$。运动完成后可选择随机停留一段时间 t_p $(t_{p,\min} \leqslant t_p \leqslant t_{p,\max})$，然后继续选择一个新的方向 θ_2 和速度 v_2，并不断重复以上运动过程。显然 Bob 可能运动到区域的边缘地带。本节采用文献[150]的模型，即若 Bob 运动到边界，则以 $\theta_i = \theta_i + \pi/2$ 反弹回区域内继续运动。

（3）边界随机路点运动 Bob：BM 运动为随机路点移动 Bob 运动的一种特殊情况。在 BM 中，Bob 总是选择的目标路点位于区域的边界上，并且向其移动，到达路点后，再重复上述运动过程。

窃听者 Eve 模型：在区域中存在未知位置的窃听者 Eve，同样考虑 Eve 可以自由移动。考虑在典型下行链路中，如果 Eve 可以始终无限接近 Alice 进行窃听，则他的接收 SNR 趋于无穷大，此时安全容量趋于 0。因此设 Alice 需利用一个保护区域[124]阻止 Eve 接近基站进行窃听。设 Alice 利用一个保护圆围绕自己[124]，其半径为 R_E^{Guard} 使得 Eve 不能移动进入保护区域进行窃听，也即保证了 Eve 与 Alice 的距离 $r_E \geqslant R_E^{\text{Guard}}$。在此情况下，对于合法收发方，最坏的情况是 Eve 知道 Alice 的位置与保护半径，并始终游动在保护区域边界进行窃听，即他保持和 Alice 的距离 $r_E = R_E^{\text{Guard}}$，该模型描述如图 12-2 所示。反过来，如果是上行链路，Bob 传送信息给 Alice，假设 Bob 同样采用安全保护圆半径 $r_E = R_E^{\text{Guard}}$，此时最坏的情况是 Eve 一直保持和 Bob $r_E = R_E^{\text{Guard}}$ 的距离进行窃听。综上所述，发现上行和下行的情况具有对称性，不失一般性，本章余下内容将分析下行链路的安全性能。

2. 随机移动用户数学描述与物理层安全

设 Eve 距离 Alice 的距离为 r_E。在某一时刻，Bob 距离 Alice 的距离为 d_{AB}，则 Bob 和 Eve 的接收信号可以分别表示为

$$y_{\text{Bob}} = \frac{\sqrt{P_T}}{d_{AB}^{a/2}} h_{AB} s + n_B,\ y_{\text{Eve}} = \frac{\sqrt{P_T}}{r_E^{a/2}} h_{AE} s + n_E \tag{12-14}$$

式中：a 为路径损耗系数[56]，通常 $2 \leqslant a \leqslant 10$，取决于具体信道传播环境；$P_T$ 为 Alice 的发送信号功率；s 为发送的单位功率符号，设 $|s|^2 = 1$，$0 < r_E, d_{AB} \leqslant R$；$n_B$、$n_E$ 为 Bob 和 Eve 的高斯白噪声，为独立的零均值单位方差高斯变量；h_{AB} 和 h_{AE} 分别为 Bob 和 Eve 的时变复信道衰落系数。假设散射环境充分，h_{AB} 和

h_{AE} 服从瑞利衰落分布。考虑实际中传播环境的变化，移动用户可能会遭受更为复杂的衰落，如瑞利阴影复合衰落等[56]，而其他形式的衰落也可用本节类似的方法进行推导。Bob 和 Eve 的瞬时接收信噪比 SNR 可表示为

$$r=\frac{P_T\left|h_{AB}\right|^2}{d_{AB}^a},\quad w=\frac{P_T\left|h_{AE}\right|^2}{r_E^a} \tag{12-15}$$

Bob 和 Eve 的平均信噪比可表示为

$$\tilde{r}=\frac{P_T}{d_{AB}^a}\text{，}\tilde{w}=\frac{P_T}{r_E^a} \tag{12-16}$$

则瞬时安全容量可以表示为

$$C_S=\left[\ln(1+r(d_{AB}))-\ln(1+w(r_E))\right]^+ \tag{12-17}$$

式中：$[]^+$ 为取正数运算符。非负安全容量概率 PSCP 可表示为

$$P(C_S>0)=P\left[r(d_{AB})>w(r_E)\right] \tag{12-18}$$

SOP 安全中断概率表示安全容量低于系统目标安全速率的概率，形式为

$$P^{\text{out}}(R_s)=P(C_s<R_s)=P\left\{\left[\ln\left(\frac{1+r(d_{AB})}{1+w(r_E)}\right)\right]^+<R_s\right\} \tag{12-19}$$

则遍历安全容量 ESC 可以表示为

$$C_S^E=E_{r,w,d_{AB}}\left\{C_S\left[r(d_{AB}),w(r_E)\right]^+\right\} \tag{12-20}$$

式中：$E_{x_1,x_2,\cdots,x_n}\{\cdot\}$ 为对含有随机变量 $x_1,x_2,\cdots,x_n$ 的表达式求均值。由于 Bob 的随机移动导致 d_{AB} 为一时变的未知变量，因此安全性能也会随机变化。更多理论分析和推导将在下一节阐述。

12.3.2 随机移动用户物理层安全分析

本节将研究随机移动用户随机路点 RD 和 BM 的 SOP 和 ESC 性能。首先研究无停留时间的移动用户，也即 $t_p=0$。随后研究带随机停留时间的随机移动用户的物理层安全性能。

1. 随机路点移动用户 SOP 性能

为简化理论分析，首先将真实物理的距离归一化为

$$\bar{d}_{AB}=\frac{d_{AB}}{R},\bar{r}_E=\frac{r_E}{R},\quad 0<\bar{d}_{AB},\bar{r}_E\leqslant 1 \tag{12-21}$$

式中：$\bar{d}_{AB}$ 和 $\bar{r}_E$ 为 Bob 距离 Alice 的归一化距离。对于随机移动模型，若随机停留时间 $t_p=0$ 的节点在运动一段起始时间后，将进入稳态运动阶段[148,156]。当随机移动

节点进入稳态运动后，节点的空间距离概率分布（Spatial Distance Probability Density Function，SPDF）表征了节点运动进入稳态后距离中心节点距离的概率密度。对随机停留时间 $t_p = 0$ 的单位圆区域内的 RWP 移动用户，C.Bettstetter[151,152] 给出了著名的近似分布概率 SPDF 表达式 $f_{\text{CB}}(d)$（下文简称 CB）。而 E. Hyytia[153,154]给出了随机路点移动稳态运动下（下文简称 HC）更为精确的 SPDF 表达式 $f_{\text{HC}}(d)$ 为

$$f_{\text{CB}}(d) = 4d - 4d^3,\ f_{\text{HC}}(d) = \frac{12}{73}(27d - 35d^3 + 8d^5)\ (0 < d \leqslant 1) \tag{12-22}$$

式中：d 为运动节点距离圆心的相对距离。为简化理论推导，将距离的路径损耗作以下变换：

$$m = \overline{d}_{AB}^a = \frac{d_{AB}^a}{R^a},\quad k = \overline{r}_E^a = \frac{r_E^a}{R^a}\quad (0 < m, k \leqslant 1) \tag{12-23}$$

则 SPDF 关于变量 m 的表达式可以表示为

$$f_m(m) = f_d(\overline{d}_{AB}^a) = f_d(m^{\frac{1}{a}})\left|\frac{\partial(m^{\frac{1}{a}})}{\partial m}\right| \tag{12-24}$$

式中：∂ 为求偏导运算。将式（12-24）带入式（12-22），可得 SPDF 关于路径损耗系数 a 的表达式为

$$f_{\text{CB}}(m) = \frac{4}{a}\left(m^{\frac{2}{a}-1} - m^{\frac{4}{a}-1}\right), f_{\text{HC}}(m) = \frac{12}{73a}\left(27m^{\frac{2}{a}-1} - 35m^{\frac{4}{a}-1} + 8m^{\frac{6}{a}-1}\right) \tag{12-25}$$

由无线信道传播模型[56]知，路径损耗系数 $a = 2$ 适用于近距离室内传播环境，$a = 4$ 适用于室外传播环境。在本小节，首先推导 $a = 2$、4 下的 PSCP 和 SOP 的闭式值，然后将结论扩展至任意路径损耗系数 a。

（1）非负安全容量概率 $P(C_S > 0)$。

在 Eve 距离 Alice 为 r_E 且 Bob 距离 Alice 为 d_{AB} 条件下，条件 $P(C_S > 0 | m)$ [68,69,160]可表示为

$$\begin{aligned} P(C_S > 0 | m) &= \frac{\tilde{r}}{\tilde{r} + \tilde{w}} = \frac{1}{1 + d_{AB}^a / r_E^a} \\ &= \frac{1}{1 + \overline{d}_{AB}^a / \overline{r}_E^a} = \frac{1}{1 + m/k} \end{aligned} \tag{12-26}$$

对于 RWP 随机移动用户 Bob，m 为一随机变量，则 PSCP 可以表示为

$$\int_0^1 P(C_S > 0 | m) f(m) \mathrm{d}m \tag{12-27}$$

推论 1　根据 CB 的 SPDF，当 $a = 2$ 时，RWP 运动用户 Bob 的 $P_{\text{CB}}(C_S > 0)$ 的闭式可表示为

$$P_{\mathrm{CB}}^{a=2}(C_S>0)=2k\left[k\ln\left(1+\frac{1}{k}\right)+\ln\left(1+\frac{1}{k}\right)-1\right] \tag{12-28}$$

证明：将$a=2$带入式（12-26），并结合式（12-27）和式（12-28）可得

$$\begin{aligned}P_{\mathrm{CB}}^{a=2}(C_S>0)&=\int_0^1 P_{\mathrm{CB}}(C_S>0\mid m)f_{\mathrm{CB}}(m)\mathrm{d}m\,|_{a=2}=\int_0^1\frac{2(1+\mathrm{m})}{1+(m/k)}\mathrm{d}m\\&=2\int_0^1\frac{1}{1+\frac{m}{k}}\mathrm{d}m-2\int_0^1\frac{m}{1+\frac{m}{k}}\mathrm{d}m\end{aligned} \tag{12-29}$$

通过积分变量代换$t=m/k$，式（12-29）的积分由积分表[161]易得结论 1。

类似地，可以推导基于 HC 稳态节点距离分布 SPDF 的 PSCP 表达式$P_{\mathrm{HC}}(C_S>0)$如推论 2。

推论 2 根据 HC 的 SPDF，当$a=2$时，RWP 运动 Bob 的$P_{\mathrm{HC}}(C_S>0)$的闭式可表示为

$$P_{\mathrm{HC}}^{a=2}(C_S>0)=\frac{6}{73}\left[8k^3\ln\left(1+\frac{1}{k}\right)+35k^2\ln\left(1+\frac{1}{k}\right)+27k\ln\left(1+\frac{1}{k}\right)-8k^2-31k\right] \tag{12-30}$$

证明：将$a=2$带入式（12-25），并结合式（12-26）和式（12-27）可得

$$P_{\mathrm{HC}}^{a=2}(C_S>0)=\int_0^1 P(C_S>0\mid m)f_{\mathrm{HC}}(m)\mathrm{d}m\,|_{a=2}=\frac{6}{73}\int_0^1\frac{(27-35m+8m^2)}{1+(m/k)}\mathrm{d}m \tag{12-31}$$

通过积分变量代换$t=m/k$，式（12-31）的积分由积分表[161]易得结论 1。

讨论：由推论 1 和 2 的结果可看出，随机路点移动 Bob 的 PSCP 的闭式可以表示为参数k的简单函数组合，其中$k=\overline{r}_E^a$表示 Eve 距离 Alice 的归一化距离。因此，给定任意k，系统可得对应的 PSCP 值。在实际应用中，则 Alice 可以采用归一化安全保护半径$R_E^{\min}=R_E^{\mathrm{Guard}}/R$，对任何$R_E^{\min}$，根据以上推论，Alice 立即可得系统的 PSCP。反过来，如果 Alice 需要 Bob 的 PSCP 性能大于某个阈值γ，Alice 也可以根据上述推论的结果估计出最小需要的安全保护半径$R_E^{\min}$，使得系统$P(C_S>0)>\gamma$。另外，由推论 1 和 2 可看出，基于 CB 的 PSCP 表达式要比 HC 的更为简洁，当$k\to 0$时，由推论 1 得$\lim P_{\mathrm{CB}}(C_S>0)=0$。易知，当 Eve 可以无限靠近 Alice 时，系统取得正的安全容量概率为 0。取$k=1$带入推论 3，易得$P_{CB}(C_S>0)\approx 0.7725$，表示此时 Aclie 取最大保护半径（$R_E^{\min}=R$）时的性能。同理，我们可以得到$a=4$时分别基于 CB 和 HC 的稳态空间节点距离分布的 PSCP 表达式如推论 3 和 4。

推论 3 $a=4$时，随机路点移动 Bob 的$P_{\mathrm{CB}}(C_S>0)$的闭式可表示为

$$P_{\mathrm{CB}}(C_S>0)=2\sqrt{k}\arctan\sqrt{k}-k\ln\left(1+\frac{1}{k}\right) \tag{12-32}$$

推论 4　$a=4$ 时，随机路点移动 Bob 的 $P_{\mathrm{HC}}(C_S>0)$ 的闭式可表示为

$$P_{\mathrm{HC}}(C_S>0)=\frac{3}{73}\arctan k^{-\frac{1}{2}}\left(54k^{\frac{1}{2}}-16k^{-\frac{3}{2}}\right)-\frac{105}{73}k\ln\left(1+\frac{1}{k}\right)+\frac{48}{73}k \tag{12-33}$$

证明：利用推论 1 和 2 的方法可证。

推论 3 和 4 的结果也由 k 的简单函数组合。由推论 3 可得，$k\to0$ 时，$\lim P_{\mathrm{CB}}(C_S>0)=0$。易知，当 Eve 可以无限靠近 Alice 时，系统取得正的安全容量概率为 0。取 $k=1$ 带入推论 3，易得 $P_{\mathrm{CB}}(C_S>0)\approx0.9258$。从上述推论看出，尽管 HC 的表达式略复杂于 CB，但后面的仿真将证明基于 HC 的结果较基于 CB 的结果更为精确地贴近仿真性能曲线。

（2）随机路点移动 Bob 的安全中断概率。

在 Eve 与 Alice 的距离为 r_E，Bob 与 Alice 的距离为 d_{AB} 条件下，条件 SOP $P^{\mathrm{out}}(R_S\mid m)$[69]可以推导为

$$P^{\mathrm{out}}(R_S|m)=1-\frac{\mathrm{e}^{\frac{d_{AB}^a(1-2^{R_S})}{P_T}m}}{1+\frac{2^{R_S}d_{AB}^a}{r_E^a}m}=1-\frac{\mathrm{e}^{\frac{R^a(1-2^{R_S})}{P_T}m}}{1+\frac{2^{R_S}}{k}m} \tag{12-34}$$

为表示简洁，将式（12-34）中变量代换

$$b=\frac{2^{R_S}}{k},\quad \lambda=\frac{R^a(1-2^{R_S})}{P_T} \tag{12-35}$$

则随机运动 Bob 的 SOP 可以表述为

$$P^{\mathrm{out}}(R_S)=\int_0^1 P^{\mathrm{out}}(R_S\mid m)f(m)\mathrm{d}m \tag{12-36}$$

推论 5　根据 CB 的稳态 SPDF，当 $a=2$ 时，RWP 运动 Bob 的 SOP 可以表示为

$$P_{\mathrm{CB}}^{\mathrm{out}}(R_S)=1-2\left(1+\frac{1}{b}\right)f+\frac{2(\mathrm{e}^{\lambda}-1)}{\lambda b} \tag{12-37}$$

$$f=\exp\left(-\frac{\lambda}{b}\right)\left[Ei\left(\frac{\lambda(1+b)}{b}\right)-Ei\left(\frac{\lambda}{b}\right)\right] \tag{12-38}$$

式中：$Ei(x)=\int_{-\infty}^{x}\mathrm{e}^u/u\mathrm{d}u$ 为指数积分函数。

证明：将 $a=2$ 带入式（12-25）和式（12-36），可得

$$\begin{aligned}P^{\mathrm{out}}(R_S)&=\int_0^1 P^{\mathrm{out}}(R_S\mid m)f(m)\mathrm{d}m\Big|_{a=2}\\&=1-2\int_0^1\frac{\mathrm{e}^{\lambda m}}{(1+bm)}\mathrm{d}m+2\int_0^1\frac{m\mathrm{e}^{\lambda m}}{(1+bm)}\mathrm{d}m\end{aligned} \tag{12-39}$$

根据文献[161]中公式 3.351 ETII217，式(12-39)中第一个积分可以表示为

$$\int_0^1 \frac{me^{\lambda m}}{(1+bm)}dm = \exp\left(-\frac{\lambda}{b}\right)\left[Ei\left(\frac{\lambda(1+b)}{b}\right) - Ei\left(\frac{\lambda}{b}\right)\right] \tag{12-40}$$

式(12-39)最右边的积分可由分部积分表示为

$$\int_0^1 \frac{me^{\lambda m}}{(1+bm)}dm = \frac{e^{\lambda}-1}{b\lambda} - \frac{1}{b}f \tag{12-41}$$

将式（12-40）和式（12-41）带入式（12-39），可得推论 5。

同理可推导基于 HC 的 SPDF 的 $P_{\mathrm{HC}}^{\mathrm{out}}(R_S)$ 如下。

推论 6 当 $a=2$ 时，根据 HC 的随机路点移动 Bob 的 SOP 可以表示为

$$P_{\mathrm{HC}}^{\mathrm{out}}(R_S) = 1 - \frac{162}{73}f - \frac{210}{73b}f + \frac{210}{73}\left(\frac{e^{\lambda}-1}{\lambda b}\right) - \frac{48e^{-\frac{b}{\lambda}}}{73b^3}(E_f + F_f - G_f) \tag{12-42}$$

式中

$$\begin{cases} E_f = \dfrac{b(b-\lambda)e^{\frac{\lambda}{b}}}{\lambda^2} - \dfrac{b[b-\lambda(b+1)]e^{\frac{\lambda(b+1)}{b}}}{\lambda^2} \\ F_f = Ei\left(\dfrac{\lambda(1+b)}{b}\right) - Ei\left(\dfrac{\lambda}{b}\right) \\ G_f = \dfrac{2b}{\lambda}\left[e^{\frac{(1+b)\lambda}{b}} - e^{\frac{\lambda}{b}}\right] \end{cases} \tag{12-43}$$

证明： 用推论 5 的方法可证。

讨论： 从推论 5 和 6 可看出，随机路点移动 Bob 的 SOP 性能和参数 k、a、P_T 和区域半径 R 和目标安全速率 R_S 有关。当给定 R_S 和保护半径 $R_E^{\min}$ 时，SOP 由功率与半径比 $\varDelta = P_T / R^a$ 决定。在下节将通过仿真验证讨论其对 SOP 性能的影响。类似地，可以推导当 $a=4$ 时的 SOP 表达式。

推论 7 $a=4$ 时，根据 CB 的 SPDF，随机路点移动 Bob 的 SOP 可以表示为

$$P_{\mathrm{HC}}^{\mathrm{out}}(R_S) \approx 1 + f - \frac{2e^{\lambda\epsilon^2}\arctan\sqrt{b}}{\sqrt{b}}, \epsilon \in (0,1),\ \ a=4 \tag{12-44}$$

证明： 将 $a=4$ 带入式（12-25），结合式（12-36）可得

$$\begin{aligned} P_{\mathrm{CB}}^{\mathrm{out}}(R_S) &= \int_0^1 P^{\mathrm{out}}(R_S \mid m) f_{\mathrm{CB}}(m)\mathrm{d}m\,|_{a=4} = 1 - \int_0^1 \frac{e^{\lambda m}}{1+bm}\left(m^{-\frac{1}{2}} - 1\right)\mathrm{d}m \\ &= 1 + f - \int_0^1 \frac{e^{\lambda m}}{(1+bm)\sqrt{m}}\mathrm{d}m \end{aligned} \tag{12-45}$$

式（12-45）中的积分表达式不易得出闭式解，但可以利用积分中值定理与积分变量变换[161]得出近似闭合表达式。以式（12-45）最右边积分为例，设积分变换 $\sqrt{m}=t$，易得

$$\int_0^1 \frac{e^{\lambda m}}{(1+bm)\sqrt{m}}\mathrm{d}m = \int_0^1 \frac{2e^{\lambda t^2}}{1+bt^2}\mathrm{d}t = \int_0^1 f(t)g(t)\mathrm{d}t \tag{12-46}$$

$$f(t)=2e^{\lambda t^2}, g(t)=\frac{1}{1+bt^2} \tag{12-47}$$

式中：函数 $f(t)$ 和 $g(t)$ 为区间 $(0,1)$ 的连续函数，并且 $g(t)>0$。根据积分中值定理推论[161]，存在 $\epsilon\in(0,1)$ 使得 $\int_0^1 f(t)g(t)\mathrm{d}t = f(\epsilon)\int_0^1 g(t)\mathrm{d}t$。因此可得，

$$\int_0^1 \frac{e^{\lambda m}}{(1+bm)\sqrt{m}}\mathrm{d}m = 2e^{\lambda\epsilon^2}\int_0^1 \frac{1}{1+bt^2}\mathrm{d}t = \frac{2e^{\lambda\epsilon^2}\arctan(\sqrt{b})}{\sqrt{b}}, \epsilon\in(0,1) \tag{12-48}$$

将式（12-48）带入式（12-45），推论 7 得证。

通过数值仿真软件工具总可以找到一个合适的 $\epsilon\in(0,1)$ 足够接近式（12-35）的数值积分结果。类似地，可以证明 $a=4$ 时基于 HC 的 SPDF 的 $P_{\mathrm{HC}}^{\mathrm{out}}(R_S)$，如推论 8。

推论 8　$a=4$ 时，基于 HC 的 SPDF 的随机路点移动 Bob 的 SOP 可以表示为

$$P_{\mathrm{HC}}^{\mathrm{out}}(R_S) \approx 1+\frac{105}{73}f - \frac{162}{73}\frac{\arctan(\sqrt{b})e^{\lambda\varepsilon_1^2}}{\sqrt{b}} - \frac{48}{73}e^{\lambda\varepsilon_2}\left(\frac{1}{b}-\frac{\arctan\sqrt{b}}{b\sqrt{b}}\right),\ \varepsilon_1、\varepsilon_2\in(0,1) \tag{12-49}$$

证明：将 $a=4$ 带入式（12-25），结合式（12-36）可得

$$\begin{aligned} P^{\mathrm{out}}(R_S) &= \int_0^1 P^{\mathrm{out}}(R_S\,|\,m)f(m)\mathrm{d}m\,|_{a=4} \\ &= 1+\frac{105}{73}f - \frac{81}{73}\int_0^1 \frac{e^{\lambda m}}{\sqrt{m}(1+bm)}\mathrm{d}m - \frac{24}{73}\int_0^1 \frac{\sqrt{m}e^{\lambda m}}{(1+bm)}\mathrm{d}m \end{aligned} \tag{12-50}$$

式中：第二个积分和第三个积分不易得出闭式解，但可以利用积分中值定理与积分变量变换[161]得出近似闭合表达式。以第二个积分为例，设积分变换 $\sqrt{m}=t$，由积分中值定理易得

$$\int_0^1 \frac{e^{\lambda m}}{\sqrt{m}(1+bm)} \approx \frac{2e^{\lambda\varepsilon_1^2}\arctan(\sqrt{b})}{\sqrt{b}} \tag{12-51}$$

式中：$0<\varepsilon_1<1$。结合式（12-50），推论 8 得证。

从以上分析可看出，推论 1～8 所得出的 SOP 表达式均十分简洁，这可为未来基于随机路点移动用户的 SOP 最小化的安全传输策略的分析和设计提供很好的理论支持[162-185]。

2. RD 和 BM 随机移动 Bob 的安全分析

（1）RD 随机移动 Bob 的安全性能。

对于 RD 运动用户[150]，文献证明了其稳态运动下节点 SPDF 在圆形区域均匀分布。在该小节，将其和文献[184]讨论的均匀静态分布 MS（Mean Static）的用户做比较。对于稳态运动下 RD 和均匀分布 MS，节点出现的概率均匀分布于单位半径圆内，则节点和中心的距离 SPDF 可以表示为

$$f_{\mathrm{RD}}(d)=f_{\mathrm{MS}}(d)=\frac{1}{\pi}\int_0^{2\pi} d\,\mathrm{d}\theta=2d \tag{12-52}$$

根据式（12-24），可以得到稳态下 RD 的 SPDF 关于 m、a 的表达式为

$$f_{\mathrm{RD}}(m)=f_{\mathrm{MS}}(m)=\frac{2}{a}m^{\frac{2}{a}-1} \tag{12-53}$$

由式（12-27）和式（12-36），可知 RD 运动 Bob 在进入稳态后的 SPDF 和 MS 的 SPDF 相同，则稳态运动下 RD 运动的 Bob 和 MS 的 Bob 具有相同的 SOP 和 PSCP 性能：

$$P_{\mathrm{RD}}(C_S>0)=P_{\mathrm{MS}}(C_S>0), P_{\mathrm{RD}}^{\mathrm{out}}(R_S)=P_{\mathrm{MS}}^{\mathrm{out}}(R_S) \tag{12-54}$$

将 $a=2$ 带入式（12-27）和式（12-53），易得 RD 运动的 PSCP 和 SOP 为

$$P_{\mathrm{RD}}^{a=2}(C_S>0)=\int_0^1\frac{1}{1+\dfrac{m}{k}}\mathrm{d}m=k\ln\left(1+\frac{1}{k}\right) \tag{12-55}$$

当 $R_S>0$，$a=2$ 时，$P_{\mathrm{RD}}^{\mathrm{out}}(R_S)$ 可以表示为

$$P_{\mathrm{RD}}^{\mathrm{out}}(R_S)=1-\int_0^1\frac{\mathrm{e}^{\lambda m}}{1+bm}\mathrm{d}m=1-f,\quad a=2 \tag{12-56}$$

同理，当 $a=4$ 时，将 $a=4$ 带入式（12-27）和式（12-36），易得 PSCP 和 SOP 为

$$P_{\mathrm{RD}}^{a=4}(C_S>0)=\int_0^1\frac{m^{-\frac{1}{2}}}{2\left(1+\dfrac{m}{k}\right)}\mathrm{d}m=\sqrt{k}\arctan\sqrt{\frac{1}{k}} \tag{12-57}$$

$$P_{\mathrm{RD}}^{\mathrm{out}}(R_S)=1-\frac{1}{2}\int_0^1\frac{\mathrm{e}^{\lambda m}}{\sqrt{m}(1+bm)}\mathrm{d}m\approx 1-\frac{\mathrm{e}^{\lambda\varepsilon_3^2}\arctan\sqrt{b}}{\sqrt{b}},\quad \varepsilon_3\in(0,1),a=4 \tag{12-58}$$

（2）BM 随机移动 Bob 的安全性能。

边界随机路点运动为随机路点运动的一种特殊情形[151-154]。在 BM 运动中，Bob 总是选择路点在区域的边界上，随后将向目标节点运动，到达目标节点后选择新的目标节点，并重复上述过程。对于 BM 用户，文献[153]和文献[154]得出其稳态运动下 BM 的 SPDF 的累积分布函数 CPDF（Cumulative Distribution Function）和 SPDF，可分别表示为

$$F_{\mathrm{BM}}(d)=\int_0^{\varPhi_0}\sqrt{d^2-\sin^2\varphi}\mathrm{d}\varphi, f_{\mathrm{BM}}(d)=\frac{F_{\mathrm{BM}}{}'(d)}{2\pi d} \tag{12-59}$$

式中：$\varPhi_0=\arcsin d$；左边的累积分布函数为第二类椭圆积分，其闭式解不容易得到。但根据以上理论类似的推导方法，将式（12-59）带入式（12-24）、式（12-27）和式（12-36），通过数值计算软件可以得到 BM 运动中 Bob 的 SOP 和 PSCP 的数值解。

3．任意路径损耗下的 SOP 性能

本小节将推导任意路径损耗 a 下随机移动用户的 SOP 性能。让 $v=2/a$（$0<v\leqslant 1$）。则对随机移动用户 RWP 和 RD 的稳态空间节点距离分布 SPDF（CB，HC，RD）可表示为统一形式：

$$f_{(\mathrm{CB,HC,RD})}(m)=\sum_{i=1}^{L}Dv(A_i m^{B_i v-1}) \tag{12-60}$$

例如，对 RD 用户的 SPDF 表达式 $f_{\mathrm{RD}}(m)$，则上式中 L、D、A_i、B_i 均为 1。对 RWP 用户的 SPDF 表达式 $f_{\mathrm{CB}}(m)$ 和 $f_{\mathrm{HC}}(m)$，则分别有 $L=2,3$，$D=2$，$6/73, A_i=[1,-1],[27,-35,8]$，$B_i=[1,2],[1,2,3]$。根据式（12-27），可以得到 PSCP 含变量 m、v 的表达式为

$$P_a(C_S>0)=\int_0^1\frac{1}{1+\dfrac{m}{k}}\sum_{i=1}^{L}Dv(A_i m^{B_i v-1})\mathrm{d}m=\sum_{i=1}^{L}DA_i v\varPhi(k,v) \tag{12-61}$$

$$\varPhi(k,v)=\int_0^1\frac{t^{B_i v-1}}{1+(t/k)}\mathrm{d}t \tag{12-62}$$

$\varPhi(k,v)$ 为一个在区间（0,1）的定积分，当给定参数 (v,k) 时，可以用数值软件计算得出结果。类似地，SOP 表达式可以推导如下

$$P_a^{\mathrm{out}}(R_S)=1-\sum_{i=1}^{L}DA_i v\varPhi_{\mathrm{out}}(k,v), \varPhi_{\mathrm{out}}(k,v)=\int_0^1\frac{\mathrm{e}^{\lambda t}t^{B_i v-1}}{1+bt}\mathrm{d}t \tag{12-63}$$

当给定不同的 R_S 时，参数 $b=2^{R_S}/k$ 可能大于 1，所以式（12-63）中定积分 $\varPhi_{\mathrm{out}}(k,v)$ 不能直接表示为带有超几何函数的闭合表达式。但是，只要给定参数 (k,v)，$\varPhi_{\mathrm{out}}(k,v)$ 都可以利用数值积分软件算出，则任意路径损耗下的 SOP 性能均可由式（12-63）得到。

4．遍历安全容量

本小节将讨论随机移动用户的遍历安全容量。当给定 Bob 和 Eve 与 Alice 的距离参数 d_{AB} 与 r_E 时，遍历安全容量[69]可表示为

$$\begin{aligned}C_S(d_{AB}) &= \int_0^{\infty}\int_0^{\infty}\left[C_S(d_{AB}\mid r,w)\right]^+ f(r)f(w)\mathrm{d}r\mathrm{d}w \\ &= F\left(\frac{P_T}{d_{AB}^a}\right)-F\left(\frac{P_T}{d_{AB}^a+r_E^a}\right)\end{aligned} \tag{12-64}$$

式中：$f(r)$ 和 $f(w)$ 表示 Bob 和 Eve 的瞬时接收 SNR 的 PDF 函数。对于瑞利衰落信道，易知 $f(r)$ 和 $f(w)$ 服从指数分布。根据文献[69]，式（12-64）中 $F(x)=\int_0^{\infty}\frac{1}{x}\ln(1+u)\exp\left(-\frac{u}{x}\right)\mathrm{d}u$。于是，由式（12-64）可知，随机稳态运动状态下 Bob 的遍历安全容量可以表示为

$$C_S^E=\int_0^1\left[F\left(\frac{P_T}{mR^a}\right)-F\left(\frac{P_T}{(m+k)R^a}\right)\right]f(m)\mathrm{d}m \tag{12-65}$$

式中：$f(m)$ 表示随机移动用户 Bob 的空间节点距离分布 SPDF 关于 m 的表达式（参见式（12-25）和式（12-53））。带入相关 SPDF 的表达式，根据式（12-52），利用数值计算软件可得出遍历安全容量的数值解。从式（12-65）看出，随机用户的遍历安全容量 C_S^E 主要受到参数 $\varDelta$ 及 k 的影响。

5. 随机停留时间对安全性能的影响

本小节将研究带有随机停留时间的随机移动用户，也即 $t_p \neq 0$ 的随机移动用户的物理层安全特性。随机路点移动用户在向下一个目标节点运动之前，可在当前路点随机停留一段时间 t_p，这个假设更加贴近现实用户的移动特性，因此十分有必要研究随机停留时间对移动用户物理层安全性能的影响。当 $t_p \neq 0$ 时，根据文献[148]，随机路点移动 Bob 的 SPDF 可以写为如下两个独立的部分：

$$f(d)=p_{\text{pause}}f_p(d)+(1-p_{\text{pause}})f_m(d) \tag{12-66}$$

式中：$0<d\leqslant 1$ 表示 Alice 距离 Bob 的归一化距离。p_{pause} 表示 Bob 处于静止状态的概率，而 $p_{\text{move}}=1-p_{\text{pause}}$ 表示 Bob 处于移动状态的概率。$f_p(d)$ 表示 Bob 停留的节点距离的分布，而 $f_m(d)$ 表示 Bob 移动部分的 SPDF。对于随机路点移动 Bob，由于目标路点总是均匀在区域内选择，所以 $f_p(d)=f_{\text{MS}}(d)=2d$。则对于 $t_p>0$ 的随机路点移动用户 Bob，$P^{\text{out}}(R_S)$ 可以表示为

$$P^{\text{out}}(R_S)=p_{\text{pause}}\int_0^1 P^{\text{out}}(R_S\mid d)f_p(d)\mathrm{d}d+p_{\text{move}}\int_0^1 P^{\text{out}}(R_S\mid d)f_m(d)\mathrm{d}d \tag{12-67}$$

根据式（12-67），对 $t_p>0$ 的随机移动 Bob，有

$$P^{\text{out}}(R_S)=p_{\text{pause}}P_{\text{MS}}^{\text{out}}(R_S)+p_{\text{move}}P_M^{\text{out}}(R_S) \tag{12-68}$$

式中：$P_{\text{MS}}^{\text{out}}(R_S)$ 为 Bob 处于静止态的 SOP，参见式（12-54）；$P_M^{\text{out}}(R_S)$ 为 Bob 处

于移动态的 SOP。于是，对随机路点移动 Bob 有如下推论。

推论 9　对 RWP 用户 $t_p > 0$ 的 SOP 可以表示为

$$P_{\mathrm{RWP},t_p>0}^{\mathrm{out}}(R_S) = p_{\mathrm{pause}} P_{\mathrm{MS}}^{\mathrm{out}}(R_S) + p_{\mathrm{move}} P_{\mathrm{RWP},t_p=0}^{\mathrm{out}}(R_S) \tag{12-69}$$

式中：$P_{\mathrm{RWP},t_p=0}^{\mathrm{out}}(R_S)$ 为 $t_p = 0$ 时 Bob 处于运动状态下的 SOP。

证明：对于 $t_p > 0$ 的随机路点移动用户 Bob，用户处于静止态的 SOP 可以表示为 $P_{\mathrm{MS}}^{\mathrm{out}}(R_S)$ 或 $P_{\mathrm{RD}}^{\mathrm{out}}(R_S)$，如式（12-54）。而用户处于运动态的($t_p \neq 0$)SOP $P_{\mathrm{RWP},M}^{\mathrm{out}}(R_S) = P_{\mathrm{RWP},t_p=0}^{\mathrm{out}}(R_S)$ 在前文已讨论。根据式（12-68）可得推论 9。

由推论 9 可以看出，带随机停留时间的随机路点移动 Bob 的 SOP 可由移动部分和停留部分组成，而停留部分的 SOP 性能同 RD 随机用户和 MS 用户的 SOP 性能相同。由推论 9 可知，节点停留概率 p_{pause} 十分关键。对随机路点移动用户 Bob，p_{pause} 可以表示为[148]

$$p_{\mathrm{pause}} = \frac{E(T_p)}{E(T_p) + E(T_m)} = \frac{1}{1 + \dfrac{E(T_m)}{E(T_p)}} \tag{12-70}$$

式中：$E(T_p)$ 为 Bob 运动的平均停留时间；$E(T_m)$ 为 Bob 的平均移动时间。根据文献[148]，p_{pause} 可表示为运动中平均移动时间与平均停留时间之比。根据式（12-70）可知，当 $E(T_p) \to \infty$，也即 $p_{\mathrm{pause}} \to 1$，于是 $p_{\mathrm{move}} \to 0$，该情况下随机路点移动用户的 SOP 性能将趋近于 RD 运动和 MS 均匀用户的性能。反之，当 $E(T_p) \to 0$，于是 $p_{\mathrm{pause}} \to 0$，$p_{\mathrm{move}} \to 1$，情况趋近于无停留时间的随机路点移动性能。

12.3.3　数值结果和性能分析

本节通将过数值仿真来验证上一节的理论分析。借鉴文献[153]中的仿真方法，对处于随机运动状态的 Bob 的瞬时位置进行采样，在采样间隔足够小的情况下可充分模拟 Bob 的移动过程。为不失一般性，在图 12-2～图 12-5 中，设发送功率及半径归一化 $P_T = R = 1$，运动停留时间 $t_p = 0$，速度 $v = 0.1R$，RD 运动每个方向的运动时间 $t_i = 1$。

1．RWP、RD 和 BM 随机移动 Bob 样点图

图 12-3 的（a）、（b）、（c）分别表示半径 $R = 1$ 下随机路点移动、RD 和 BM 移动时 Bob 的稳态运动过程采样点图。在仿真中，Alice 坐落于圆心并向随机移动的 Bob 发送信息。当 Bob 运动进入稳态后，以 $0.1v$ 的距离对三种不同运动的

Bob 分别进行运动轨迹采样，并将运动过程中最后10^4个采样点画出。

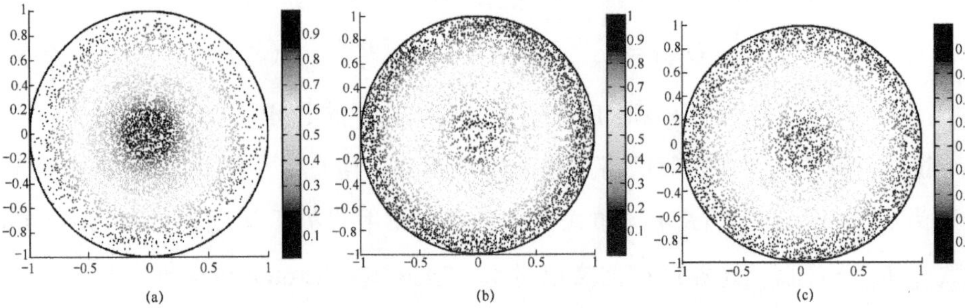

图 12-3　不同类型随机移动用户运动过程采样点图

（a）RWP；（b）BM；（c）RD。

从图 12-3（a）可看出，随机路点移动 Bob 的运动轨迹采样点在区域的边界地区十分稀疏，在区域边界几乎没有出现样本点。但越靠近区域中心其位置点越稠密。相反，在图 12-3（b）中可看出，BM 运动 Bob 的位置采样点在区域远离中心的地区较为稠密，但是越靠近区域中心，其位置点反而越稀疏。而图 12-3（c）中，RD 运动 Bob 的运动轨迹采样点图在区域各位置相对随机路点移动和 BM 都更加均匀。图 12-3 的结果说明，随机路点移动用户 Bob 在整个运动过程中将以更高的概率接近 Alice，这将导致随机路点移动 Bob 具有较高的接收 SNR 和安全性能。相反，BM 用户在运动过程中大多数时间远离基站 Alice，这将导致他大部分时间内的信号接收 SNR 较低，导致其安全性能低于随机路点移动用户 RD。

2．PSCP 和 SOP 数值结果与仿真

图 12-4 和图 12-5 分别显示的随机路点移动、RD 和 BM 移动用户 Bob 的 SOP 和 PSCP 的仿真和数值结果，对随机路点移动则分别数值仿真了基于 CB 和 HC 的两种数值模拟结果，验证本节的理论推导。图中 x 轴表示归一化安全半径 $R_E^{\min}=R_E^{\text{Guard}}/R$ 在（0,1）范围内。其中每种运动均利用移动 Bob 在一次运动过程中的3×10^5个样本点得到仿真性能的平均值。在图 12-5 中，设参数 $R_S=0.1$，$\varepsilon=\varepsilon_1=\varepsilon_2=\varepsilon_3=0.5$。

图 12-4（a）和（b）分别通过仿真实验和数值计算对比验证了 $a=2$ 的 PSCP 和 SOP 的性能。图 12-5（a）和（b）则显示了 $a=4$ 的 PSCP 和 SOP 性能。从图 12-4 和 12-5 可看出，所有的数值结果均十分接近实验仿真结果。对随机路点移动 Bob，基于 HC 的数值结果比基于 CB 的数值结果更接近仿真值，安全性能随着 $R_E^{\min}$ 增大而提高，对于所有运动类型的 Bob，PSCP 随着 $R_E^{\min}$ 的增大而增大，SOP 随着 $R_E^{\min}$ 的增大而减小，说明越大的安全半径将取得越好的 SOP 安全性能。其中，随机路点移动用户明显比 RD、MS 和 BM 有更好的 PSCP 和 SOP

性能。对于大部分 $R_E^{\min}$，随机路点移动用户大致可以高于 RD 用户 10% ~ 20% 的 SOP 性能。RD 用户的性能十分接近 MS 均匀分布用户。而边界 BM 移动 Bob 的安全性能略差于 RD 用户。图 12-4 和图 12-5 充分验证了前文的理论推导，证明了随机路点移动 Bob 拥有更好的 SOP 性能。

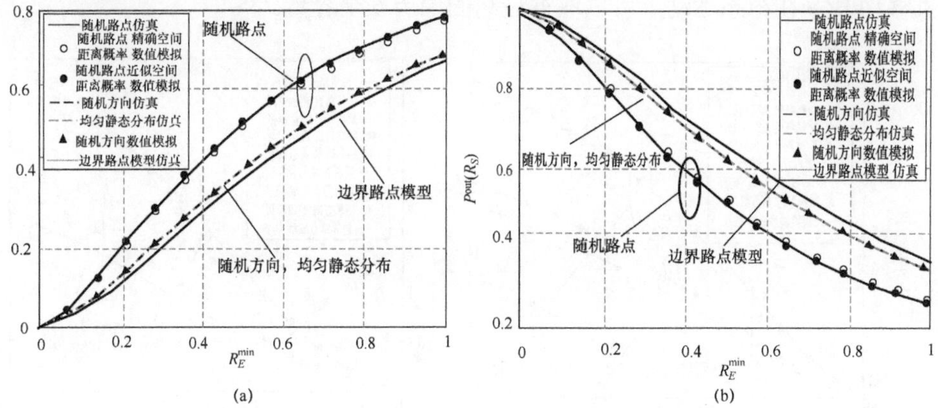

图 12-4　$a=2$ 时 SOP 和 PSCP 的数值和仿真结果

（a）PSCP；（b）SOP。

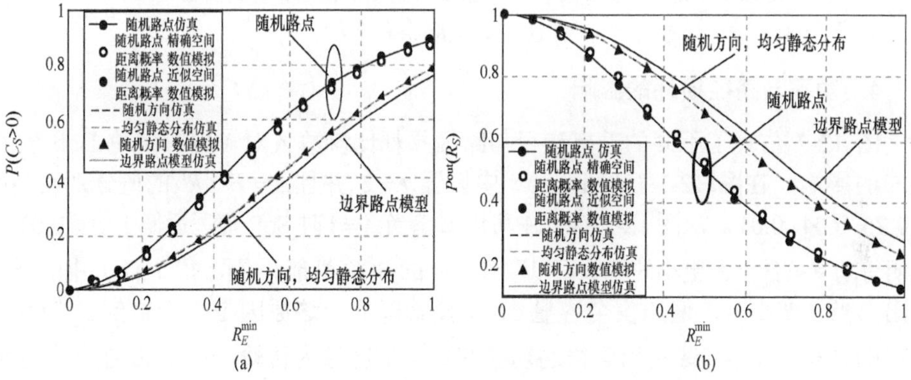

图 12-5　$a=4$ 时 SOP 和 PSCP 的数值和仿真结果

（a）PSCP；（b）SOP。

3．遍历安全容量

图 12-6（a）和（b）分别表示随机移动运动 Bob 的遍历安全容量 C_S^E 在 $a=2$ 和 $a=4$ 时的数值模拟和仿真实验结果，其单位为 bps/Hz。从图 12-6 中可看出，仿真实验结果与数值模拟结果十分接近。随机路点移动用户明显相对其他类型移动用户拥有较高的安全容量，RD 用户接近 MS 用户的安全容量，而 BM 移动 Bob 的安全容量最低。另外，随着 $R_E^{\min}$ 的增大，随机运动 Bob 的安全容量均

增大，而 RWP 移动 Bob 的安全容量的增大幅度最大。比如在图 12-6（b）中，当 $R_E^{\min}=0.6$ 时，RWP 移动 Bob 的 C_S^E 大于 2bps/Hz，而 RD 用户 C_S^E 约为 1bps/Hz。而当 $R_E^{\min}=1$ 时，RWP 移动 Bob 的 C_S^E 增长为 3.5bps/Hz，而 RD 用户 C_S^E 增长为 2bps/Hz。图 12-6 的结果充分验证了我们的理论分析，证明 RWP 随机移动 Bob 在稳态运动下可以取得最高的遍历安全容量。

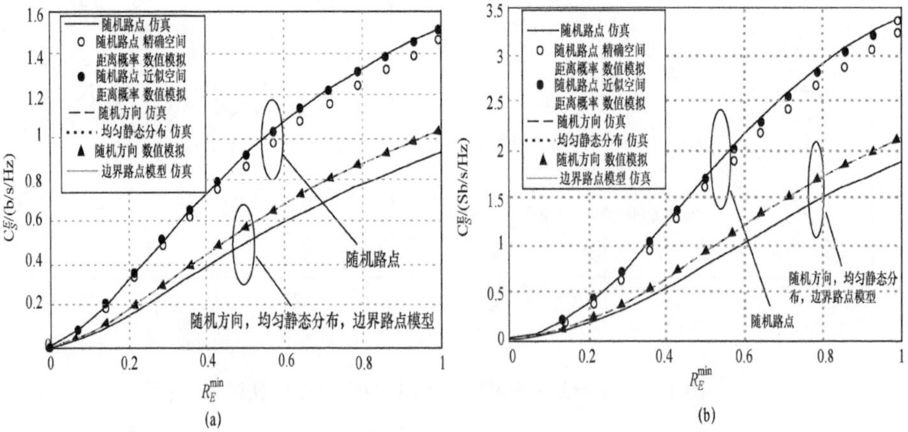

图 12-6　随机移动 Bob 的遍历安全容量数值模拟和仿真实验结果

（a）a=2；（b）a=4。

4．功率与路径损耗的影响

图 12-7 仿真了不同的功率半径与路径损耗比参数 Δ 对 RWP 移动 Bob 安全性能的影响。在图 12-7（a）和（b）中设置 $a=2$，并且 $\Delta=P_T/R^a$ 的值分别设置为 1、0.25、0.04、0.01。从图 12-7（a）中可以看出当 $\Delta=1$ 时 SoP 值远远低于 $\Delta=0.01$，说明等功率条件下在更小的区域可以取到更好的 SOP 性能。在图 12-7（b）中同样可看出，当 Δ 变小时，遍历安全容量 C_S^E 也显著降低。这原因是，当给定 $R_E^{\min}$ 时，越小的 Δ 相当于 Alice 利用同样的功率在更大的区域内传输，而 Bob 在一个更大的区域运动；或者运动区域内 R 不变，而 Alice 减小功率发送信号，导致其接收信号 SNR 大大降低，并且该 SNR 降低将导致主信道容量大大降低，对整体安全容量的降低起决定性作用。

图 12-8 仿真了 RWP 移动 Bob 在区域 $R=10$ 和 $P_T=1$ 的 SOP 和 ESC 性能在不同的路径损耗 $a=2$、3、4 下的性能。从图 12-8（a）可以看出，当 a 增大时，SOP 性能将会提高（变差），SOP 在 $a=2$ 时的值要低于更高的路径损耗 $a=4$ 时的值，说明同等条件下更低的路径损耗将取得更好的 SOP 性能。由图 12-8（b）中可看出，当 $R_E^{\min}>0.2$ 时，更低的路径损耗将取得高的安全容量。同时，当 $R_E^{\min}\leqslant 0.2$ 时，不同路径损耗下的遍历安全容量相差并不大。这是因为当 $R_E^{\min}$ 比

较小时，Eve 可以相对十分接近 Alice 进行窃听，所以 Eve 将获得十分高的接收 SNR。该情形下尽管更低的路损指数使得 Bob 的 SNR 值也会提高，但此时由于 Eve 的接收 SNR 也随之提高，因而整个安全容量提升并不显著。随着 $R_E^{\min}$ 增大，当 $R_E^{\min}>0.2$ 也即 $R>2$ 时，Eve 的接收 SNR 逐渐降低，而此时越低的路损使得 Bob 的接收 SNR 指数级升高，逐渐对整个安全容量的提升起决定性因素，因此遍历安全容量显著提高。

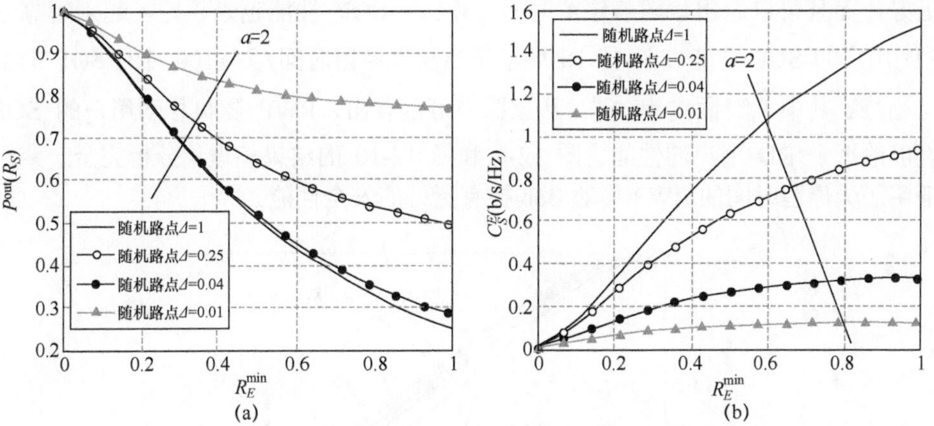

图 12-7　不同 Δ 下 RWP Bob 的 SOP 和遍历安全容量

（a）SOP；（b）安全容量。

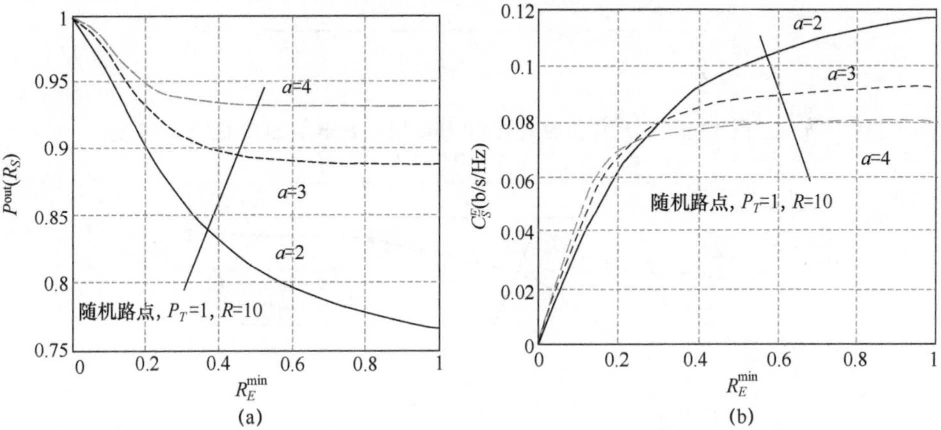

图 12-8　$R=10$, $a=2$、3、4 时 RWP Bob 的 SOP 和遍历安全容量

（a）SOP；（b）安全容量。

5. 随机停留时间

图 12-9 通过仿真和数值验证了带停留时间的 RWP 移动 Bob 的 SOP 性能。其中路径损耗 a=4；分别设置在每个路点随机停留时间 t_p=0、4、8、16，其他仿真参数和图 12-5 中的设置相同。从图 12-9 可以看出，对具有随机停留时间的 RWP 移动 Bob 的数值结果和仿真实验一致。从图可以看出，有停留时间 t_p 时 Bob 的 SOP 值高于无停留时间时 Bob 的 SOP，表明其无停留时间时的 SOP 性能更好。而且可以看出，随着停留时间 t_p 增加，SOP 性能越来越差，越来越靠近 RD 用户的 SOP 性能。图 12-10 展示了当随机停留时间 $t_p \to 100$ 时的 SOP 的变化趋势。其中 $R_E^{\min}$ 固定为 0.5。从该图中可以看出，RWP 随机移动用户的 SOP 性能趋近于 RD 用户的性能。图 12-9 和图 12-10 的结果和理论分析完全一致，证明了无停留时间的 RWP 移动 Bob 拥有更好的安全性能。

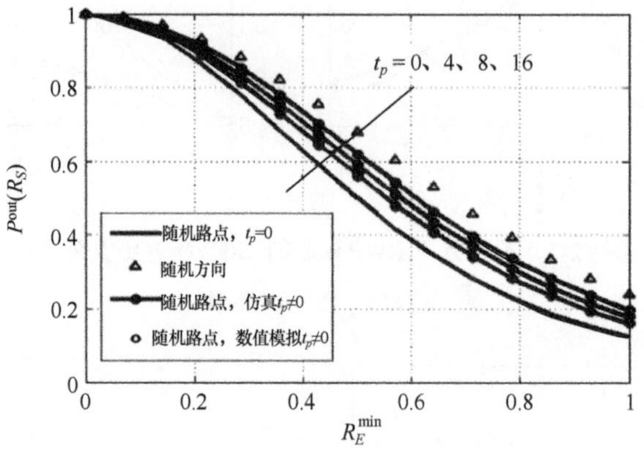

图 12-9　随机停留时间 RWP 移动用户 Bob 的 SOP 性能

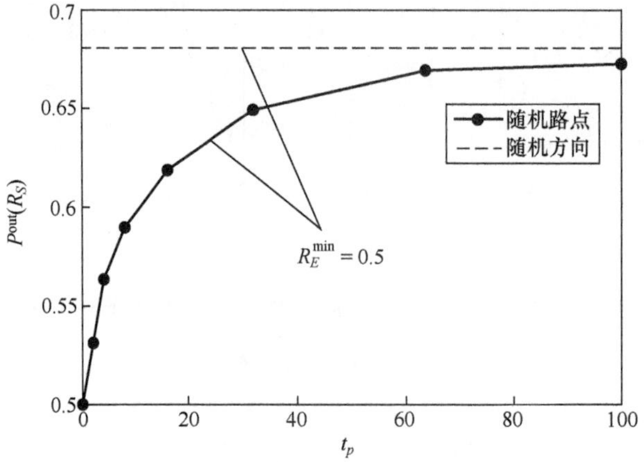

图 12-10　随机停留时间 $t_p \to 100$ 时 RWP 移动 Bob 的 SOP 性能

12.3.4　随机移动用户安全容量提高策略

前文对三种不同的随机移动用户 Bob 的物理层安全性能进行了理论分析和仿真实验，验证了 RWP 随机移动 Bob 具有更好的安全性能。本小节将针对 RWP 移动用户的特性，提出两种针对随机移动用户提高安全容量的策略，并对两种方案的传输中断概率进行充分的分析讨论，最后进行仿真以验证其有效性。

1．基于移动子区域的安全容量提高策略

在实际通信中，由于用户的移动特性可能造成信道快速变化，因此，移动用户的安全提高方案需考虑尽量低的复杂度，从而降低处理时延。基于以上分析，发现当 RWP 移动的 Bob 移动在区域边界时，Bob 远离 Alice，他将以很高的概率取得较低的安全性能。而 RWP 用户在区域边缘出现的概率又相对较小，因此，Alice 可以为 Bob 定义一个子圆区域，该圆的圆心即 Alice 的位置，并且半径为 r_B。在通信期间，Alice 发现 Bob 移动出子圆区域，也即 $d_{AB} > r_B$ 后，他将通信挂起。当 Bob 进入子区域（$d_{AB} > r_B$）后，Alice 继续和 Bob 通信。该策略如图 12-11 所示。

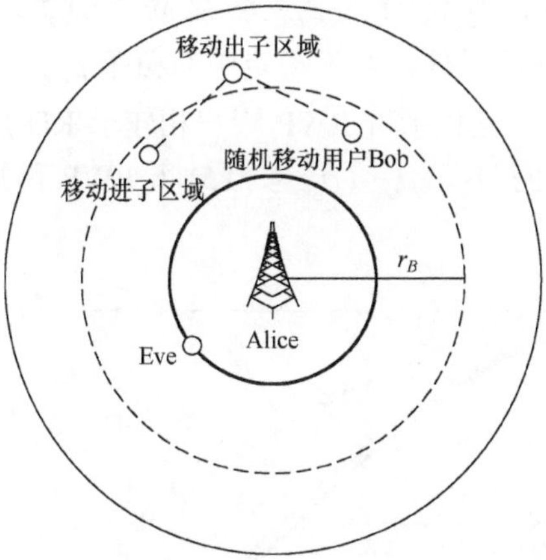

图 12-11　基于传输子区域半径为 r_B 的安全容量提高策略

显然，Alice 采用越小的子区域半径 r_B，可以让 Bob 在移动中的瞬时安全容量越高，因此最终 Bob 遍历安全容量也会越高。但是对于随机移动用户 Bob 来说，通信被挂起的概率，也就是通信中断的概率 ρ_{out} 也会提高，可以被计算为

$$\rho_{\text{out}} = \int_{r_B}^{1} f(d)\mathrm{d}d \tag{12-71}$$

式中：$f(d)$ 为随机运动 Bob 的稳态空间节点距离分布概率 SPDF，对 RWP、RD 用户的 $f(d)$ 可分别参见式（12-21）和式（12-52）。因此，对于任意传输子半径

r_B，Alice 可得到 Bob 的传输中断概率 $\rho_{\text{out}}^{\text{HC}}$

$$\rho_{\text{out}}^{\text{HC}} = \int_{r_B}^{1} \frac{12}{73}(27d - 35d^3 + 8d^5)\mathrm{d}d = \frac{(r_B^2 - 1)^2(73 - 16r_B^2)}{73} \tag{12-72}$$

同理，可得到基于 CB 的 RWP 用户的 $\rho_{\text{out}}^{\text{CB}}$ 和对 RD 用户的传输中断概率 $\rho_{\text{out}}^{\text{RD}}$ 如下

$$\rho_{\text{out}}^{\text{CB}} = \int_{r_B}^{1} (4d - 4d^3)\mathrm{d}d = (r_B^2 - 1)^2, \rho_{\text{out}}^{\text{RD}} = \int_{r_B}^{1} (2d)\mathrm{d}d = 1 - r_B^2 \tag{12-73}$$

在某些较高安全需求的通信场景中，Bob 可以容忍一定的通信中断（$\rho_{\text{out}} \leqslant \xi$）来换取更高的安全性。因此，设 Bob 所能容忍的最高中断概率 $\rho_{\text{out}} = \xi$，Alice 能取得的最小子空间半径 $\min(r_B) = R_B$ 可以通过计算式（12-59）或式（12-60）的反函数估计得到。

推论 10 对于给定子区域半径 r_B，则 RD 和 RWP 用户的传输中断概率满足

$$\rho_{\text{out}}^{\text{RD}} > \rho_{\text{out}}^{\text{CB}} > \rho_{\text{out}}^{\text{HC}}, \quad 0 < r_B \leqslant 1 \tag{12-74}$$

证明：根据式（12-72），让 $h = (73 - 16r_B^2)/73,\ 0 < r_B \leqslant 1$。显然 $57/73 \leqslant h \leqslant 1$，可得 $\rho_{\text{out}}^{\text{HC}} = h\rho_{\text{out}}^{\text{CB}} \leqslant \rho_{\text{out}}^{\text{CB}}$。于是有 $\rho_{\text{out}}^{\text{RD}} - \rho_{\text{out}}^{\text{CB}} = r_B^2(1 - r_B^2) \geqslant 0$，推论 10 得证。

图 12-12 所示为 $\rho_{\text{out}}^{\text{RD}}$、$\rho_{\text{out}}^{\text{HC}}$、$\rho_{\text{out}}^{\text{RC}}$ 在 $0 < r_B \leqslant 1$ 时的理论值。从图中可以看出，当给定子区域半径 r_B 值时，$\rho_{\text{out}}^{\text{RD}}$ 明显高于 $\rho_{\text{out}}^{\text{HC}}$。例如当 $r_B = 0.8$ 时，$\rho_{\text{out}}^{\text{RWP}} \approx 0.1$ 而 $\rho_{\text{out}}^{\text{RD}} \approx 0.35$。另外，对于给定中断概率 $\rho_{\text{out}} = \xi$，Alice 可以取得的最小子半径 $R_B^{\text{RWP}} < R_B^{\text{RD}}$，这预示着 RWP 用户相较于 RD 用户将得到更高的安全容量提升。表 12-1 对比了不同 ρ_{out} $(\rho_{\text{out}} \leqslant 0.5)$ 下 RWP 和 RD 移动 Bob 可取得的最小子半径 R_B。

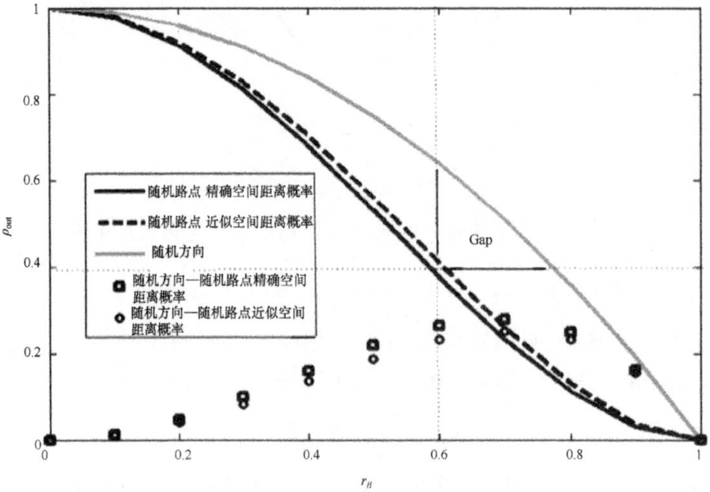

图 12-12　RWP 和 RD 移动 Bob 的传输中断概率 ρ_{out}

表 12-1　给定 ρ_{out} 下 RWP 和 RD 移动 Bob 的最小子半径 R_B

ρ_{out}	0.05	0.1	0.2	0.3	0.4	0.5
R_B^{RWP}	0.8690	0.8113	0.7243	0.6518	0.5851	0.5205
R_B^{RD}	0.9747	0.9487	0.8944	0.8367	0.7746	0.7071

2．基于瞬时安全容量的提高策略

在上述基于安全子区域的策略中（后文简称策略 1），Bob 移动在子区域外面时完全接收不到信号，可能造成用户的不适体验，并且可能泄露 Bob 的位置信息，造成安全隐患。这一小节将提出另一种安全容量提高策略（后文简称策略 2）。对于移动的 Bob，处理策略的复杂度应该尽量低，因为信道随移动用户时刻变化，高复杂度的策略可能导致处理时延加大而得不到理想的效果[114]。在现实通信中，假设 Bob 接收信号后，可以立即在一个很小的时隙 t_Δ 向 Alice 反馈其接收信噪比 r。在非常小的时隙 t_Δ 中，当 Alice 接收反馈时，Bob 的接收信噪比 r 可以看作是近似不变的。于是 Alice 可以估计 Bob 瞬时安全容量 $C_S^T=\log(1+r)-C_E^T(R_E^{\min})$，当 $C_S^T\geqslant R_S^T$ 高于目标安全阈值 R_S^T 时，则向 Bob 发送信号。其中 $C_E^T(R_E^{\min})$ 表示 Eve 在 $R_E^{\min}$ 处的瞬时信道容量。考虑现实中 Alice 很难知道 Eve 的瞬时信道容量 $C_E^T(R_E^{\min})$，这里假设 Alice 知道区域内的信道统计信息（可由 Bob 反馈给 Alice）。根据文献[69]，Alice 可以估计出 Eve 在 $R_E^{\min}$ 处的平均信道容量对 $C_E(R_E^{\min})$ 进行近似。于是，当 $r\geqslant\tau$ 时，Alice 向 Bob 发送信息，其中 $\tau=2^{C_E(R_E^{\min})+R_S^T}-1$。

显然，当给定 $R_E^{\min}$ 时，阈值 τ 越高，则对 Bob 的遍历安全容量提升效果越明显。但是对于 Bob 来说，越大的 τ 必然造成传输中断概率 ρ_{out} 增大。不同于策略 1，策略 2 的通信中断概率定义为 $\rho_{\text{out}}=P(r\leqslant\tau)$，对于 RWP 和 RD 运动用户，当给定任意区域半径 R 和路径损耗系数 a 时，$\rho_{\text{out}}=P(r\leqslant\tau)$ 可以利用在文献[159]中式（8）的结论直接得出。针对瑞利衰落下路径损耗系数 $a=4$，对 RWP 和 RD 移动 Bob 可以利用文献[158]中的结果计算 ρ_{out} 如下

$$
\begin{gathered}
\rho_{\text{out}}^{\text{RWP}}=\int_0^\tau\frac{3}{73}\left[\frac{54}{3}\,{}_1F_1\left(\frac{3}{2},\frac{5}{2},-r\right)-\frac{35}{2}\,{}_1F_1(2,3,-r)+\frac{16}{5}\,{}_1F_1\left(\frac{5}{2},\frac{7}{2},-r\right)\right]\mathrm{d}r\\
\rho_{\text{out}}^{\text{RD}}=\int_0^\tau\frac{1}{3}\,{}_1F_1\left(\frac{3}{2},\frac{5}{2},-r\right)\mathrm{d}r
\end{gathered}
\tag{12-75}
$$

式中：$F_1(\cdot)$ 为合流超几何函数[161]。当给定任意中断概率 ρ_{out}，对 RWP 和 RD 移动 Bob 的最大可取阈值 τ^{RWP}、τ^{RD} 可以分别通过估算式（12-75）反函数值得出。表 12-2 列举了当 ρ_{out} 在 0.05～0.5 变换时最大可取阈值的近似值 τ^{RWP}、τ^{RD}。从该表可以看到，在给定的 ρ_{out} 值里，RWP 用户的最大可取阈值 τ^{RWP} 明显大于 RD 用户的最大可取阈值 τ^{RD}，预示 RWP 用户较 RD 用户可以取得更好的安全容量提高效果。

表 12-2　给定 ρ_{out} 下 RWP 和 RD 移动 Bob 最大可取阈值 τ^{RWP} 和 τ^{RD}

ρ_{out}	0.05	0.1	0.2	0.3	0.4	0.5
τ^{RWP}	0.35	0.80	1.80	3.40	5.50	9.5
τ^{RD}	0.16	0.33	0.74	1.28	2.00	3.1

3．仿真验证

图 12-13（a）和（b）显示了策略 1 的安全容量提升性能，其中安全保护半径固定为 $R_E^{\min}=0.5$。图 12-13（a）对比了 RWP 移动 Bob 在采用策略 1 和没有采用策略情况下的安全容量提高，其中子区域半径 R_B 为 0.5～0.9。从图中可看出，策略 1 可以十分有效地提高 RWP 移动 Bob 的遍历安全容量，并且越小的安全子半径可以提供越高的安全容量提升。图 12-13（b）比较了 RWP 和 RD 移动 Bob 在给定传输中断概率 ρ_{out} 在 0.05～0.3 的安全容量提高性能。对给定 ρ_{out}，Alice 采用可取的最小子区域半径 R_B。从该图可以看到，更高的传输中断概率将带来更大的安全容量提升。因此在实际中需根据用户的安全与服务质量需求综合考虑通信中断概率 ρ_{out} 和安全容量提升的折中。同时，在图 12-13（b）中，当给定传输中断概率 ρ_{out} 为 0.05～0.3 时，可看出 RWP 用户较 RD 用户取得更大的提升。

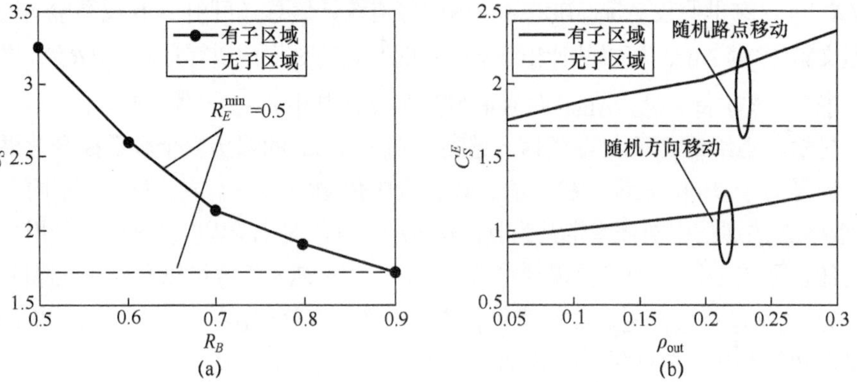

图 12-13　基于子区域的安全容量提高策略，$R_E^{\min}=0.5$

（a）不同 R_B 下 RWP 移动 Bob 的 C_S^E 提升；（b）不同 ρ_{out} 下 RWP 和 RD Bob 的 C_S^E 提升。

图 12-14 比较了 RWP 移动 Bob 在策略 1、策略 2 和没有采用策略的情况下的安全容量提升，其中保护半径 $0<R_E^{\min}\leqslant 1$，给定所需的传输中断概率限定 $\rho_{out}\approx 0.1、0.2、0.3$。策略 1 中分别设置传输子区域半径 $r_B=0.82、0.72、0.65$，策略 2 分别设定阈值 $\tau=0.8、1.8、3.4$。其他仿真参数和图 12-6（b）中一致。从图 12-12 中可看出，相对于不采取任何提升策略的情形，策略 1 和策略 2 均可有效地提高平均安全容量。而当 r_B 和 τ 变大时，安全容量提升越明显。但是前面也提到，更高的 r_B 和 τ 将带来更高的通信中断概率，因此在未来的研究中，需要根据用户的

具体通信场景和安全需求充分考虑折中设计。

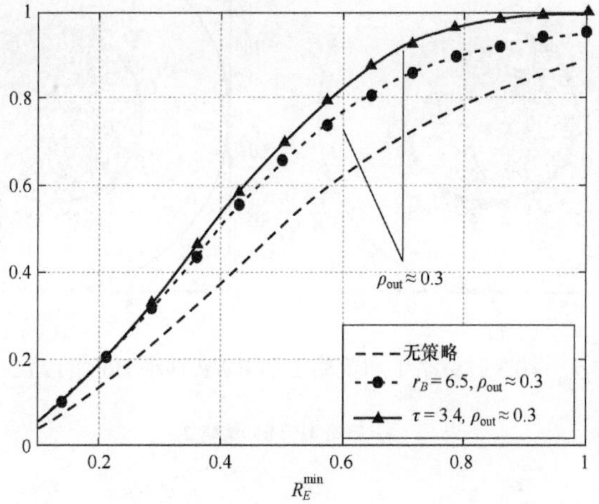

图 12-14　不同 ρ_{out} 下策略 1 和策略 2 的 RWP Bob 的遍历安全容量提高

图 12-15 对比了策略 1 和策略 2 在给定 $\rho_{out} \approx 0.3$ 约束时 PSCP 的提高对比。图中显示，策略 1 和策略 2 均可提高 PSCP 性能。总体来说，策略 2 可以比策略 1 取得更高的 PSCP 性能提升，这可以由图 12-15 来解释。图 12-16 对比了 RWP Bob 分别在策略 1 和策略 2 在 $\rho_{out} \approx 0.3$ 约束下 $P(C_S > 0)$ 的运动轨迹采样点。其保护半径给定为 $R_E^{min} = 0.5$，策略 1 的传输子半径设置为 $r_B = 0.65$。对策略 1 和策略 2 分别画出了10^4 个样本点。由该图可看出，策略 1 所有的 $P(C_S > 0)$ 点均在子区域，因为子区域外所有通信均被中断。但是对于策略 2，即使 Bob 运动在子区域外的时候，仍然可以在某些位置取得 $P(C_S > 0)$，因此策略 2 可比策略 1 获得更高的 PSCP 性能的提升。

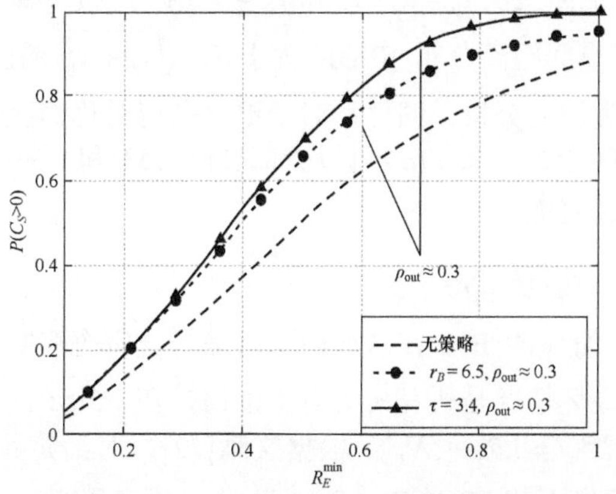

图 12-15　$\rho_{out} \approx 0.3$ 时策略 1 和策略 2 的 PSCP 提升

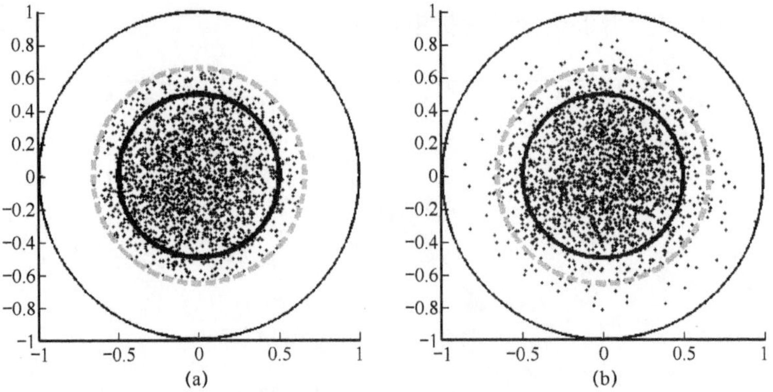

图 12-16　$\rho_{\text{out}} \approx 0.3$ 时策略 1 和策略 2 的 RWP 移动 Bob 的 $P(C_S > 0)$ 样点图

（a）策略 1；（b）策略 2。

12.3.5　扩展讨论

本节将模型扩展至用户在其他形状区域内移动的情况，并分别分析和讨论多个独立窃听者和多个协作窃听者的情况。

1．其他区域随机移动

本节所提出的模型可以推广至 Bob 在其他区域内移动的情况。例如，对矩形区域，长宽分别为 $2x_m$ 和 $2y_m$，由文献[151]和文献[152]可知，在坐标范围 $0 \leqslant x \leqslant 2x_m, 0 \leqslant y \leqslant 2y_m$ 内，RWP 用户在稳态运动下的节点坐标位置分布概率密度函数 $f(x,y)$ 可以表示为

$$f(x,y) \approx f(x)f(y) = \frac{9}{16x_m^3 y_m^3}(x^2 - x_m^2)(y^2 - y_m^2) \tag{12-76}$$

由式（12-76）进行坐标变换 $x_0 = x - x_m$ 和 $y_0 = y - y_m$，将 Alice 移动位于矩形中央 $(0,0)$，并计算其空间距离分布 SPDF 关于 $d = \sqrt{x_0^2 + y_0^2}$ 的函数 $f(d)$，然后可以进行和本节上述类似的分析。同样，对于更复杂但对称的区域，如正六边形、正三角形等，其空间距离分布 $f(d)$ 可以查阅文献[153]和文献[154]，均可用类似的分析策略进行推导研究。

2．多个非协作窃听者 Eve

考虑有 N_E 个非协作的 Eve 在区域内窃听信号，每个窃听者之间都是相互独立的。根据分析，最坏情况是所有窃听者全部保持在 Alice 的保护区域边界进行窃听，此时 $\overline{r}_{E,i} = R_E^{\min}, i = 1,2,\cdots,N_E$。根据文献[72]，对给定距离 $m = \overline{d}_{AB}^{\,a}$，可得在 N_E 个非协作窃听者下的 PSCP $P_{N_E}(C_S > 0 \mid m)$，可表示为

$$P_{N_E}(C_S > 0 \mid m) = \prod_{i=1}^{N_E} \frac{i}{i + \dfrac{m}{k}} \tag{12-77}$$

因此，随机移动用户 Bob 的 PSCP 可以写为

$$P_{N_E}(C_S > 0) = \int_0^1 P_{N_E}(C_S > 0 \mid m) f(m) \mathrm{d}m = \int_0^1 \prod_{i=1}^{N_E} \frac{i}{i + \dfrac{m}{k}} f(m) \mathrm{d}m \tag{12-78}$$

式中：$f(m)$ 表示随机移动用户关于变量 m 的 SPDF（参见式（12-38））。根据文献[72]，在 N_E 个非协作窃听者条件下的 SOP 可以表示为

$$P_{N_E}^{\text{out}}(R_S \mid m) = 1 - \mathrm{e}^{\lambda m} \prod_{i=1}^{N_E} \frac{i}{i + bm} \tag{12-79}$$

式中：λ、b 参见式（12-48）。则随机移动用户 Bob 的 SOP 可以写为

$$P_{N_E}^{\text{out}}(R_S) = \int_0^1 P_{N_E}^{\text{out}}(R_S \mid m) f(m) \mathrm{d}m = 1 - \int_0^1 \mathrm{e}^{\lambda m} \prod_{i=1}^{N_E} \frac{i}{i + bm} f(m) \mathrm{d}m \tag{12-80}$$

由上述分析可以看出，在存在多个窃听者的情况下，随机移动用户的 SOP 的闭合表达式推导比较困难。但是基于上述分析，可利用数学软件得到数值仿真结果。图 12-17 显示了 N_E=1,2,3,5 下 a=4 的遍历安全容量和 SOP 性能，可以看到多个窃听者可明显降低安全性能，且窃听者数量越多，安全性能越差。这是因为随着窃听者数目增加，他们窃听得到的信息量越大，这将不可避免地导致安全容量降低。但随着窃听者数目继续增加，安全性能下降的幅度减缓，这是因为非协作窃听者听到重复信息量的概率大大增加，因此安全性能下降的幅度降低。

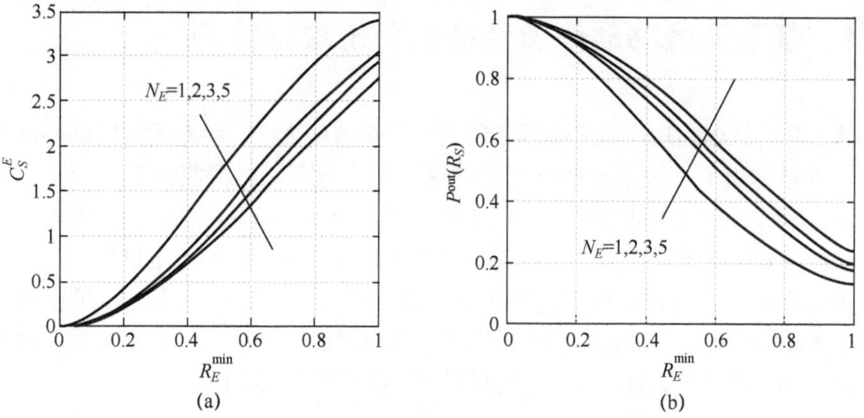

图 12-17　N_E=1,2,3,5 个非协作窃听者下的遍历安全容量和 SOP 性能

（a）遍历安全容量；（b）SOP。

3. 多个协作窃听者 Eve

本小节讨论存在多个协作窃听者 Eve 的情形。考虑有 N_E 个协作窃听者 Eve 在区域里移动，最坏的情况 N_E 个协作窃听者 Eve 一直移动在保护区域边界进行窃听，则 $\overline{r}_{E,i} = R_E^{\min}, i = 1,2,\cdots,N_E$。设 N_E 个协作窃听者 Eve 在任意时刻都知道彼此的信道信息，并对窃听信号进行最大比合并处理 MRC[57]（maximum ration combine），得到最大的合作接收 SNR。在瑞利衰落信道下，根据文献[162]，对给定距离 $m = \overline{d}_{AB}^{a}$，可得 N_E 个协作窃听者的条件 PSCP $P_{N_E}(C_S > 0 \mid m)$ 和 SOP $P_{N_E}^{\text{out}}(R_S \mid m)$ 为[160]

$$P_{N_E}(C_S > 0 \mid m) = (1 + \frac{m}{k})^{-N_E}; P_{N_E}^{\text{out}}(R_S \mid m) = 1 - \frac{\mathrm{e}^{\lambda m}}{(1 + bm)^{N_E}} \tag{12-81}$$

式中：λ、b 参考式（12-35）。因此对随机移动用户的 PSCP 和 SOP 可以推导为

$$P_{N_E}(C_S > 0) = \int_0^1 (1 + \frac{m}{k})^{-N_E} f(m)\mathrm{d}m, P_{N_E}^{\text{out}}(R_S) = \int_0^1 \left[1 - \frac{\mathrm{e}^{\lambda m}}{(1 + bm)^{N_E}}\right] f(m)\mathrm{d}m \tag{12-82}$$

式（12-82）中，$f(m)$ 表示随机移动用户关于变量 m 的 SPDF。推导协作窃听者的 SOP 的闭合表达式比较困难，但是基于类似的方法，可以通过数值软件或蒙特卡罗方法得到仿真值。显然，多个协作窃听者将降低系统安全性能。但是 Alice 和 Bob 可以利用多天线技术[12]、人工噪声[109,110]和安全编码[86]等方式对抗窃听者，提升系统安全性能，而这些都是我们未来工作的研究重点。

12.4 基于无线移动信道特征的身份攻击检测

基于身份认证的攻击是无线通信网络的严重威胁之一。针对无线网络移动性的特点，本章提出了一种基于信道互惠变量的探测方案，以探测基于身份认证的攻击。该方案综合利用无线信道的空间非相关性、随机性和互惠性，在任意的攻击帧和合法帧交互情况下，仍然可以保持好的探测性能。对所提的方案进行了理论分析和数值仿真验证，验证了所提方案的有效性。该方案的一个优点是，可在现有的 802.11 无线网络设备上以较小的开销实现。最后通过 802.11 设备在真实的室内和室外移动环境下进行了实验，验证了所提模型的有效性和实用性。

12.4.1　系统模型

1. IBA 攻击模型

典型的 IBA 攻击模型中的三个节点分别为：真实节点（genueie node），也可称为合法节点（下文统一称真实节点），受害节点（victim node）和攻击节点（attack node），假设三方都可以移动。设攻击节点已经通过了网络的接入认证，并且可以仿冒真实节点向受害节点发送攻击帧。在实际通信中，攻击者可以通过嗅探认证密钥或其他攻击方式绕过无线网络的接入认证，并通过修改硬件地址等手段冒充真实节点。在 IBA 攻击中，当真实节点向受害节点发送数据帧时，攻击节点也向受害节点发送攻击帧，意图将攻击帧注入合法帧之间。此时受害节点从一个相同的 MAC 地址接收的数据帧可能来自真实节点，也可能来自攻击节点，其接收的攻击帧可能出现在合法用户数据帧的前面、后面或者与合法数据帧交叉。在后文中分别用“后面”“前面”“交织”表示攻击帧和合法帧位置交叉的三种不同类型，该模型可以参考图 12-18 所示。

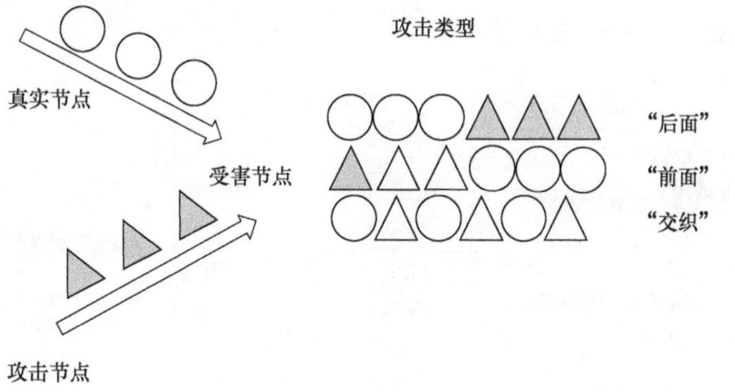

图 12-18　IBA 模型和不同攻击类型

2. RCVI 模型

RCVI 探测过程如图 12-19 所示。设节点间存在通信–反馈信道，即对节点间的通信进行双向确认。在 802.11 网络里，通信–反馈信道可以利用 DATA-ACK 帧实现。在本节中，首先假设三方均配备单天线，后续将讨论把模型扩展至多天线的情形。RCVI 探测过程主要包括两个阶段。第一个阶段为 DATA-ACK 双向通信阶段，在这个阶段，受害节点从一个相同的 MAC 地址收到 M 个数据帧。对 M 个数据帧中的每一帧，受害节点记录该帧的 RSS 值。同时，受害节点在收到每个 DATA 帧后，立刻在一个极短的时间内反馈给该帧的发送节点一个确认 ACK 帧。在该时隙，受害节点收到的 DATA 帧可能来自真实节点，也可能来自攻击节点。当真实节点收到配对的 ACK 帧后，它立刻记录该 ACK 帧的 RSS。假设 ACK 帧能稳定可靠地反馈到发送节点。在第二个阶段，受害节点要求发送节点反馈前一个通信周期记录的 M 个 RSS 记录。

攻击节点讨论： 在任一时间节点，受害节点可能接收了真实节点的数据帧，也有可能接收了攻击者发送的攻击帧。当攻击节点冒充真实节点成功发送攻击帧时，受害节点接收了该帧，并反馈给攻击节点一个 ACK 帧，攻击节点也记录下该 ACK 帧 RSS 值。假设攻击节点同时可以窃听受害节点反馈给真实节点的 ACK 帧，并记录下相应的 RSS 值。设在 DATA-ACK 通信阶段，攻击帧的密度为 P_a，其中 P_a（$0<P_a<1$）表示受害节点接收的攻击帧在所有接收的数据帧中所占的比例。则在 DATA-ACK 通信阶段，攻击者平均可以得到 P_aM 个受害节点发给他的 ACK 帧，并记录 P_aM 个 RSS。在反馈阶段，如果攻击节点直接反馈 P_aM 个 RSS 记录，则受害节点可以轻易探测出 IBA，因为反馈回来的 RSS 记录长度少于 M。另外，如果攻击者发送不反馈 RSS 记录给受害节点，受害节点仍然可以轻易探测到攻击，因为此时真实节点反馈给受害节点的 RSS 记录长度不足 M。因此，攻击者在 DATA-ACK 阶段必须窃听至少 $(1-P_a)M$ 个 ACK 帧，并记录 $(1-P_a)M$ 个 RSS 记录。当受害者要求反馈时，攻击者将 $(1-P_a)M$ 个 RSS 和 P_aM 个 RSS 合并在一起反馈。

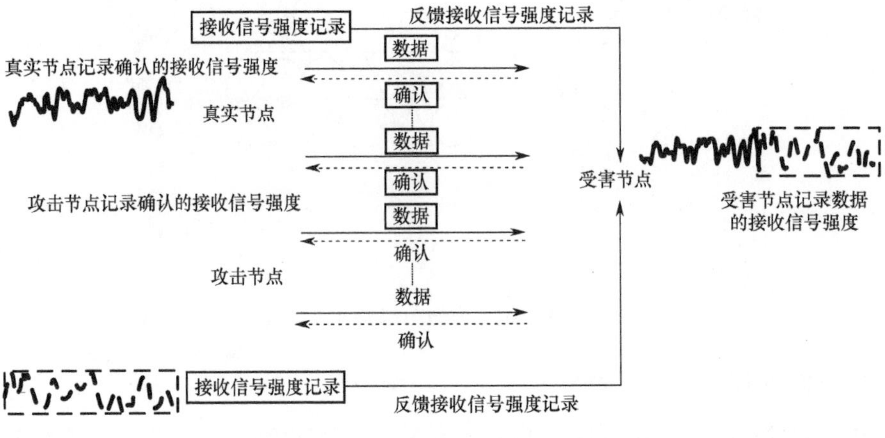

图 12-19　RCVI 双向 RSS 记录和周期反馈模型

基于以上分析，假设在一种对安全最不利的情况下，攻击者总按照以上方式反馈回 M 个 RSS 数据记录，同时他又能干扰合法用户反馈的 RSS 数据记录，使得受害节点收不到真实节点的反馈信息。此时，受害节点只能接收来自攻击者的 M 个 RSS 记录。随后，受害节点将分别利用自己的 RSS 记录和反馈的 RSS 记录构造 RSS 变量序列，并通过比较序列的平均相关系数来探测 IBA 攻击。具体的变量序列构造和探测方法将在下一节详细讨论。

12.4.2　RCVI 探测方法

1．RCVI 探测模型

如上所述，假设受害节点接收了攻击节点反馈的 M 个 RSS 记录，可表示为 $\mathbf{S}_p = [S(t_1'),\cdots,S(t_M')]$，而受害节点自己的 RSS 记录为 $\mathbf{S}_d = [S(t_1),\cdots,S(t_M)]$。不失一般性，设 $\mathbf{S}_p$ 和 $\mathbf{S}_d$ 中相对应的 RSS 记录已按照发送的时间序列排序对齐。于是受害节点分别利用 $\mathbf{S}_p$ 和 $\mathbf{S}_d$ 构造 K 对 RSS 变量序列。对每一对构造的变量序列，受害节点分别计算其序列相关系数，最终得到 K 对变量序列的平均相关系数。

由于信道具有高度的互惠相关性，因此在没有 IBA 攻击时，真实节点反馈的 RSS 记录和受害节点自己的 RSS 记录应该高度相关。如果存在 IBA，受害节点的 RSS 记录与此时接收到反馈 RSS 记录的相关性将会降低，其主要原因是此时受害节点记录的 RSS 中有一种是攻击节点窃听发送给真实节点的 ACK 帧而记录的 RSS，这种 RSS 和受害节点相应时隙记录的 RSR 呈低相关性。具体理论分析将在后面的章节详细描述，接下来将具体讨论如何构造 RSS 变量序列。

2．RCVI 变量序列构造

给定两个 RSS 瞬时记录量 $S(t_s)$ 和 $S(t_e)$，定义瞬时 RSS 变量为

$$\Delta S(t_s,t_e) = S(t_s) - S(t_e) \tag{12-83}$$

式中：t_s 和 t_e 为该变量的开始和结束时间。一个 RSS 变量序列由多个变量组成

$$[\Delta S(t_{s_1},t_{e_1}),\cdots,\Delta S(t_{s_L},t_{e_L})] \tag{12-84}$$

式中：L 为序列长度。给定 RSS 记录向量 $\mathbf{S}_p$ 和 $\mathbf{S}_d$，算法 6.2 构造了 K 个 RSS 变量序列，其中每个变量序列的长度都为 N。算法 6.2 运行了 K 轮，在构造第 $k\,(1 \leqslant k \leqslant K)$ 个序列时，首先选择第一个开始时间，然后找一个结束时间，让其时间间隔限定在 $[t_l,t_u]$，也即 $t_l < t_s - t_e < t_u$。如果找到符合条件的 RSS 变量记录 $\Delta S_d(t_i,t_j)$ 和 $\Delta S_p(t_i',t_j')$，把它们分别记录在构造的变量序列 $\Delta\mathbf{S}_{d_k}$ 和 $\Delta\mathbf{S}_{p_k}$ 里。然后在间隔一个保护时间 t_g 后，受害节点用相同的方法构造下一对变量，并重复上述过程，直至构造 N 个 RSS 变量。易知算法的总复杂度为 $O(KN)$。图 12-20 所示为构造过程示意图。

3．构造参数讨论

对于时间参数 $[t_l,t_u]$ 的选择，应遵循以下准则。

（1）t_l 不能太小，并且应该大于信道的相关时间，以保证用于构造变量的两个时刻的 RSS 记录较高的不相关[56,60]度。因为在相关时间内，信道是平稳且可以预测的，因此用于构造一个变量的两个 RSS 记录需尽量保持不相关。

但是参数 t_u 不能过大，因为对于移动较快的节点，如果 t_u 过大，则大尺度衰落效应将在信道变化中起主导作用。如果真实节点的移动方式可以被攻击节点观测到，攻击节点可以预测真实节点的大尺度衰落，可能会造成系统安全性下降。

（2）保护间隔 t_g 用来保证两个构造的 RSS 变量的独立性，因此应该大于信道相干时间[56,60]。

（3）变量序列的长度 N 应该足够长，直至两个合法的 RSS 变量序列能够取一个很好的相关性，同时 K 不能太小。在后面的理论分析和实验中，将发现当 $N>50$，$K>5$ 时，RCVI 可以取一个好的探测性能。

使用 RSS 变量序列的必要性： 在传统的 RSS 探测方法中，如果攻击节点足够靠近真实节点，其信道将和真实节点的信道呈现较高的相关性，此时直接利用 RSS 探测 IBA 的检出率将会下降。本节利用多个 RSS 变量构造变量序列进行探测，由于动态网络中节点空间位置的变化，通过计算序列的平均相关系数而不是单个 RSS 记录，可在一定程度上抵御该影响以提高探测性能。

构造多个 RSS 变量序列的必要性： 构造多个变量序列可增强系统探测的稳健性。其主要有两方面效果：一是平滑有攻击时偶然出现“好的”变量的情况（与受害节点高度相关），二是可以平滑无攻击时偶然出现“坏的”变量的情况（与受害节点低相关）。例如，当有攻击时，如果选择多个不同的时间记录点构造多个变量序列，则一些“好的”变量的效果将被总体的效果抵消，因此总的平均相关系数可以仍然保持较低，以保证系统的探测性能。在无攻击时，构造多个变量序列并利用平均相关系数的探测，可以补偿少数突发“坏的”变量的情况，从而降低系统探测的虚警概率。

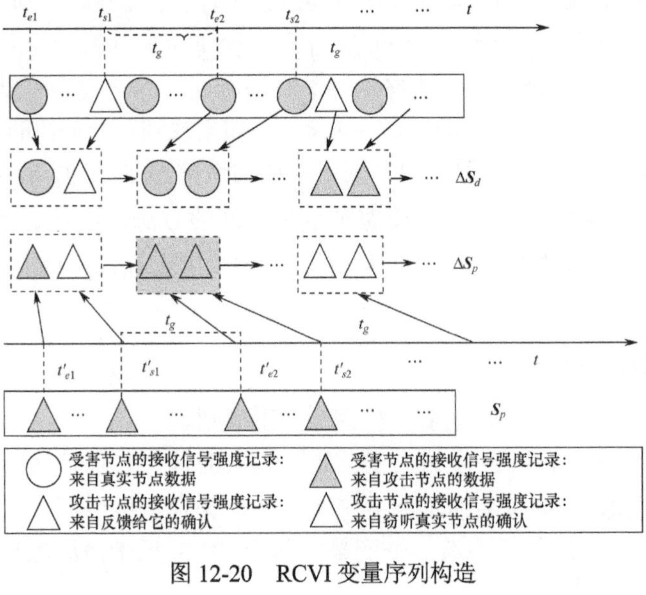

图 12-20 RCVI 变量序列构造

12.4.3 RSS 构造变量和序列的相关性分析

本节通过理论分析，分别探讨 RCVI 方案在有攻击和无攻击时的探测性能。首先给出如下定义。

（1）前向真实信道 $g \to v$：从真实节点到受害节点之间的信道。

（2）从受害节点到真实节点的反馈信道 $v \to g$：受害节点反馈 ACK 帧到真实节点的信道。

（3）攻击信道 $a \to v$：从攻击节点发送攻击帧到受害节点之间的信道。

（4）窃听信道 $v \to a$：攻击节点窃听受害节点反馈给真实节点 ACK 帧的信道。

1. 无攻击时构造变量序列的相关特性

本小节首先讨论无攻击时构造变量序列的相关性质。在一个数据帧内，可认为 RSS 服从对数正态阴影衰落[56,60]。设在时刻 t，受害节点接收的数据帧是由真实节点发送的，其后在距离 t 极短的时间 t'，真实节点接收 t 时刻配对的 ACK 反馈帧，则在 t 时刻的受害节点的 RSS 记录可以表示为

$$S_{gv}(t) = S_g - L_{gv}(d_0) - 10\alpha_{gv}\log\left(\frac{d_{gv}(t)}{d_0}\right) + X_{gv}(t) \tag{12-85}$$

式中：S_g 为真实节点的传输功率，单位为 dBm；$d_{gv}(t)$ 为真实节点和受害节点在时刻 t 的距离；α_{gv} 为路径损耗指数；d_0 为一个很短的参考距离参数；$L_{gv}(d_0)$ 为在参考距离 d_0 时的路径损耗；$X_{gv}(t)$ 为一个服从零均值标准差 σ_X 的静态高斯随机过程。假设运动节点在时间 $[t_s,t_e]$ 内不会出现地理位置上大的变动，于是构造的变量 $\Delta S_{gv}(t_s,t_e)$ 可以表示为

$$\Delta S_{gv}(t_s,t_e) \approx X_{gv}(t_s) - X_{gv}(t_e) \tag{12-86}$$

由于 $t_e - t_s$ 很小（几十毫秒），这个假设是合理的。在后续的实验环节发现，在室内环境下约 60ms 可让 $X_{gv}(t_s)$ 和 $X_{gv}(t_e)$ 趋于不相关。考虑 $X_{gv}(t_s)$ 和 $X_{gv}(t_e)$ 为正态高斯分布，于是 $\Delta S_{gv}(t_s,t_e)$ 服从高斯分布 $\mathcal{N}(0,2\sigma_X^2)$。实际中往往存在着测量估计误差，可能来自网络中其他信号的干扰、噪声和设备损耗等。因此包含估计（测量）噪声的变量可表示为

$$\tilde{S}_{gv}(t) = S_{gv}(t) + n_v(t) \tag{12-87}$$

式中：$n_v(t)$ 服从 $\mathcal{N}(0,\sigma_v^2)$，表示受害节点在 t 时刻的测量误差。因此含有测量噪声的构造变量可以表示为

$$\Delta\tilde{S}_{gv}(t_s,t_e) = \Delta S_{gv}(t_s,t_e) + \Delta n_v \tag{12-88}$$

式中：$\Delta n_v = n_v(t_s) - n_v(t_e)$。由于两时刻测量的噪声独立，因此 Δn_v 服从

$\mathcal{N}(0,2\sigma_v^2)$。类似地，真实节点含测量误差的 RSS 变量可以表示为

$$\Delta\tilde{S}_{vg}(t_s',t_e')=\Delta S_{vg}(t_s',t_e')+\Delta n_g \tag{12-89}$$

式中：$\Delta S_{vg}(t_s',t_e')\approx X_{vg}(t_s')-X_{vg}(t_e')$；$\Delta n_g$ 服从 $\mathcal{N}(0,2\sigma_g^2)$，表示真实节点的 RSS 构造变量的测量误差。

2. 无攻击时的总体和样本相关系数

本小节分析无攻击时 RSS 构造序列的总体和样本相关系数。

（1）构造 RSS 变量的总体相关系数。

由于 DATA 帧和其配对的 ACK 帧之间的时间间隔极短，例如在现有 802.11 网络中，DATA 帧一般含有 512 比特，设传输率是 12Mb/s，则 DATA 帧和 ACK 帧的间隔一般为 0.47ms。由此可见，$t_s'-t_s$ 和 $t_e'-t_e$ 的差值十分小，因此 DATA-ACK 帧间的信道互惠性可以保持得很好，于是有推论 11 如下。

推论 11 假设 $X_{gv}(t_s)$ 和 $X_{vg}(t_s')$ 之间的总体相关系数为 ρ_{gv}，则 RSS 构造变量 $\Delta\tilde{S}_{gv}(t_s,t_e)$ 和 $\Delta\tilde{S}_{vg}(t_s',t_e')$ 的样本总体相关系数为

$$\tilde{\rho}_{gv}=\frac{\rho_{gv}}{\sqrt{(1+\sigma_v^2/\sigma_X^2)(1+\sigma_g^2/\sigma_X^2)}} \tag{12-90}$$

证明：为分析简明，用 X_1 和 X_2 分别表示 $X_{gv}(t_s)$ 和 $X_{gv}(t_e)$，X_1' 和 X_2' 分别表示 $X_{vg}(t_s')$ 和 $X_{vg}(t_e')$，X_3 和 X_4 表示 Δn_v 和 Δn_g。根据以上假设，X_1/X_1'、X_2/X_2'、X_3 和 X_4 之间相互独立并且都服从零均值的高斯分布。因此 $X_1-X_2+X_3$ 和 $X_1'-X_2'+X_4$ 分别服从 $\mathcal{N}(0,2(\sigma_X^2+\sigma_v^2))$ 和 $\mathcal{N}(0,2(\sigma_X^2+\sigma_g^2))$。由于 X_1 和 X_1'、X_2 和 X_2' 间的互惠相关系数为 ρ_{gv}，则有

$$\begin{aligned}\tilde{\rho}_{gv}&=\frac{E[(X_1-X_2+X_3)(X_1'-X_2'+X_4)]}{\sqrt{2(\sigma_X^2+\sigma_v^2)}\sqrt{2(\sigma_X^2+\sigma_g^2)}}=\frac{E[X_1X_1']+E[X_2X_2']}{\sqrt{2(\sigma_X^2+\sigma_v^2)}\sqrt{2(\sigma_X^2+\sigma_g^2)}}\\&=\frac{\rho_{gv}\sigma_X^2+\rho_{gv}\sigma_X^2}{\sqrt{2(\sigma_X^2+\sigma_v^2)}\sqrt{2(\sigma_X^2+\sigma_g^2)}}=\frac{\rho_{gv}}{\sqrt{(1+\sigma_v^2/\sigma_X^2)(1+\sigma_g^2/\sigma_X^2)}}\end{aligned} \tag{12-91}$$

推论 11 得证。

推论 11 表明互惠系数 ρ_{gv} 是影响样本总体相关系数 $\tilde{\rho}_{gv}$ 的关键。同时可看出 RSS 构造变量的样本总体相关系数 $\tilde{\rho}_{gv}$ 与 σ_v^2/σ_X^2 和 σ_g^2/σ_X^2 呈反比，其可视为信噪比的倒数。因此可知，当信噪比较小时，则 $\tilde{\rho}_{gv}$ 和 ρ_{gv} 偏差较大；反之，当信噪比较大时，则 $\tilde{\rho}_{gv}\to\rho_{gv}$。

（2）构造 RSS 序列的样本相关系数。

由以上分析可知，受害节点构造的 N 长变量序列 $\Delta\boldsymbol{S}_p$ 和 $\Delta\boldsymbol{S}_d$ 可以看作从两个

高斯总体变量$\Delta\tilde{S}_{gv}(t_s,t_e)$和$\Delta\tilde{S}_{vg}(t'_s,t'_e)$取出的$N$长样本序列，并且两个高斯总体变量的相关系数为$\tilde{\rho}_{gv}$。则在总体相关系数$\tilde{\rho}_{gv}$条件下，$N$长样本序列的相关系数$\bar{\rho}$的概率密度函数[174]可以表示为

$$f(\bar{\rho}\mid\tilde{\rho}_{gv})=\frac{(N-2)\Gamma(N-1)(1-\tilde{\rho}_{gv}^2)^{\frac{(N-1)}{2}}(1-\bar{\rho}^2)^{\frac{(N-4)}{2}}}{\sqrt{2\pi}\Gamma(N-0.5)(1-\bar{\rho}\tilde{\rho}_{gv})^{N-1.5}} \tag{12-92}$$

$${}_2F_1\left(0.5,0.5;\frac{2N-1}{2};\frac{\bar{\rho}\tilde{\rho}_{gv}+1}{2}\right)\quad(0\leqslant\bar{\rho}\leqslant 1)$$

式中：$\Gamma(\cdot)$为伽马函数；${}_2F_1(\cdot)$为高斯超几何函数。

RSS 构造序列的样本相关系数的作用：在无攻击情况下，系统用虚警率α表示受害节点汇报有攻击的概率。由式（12-10），当给定判决阈值ρ_{th}时，则可以数值计算系统的虚警率为

$$\alpha=\int_0^{\rho_{\text{th}}}f(\bar{\rho}\mid\tilde{\rho}_{gv})\mathrm{d}\bar{\rho} \tag{12-93}$$

图 12-21 显示了当$\tilde{\rho}_{gv}=0.7$，$N=25$、50 和 100 时候的概率密度函数$f(\bar{\rho}\mid\tilde{\rho}_{gv})$，从图中可以看出，$f(\bar{\rho}\mid\tilde{\rho}_{gv})$的值在$\bar{\rho}\to\tilde{\rho}_{gv}$时越来越大，并且在$\tilde{\rho}_{gv}$处到达峰值。另外，当$\bar{\rho}$距离$\tilde{\rho}_{gv}$越远时，PDF 的值迅速下降并很快趋近 0。另外，当N越大时，$f(\bar{\rho}\mid\tilde{\rho}_{gv})$的整体形状越来越尖，这说明参数$N$会影响系统的探测性能。

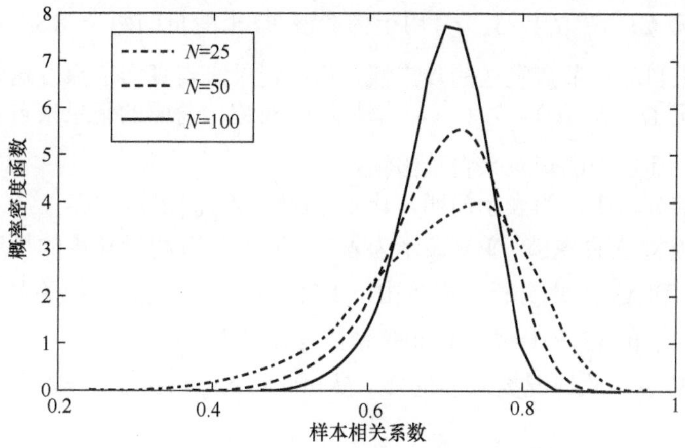

图 12-21　不同序列长度下样本相关系数的 PDF

3. 不同类型攻击下 RSS 构造变量的总体相关特性

本小节讨论在不同攻击类型下，RSS 构造变量的总体相关特性。设在有攻

击的情况下，在 DATA-ACK 阶段，受害节点接收攻击帧的密度为 P_a ，于是受害节点的 M 个 RSS 记录中混杂着前向真实信道 $g \to v$ 和攻击信道 $a \to v$ 的 RSS 记录。在第二阶段，考虑第 6.2 节所讨论的最差安全性情况之下，假设受害节点总是接收来自攻击节点的反馈，则其接收的反馈 RSS 记录均来自窃听信道 $v \to a$ 。

攻击节点构造的 RSS 变量：无论何种攻击方式，在攻击节点构造的变量可以表示为

$$\Delta\tilde{S}_{va}(t_s',t_e') = \Delta S_{va}(t_s',t_e') + \Delta n_a \tag{12-94}$$

式中： $\Delta S_{va}(t_s',t_e') = S_{va}(t_s') - S_{va}(t_e')$ ； Δn_a 为攻击节点的测量误差服从 $\mathcal{N}(0,2\sigma_v^2)$ 。

如 12.1 节的讨论，在时刻 t_s' 和 t_e' ，攻击节点接收的帧有两种情况：一种是攻击节点发送的攻击帧被受害节点接收并反馈一个 ACK 帧给攻击节点；另一种情况是攻击节点窃听由受害节点反馈给真实节点的 ACK 帧。综上所述，$\Delta S_{va}(t_s',t_e')$ 服从 $\mathcal{N}(0,2\sigma_X^2)$ 。

受害节点构造的 RSS 变量：与攻击节点不同，受害者节点构造的变量存在以下 4 种情况。

（1）**情况 A**：$S_{av}(t_s) - S_{av}(t_e)$ ，用于构造该 RSS 变量的两个 RSS 记录的前后两个都是来自攻击节点发送的攻击帧。

（2）**情况 B**：$S_{gv}(t_s) - S_{gv}(t_e)$ ，用于构造该 RSS 变量的两个 RSS 记录的前后两个都是来自真实节点发送的 DATA 帧。

（3）**情况 C**：$S_{av}(t_s) - S_{gv}(t_e)$ 用于构造该 RSS 变量的两个 RSS 记录，其中前面的记录来自攻击节点发送的攻击帧，后面记录来自真实节点发送的数据帧。

（4）**情况 D**：$S_{gv}(t_s) - S_{av}(t_e)$ ，与情况 C 对称，前面的记录来自真实节点发送的数据帧，而后面的记录来自攻击帧。

在下面的分析中，为表示简明，让 ΔS_a 表示 $\Delta S_{va}(t_s',t_e')$ ，其对应的 RSS 记录在受害节点处构造的 RSS 变量表示为 ΔS_v 。同理带有测量噪声的构造变量可简化表示为 $\Delta\tilde{S}_a$ 和 $\Delta\tilde{S}_v$ 。现分析不同攻击下 RSS 构造变量的总体相关系数。由上述分析可归纳 $\Delta\tilde{S}_v$ 和 $\Delta\tilde{S}_a$ 的样本总体相关系数存在以下 3 种情况。

（1）**情况 A**：此情况类似推论 1，易知此时 $\Delta\tilde{S}_v$ 和 $\Delta\tilde{S}_a$ 的样本总体相关系数可以表示为

$$\tilde{\rho}_{\mathrm{A}} = \frac{\rho_{av}}{\sqrt{(1+\sigma_v^2/\sigma_X^2)(1+\sigma_a^2/\sigma_X^2)}} \tag{12-95}$$

式中：ρ_{av} 为攻击节点到受害节点之间的信道互惠系数。

（2）**情况 B**：受害节点构造的 RSS 变量可由式（12-6）表示，而反馈的

RSS 变量是攻击节点的，则

$$\tilde{\rho}_{\mathrm{B}} = \frac{\rho_{ag}}{\sqrt{(1+\sigma_v^2/\sigma_X^2)(1+\sigma_a^2/\sigma_X^2)}} \tag{12-96}$$

式中：ρ_{ag} 为窃听信道和前向真实信道的互惠相关系数。

（3）**情况 C 和 D**：此时分别对应

$$\Delta S_v \approx X_{av}(t_s) - X_{gv}(t_e) \text{ 和 } \Delta S_v \approx X_{gv}(t_e) - X_{av}(t_s) \tag{12-97}$$

因此可以得到

$$\tilde{\rho}_{\mathrm{C}} = \tilde{\rho}_{\mathrm{D}} \frac{\rho_{av}+\rho_{ag}}{2\sqrt{(1+\sigma_v^2/\sigma_X^2)(1+\sigma_a^2/\sigma_X^2)}} \tag{12-98}$$

从式（12-95）到式（12-96）可以看出，在有攻击时，RSS 变量样本总体相关性主要受信噪比和互惠相关系数 ρ_{av} 和 ρ_{ag} 的影响。当无攻击时，样本总体相关系数应该服从式（12-90）。如果存在攻击，则受害节点构造变量序列 ΔS_d 混合着三种不同类型的构造变量，分别对应情况 A、B 和 C（情况 D 和 C 下对相关系数的影响是一样的，因此将情况 D 归于情况 C 之中），此过程可以由图 12-22 形象的阐释。则此时样本总体相关系数分别服从式（12-95），式（12-96）或者式（12-98）。下一小节将推导不同攻击类型下 RSS 构造变量序列的样本相关系数。

4. 不同攻击类型下 RSS 构造序列的样本相关特性

本小节将推导不同攻击类型下 RSS 构造变量序列的样本相关系数，其不同攻击类型如前面的图 12-18，包括“后面\前面”“交织”的情况。

（1）“交织”攻击下的样本相关特性。

在“交织”攻击（受害节点接收的攻击帧和合法数据帧随机交叉）时，如果攻击帧密度为 P_a，则 RSS 构造变量 $\Delta\tilde{S}_a$ 和 $\Delta\tilde{S}_v$ 的总体相关系数如下。

性质 1　在攻击帧密度为 P_a 时，$\Delta\tilde{S}_a$ 和 $\Delta\tilde{S}_v$ 的样本总体相关系数可以表示为

$$\tilde{\rho}_a = \frac{P_a\rho_{av}+(1-P_a)\rho_{ag}}{\sqrt{1+\sigma_v^2/\sigma_X^2}\sqrt{1+\sigma_a^2/\sigma_X^2}} \tag{12-99}$$

证明：由以上分析，N 长变量序列 ΔS_d 的受害节点混合了三种不同类型的构造变量，分别对应情况 A、B 和 C。设情况 A、B 和 C 对应的随机变量和 $\Delta\tilde{S}_a$ 的总体相关系数分别为 $\tilde{\rho}_{\mathrm{A}}$、$\tilde{\rho}_{\mathrm{B}}$ 和 $\tilde{\rho}_{\mathrm{C}}$，则 ΔS_d 可以看作来自一个混合高斯变量 $\Delta\tilde{S}_v$ [175] 的样本，且 $\Delta\tilde{S}_v$ 服从混合高斯分布 $\mathcal{N}(0, 2\sigma_X^2+2\sigma_v^2)$。让 $(P_{\mathrm{A}}, P_{\mathrm{B}}, P_{\mathrm{C}})$ 表示情况 A、B 和 C 在 ΔS_d 中出现的概率，用 λ_{A}、λ_{B}、λ_{C} 分别表示 $\Delta\tilde{S}_v$ 中分别对应情况 A、B 和 C 时的三种高斯变量，于是 $\Delta\tilde{S}_v$ 和 $\Delta\tilde{S}_a$ 总体的

相关系数 $\tilde{\rho}_a$ 可以写作

$$\begin{aligned}\tilde{\rho}_a &= \frac{P_{\mathrm{A}}E(\lambda_{\mathrm{A}}\Delta\tilde{S}_a)+P_{\mathrm{B}}E(\lambda_{\mathrm{B}}\Delta\tilde{S}_a)+P_{\mathrm{C}}E(\lambda_{\mathrm{C}}\Delta\tilde{S}_a)}{\sqrt{2\sigma_X^2+2\sigma_v^2}\sqrt{2\sigma_X^2+2\sigma_a^2}} \\ &= \frac{2\sigma_X^2P_{\mathrm{A}}\rho_{av}+2\sigma_X^2P_{\mathrm{B}}\rho_{ag}+\sigma_X^2P_{\mathrm{C}}(\rho_{av}+\rho_{ag})}{\sqrt{2\sigma_X^2+2\sigma_v^2}\sqrt{2\sigma_X^2+2\sigma_a^2}} \\ &= \frac{P_{\mathrm{A}}\rho_{av}+P_{\mathrm{B}}\rho_{ag}+0.5P_{\mathrm{C}}(\rho_{av}+\rho_{ag})}{\sqrt{1+\sigma_v^2/\sigma_X^2}\sqrt{1+\sigma_a^2/\sigma_X^2}}\end{aligned} \tag{12-100}$$

从式（12-100）看出，相关系数 $\tilde{\rho}_a$ 受到 P_a 与 ΔS_d 中出现三种不同情况的概率 $(P_{\mathrm{A}},P_{\mathrm{B}},P_{\mathrm{C}})$ 的影响。由于受害节点不知何时接收了攻击帧，并且不知当前帧是来自真实节点或者攻击节点。将受害节点接收一个攻击帧看作一个随机事件，根据算法 6.1 和 6.2 可知，受害节点将从 M 个 RSS 记录反馈中取 $2N$ 个 RSS 记录来构造 RSS 变量序列。因此当 N 很大时，取到攻击帧的概率可以看作重复 $2N$ 次伯努利实验，且单独一次事件发生概率为 P_a。当 N 很大时，取到 k 个 RSS 记录是来自攻击帧的记录的概率可以表示为 $C_{2N}^kP_a^k(1-P_a)^{2N-k}$，则受害节点取到攻击帧对应的 RSS 记录的概率则是 $(2NP_a)/(2N)=P_a$，而取到记录对应于真实节点数据帧的概率是 $(1-P_a)$。

随后，受害节点利用取到的 $2N$ 个 RSS 记录构造 N 长变量序列 ΔS_d。这个过程可由图 12-22 形象地描述，其过程可以看作用 $2N$ 个 RSS 记录生成 N 个独立的 RSS 变量，其中每个变量包含两个不同的记录。如果构造变量中两个 RSS 记录都来自攻击帧，则该构造变量对应情况 A。如果构造变量中两个 RSS 记录都来自真实节点 DATA 帧，则对应情况 B。如果构造变量中的记录，一个来自攻击者，而另一个来自真实节点，则对应情况 C（情况 D 归入情况 C）。基于以上分析，当 N 很大时，出现 3 种情况的概率将趋于

$$P_{\mathrm{A}}=P_a^2,P_{\mathrm{B}}=(1-P_a)^2,P_{\mathrm{C}}=2P_a(1-P_a) \tag{12-101}$$

将式（12-101）带入式（12-100），可得性质 1。

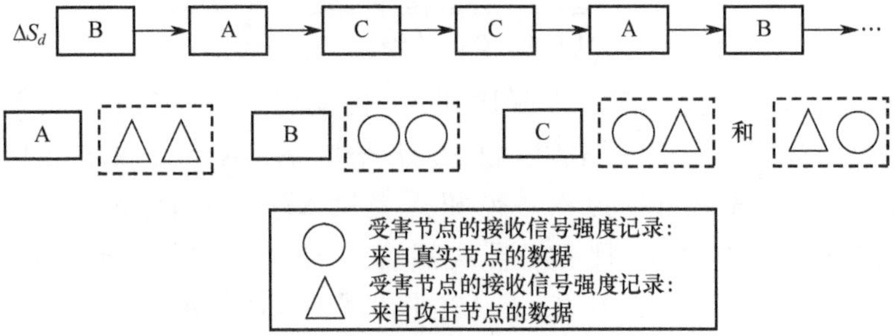

图 12-22 不同类型的构造变量分析

性质 1 的结论对于数值评估 RCVI 的探测性能十分重要。由于构造的 N 长变量序列 ΔS_p 和 ΔS_d 可以看作从两个高斯总体变量 $\Delta\tilde{S}_a$ 和 $\Delta\tilde{S}_v$ 取出的 N 长样本序列，因此只要知道攻击帧密度 P_a 和信道互惠相关系数 ρ_{av} 与 ρ_{ag}，就可以得到构造序列的样本总体相关系数 $\tilde{\rho}_a$。则由式（12-10）可知，$\Delta\tilde{S}_a$ 和 $\Delta\tilde{S}_v$ 序列样本的相关系数的 PDF 可表示为 $f(\bar{\rho}\,|\,\tilde{\rho}_a)$。当已知 $f(\bar{\rho}\,|\,\tilde{\rho}_a)$ 和 $f(\bar{\rho}\,|\,\tilde{\rho}_{gv})$ 后，在给定判决阈值下，可以数值计算 RCVI 的检出率和虚警率。具体的理论分析将在下一节详细讨论。

（2）“前面/后面”攻击下构造序列的相关特性。

当攻击方式为“前面/后面”时，受害节点观测到的来源于攻击帧的记录将集中出现在构造序列 ΔS_d 的后面或者前面。如图 12-22 所示，这时在 ΔS_d 的前面或者后面可能出现连续的情况 A 的 RSS 变量。在“前面/后面”攻击下，当 N 很大时，有性质 2 如下。

性质 2 当攻击方式为“前面/后面”时，如果攻击帧的密度为 P_a，则构造变量 $\Delta\tilde{S}_a$ 和 $\Delta\tilde{S}_v$ 的总体相关系数同性质 1。

证明：如上述分析，当 N 很大时，受害节点平均可以取到 $k=2NP_a$ 个来自攻击帧的记录。因此考虑一个特殊的“前面”攻击情况 S_{B}，此时让 $\tilde{\rho}_{a,s_B}$ 对应攻击情况 S_{B} 攻击下的总体相关系数。设在情况 S_{B} 中所有 $2NP_a$ 攻击帧的 RSS 记录都出现 $2N$ 个 RSS 记录中的“前面”，而剩下 $2N-k$ 个记录全都来自真实节点，并出现在 $2N$ 个 RSS 记录的“后面”。然后受害节点利用这 $2N$ 个记录构造 ΔS_d，则当 N 很大时候，受害节点平均将得到 NP_a 个对应于情况 A 的 RSS 变量；$N-NP_a$ 个对应于情况 B 的变量；0 个或者 1 个对应于情况 C 的变量。于是可得对应情况 A、B 和 C 变量出现的概率将趋于

$$P_{\mathrm{A}}=P_a,\ P_{\mathrm{B}}=1-P_a,\ P_{\mathrm{C}}=0 \tag{12-102}$$

将式（12-102）带入式（12-18），可得 $\tilde{\rho}_{a,s_B}=\tilde{\rho}_a$。说明当 N 很大时，“前面”攻击和交叉攻击下构造序列的总体相关系数将趋于一致。同理也可证明“后面”攻击的情形。性质 2 得证。

讨论：在高信噪比情况 $\sigma_{a,v,g}^2/\sigma_X^2\to 0$ 时，由性质 1 和 2 可知，此时 $\tilde{\rho}_a$ 主要由攻击帧密度 P_a 和信道互惠系数 ρ_{av} 与 ρ_{ag} 决定。如上述分析，DATA 帧或攻击帧和对应的 ACK 帧时间很短，则信道互惠性将保持得很好，此时 ρ_{av} 相对较高，趋近于 1。另外，因为攻击节点和真实节点的空间位置的互异性，ρ_{ag} 将会很低，通常趋于 0。图 12-23 显示了在高信噪比情况下，$\tilde{\rho}_a$ 在“前面/后面”和“交织”攻击下当 $0<P_a\leqslant 0.5$ 的变化趋势。其中信道互惠系数分别设置为

$(\rho_{av},\rho_{ag})=(0.8,0.1)$、$(0.7,0.1)$ 和 $(0.7,0.2)$。由图可看出，当 P_a 增大时，$\tilde{\rho}_a$ 增大，更高的 (ρ_{av},ρ_{ag}) 将得到更高的 $\tilde{\rho}_a$。当 $0<P_a\leqslant 0.5$ 时，ρ_{ag} 对 $\tilde{\rho}_a$ 的影响比 ρ_{av} 大。

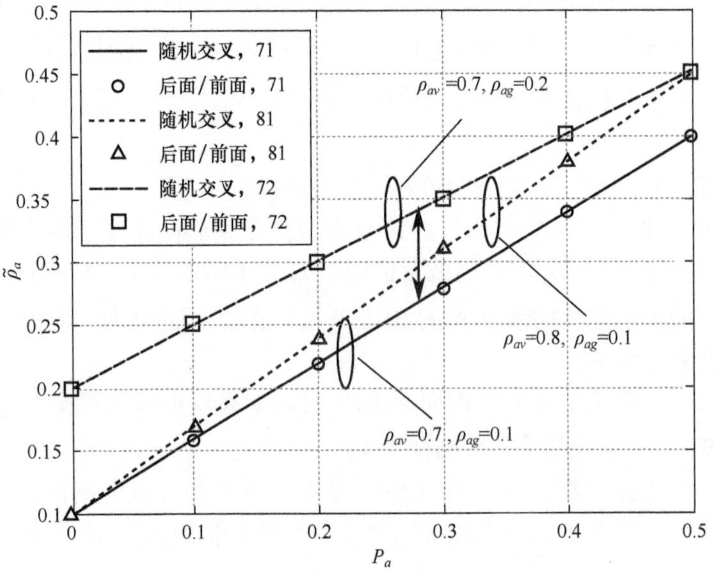

图 12-23　不同攻击类型和信道互惠相关系数下的 $\tilde{\rho}_a$

12.4.4　RCVI 假设检验和最优判决

1. RCVI 假设检验

RCVI 的探测性能可用接收性能曲线 ROC（Receiver Operating Characteristic）来描述。ROC 虚线描述了在一定虚警率 α 下的检出率 β，其中虚警率表示在没有攻击时汇报攻击的概率，而检出率则表示在有攻击时正确探测到攻击的概率。系统目标是在低的虚警率下取得尽量高的检出率。RCVI 的探测过程可建模为假设检验：

$$\begin{aligned} &H_0：无攻击 \\ &H_1：有攻击 \end{aligned} \tag{12-103}$$

式中：H_0 和 H_1 是可选假设，其中，H_0 表示无攻击（No attack），H_1 表示有攻击（Under attack）。已知

$$\alpha = Pr(\bar{\rho}\leqslant \rho_{\text{th}}\mid H_0)=\int_{\bar{\rho}\leqslant\rho_{\text{th}}} f_0(\bar{\rho})\mathrm{d}\bar{\rho} \tag{12-104}$$

$$\beta = Pr(\bar{\rho} \leqslant \rho_{\text{th}} \mid H_1) = \int_{\bar{\rho} \leqslant \rho_{\text{th}}} f_1(\bar{\rho}) \mathrm{d}\bar{\rho} \tag{12-105}$$

式中：$f_0(\bar{\rho})$ 和 $f_1(\bar{\rho})$ 是选择假设 1 和 2 时构造序列的样本相关系数的 PDF。在给定样本总体相关系数的条件下，参照式（12-8）、式（12-10）和式（12-11），$f_0(\bar{\rho})$ 和 $f_1(\bar{\rho})$ 可以写为

$$f_0(\bar{\rho}) = f(\bar{\rho} \mid \tilde{\rho}_{gv}), f_1(\bar{\rho}) = f(\bar{\rho} \mid \tilde{\rho}_a) \tag{12-106}$$

式中：$f(\cdot|\cdot)$ 为给定总体相关系数条件下的样本相关系数 PDF，参见式（12-10）。于是，当知道参数 $\tilde{\rho}_{gv}$ 和 $\tilde{\rho}_a$ 时，给定一个判决阈值 ρ_{th}，可由式（12-22）和式（12-23）数值计算虚警率 α 和检出率 β。可细化条件，如果给定 P_a 和信道互惠系数 ρ_{gv}、ρ_{av} 和 ρ_{ag}，则根据推论 11、性质 1 和 2，可得到样本相关系数 $\tilde{\rho}_{gv}$ 和 $\tilde{\rho}_a$，然后根据式（12-24）可以得到检验函数 $f_0(\bar{\rho} \mid \tilde{\rho}_{gv})$ 和 $f_1(\bar{\rho} \mid \tilde{\rho}_a)$，于是可以数值计算系统的虚警率 α 和检出率 β。

图 12-24 显示了 $N = 100$、$P_a = 0.5$ 时的假设检验函数 $f_0(\bar{\rho} \mid \tilde{\rho}_{gv})$ 和 $f_1(\bar{\rho} \mid \tilde{\rho}_a)$。对真实节点和攻击节点来说，由于 ACK 帧反馈的时间间隔都相同，因此 $\rho_{gv} \approx \rho_{av}$。

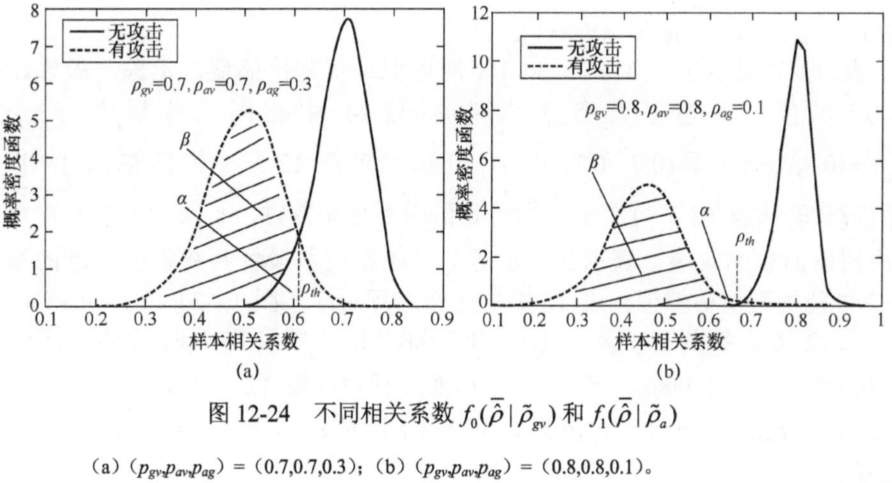

图 12-24　不同相关系数 $f_0(\bar{\rho} \mid \tilde{\rho}_{gv})$ 和 $f_1(\bar{\rho} \mid \tilde{\rho}_a)$

（a）（p_{gv},p_{av},p_{ag}）=（0.7,0.7,0.3）；（b）（p_{gv},p_{av},p_{ag}）=（0.8,0.8,0.1）。

在图 12-24（a）和（b）中，设信道互惠系数分别为 $(\rho_{gv}, \rho_{av}, \rho_{ag}) =$ (0.7,0.7,0.3) 和 (0.8,0.8,0.1)。由式（12-22）和式（12-23）知，图中在 ρ_{th} 左侧的 PDF 曲线下方阴影区域面积的大小反映了检出率 β 的大小，而在 ρ_{th} 左侧的 PDF 实线下方结合空白部分区域面积则反映了虚警率 α 的大小。从图 12-24 可以看出，(ρ_{gv}, ρ_{av}) 和 ρ_{ag} 的差距越大，则 $f_0(\bar{\rho} \mid \tilde{\rho}_{gv})$ 和 $f_1(\bar{\rho} \mid \tilde{\rho}_a)$ 间隔的距离则越远，最终系统可以在更小的

虚警率α下取得更高的检出率β。这是因为(ρ_{gv},ρ_{av})和ρ_{ag}的差距越大，$\tilde{\rho}_{gv}$和$\tilde{\rho}_a$的差距越大，则$f_0(\bar{\rho}\,|\,\tilde{\rho}_{gv})$和 $f_1(\bar{\rho}\,|\,\tilde{\rho}_a)$间隔的距离越远。同时，根据图 12-21 的特性可知，当N越大时，$f_0(\bar{\rho}\,|\,\tilde{\rho}_{gv})$和$f_1(\bar{\rho}\,|\,\tilde{\rho}_a)$越窄，因此在同等条件下，$N$越大，ROC 性能越好。

2. RCVI 最优判决阈值

本小节将分析 RCVI 的近似最优判决阈值$\rho_{\text{th}}^{\text{opt}}$。假设存在攻击节点的概率为$\tau$，让

$$\bar{\beta}=\int_{\rho_{\text{th}}}^{1} f_1(\bar{\rho}\,|\,\tilde{\rho}_a)\mathrm{d}\bar{\rho}=1-\beta \tag{12-107}$$

则在最大化检出率β的情况下最小化虚警率α，则可建立最小化问题：

$$\min \tau\bar{\beta}+(1-\tau)\alpha \tag{12-108}$$

根据式（12-26），最优判决阈值为下列方程在（0,1）之间的解$\rho_{\text{th}}^{\text{opt}}$

$$(1-\tau)f_0(\rho_{\text{th}}^{\text{opt}}\,|\,\tilde{\rho}_{gv})-\tau f_1(\rho_{\text{th}}^{\text{opt}}\,|\,\tilde{\rho}_a)=0, 0<\rho_{\text{th}}^{\text{opt}}<1 \tag{12-109}$$

由于$f_0(\rho_{\text{th}}^{\text{opt}}\,|\,\tilde{\rho}_{gv})$和$f_1(\rho_{\text{th}}^{\text{opt}}\,|\,\tilde{\rho}_a)$为含超几何函数和特殊函数组合的表达式，因此$\rho_{\text{th}}^{\text{opt}}$在数学上很难用一个简单的表达式给出。基于式（12-27），可利用数学软件得到近似解作为近似最优判决阈值。

表 12-3 显示了当$N=25、50、100$的近似最优判决阈值。不失一般性，设$\tau=0.5$，信道互惠系数参数则和图 12-24 中相同，分别为$(\rho_{gv},\rho_{av},\rho_{ag})=(0.8,0.8,0.1)$和$(0.7,\ 0.7,\ 0.3)$，分别对应表 12-3 中的标签$\rho_{\text{th}}^{\text{opt}}(881)$和$\rho_{\text{th}}^{\text{opt}}(773)$。从表 12-3 可看出，当给定信道互惠系数时，不同的参数N对最优判决阈值的影响较小。表 12-4 显示了系统在近似最优判决阈值附近的系统 ROC 性能的数值估算值，表 12-4 中前面三行对应了图 12-24（b）的 ROC 性能，信道互惠参数$(\rho_{gv},\rho_{av},\rho_{ag})=(0.8,0.8,0.1)$。可看出此时 ROC 性能在$\alpha=0.0001$，$\beta=0.9986$。表 12-4 中后面三行对应图 12-24（a）的 ROC 性能参数$(\rho_{gv},\ \rho_{av},\rho_{ag})=(0.7,0.7,0.3)$，可看出此时$\alpha=0.05$，可以取得检出率$\beta\approx 0.94$。

表 12-3　不同序列长度下的近似最优阈值

N	25	50	100
ρ_{th} (881)	0.665	0.663	0.661
ρ_{th} (773)	0.617	0.615	0.610

表 12-4　最优阈值附近的系统 ROC 性能

ρ_{th} (881)	0.64	0.66	0.68
β	0.9961	0.9986	0.9996
α	0.0003	0.0012	0.0036
ρ_{th} (773)	0.59	0.61	0.63
β	0.8928	0.9393	0.9691
α	0.0284	0.0550	0.1006

12.4.5 数值仿真与分析

本节将对所提出的 RCVI 方案进行数值仿真实验以验证上述的理论分析。图 12-25 显示了在“交织”和“后面”攻击下，互惠相关系数$(\rho_{gv},\rho_{av},\rho_{ag})$分别设置为$(0.7,0.7,0.3)$、$(0.7,0.7,0.2)$、$(0.8,0.8,0.2)$和$(0.8,0.8,0.1)$时 ROC 性能的数值和仿真结果对比。其中$(\rho_{gv},\rho_{av},\rho_{ag})=(0.7,0.7,0.3)$、$(0.7,0.7,0.2)$、$(0.8,0.8,0.2)$和$(0.8,0.8,0.1)$，分别对应图中的缩写标签“73”“72”“82”“81”。在图 12-25 中分别用“数值分析”和“仿真”标签来表示数值模拟和蒙特卡罗仿真实验结果。其他参数设置为$P_a=0.5$、$N=100$、$\sigma_X^2=1$、$\sigma_a^2=\sigma_g^2=\sigma_v^2=0$。在仿真中，分部针对“交织”和“后面”攻击产生了$5\times10^4$次 RSS 记录以统计 ROC 平均性能。从图 12-25 可以看出，所有的数值结果都非常接近仿真结果的性能，并且“交织”和“后面”攻击的 ROC 性能相近，充分验证了上述理论分析。

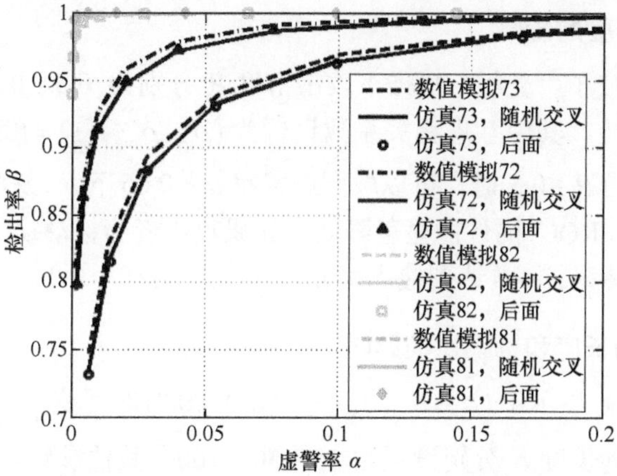

图 12-25　不同类型攻击和互惠系数下的系统 ROC 数值和仿真性能

1. 互惠相关系数的影响

从图 12-26 可以看出，在相同的ρ_{gv}和ρ_{av}下，更高的ρ_{ag}会导致 ROC 性能明

显下降。这是因为更高的ρ_{ag}反映$v \to a$和$v \to g$间信道的较高信道相关性。

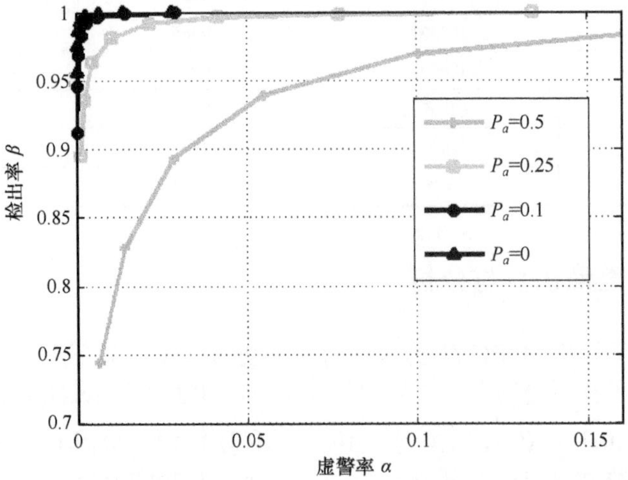

图 12-26　不同攻击密度下的 ROC 性能

相反，在相同的ρ_{ag}下，较高的ρ_{gv}会明显提高 ROC 性能。这是因为更高的ρ_{gv}可以使$\tilde{\rho}_{gv}$和$\tilde{\rho}_a$之间差距更大，因此检验函数$f_0(\bar{\rho} \mid \tilde{\rho}_{gv})$和$f_1(\bar{\rho} \mid \tilde{\rho}_a)$之间的差距更大，从而 ROC 性能提高，这也证实了上节的理论分析。从图 12-26 可以看出，即使ρ_{gv}降低到 0.7，同时ρ_{ag}的相关系数高达 0.3，系统仍然可以在虚警率$\alpha = 0.05$下获取检出率$\beta > 90\%$，验证了 RCVI 可以取得良好的 ROC 性能。

2．攻击帧密度的影响

图 12-26 比较了“交织”攻击下攻击密度P_a分别为 0.5、0.25、0.1 和 0 情况下的 ROC 性能。其中互惠相关系数设置为$(\rho_{gv}, \rho_{av}, \rho_{ag}) = (0.7,\ 0.7,\ 0.3)$。从该图可以看出，当$P_a$=0.5 时，可以取到虚警率$\alpha < 0.05$下$\beta > 90\%$。另外，随着攻击帧密度增高，ROC 的性能显著降低。如果攻击者为被动窃听者，P_a=0，则检测率将会以虚警率$\alpha \to 0$达到检出率β=1。

3．构造序列长度和信噪比的影响

图 12-27（a）显示了$(\rho_{gv}, \rho_{av}, \rho_{ag}) = (0.8, 0.8, 0.2)$时“交织”攻击下的 ROC 性能。其构造序列长度$N$分别设置为 25、50、100。其他参数与图 12-25 相同。从图 12-27（a）可以看出，N越大，获得的 ROC 的性能越好。

但是对于 RCVI 系统而言，N越大会造成系统开销越大，因此在实际应用中，需要充分考虑用户安全性和服务质量需求。从图 12-27（a）可以看出，当N = 50 时，RCVI 可以获得相对较好的 ROC 性能。

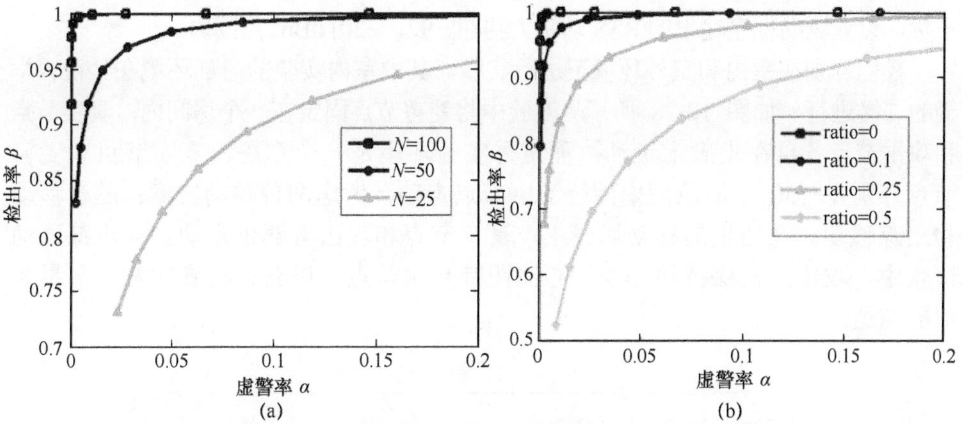

图 12-27　不同 RCVI 构造参数下的 ROC 性能

（a）*N*；（b）ratio。

图 12-27（b）显示了测量误差和传输功率的信噪比对 ROC 性能的影响。在图 12-27（b）中，设 N 为 100，而 $\sigma_a^2/\sigma_X^2=\sigma_g^2/\sigma_X^2=\sigma_v^2/\sigma_X^2$ 设置为 0、0.1、0.25 和 0.5，其他仿真参数与图 12-25 相同。从图 12-27（b）可直观地看出，较大的测量误差率会降低性能，因此在通信中保证高信噪比是必要的。以上的数值和仿真实验结果充分验证了之前的理论分析，并验证了 RCVI 可以获得预期的探测性能。下一节将在真实的移动环境中测试 RCVI 方案，并讨论现实环境中各种因素对系统探测性能的影响。

12.4.6　真实室内和室外环境测试

1．实验设备和测试环境

本节将在真实的室内和室外环境中对移动节点进行实验，以验证所提方案在真实移动通信环境中的性能。本节利用三台戴尔 E5400 笔记本电脑模拟 IBA 模型中的真实节点、受害节点和攻击节点。该型号电脑使用英特尔 iwl5300 芯片组处理器和 iwlwifi 无线网卡驱动。所有实验都使用 2.4GHz 频率信道和无线通信协议 802.11g，其中传输速率固定为 12Mb/s，传输功率为 15dBm。真实节点和攻击节点使用 Ping 生成到受害节点的 UDP 数据包（User Datagram Protocol）。Ping 报文的大小为 512 字节，请求的时间间隔为 10ms。实验直接利用 Ping 请求和 ACK 帧来模拟 RCVI 模型中的 DATA 帧和 ACK 帧。实验时，关闭驱动中的天线分集功能以保证 DATA 帧和对应的 ACK 帧在同一个天线对之间传输。实验中，将三个节点的虚拟网口配置为监听模式，来监听信道中所有信息包并记录监听到的信息。使用工具 Tcpdump 4.0.0[176]记录数据帧的 RSS，每次实验分别运行 5 min。由于实验地点附近的校园无线网络接入点和校园网用户在相同的频段上工作，因此实验中存在一定的干扰，设置驱动程序输出的 RSS 功率大约在[−92，−20] dBm 范围内。

我们分别在室内和室外环境下进行实验。其中室内实验的内部环境在学校教学楼的二楼进行，如图 12-28 所示。实验中将受害节点固定在一个房间内，真实节点和攻击节点各自在走廊上走动。而室外实验环境是一个草坪，真实节点和受害节点分别在 150 步的范围内围绕受害节点走动。考虑两种移动方案：随机移动和跟踪移动。在随机的移动场景中，真实节点和攻击者随机走动。在跟踪移动情景中，攻击者在保持约 0.5m 距离跟踪真实节点，以获得与真实节点尽量相似的信道。

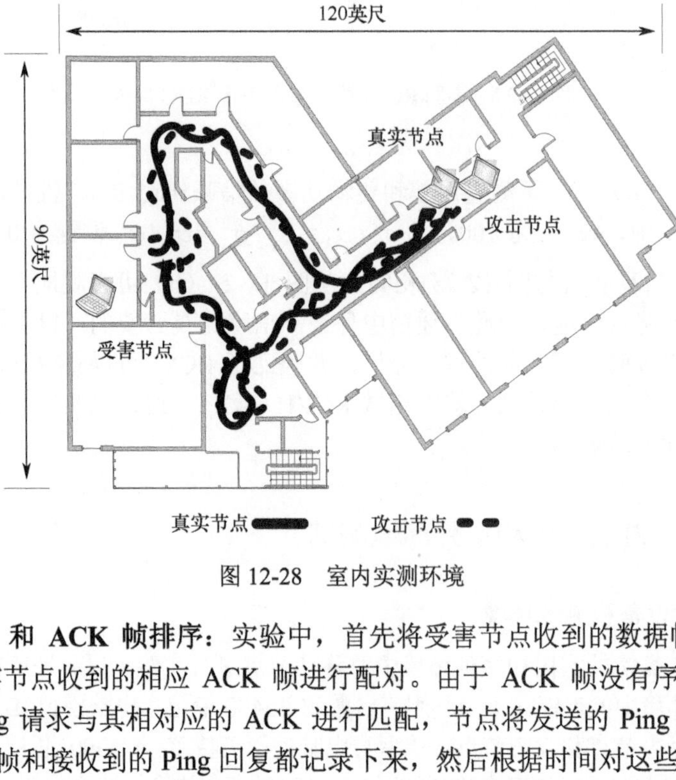

图 12-28　室内实测环境

DATA 和 ACK 帧排序：实验中，首先将受害节点收到的数据帧（Ping 请求）与真实节点收到的相应 ACK 帧进行配对。由于 ACK 帧没有序列号，为了将每个 Ping 请求与其相对应的 ACK 进行匹配，节点将发送的 Ping 请求、接收到的 ACK 帧和接收到的 Ping 回复都记录下来，然后根据时间对这些记录进行排序配对。如果一次 Ping 请求成功发送（被受害节点接收），在 Ping 请求和 Ping 回复序号相同的情况下，则在同一时间排序里会出现三条连续的 Ping 请求，ACK 帧和 Ping 回复记录。利用同样的方法，可将受害节点与攻击节点收到的 Ping 请求和相应的 ACK 帧进行匹配。然后，用已经配对排序的数据和相对应 ACK 帧的 RSS 记录，分别在真实节点和受害节点上生成 RSS 变量序列。同时攻击节点也将利用相同的方法构造变量序列。针对不同的场景和环境分别试验了不同的 t_l 和 t_g。在室内和室外环境下，发现将 t_l=t_g 分别设置为 60ms 和 160ms，可使构造变量的两个 RSS 记录保持相互独立。

2. 真实环境下 RCVI 的性能

表 12-5 分别测量真实节点和受害节点的前向 $g \to v$ 和后向 $v \to g$ 的互惠相关系数 ρ_{gv}，受害节点和攻击节点的 $a \to v$ 和 $v \to a$ 互惠系数 ρ_{av} 和 $v \to a$ 和 $g \to v$ 的互惠系数 ρ_{ag}，同时测量了构造变量 ΔS_{gv}、ΔS_{vg} 和 ΔS_{ag} 的标准差。发现互惠系数在 $g \to v$ 和 $v \to g$、$a \to v$ 和 $v \to a$ 之间都保持得较好，基本保持在 0.7 以上。但是窃听信道 $v \to a$ 和前向真实信道 $g \to v$ 之间互惠系数较低，在 0.3 左右。因此攻击节点通过窃听 ACK 帧得到的 RSS 记录变量和受害节点构造的变量相关度很低，验证了之前的理论分析。

表 12-5　不同环境下 RSS 构造变量的相关系数和方差

		ρ_{gv}	ρ_{av}	ρ_{ag}	$\sigma_{\Delta vg}$	$\sigma_{\Delta vg}$	$\sigma_{\Delta ag}$
室内	跟踪	0.69	0.72	0.15	3.55	3.00	3.66
	随机	0.67	0.69	0.15	3.49	2.83	3.53
室外	跟踪	0.81	0.63	−0.07	3.28	2.91	5.24
	随机	0.74	0.67	0.02	3.01	2.78	4.70

图 12-29（a）和（b）分别显示了在室内环境下 RSS 记录分布的散点图，该图中子图（a）表示真实节点 ACK 帧和受害节点间数据帧 RSS 记录的相关性散点图。（b）显示了攻击节点窃听 ACK 帧的 RSS 记录和受害节点对应 DATA 帧记录的相关性散点图。（a）和（b）中横纵坐标旁分别统计了 RSS 记录的概率分布密度柱状图，验证了 RSS 记录服从高斯分布。从该图可以清楚地看到，在真实节点和受害节点的双向信道 RSS 记录的相关性保持得很好，而在真实信道和窃听信道之间则呈现低相关性。图 12-30 显示 RCVI 方案在真实的室内跟踪环境下，不同的构造序列长度，构造序列数量，帧间间隔下的 ROC 性能。

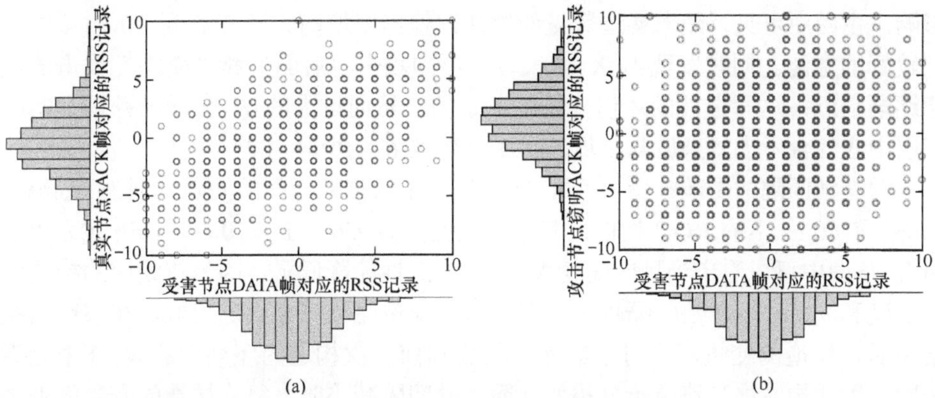

图 12-29　室内实测 RSS 变量的散点分布图

（a）受害节点和真实节点；（b）受害节点和攻击节点。

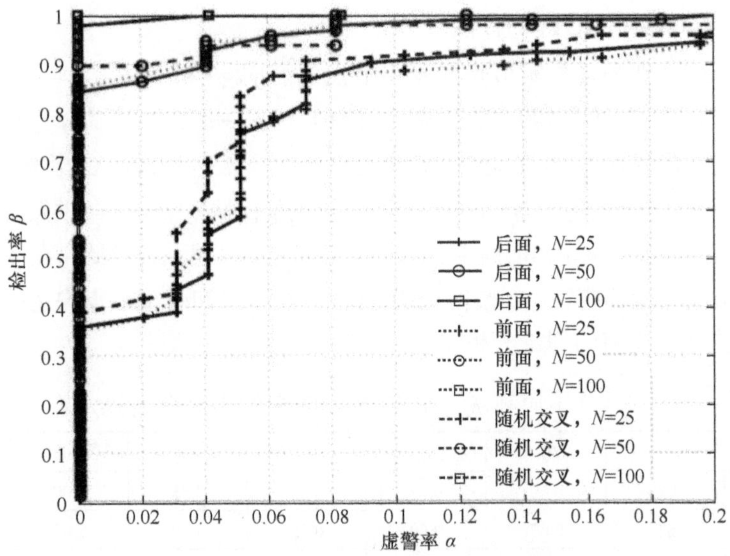

图 12-30　实测不同攻击类型下系统 ROC 性能

构造序列长度的影响：将得到的 RSS 记录段分为等长度的 3s、6s 和 12s，然后分别构造长度 N 为 25、50 和 100 的变量序列。对每段记录都构造 10 个 RSS 变量序列以得到平均性能。攻击帧密度设定为 P_a=0.5，图 12-31 显示了真实环境下室内跟踪环境下的 ROC 性能。发现随着 N 增加，探测性能提高，当序列长度为 50 和 100 时可以获得比较好的性能。同时发现 RCVI 在不同类型的攻击下获得近似的性能。此图的结果发现 RCVI 在真实的室内移动环境中仅仅需要 12s 就可以取到比较好的探测性能，而文献[142]中的方案 DEMOTE 则需要约 150s 时间才能得到相近的探测性能。

构造数量的影响：图 12-31（a）显示了不同构造序列数量 K 对 ROC 性能的影响。由图中可见，随着构造数量的增加，检出率增高。当 K 达到 10 时可以得到较好的性能。同时发现当 K 增大时，不同攻击“后面”和“交织”攻击的性能逐渐趋近，这和之前的理论分析是一致的。然而过大的 K 会增加开销，实际应用中应综合考虑复杂度与延迟的折中，建议 K 至少取 10。

数据帧间隔的影响：图 12-31（b）显示了数据帧之间的间隔分别为 10ms、30ms 和 60ms 下的 ROC 性能，其中参数设置 N=50，$K=10$，攻击方式为“后面”，从图中可以看出当帧间隔变大时，ROC 性能降低了。因为在相同的构造序列长度和 t_l、t_g 下，帧间隔越大，则构造的变量序列将会更加相似。在移动两次索引后，构造的变量序列时中的元素将会和前一次构造的序列中的 $N-1$ 个元素相同，因此构造序列将会十分相似。而当帧间隔减小时，每次构造的变量序列之间的相关程度降低，因此系统的探测效率提高。

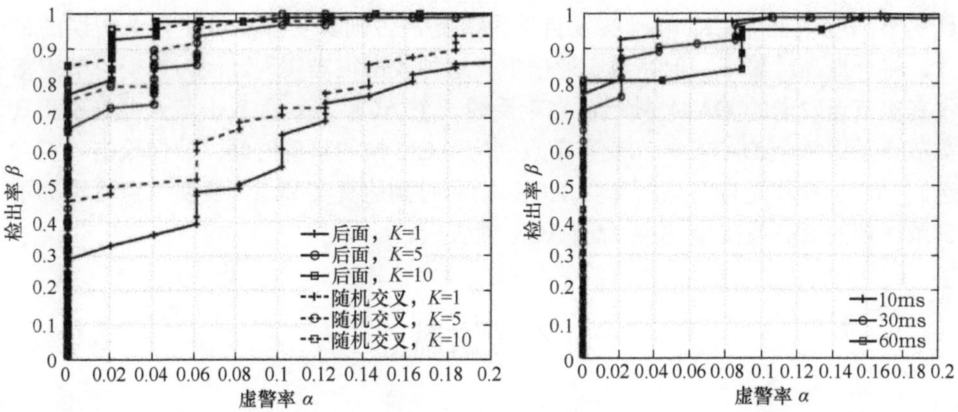

(a)　　　　　　　　　　　　(b)

图 12-31　实测不同参数对系统 ROC 的影响

（a）K；（b）帧间隔。

12.4.7　扩展讨论

RCVI 的开销：RCVI 方案需要接收节点向发送节点反馈的 RSS 记录，增大了通信系统的开销，但是该开销是很小的。例如当帧间隔是 10ms 时的室内实测环境，一个 RSS 记录需要一个字节，则构造一个长度为 50 的 RSS 变量序列总共需要 600 个字节的 RSS 记录。这 600 字节 RSS 记录只需要装在一个数据包里反馈即可。当需要更长的 RSS 记录时，例如在室外环境时，$N=50, K=10$ 时需要反馈约 1600 字节的 RSS 记录，此时仅需要反馈 2 个数据包就能获得足够好的探测性能。

不稳定数据帧重传：RCVI 方案可以扩展至不稳定的 DATA 帧或 ACK 帧情况。在 802.11 网络，没有传送成功的数据帧（可能因为帧丢失或损坏等因素）将会导致重传。但是利用帧序列作为标记，用 6.7 节所述的 DATA 帧和 ACK 帧排序配对方法，总可以将 DATA 帧和其对应的 ACK 帧匹配。如果受害节点接收多个具有相同帧序列号的重传数据帧，则使用最后一个数据帧的 RSS 记录。在实测中发现 ACK 帧具有很高的稳定性，其回传成功率大于 99.5%。

多天线 RCVI：未来的无线通信设备通常可装备多天线，设备可以根据接收信号的质量转换发送或者接收天线。RCVI 扩展至多天线模型时，需要考虑在构造 RSS 变量序列的收发双方的天线之间的正确配对，也即真实节点和受害节点用来构造变量的两个 RSS 记录的必须来自同一对收发天线的信道。多天线设备将提高 RCVI 探测效率，因为在同样的时间内利用多天线可以获取比单天线更多的非相关 RSS 变量[186-192]。

ACK 帧欺诈攻击：攻击节点可以尝试生成假的 ACK 帧扰乱真实节点，因此真实节点应认证 ACK 帧确实发自受害节点，否则真实节点可能记录错误的信息，将会提高虚警率。但在现实通信中，这种攻击很难实现。因为当受害节点接收真实节点发送的 DATA 帧后，立刻反馈一个 ACK 帧，而攻击节点很难预测真实节点发送每个 DATA 帧和受害节点回应 ACK 帧的精确时间。即便攻击节点发送假 ACK 帧和受害节点的真实 ACK 帧同时到达真实节点，真实节点可选择不记录该帧的 RSS 记录，并认为该 ACK 帧丢失。

参考文献

[1] 官建文，唐胜宏，许丹丹. 中国移动互联网发展报告（2016）[M]. 北京：社会科学文献出版社，2016.

[2] Ericsson. 5G security scenarios and solutions [EB/OL]. Ericsson White Paper, 2015. Available: http://www. ericsson.com/res/docs/whitepapers/wp-5g-security.pdf

[3] J. Thompson. 5G wireless communication systems: prospects and challenges[J]. IEEE Communications Magazine, 2014, 52(2): 612-64.

[4] Gupta A, Jha R K. A survey of 5G network: Architecture and emerging technologies[J]. IEEE Access, 2015, 3: 12012-1232.

[5] Rappaport T S, Sun S, Mayzus R, et al. Millimeter wave mobile communications for 5G cellular: It will work![J]. IEEE Access, 2013, 1: 335-349.

[6] Wang C X, Haider F, Gao X, et al. Cellular architecture and key technologies for 5G wireless communication networks[J]. IEEE Communications Magazine, 2014, 52(2): 1212-130.

[7] Tehrani M N, Uysal M, Yanikomeroglu H. Device-to-device communication in 5G cellular networks: challenges, solutions, and future directions[J]. IEEE Communications Magazine, 2014, 52(5): 812-92.

[8] Agyapong P K, Iwamura M, Staehle D, et al. Design considerations for a 5G network architecture[J]. IEEE Communications Magazine, 2014, 52(11): 65-75.

[9] Li Q C, Niu H, Papathanassiou A T, et al. 5G network capacity: Key elements and technologies[J]. IEEE Vehicular Technology Magazine, 2014, 9(1): 71-78.

[10] Jungnickel V, Manolakis K, Zirwas W, et al. The role of small cells, coordinated multipoint, and massive MIMO in 5G[J]. IEEE Communications Magazine, 2014, 52(5): 44-51.

[11] Gao Z, Dai L, Mi D, et al. MmWave massive-MIMO-based wireless backhaul for the 5G ultra-dense network[J]. IEEE Wireless Communications, 2015, 22(5): 21-112.

[12] Bogale T E, Le. L B. Massive MIMO and mmWave for 5G wireless HetNet: Potential benefits and challenges[J]. IEEE Vehicular Technology Magazine, 2016, 11(1): 64-75.

[13] Elijah O, Leow C Y, Rahman T A, et al. A comprehensive survey of pilot contamination in

massive MIMO—5G system[J]. IEEE Communications Surveys & Tutorials, 2016, 18(2): 905-923.

[14] Roh W, Seol J Y, Park J, et al. Millimeter-wave beamforming as an enabling technology for 5G cellular communications: theoretical feasibility and prototype results[J]. IEEE Communications Magazine, 2014, 52(2): 101-113.

[15] Larsson E G , Edfors O, Tufvesson F, et al. Massive MIMO for next generation wireless systems[J]. IEEE Communications Magazine, 2014, 52(2): 181-195.

[16] Niu Y, Li Y, Jin D, et al. A survey of millimeter wave communications (mmWave) for 5G: opportunities and challenges[J]. Wireless Networks, 2015, 21(8): 2657-2676.

[17] Dehos C, González J L, De Domenico A, et al. Millimeter-wave access and backhauling: the solution to the exponential data traffic increase in 5G mobile communications systems?[J]. IEEE Communications Magazine, 2014, 52(9): 88-95.

[18] Qiao J, Shen X S, Mark J W, et al. Enabling device-to-device communications in millimeter-wave 5G cellular networks[J]. IEEE Communications Magazine, 2015, 53(1): 209-215.

[19] Hu R Q, Qian Y. An energy efficient and spectrum efficient wireless heterogeneous network framework for 5G systems[J]. IEEE Communications Magazine, 2014, 52(5): 94-101.

[20] Barbarossa S, Sardellitti S, Di Lorenzo P. Communicating while computing: Distributed mobile cloud computing over 5G heterogeneous networks[J]. IEEE Signal Processing Magazine, 2014, 31(6): 45-55.

[21] Perrig A, Stankovic J, Wagner D. Security in wireless sensor networks[J]. Communications of the ACM, 2004, 47(6): 512-57.

[22] El M, Zarki, Mehrotra S, et al. Security issues in a future vehicular network[C]. European Wireless. 2002, 2.

[23] Potter B. Wireless security's future[J]. IEEE Security & Privacy, 2003, 99(4): 68-72.

[24] Agiwal M, Roy A, Saxena N. Next generation 5G wireless networks: a comprehensive survey[J]. IEEE Communications Surveys & Tutorials, 2016, 18(3): 1617-1655.

[25] Massey J L. An introduction to contemporary cryptology [J]. Proceedings of the IEEE, 1988, 76(5): 531-549.

[26] Daemen J, Rijmen V. The design of Rijndael: AES-the advanced encryption standard [M]. Berlin, Germany: Springer-Verlag, 2002.

[27] Rivest R L, Shamir A, Adleman L. A method for obtaining digital signatures and public-key cryptosystems [J]. Communications of the ACM, 1978, 21(2): 120-126.

[28] Schneier B. Cryptographic design vulnerabilities [J]. IEEE Computer, 1998, 31(9): 29-33.

[29] Barenghi A, Breveglieri L, Koren I, et al. Fault injection attacks on cryptographic devices: Theory, practice, and countermeasures [J]. Proceedings of the IEEE, 2012, 100(11): 3051-3076.

[30] Zhou J, Cao Z, Dong X, et al. Security and privacy for cloud-based IoT: challenges,

countermeasures, and future directions [J]. IEEE Communications Magazine, 2017, 55(1): 21-33.

[31] Stankovic. J A. Research directions for the internet of things [J]. IEEE Internet of Things Journal, 2014, 1(1): 1-9.

[32] Xu L D, He W, Li S. Internet of Things in industries: a survey [J]. IEEE Transactions on Industrial Informatics, 2014, 10(4): 2231-2243.

[33] Zhang K, Ni J, Yang K, et al. Security and privacy in smart city applications: challenges and solutions [J]. IEEE Communications Magazine, 2017, 55(1): 1212-129.

[34] Haus M, Waqas M, Ding A Y, et al. Security and privacy in device-to-device (D2D) communication: a review [J]. IEEE Communications Surveys & Tutorials, 2017, 19(2): 1054-1079.

[35] Alam M, Yang D, Rodriguez J, et al. Secure device-to-device communication in LTE-A [J]. IEEE Communications Magazine, 2014, 52(4): 61-73.

[36] Fodor G , Parkvall S, Sorrentino S, et al. Device-to-device communications for national security and public safety [J]. IEEE Access, 2014, 2: 1510-1520.

[37] Bennett C H, Bernstein E, Brassard G , et al. Strengths and weaknesses of quantum computing[J]. SIAM Journal on Computing, 1997, 26(5): 1510-1523.

[38] Lloyd S. A potentially realizable quantum computer[J]. Science, 1993, 261(5128): 1569-1571.

[39] Moradi A, Shalmani M T M, Salmasizadeh M. A generalized method of differential fault attack against AES cryptosystem[C]. International Workshop on Cryptographic Hardware and Embedded Systems, Springer, Berlin, Heidelberg, 2006: 91-100.

[40] Wang X, Yu H. How to break MD5 and other hash functions[C]. Annual international Conference on the Theory and Applications of Cryptographic Techniques, Springer, Berlin, Heidelberg, 2005: 19-35.

[41] Kocher P C. Timing attacks on implementations of Diffie-Hellman, RSA, DSS, and other systems[C]. Annual International Cryptology Conference, Springer, Berlin, Heidelberg, 1996: 104-113.

[42] Wood A D, Stankovic J A. Denial of service in sensor networks[J]. Computer, 2002, 35(10): 54-62.

[43] Senie D, Ferguson P. Network ingress filtering: Defeating denial of service attacks which employ IP source address spoofing[J]. Network, 1998.

[44] Meyer U, Wetzel S. A man-in-the-middle attack on UMTS[C]. Proceedings of the 3rd ACM Workshop on Wireless Security, Philadelphia, PA, USA, 2004: 90-97.

[45] Jawandhiya P M, Ghonge M M, Ali M S, et al. A survey of mobile ad hoc network attacks[J]. International Journal of Engineering Science and Technology, 2010, 2(9): 4061-4071.

[46] Douceur J R. The sybil attack[C]. International Workshop on Peer-to-Peer Systems. Springer, Berlin, Heidelberg, 2002: 251-260

[47] Newsome J, Shi E, Song D, et al. The sybil attack in sensor networks: analysis & defenses[C].

Proceedings of the 3rd International Symposium on Information Processing in Sensor Networks, Berkeley, California, USA, 2004: 259-268.

[48] Yang N, Wang L, Geraci G , et al. Safeguarding 5G wireless communication networks using physical layer security[J]. IEEE Communications Magazine, 2015, 53(4): 20-27.

[49] Kapetanovic D, Zheng G , Rusek F. Physical layer security for massive MIMO: An overview on passive eavesdropping and active attacks[J]. IEEE Communications Magazine, 2015, 53(6): 21-27.

[50] Bloch M, Barros J. Physical-layer security: from information theory to security engineering[M]. Cambridge: Cambridge University Press, 2011.

[51] Shiu Y S, Chang S Y, Wu H C, et al. Physical layer security in wireless networks: a tutorial[J]. IEEE Wireless Communications, 2011, 18(2).

[52] Mukherjee A, Fakoorian S A A, Huang J, et al. Principles of physical layer security in multiuser wireless networks: a survey[J]. IEEE Communications Surveys & Tutorials, 2014, 16(3): 1550-1573.

[53] Zeng K. Physical layer key generation in wireless networks: challenges and opportunities[J]. IEEE Communications Magazine, 2015, 53(6): 312-39.

[54] Wang X, Hao P , Hanzo L. Physical-layer authentication for wireless security enhancement: current challenges and future developments, [J]. IEEE Communications Magazine, 2016, 54(6): 151-158.

[55] Juels A. RFID security and privacy: a research survey[J]. IEEE Journal on Selected Areas in Communications, 2006, 24(2): 381-394.

[56] Shan D, Zeng K, Xiang W, et al. PHY-CRAM: physical layer challenge-response authentication mechanism for wireless networks[J]. IEEE Journal on Selected Areas in Communications, 2013, 31(9): 1817-1827.

[57] Goldsmith A. Wireless communications[M]. Cambridge: Cambridge University Press, 2005.

[58] Rappaport T S. Wireless communications: principles and practice[M]. New Jersey: Prentice Hall PTR, 1996.

[59] Hoult D I. The principle of reciprocity in signal strength calculations—a mathematical guide[J]. Concepts in Magnetic Resonance Part A, 2000, 12(4): 171-187.

[60] Kaemarungsi K, Krishnamurthy P. Properties of indoor received signal strength for WLAN location fingerprinting[C]. IEEE Conference on Mobile and Ubiquitous Systems: Networking and Services, Boston, USA, 2004: 14-23.

[61] Desmond L C C, Yuan C C, Pheng T C, et al. Identifying unique devices through wireless fingerprinting[C]. Proceedings of the First ACM Conference on Wireless Network Security. ACM, Alexandria, VA, USA, 2008: 412-55.

[62] Shannon C E. A mathematical theory of communication[J]. ACM SIGMOBILE Mobile

Computing and Communications Review, 2001, 5(1): 12-55.

[63] Wyner A D. The wire - tap channel[J]. Bell Labs Technical Journal, 1975, 54(8): 1355-1387.

[64] Csiszár I, Korner J. Broadcast channels with confidential messages[J]. IEEE Transactions on Information Theory, 1978, 24(3): 339-348.

[65] Ozarow L H, Wyner A D. Wire - Tap Channel II[J]. Bell Labs Technical Journal, 1984, 63(10): 2135-2157.

[66] Maurer U M. Secret key agreement by public discussion from common information[J]. IEEE Transactions on Information Theory, 1993, 39(3): 731-742.

[67] Leung-Yan-Cheong S K, Hellman M E. The Gaussian wire-tap channel [J]. IEEE Transactions on Information Theory, 1978, 24(4): 451-456.

[68] Barros J, Rodrigues M R D. Secrecy capacity of wireless channels[C]. Information Theory, 2006 IEEE International Symposium, Seattle, WA, USA, 2006: 351-360.

[69] Bloch M, Barros J, Rodrigues M R D, et al. Wireless information-theoretic security[J]. IEEE Transactions on Information Theory, 2008, 54(6): 2515-2534.

[70] Gopala P K, Lai L, El H. Gamal. On the secrecy capacity of fading channels[J]. IEEE Transactions on Information Theory, 2008, 54(10): 4687-4698.

[71] Liang Y, Poor H V, Shamai S. Secure communication over fading channels[J]. IEEE Transactions on Information Theory, 2008, 54(6): 2470-2492.

[72] Wang P, Yu G , Zhang Z. On the secrecy capacity of fading wireless channel with multiple eavesdroppers[C]. IEEE International Symposium on Information Theory, Nice, France, 2007, 1301-1305.

[73] Liang Y, Poor H V, Shamai S. Secrecy capacity region of fading broadcast channels[C]. IEEE International Symposium on Information Theory, Nice, France, 2007, 24-29.

[74] Khisti A, Tchamkerten A, Wornell G W. Secure broadcasting over fading channels[J]. IEEE Transactions on Information Theory, 2008, 54(6): 24512-2469.

[75] Tekin E, Yener A. The general Gaussian multiple-access and two-way wiretap channels: Achievable rates and cooperative jamming[J]. IEEE Transactions on Information Theory, 2008, 54(6): 2735-2751.

[76] Bloch M, Barros J, Rodrigues M R D, et al. Wireless information-theoretic security[J]. IEEE Transactions on Information Theory, 2008, 54(6): 2515-2534.

[77] Thangaraj A, Dihidar S, Calderbank A R, et al. Applications of LDPC codes to the wiretap channel[J]. IEEE Transactions on Information Theory, 2007, 53(8): 2931-2945.

[78] Rathi V, Andersson M, Thobaben R, et al. Performance analysis and design of two edge-type LDPC codes for the BEC wiretap channel[J]. IEEE Transactions on Information Theory, 2013, 59(2): 1048-1064.

[79] Mahdavifar H, Vardy A. Achieving the Secrecy Capacity of Wiretap Channels Using Polar

Codes[J]. IEEE Transactions on Information Theory, 2011,57(10), 6428 – 6443.

[80] Hof E, Shamai S. Secrecy-achieving polar-coding[C]. IEEE Information Theory Workshop, Dublin, Ireland, 2010, 1-5.

[81] Klinc D, Ha J, McLaughlin S W, et al. LDPC for physical layer security[C]. Global Telecommunications Conference, Honolulu, HI, USA, 2009, 1-6.

[82] Klinc D, Ha J, McLaughlin S W, et al. LDPC codes for the Gaussian wiretap channel[J]. IEEE Transactions on Information Forensics and Security, 2011, 6(3): 531-540.

[83] Baldi M, Bianchi M, Chiaraluce F. Coding with scrambling, concatenation, and HARQ for the AWGN wire-tap channel: A security gap analysis[J]. IEEE Transactions on Information Forensics and Security, 2012, 7(3): 881-894.

[84] Wong C W, Wong T F, Shea J M. LDPC code design for the BPSK-constrained Gaussian wiretap channel[C]. GLOBECOM Workshops, Houston, TX, USA, 2011, 898-902.

[85] Wen H, Ho P H, Wu B. Achieving secure communications over wiretap channels via security codes from resilient functions[J]. IEEE Wireless Communications Letters, 2014, 3(3): 271-276.

[86] 文红. 无线通信的可靠和安全编码[M]. 北京：国防工业出版社，2011.

[87] Wen H, Gong G , Ho P H. Build-in wiretap channel I with feedback and LDPC codes[J]. Journal of Communications and Networks, 2009, 11(6): 538-543.

[88] Zhang G , Wen H, Pu J, et al. Build-in wiretap channel I with feedback and LDPC codes by soft decision decoding[J]. IET Communications, 2017, 11(11): 1808-1814.

[89] Zhou X, McKay M R, Maham B, et al. Rethinking the secrecy outage formulation: A secure transmission design perspective [J]. IEEE Communications Letters, 2011, 15(3): 301-304.

[90] Hero A O. Secure space-time communication. IEEE Transaction on Information Theory, 2003, 49: 3235-3249.

[91] Khisti A, Wornell G W. Secure transmission with multiple antennas I: The MISOME wiretap channel[J]. IEEE Transactions on Information Theory, 2010, 56(7): 3088-3104.

[92] Khisti A, Wornell G W. Secure transmission with multiple antennas—Part II: The MIMOME wiretap channel[J]. IEEE Transactions on Information Theory, 2010, 56(11): 5515-5532.

[93] Oggier F, Hassibi B. The secrecy capacity of the MIMO wiretap channel[J]. IEEE Transactions on Information Theory, 2011, 57(8): 4961-4972.

[94] Shafiee S, Ulukus S. Achievable rates in Gaussian MISO channels with secrecy constraints[C]. IEEE International Symposium on Information Theory, Nice, France, 2007, 2461-2470.

[95] Rodriguez L J, Tran N H, Duong T Q, et al. Physical layer security in wireless cooperative relay networks: State of the art and beyond [J]. IEEE Communications Magazine, 2015, 53(12): 31-39.

[96] Wang H M, Xia X G. Enhancing wireless secrecy via cooperation: Signal design and optimization[J]. IEEE Communications Magazine, 2015, 53(12): 47-53.

[97] Chen X, Zhong C, Yuen C, et al. Multi-antenna relay aided wireless physical layer security[J].

IEEE Communications Magazine, 2015, 53(12): 40-46.

[98] Zou Y, Zhu J, Wang X, et al. Improving physical-layer security in wireless communications using diversity techniques [J]. IEEE Network, 2015, 29(1): 41-48.

[99] Hu L, Wen H, Wu B, et al. Adaptive base station cooperation for physical layer security in two-cell wireless networks [J]. IEEE Access, 2016, 4: 5607-5623.

[100] He B, Yang N, Zhou X, et al. Base station cooperation for confidential broadcasting in multi-cell networks [J]. IEEE Transactions on Wireless Communications, 2015, 14(10): 5287-5299.

[101] Chen X, Zhang Y. Mode selection in MU-MIMO downlink networks: A physical-layer security perspective [J]. IEEE Systems Journal, 2017, 11(2): 1128-1136.

[102] Hu L, Wen H, Wu B, et al. Adaptive secure transmission for physical layer security in cooperative wireless networks [J]. IEEE Communications Letters, 2017, 21(3): 524-527.

[103] Zou Y, Wang X, Shen W. Optimal relay selection for physical-layer security in cooperative wireless networks [J]. IEEE Journal on Selected Areas in Communications, 2013, 31(10): 2099-2111.

[104] Dong L, Han Z, Petropulu A P, et al. Improving wireless physical layer security via cooperating relays [J]. IEEE Transactions on Signal Processing, 2010, 58(3): 1875-1888.

[105] Mukherjee A, Swindlehurst A L. Utility of beamforming strategies for secrecy in multiuser MIMO wiretap channels[C]. 47th Annual Allerton Conference on Communication, Control and Computing, Allerton, 2009, 1134-1141.

[106] Yang S, Kobayashi M, Piantanida P, et al. Secrecy degrees of freedom of MIMO broadcast channels with delayed CSIT[J]. IEEE Transactions on Information Theory, 2013, 59(9): 5244-5256.

[107] Li X, H wu J, Ratazzi E P. Using antenna array redundancy and channel diversity for secure wireless transmissions[J]. Journal of Comunications, 2007, 2(3): 24-32.

[108] Li X, H wu J, Ratazzi E P. Array redundancy and diversity for wireless transmissions with low probability of interception[C]. IEEE International Conference on Acoustics, Speech and Signal Processing, Toulouse, France, 2006, 14-19.

[109] Negi R, Goel S. Secret communication using artificial noise [C]. IEEE Vehicular Technology Conference, Dallas, USA, 2005, 1901-1910.

[110] Goel S, Negi R. Guaranteeing secrecy using artificial noise [J]. IEEE Transactions on Wireless Communications, 2008, 7(6): 2180-2189.

[111] Wang H M, Zheng T, Xia X G. Secure MISO wiretap channels with multiantenna passive eavesdropper: Artificial noise vs. artificial fast fading[J]. IEEE Transactions on Wireless Communications, 2015, 14(1): 94-106.

[112] Zhou X, McKay M R. Secure transmission with artificial noise over fading channels: Achievable rate and optimal power allocation[J]. IEEE Transactions on Vehicular Technology,

2010, 59(8): 3831-3842.

[113] Liao W C, Chang T H, Ma W K, et al. QoS-based transmit beamforming in the presence of eavesdroppers: An optimized artificial-noise-aided approach[J]. IEEE Transactions on Signal Processing, 2011, 59(3): 1201-1216.

[114] Mukherjee A, Swindlehurst A L. Robust beamforming for security in MIMO wiretap channels with imperfect CSI[J]. IEEE Transactions on Signal Processing, 2011, 59(1): 351-361.

[115] Alves H, Souza R D, Debbah M, et al. Performance of transmit antenna selection physical layer security schemes[J]. IEEE Signal Processing Letters, 2012, 19(6): 371-375.

[116] Yang N, Suraweera H A, Collings I B, et al. Physical layer security of TAS/MRC with antenna correlation[J]. IEEE Transactions on Information Forensics and Security, 2013, 8(1): 254-259.

[117] Yang N, Yeoh P L, Elkashlan M, et al. Transmit antenna selection for security enhancement in MIMO wiretap channels[J]. IEEE Transactions on Communications, 2013, 61(1): 144-154.

[118] Wen H, Gong G J，Han R. MIMO cross-layer secure communication architecture based on STBC, Telecommunications Systems, 2011, 1-12.

[119] Yan S , Yang N, Malaney R, et al. Transmit antenna selection with Alamouti coding and power allocation in MIMO wiretap channels[J]. IEEE Transactions on Wireless Communications, 2014, 13(3): 1651-1667.

[120] Wang H, Zhou X, Reed M C. Physical layer security in cellular networks: A stochastic geometry approach[J]. IEEE Transactions on Wireless Communications, 2013, 12(6): 2771-2787.

[121] Zhou X, Ganti R K. Andrews J G , et al. On the throughput cost of physical layer security in decentralized wireless networks[J]. IEEE Transactions on Wireless Communications, 2011, 10(8): 2764-2775.

[122] Karas D S, Boulogeorgos A A A, Karagiannidis G K. Physical layer security with uncertainty on the location of the eavesdropper[J]. IEEE Wireless Communications Letters, 2016, 5(5): 540-543.

[123] Bai J, Xiao F T, Xu J, et al. The secrecy outage probability for the i th closest legitimate user in stochastic networks[J]. IEEE Communications Letters, 2014, 18(7): 1230-1233.

[124] Liu W, Ding Z , Ratnarajah T, et al. On ergodic secrecy capacity of random wireless networks with protected zones[J]. IEEE Transactions on Vehicular Technology, 2016, 65(8): 6141-6158.

[125] Wang J, Lee J, Quek T Q S. Best antenna placement for eavesdroppers: distributed or co-Located?[J]. IEEE Communications Letters, 2016, 20(9): 1820-1823.

[126] Zheng X T, Wang H M, Yin Q Y. On transmission secrecy outage of a multi-antenna system with randomly located eavesdroppers[J]. IEEE Communications Letters, 2014, 18(8): 1299-1302.

[127] Sun D, Wang X, Zhao Y, et al. SecDCF: an optimized cross-layer scheduling scheme based on physical layer security[C]. IEEE International Conference on Communications, Kyoto, Japan,

2011, 1-5.

[128] Xu N, Sun Y , Huang B, et al. An energy-efficient cross-layer framework for security in wireless sensor networks[C]. 2011 Fourth International Symposium on Knowledge Acquisition and Modeling, Sanya, China, 2011, 121-124.

[129] Kaliszan M, Mohammadi J, Stanczak S. Cross-layer security in two-hop wireless gaussian relay network with untrusted relays[C]. IEEE International Conference on Communications 2013, Budapest, 2013, 2199- 2204.

[130] Wen H, Gong G. A MIMO based cross-layer approach to augment the security of wireless networks[R].Technical Report at University of Waterloo: Department of Electrical and Computer Engineering, 2008.

[131] Huo F , Gong G. A new efficient physical layer OFDM encryption scheme[C]. IEEE International Conference on Computer Communications, Toronto, Canada, 2014, 1024-1032.

[132] Hamamreh J M, Yusuf M, Baykas T, et al. Cross MAC/PHY layer security design using ARQ with MRC and adaptive modulation[C]. 2016 IEEE Wireless Communications and Networking Conference, Doha, 2016, 1-7.

[133] 宋欢欢. 基于 MIMO-OFDM 系统的跨层增强安全技术研究[D]. 成都：电子科技大学，2015.

[134] Wen H, Tang J, Song H H, et al., A Cross-Layer secure communication model based on discrete fractional fourier transform (DFRFT), IEEE Transactions on Emerging Topics in Computing, 2015, 3(1): 119-126.

[135] Wang X , Hao P, Hanzo L. Physical-layer authentication for wireless security enhancement: current challenges and future developments[J]. IEEE Communications Magazine, 2016, 54(6): 151-158.

[136] Xiao L, Greenstein L J, Mandayam N B, et al. Using the physical layer for wireless authentication in time-variant channels[J]. IEEE Transactions on Wireless Communications, 2008, 7(7).

[137] Pan F, Wen H, Song H H, et al. 5G security architecture and light weight security authentication[C]. IEEE International Conference on Communications in China Workshops, Shenzhen, 2015, 94-98.

[138] Xiao L, Greenstein L, Mandayam N, et al. Fingerprints in the ether: Using the physical layer for wireless authentication[C]. IEEE International Conference on Communications, Glasgow, UK, 2007, 4641-4651.

[139] Zeng K, Govindan K, Mohapatra P. Non-cryptographic authentication and identification in wireless networks security and privacy in emerging wireless networks[J]. IEEE Wireless Communications, 2010, 17(5).

[140] Xiao L, Greenstein L J, Mandayam N B, et al. Channel-based detection of sybil attacks in

wireless networks[J]. IEEE Transactions on Information Forensics and Security, 2009, 4(3): 491-503.

[141] Chen Y, Trappe W, Martin R P. Detecting and localizing wireless spoofing attacks[C]. 4th Annual IEEE Communications Society Conference on Sensor, Mesh and Ad Hoc Communications and Networks, San Diego, CA, USA, 2007, 191-202.

[142] Yang J, Chen Y, Trappe W. Detecting spoofing attacks in mobile wireless environments[C]. 6th Annual IEEE Communications Society Conference on Sensor, Mesh and Ad Hoc Communications and Networks, Rome, Italy, 2009, 1-9.

[143] Xiao L, Greenstein L J, Mandayam N B, et al. Channel-based spoofing detection in frequency-selective Rayleigh channels[J]. IEEE Transactions on Wireless Communications, 2009, 8(12).

[144] Zeng K. Physical layer key generation in wireless networks: challenges and opportunities[J]. IEEE Communications Magazine, 2015, 53(6): 31-39.

[145] Zeng K, Wu D, Chan A, et al. Exploiting multiple-antenna diversity for shared secret key generation in wireless networks[C]. IEEE International Conference on Computer Communications, San Diego, CA, USA, 2010, 1-9.

[146] Wei Y, Zeng K, Mohapatra P. Adaptive wireless channel probing for shared key generation based on PID controller[J]. IEEE Transactions on Mobile Computing, 2013, 12(9): 1841-1852.

[147] Roy R R. Handbook of mobile ad hoc networks for mobility models[M]. Springer Science & Business Media, 2010.

[148] Bai F, Helmy A. A survey of mobility models[J]. Wireless Ad-hoc Networks, 2004, 206: 147.

[149] Camp T, Boleng J, Davies V. A survey of mobility models for ad hoc network research[J]. Wireless Communications and Mobile Computing, 2002, 2(5): 481-502.

[150] Nain P, Towsley D, Liu B, et al. Properties of random direction models[C]. IEEE International Conference on Computer Communications, Miami, FL, USA, 2005, 3: 1897-1907.

[151] Bettstetter C, Resta G , Santi P. The node distribution of the random waypoint mobility model for wireless ad hoc networks[J]. IEEE Transactions on Mobile Computing, 2003, 2(3): 257-269.

[152] Bettstetter C, Wagner C. The spatial node distribution of the random waypoint mobility model[J]. WMAN, 2002, 11: 41-58.

[153] Hyytia E, Lassila P, Virtamo J. Spatial node distribution of the random waypoint mobility model with applications[J]. IEEE Transactions on Mobile Computing, 2006, 5(6): 680-694.

[154] Hyytia E, Lassila P, Virtamo J. Random waypoint mobility model in cellular networks[J]. Wireless Networks, 2007, 13(2): 177-188.

[155] Hong X, Gerla M, Pei G , et al. A group mobility model for ad hoc wireless networks[C]. Proceedings of the 2nd ACM International Workshop on Modeling, Analysis and Simulation of Wireless and Mobile Systems, Seattle, Washington, USA, 1999, 51-60.

[156] Bettstetter C. Smooth is better than sharp: a random mobility model for simulation of wireless

networks[C]. Proceedings of the 4th ACM International Workshop on Modeling, Analysis and Simulation of Wireless and Mobile Systems, New York, USA, 2001, 19-27.

[157] Chor B, Goldreich O, Hasted J, et al. The bit extraction problem or t-resilient functions[C]. 26th Annual Symposium on Foundations of Computer Science, Portland, USA, 1985, 391-407.

[158] Govindan K, Zeng K, Mohapatra P. Probability density of the received power in mobile networks[J]. IEEE transactions on Wireless communications, 2011, 10(11): 3611-3619.

[159] Aalo V A, Mukasa C, Efthymoglou G P. Effect of mobility on the outage and BER performances of digital transmissions over Nakagami-m fading channels[J]. IEEE Transactions on Vehicular Technology, 2016, 65(4): 2715-2721.

[160] Prabhu V U, Rodrigues M R D. On wireless channels with m-antenna eavesdroppers: characterization of the outage probability and ε -outage secrecy capacity[J]. IEEE Transactions on Information Forensics and Security, 2011, 6(3): 851-860.

[161] Gradshteyn I S, Ryzhik I M. Table of integrals, series and products[M]. SLC: Academic Press, 2014.

[162] Ammari M L, Fortier P. Physical layer security of multiple-input–multiple-output systems with transmit beamforming in Rayleigh fading[J]. IET Communications, 2015, 9(8): 1091-1103.

[163] Dighe P A, Mallik R K, Jamuar S S. Analysis of transmit-receive diversity in Rayleigh fading[J]. IEEE Transactions on Communications, 2003, 51(4): 694-703.

[164] Oestges C, Clerckx B. MIMO wireless communications: From real-world propagation to space-time code design[M]. CLS: Academic Press, 2010.

[165] Kang M, Alouini M S. Largest eigenvalue of complex Wishart matrices and performance analysis of MIMO MRC systems[J]. IEEE Journal on Selected Areas in Communications, 2003, 21(3): 418-426.

[166] Bashar S, Ding Z, Xiao C. On the secrecy rate of multi-antenna wiretap channel under finite-alphabet input[J]. IEEE Communications Letters, 2011, 15(5): 527-529.

[167] Wu Y, Xiao C, Ding Z, et al. Linear precoding for finite-alphabet signaling over MIMOME wiretap channels[J]. IEEE Transactions on Vehicular Technology, 2012, 61(6): 2599-2612.

[168] Blahut R E. Principles and practice of information theory[M].London: Addison-Wesley Longman Publishing, 1987.

[169] Shah A, Haimovich A M. Performance analysis of optimum combining in wireless communications with Rayleigh fading and cochannel interference[J]. IEEE Transactions on Communications, 1998, 46(4): 471-479.

[170] Cao C, Li H, Hu Z, et al. Physical-layer secrecy performance in finite blocklength case[C]. IEEE Global Communications Conference, San Diego, CA, USA, 2015, 1-6.

[171] Yang W, Schaefer R F, Poor H V. Finite-blocklength bounds for wiretap channels[C]. IEEE International Symposium on Information Theory, Barcelona, Spain, 2016, 3087-3091.

[172] Kim I M, Kim B H, Ahn J K. BER-based physical layer security with finite codelength: Combining strong converse and error amplification[J]. IEEE Transactions on Communications, 2016, 64(9): 3844-3857.

[173] Li X, Ratazzi E P. MIMO transmissions with information-theoretic secrecy for secret-key agreement in wireless networks[C]. IEEE Military Communications Conference, Atlantic City, NJ, USA, 2005, 1351-1359.

[174] Weisstein E. Correlation coefficient–bivariate normal distribution[EB/OL]. [2022.10-19] http://mathworld.wolfram.com/CorrelationCoefficientBivariateNormalDistribution.html.

[175] Redner R A, H F Walker Mixture densities, maximum likelihood and the EM algorithm[J]. SIAM Review, 1984, 26(2): 195-239.

[176] Luis M G. TCPDUMP/LIBPCAP public repository[J]. Online Document, 2009.

[177] Faria D B, Cheriton D R. Detecting identity-based attacks in wireless networks using signalprints[C]. Proceedings of the 5th ACM Workshop on Wireless Security, Los Angeles, California, 2006, 41-52.

[178] Sheng Y, Tan K, Chen G , et al. Detecting 802.11 MAC layer spoofing using received signal strength[C]. Phoenix, AZ, USA, 2008: 1768-1776.

[179] Pang J, Greenstein B, Gummadi R, et al. 802.11 user fingerprinting[C]. Proceedings of the 13th Annual ACM International Conference on Mobile Computing and Networking, Canada, 2007, 99-110.

[180] Guo F, Chiueh T. Sequence number-based MAC address spoof detection[C]. International Workshop on Recent Advances in Intrusion Detection, Springer, Berlin, Heidelberg, 2005, 309-329.

[181] Barbeau M, Hall J, Kranakis E. Detecting impersonation attacks in future wireless and mobile networks[M]. Secure Mobile Ad-hoc Networks and Sensors, Springer, Berlin, Heidelberg, 2006: 80-95.

[182] Brik V, Banerjee S, Gruteser M, et al. Wireless device identification with radiometric signatures[C]. Proceedings of the 14th ACM International Conference on Mobile Computing and Networking, San Francisco, California, USA, 2008, 111-127.

[183] Danev B, Luecken H, Capkun S, et al. Attacks on physical-layer identification[C]. Proceedings of the Third ACM Conference on Wireless Network Security, Hoboken, New Jersey, USA, 2010, 89-98.

[184] Tao L I, Yan Z, Xibin X U, et al. Mean physical-layer secrecy capacity in mobile communication systems[J]. Journal of Tsinghua University, 2015, 55(11): 1241-1245, 1252.

[185] Liu L, Liang J, Huang K. Eavesdropping against artificial noise: hyperplane clustering[C]. IEEE International Conference on Information Science and Technology, Yangzhou, China, 2013: 1571-1575.

[186] Shin C, Heath R W, Powers E J. Blind channel estimation for MIMO-OFDM systems[J]. IEEE Transactions on Vehicular Technology, 2007, 56(2): 670-685.

[187] Ding L, Jin C, Guan J, et al. Cryptanalysis of lightweight WG-8 stream cipher[J]. IEEE Transactions on Information Forensics and Security, 2014, 9(4): 645-652.

[188] Welch T B, Shearman S. Teaching software defined radio using the USRP and LabVIEW[C]. 2012 IEEE International Conference on Acoustics, Speech and Signal Processing, Kyoto, Japan, 2012: 2789-2792.

[189] 吴一帆. 无条件秘密无线通信系统的秘密编码设计[D]. 成都：电子科技大学，2010.

[190] 胡前风. 基于反馈和 LDPC 码的窃听信道建模[D]. 成都：电子科技大学，2010.

[191] 杨斌. 无线通信物理层安全技术研究[J]. 信息网络安全, 2012 (6)：71-79.

[192] 吉江，刘璐，金梁，等. 随机发送参考的多天线系统物理层安全传输算法[J]. 中国科学: 信息科学，2014，44：25-26.